普通高等院校土建类教材

建设工程合同与招标投标管理

主　编　张静晓　成荣妹
副主编　白芙蓉

中国建材工业出版社

图书在版编目（CIP）数据

建设工程合同与招标投标管理/张静晓，成荣妹主编．—北京：中国建材工业出版社，2013.7
ISBN 978-7-5160-0442-5

Ⅰ．①建…　Ⅱ．①张…②成…　Ⅲ．①建筑工程-经济合同-管理-高等学校-教材②建筑工程-招标-管理-高等学校-教材③建筑工程-投标-管理-高等学校-教材　Ⅳ．①TU723

中国版本图书馆 CIP 数据核字（2013）第 149899 号

内 容 简 介

　　本书根据普通高等教育土建专业的教学要求，并结合我国最新颁布的相关法律法规以及实践中的具体经验编写。书中介绍了与工程项目相关的法律规定、基本理论、简单的案例分析和课后思考题等内容，并在附录中给出了招标和投标文件案例。

　　本书可作为土建类本科、高职教材。

建设工程合同与招标投标管理

主　编　张静晓　成荣妹
副主编　白芙蓉

出版发行：中国建材工业出版社
地　　址：北京市西城区车公庄大街 6 号
邮　　编：100044
经　　销：全国各地新华书店
印　　刷：北京雁林吉兆印刷有限公司
开　　本：787mm×1092mm　1/16
印　　张：21.75
字　　数：538 千字
版　　次：2013 年 7 月第 1 版
印　　次：2013 年 7 月第 1 次
定　　价：**53.00 元**

本社网址：www.jccbs.com.cn
本书如出现印装质量问题，由我社发行部负责调换。联系电话：(010)88386906

前　　言

随着我国经济的不断发展，各行各业都进入了现代化、法制化、科学化、社会化、国际化管理的新时期。为此，国家制定并颁布了一系列相关法律、法规，并在社会实践中全面推行和应用。

建设工程合同与招标投标管理是工程项目建设中一项很重要的内容。因为工程项目建设从计划、正式实施到整个工程的结束，其行为主体涉及许多方面和环节，而这一切基本上都是通过招标投标和合同来实现的。因此，普通高等教育土木工程、工程管理、工程造价及相关专业的学生，必须学习并掌握建设工程招标投标与合同管理以及相关的法律规定和基本知识，以便在此后的工作中用法律和正确的理论指导实践。

本书是在成荣妹主编的《建设工程招投标与合同管理》教材基础上，根据普通高等教育土建专业的教学要求，并结合我国最新颁布的相关法律法规以及实践中的具体经验编写的。为了方便学生学习建设工程招标投标及合同管理的法律知识和基本理论，书中介绍了与工程项目相关的法律规定、基本理论、简单的案例分析和课后思考题等内容，并在附录中给出了招标和投标文件案例。

全书共分十章，分别由长安大学建工学院张静晓、成荣妹和西安科技大学经济管理学院白芙蓉、凤亚红执笔。其中，成荣妹负责第 1 章和第 7 章的撰写，白芙蓉负责第 2、第 3 章和第 4 章的撰写，凤亚红负责第 5、第 8 章的撰写，张静晓负责第 6、第 9 和第 10 章的撰写，以及附录案例整理工作。张静晓、成荣妹担任主编，张静晓统稿，白芙蓉担任副主编，研究生窦智对全书的部分章节排版付出了辛苦劳动，在此表示感谢。

书中引用资料的参考文献未一一列出，特向相关作者致谢。由于作者的水平有限，书中难免有错误之处，欢迎各位读者指正，以备以后进行修改。

编者

2013 年 5 月

发展出版传媒　服务经济建设
传播科技进步　满足社会需求

我们提供

图书出版、图书广告宣传、企业定制出版、团体用书、
会议培训、其他深度合作等优质、高效服务。

编辑部
010-68342167

图书广告
010-68361706

出版咨询
010-68343948

图书销售
010-68001605

jccbs@hotmail.com　　www.jccbs.com.cn

中国建材工业出版社
China Building Materials Press

目　录

第1章 合同及法律制度

1.1 合同的基本知识

1.1.1 合同的概念与特征

合同又称契约，《中华人民共和国合同法》）以下简称《合同法》）第二条对合同的概念做出了规定："本法所称合同是平等主体的自然人、法人、其他组织之间设立、变更、终止民事权利义务关系的协议。"从中可以看出合同的法律特征如下：

1. 合同是一种民事法律行为。所谓民事法律行为是以发生一定民事法律后果为目的的行为，当事人的目的就是为了设立、变更和终止一定的民事权利义务关系。这一特征使其明显区别于一般社交中的约定行为。

2. 合同是双方的法律行为。即合同的主体必须是两个或两个以上，并且意思表示必须一致。

3. 合同是当事人合法的行为。只有在合同当事人所做出的意思表示是合法的，才会受到法律的承认和保护，否则合同就是无效的。

4. 合同当事人的法律地位是平等的。这里的平等是指当事人无论其实力、级别、优势如何，他们签订合同时的法律地位是平等的。

5. 合同是债权债务关系的协议。当事人通过设立债权债务关系来实现商品交换和流转。

1.1.2 合同的类别

1.1.2.1 我国《合同法》关于合同类别的规定

根据合同调整的具体对象不同，将我国现有的合同分为：买卖合同、供用电水气热力合同、赠与合同、借款合同、租赁合同、融资租赁合同、承揽合同、建设工程合同、运输合同、技术合同、保管合同、仓储合同、委托合同、行纪合同、居间合同等。

1.1.2.2 法学理论中关于合同的分类

在法学理论中，根据合同的性质、特点、内容等不同，可以对合同作出不同的分类。

1. 有名合同与无名合同

这是根据合同在法律上是否赋予特定的名称来划分的。凡法律赋予一个特定名称并规定其内容的合同称为有名合同。我国《合同法》中所列的合同就是有名合同。有名合同的订立、履行及纠纷的解决等，都应该据法律规定办理。无名合同是指法律未赋予特定名称的合同。无名合同的内容只有合法才具有法律效力，它的进行可参照一般法律规定办理。

2. 要式合同与不要式合同

这是根据合同是否需要特定的形式和手续来划分的。凡需要特定形式和手续的合同称为要式合同；反之为不要式合同。只有经过公证、鉴证或有关国家机关核准的合同才可以称为办理特定手续的合同。

3. 双务合同与单务合同

这是根据合同当事人双方权利义务的分担方式来划分的。双务合同是指合同当事人都享有权利和承担义务的合同，比如买卖合同、运输合同、租赁合同等。单务合同是指一方只享有权利而不承担义务，另一方则只承担义务而不享有权利的合同，比如赠与合同。

4. 诺成合同与实践合同

这是根据合同成立时是否交付合同标的物为成立要件而划分的。诺成合同是指当事人双方意思表示一致，达成协议，即发生法律效力的合同，比如购销合同、建设工程合同等。实践合同是指当事人双方意思表示一致，达成协议后，还必须交付合同标的物，合同方告成立有效，比如借款合同、质押合同、定金合同等。

5. 有偿合同与无偿合同

这是根据当事人双方是否可以从合同中取得利益来划分的。有偿合同是指当事人双方任何一方均需给予另一方相应权益才能取得利益的合同，比如买卖合同、承揽合同等。无偿合同是指当事人一方无需给予相应权益就可以从另一方取得某种利益的合同，比如赠与合同等。

6. 总合同与分合同

这是根据合同之间的隶属关系划分的。总合同是指当事人工作任务跨年度或工作项目跨行业、单位，其内容具有关联性的合同，比如建设工程总承包合同、物资设备总经销合同等。分合同是指由总包人与分包人为完成分包的具体工作内容而签订的合同。

7. 主合同与从合同

这是依据合同之间依存、互补及效力来划分的。主合同是指不以其他合同的存在为前提而独立成立和发生效力的合同。从合同是指以其他合同的存在为前提而成立并发生效力的合同，比如各种担保合同。

1.1.3 合同法的概念和基本原则

1.1.3.1 合同法的概念及简介

合同法是由国家制定或认可的调整平等主体的自然人、法人、其他组织之间设立、变更、终止民事权利义务关系的法律规范的总称。

从上述定义中可以看出，合同法调整的是民事权利义务关系。而民事权利义务关系包括的类型很多，比如人身权、所有权、债权债务、继承权等。但是，《合同法》中明确规定，婚姻、收养、监护等身份关系不属于合同法调整的范围。合同法主要是调整民事主体间的债权债务关系。

《中华人民共和国合同法》于1999年3月15日通过，1999年10月1日正式实施。同时废止了《中华人民共和国经济合同法》、《中华人民共和国涉外经济合同法》、《中华人民共和国技术合同法》。

《合同法》共23章，1~8章为总则部分，是合同法的一般性规定，9~23章为分则部分，是15类合同的分别规定，最后为附则部分。

1.1.3.2 合同法的基本原则

合同法的基本原则是贯穿整个合同法律制度的指导思想和根本法律准则，它是制定和执行合同法的出发点，是合同当事人所必须遵守的行为模式。根据《合同法》的有关规定，合同法有下列基本原则：

1. 自愿原则

《合同法》第 4 条规定："当事人依法享有自愿订立合同的权利，任何单位和个人不得非法干预。"这一规定，充分体现了合同法的自愿原则。它主要体现在以下几个方面：

（1）订立合同自愿。即合同当事人在订立合同时有权决定与何人订立合同，何时订立合同，订立何种类型的合同。

（2）决定合同内容自愿。合同的内容就是合同的条款，当事人可以自愿决定，只要不违反国家法律、法规和政策，不损害国家和社会公共利益，法律就承认其效力。

（3）选择订立合同形式自愿。当事人在订立合同时，除法律、法规有特别规定的以外，采取什么样合同形式，由当事人自愿决定。

（4）变更或解除合同的自愿。即当事人可以通过协商一致，按照一定的条件和程序变更或者解除已经订立但尚未履行或者尚未完全履行的合同。

2. 公平原则

公平原则是指合同的订立、履行、变更、解除、纠纷的解决等各个阶段，当事人的法律地位平等、法律待遇平等。公平原则也是等价交换原则在合同关系中的体现。所以，当事人都应当以公平的观念指导自己的行为，真实表达自己的意思。

3. 诚实信用原则

《合同法》第 6 条规定："当事人行使权利、履行义务应当遵循诚实信用原则。"它的要求是民事主体在民事活动中维持双方的利益平衡，对另一方不进行任何欺诈，以诚实、善意的心态行使权利、履行义务、恪守信用。同时也要求当事人不得通过自己的民事活动损害第三人和社会的公共利益。

4. 合法原则

《合同法》第 7 条规定："当事人订立、履行合同，应当遵守法律、行政法规，尊重社会公德，不得扰乱社会经济秩序，损坏社会公共利益。"这就要求当事人在订立合同、履行合同、变更合同、转让合同、终止合同以及确认合同无效时，都必须符合国家法律、法规的要求，不得有违法行为。

1.1.4　合同法律关系

1.1.4.1　合同法律关系的概念和构成要素

1. 合同法律关系的概念

（1）法律关系的概念

法律关系是指人与人之间的社会关系为法律规范调整时形成的权利和义务关系。人们在社会生活中会结成各种各样的社会关系，每一种社会关系都要受到法律规范的确认和调整，当某一社会关系为法律规范所调整并在这一关系的参与者之间形成权利义务关系时，即构成法律关系。

社会关系是多方面的，它需要不同的法律规范去调整，由于各种法律规范所调整的社会关系和规定的权利义务不同，从而形成了各种不同的法律关系，比如行政法律关系、民事法律关系、经济法律关系、合同法律关系、民事诉讼法律关系等。

（2）合同法律关系的概念

合同法律关系是指人们之间在民事流转过程中的合同关系为合同法律规范调整时形成的权利和义务关系。合同法律关系同其他法律关系一样，是一种思想社会关系，是建立在一定经济基础之上的上层建筑，是以法律上的权利和义务为内容的并由国家强制力保证的社会关系，它的存在必须以相应的现行法律规范的存在为前提。

2. 合同法律关系的构成要素

法律关系由主体、客体、内容三个要素构成，而且三个要素缺一不可，任何一个要素发生变化，整个法律关系就发生变化。合同法律关系是法律关系的一部分，所以合同法律关系也是由主体、客体和内容这三个必不可少的要素构成。

1.1.4.2 合同法律关系的主体

合同法律关系主体是指参加合同法律关系，依法享有权利和承担义务的当事人。

任何一项合同法律关系都是由两个或两个以上的主体构成，相对而言，一方为权利主体，另一方为义务主体，通常又称为权义主体。

合同法律关系的主体包括自然人、法人和其他组织。

1. 自然人

自然人是指基于出生而成为民事法律关系主体的有生命的人。自然人作为合同法律关系的主体应当具有相应的民事权利能力和民事行为能力。

（1）民事权利能力是指民事主体参加具体的民事法律关系，享有具体的民事权利，承担具体的民事义务的前提条件。自然人的民事权利能力是国家法律直接赋予的，开始于出生，终止于死亡。

（2）民事行为能力是指民事主体以自己的行为参与民事法律关系，从而取得享受民事权利和承担民事义务的资格。不是所有自然人都具有民事行为能力，《中华人民共和国民法通则》（以下简称《民法通则》）就根据不同年龄和精神健康状况，把自然人的民事行为能力分为完全民事行为能力人、限制民事行为能力人和无民事行为能力人三类。

自然人一般是指公民，我国《民法通则》中的"公民"是指取得一国国籍并根据该国法律规定享有权利和承担义务的自然人。自然人既包括公民，也包括外国人和无国籍人，他们都可以作为合同法律关系的主体。

2. 法人

（1）法人的概念和应具备的条件

我国《民法通则》规定，法人是具有民事权利能力和民事行为能力，依法独立享有民事权利和承担民事义务的组织。法人是相对于自然人而言的社会组织，是法律上的"拟制人"，作为一个社会组织必须具备法定条件才能成为法人。

法人应具备以下四个条件：

第一，法人必须依法成立。法人必须是按照法定程序成立的社会组织，社会组织要取得法人资格，应向国家主管机关提出申请，将本组织的性质、宗旨、章程、资金和经费、负责人以及活动范围和方式等如实报告，经审查批准后，才能取得法人资格。

第二，有必要的财产和经费。法人必须具有独立的财产或独立经营管理的财产和活动经费。财产是法人开展工作和进行生产经营活动的物质基础，也是法人享有经济权利和承担经济义务的先决条件。

第三，有自己的名称、组织机构、固定场所和规章制度。法人依法享有名称权，以标明自己的身份，因为它是法律上人格化的社会组织，是一个整体。法人还必须设立一定的组织机构和规章制度，在对内对外活动中，有专人负责进行。法人还必须有固定的场所，作为其享有权利和承担义务的法定场所，以利于依法从事各种社会活动。

第四，能够独立承担法律责任。法人必须是能以自己的名义享有权利和承担义务，并能独立参与起诉、应诉的社会组织。法人对其行为所产生的法律后果应承担法律责任。法人的分支机构或者其所属的经济实体，不能履行义务时，由该法人组织承担连带责任。

（2）法人的权利能力和行为能力

法人的权利能力是指法律赋予法人参与经济活动时，依法享有权利和承担义务的资格。法人的权利能力由其成立的宗旨、章程的规定和注册的经营范围等要件而定，所以法人的权利能力具有特殊性，各不相同。而且法人的经营活动只能在其经营范围内进行，不能超越或违反，否则不受法律保护。法人的权利能力一般开始于法人核准成立之日，消灭于法人终止。

法人的行为能力是指法人能以自己的行为参与经济活动，依法享有权利和承担义务，从而引起法律关系产生、变更、终止的资格。法人的行为能力与权利能力的范围是一致的，也由其经营范围决定，超出经营范围的行为是违法的。法人的行为能力与权利能力同时产生，同时消灭。

法人的行为能力由法人的法定代表人或者法定委托代理人依法行使。

（3）法人的种类

法人可以分为企业法人和非企业法人两大类。非企业法人包括行政机关法人、事业单位法人、社会团体法人。

（4）法人的产生、变更与终止

法人是合同法律关系的主要主体。它的产生、变更和终止，直接关系到社会经济秩序的正常进行和当事人的合法权益。

①法人的产生。法人产生的形式有三种：一是依照国家法律或者国家机关行政命令的程序而成立的机关和事业单位等；二是经过国家行政机关核准登记而成立的工商企业等；三是根据国家公布的规范性文件的程序而成立的专门经济组织、学术组织和社会团体等。

②法人的变更。法人的变更是指法人依法成立后，在任何一个方面的重大变更。比如改变名称、更换法人代表、组织合并或分立、扩大或缩小经营范围等。

③法人的终止。法人的终止是指在法律上终止法人的资格。法人终止的原因很多，主要有：法定期限届满终止；完成规定任务或使命终止；依法宣告破产；依据法律法令而撤销；依法被撤销或解散等。

法人终止时，应向原登记机关办理注销登记手续，并依法妥善处理善后事宜。

3. 其他组织

其他组织是指依法成立，但不具备法人资格的社会组织，它们也是合同法律关系的主体，能以自己的名义参与民事活动。其主要包括：合伙企业、个人独资企业、法人的分支机构或职能部门、不具备法人资格的联合体等。

1.1.4.3　合同法律关系的客体

合同法律关系的客体是指参加合同法律关系的主体享有的权利和承担的义务所共同指向的对象。如果没有客体，主体就无目标。所以在法学上把客体又叫标的。

合同法律关系的客体包括物、行为和智力成果。

1. 物

物是指可为人们控制，具有使用价值和价值的生产资料和消费资料。物可以分为动产和不动产、流通物和限制流通物、特定物和种类物、主物和从物等，其中还应包括货币和有价证券。

2. 行为

行为是指人的有意识的活动。其主要表现为完成工作的行为和提供劳务的行为。比如建设工程的施工、一些产品的加工制作、运输行为、保管行为、监理行为等。

3. 智力成果

智力成果是指通过人的脑力劳动所创造的知识财富。比如专利权、商标专用权、著作权、工业设计权等。

1.1.4.4 合同法律关系的内容

合同法律关系的内容是指合同约定或法律规定的主体享有的权利和承担的义务。合同法律关系的内容是连接主体和客体的纽带，也是不可缺少的要素之一。

1. 权利

权利是指权利主体依据法律规定和约定，有权按照自己意志作出某种行为，同时要求义务主体作出某种行为或者不得作出某种行为，以实现其合法权益。权利的具体含义有：（1）权利主体在法律规定的范围内，根据自己的意志，从事一定的经济活动，支配一定的财产，以实现自己的利益；（2）权利主体依照法律、法规或约定，可以要求特定的义务主体作出一定的行为或者不得作出一定行为，以实现自己的利益和要求；（3）在义务主体不依法或不依约定履行义务时，权利主体可以请求有关机关强制其履行，以保护和实现自己的权益。

2. 义务

义务是指义务主体依据法律规定和权利主体的合法要求，必须作出某种行为或不得作出某种行为，以保证权利主体实现其权益，否则要承担法律责任。义务的具体含义有：（1）承担义务的主体必须依照法律或合同约定，作出一定行为或者不得作出一定行为以实现权利主体的利益和要求；（2）义务主体应自觉履行其义务，如果不履行或不完全履行，将受到国家法律强制力的制裁；（3）义务主体的义务是有限的，仅限于当事人依法约定的范围，约定以外的不必履行。

1.1.4.5 合同法律关系的产生、变更与消灭

1. 法律事实的概念和分类

法律事实是指法律规范所确认的并能引起法律关系产生、变更与消灭的客观情况。这些客观情况多种多样，既可以发生在自然界，也可以发生在人类社会，但不是所有的客观情况都是法律事实，只有能够引起法律关系产生、变更与消灭的客观情况才是法律事实。

合同法律关系的产生、变更与消灭必须具备一定的法律事实。

法律事实是多种多样的，但主要可以归纳为行为和事件两大类。

（1）行为：是指法律关系主体有意识的活动而形成的客观事实。行为包括合法行为和违法行为。比如合同法律关系主体之间签订合同的行为、合同当事人的违约行为等。合法行为包括经济合法行为、经济司法行为、经济行政行为；违法行为包括一般违法行为和严重违法行为。

（2）事件：是指不以当事人的意志为转移的客观情况。事件可以分为自然事件、社会事件和意外事件。

自然事件是指由于自然现象所引起的客观事实。比如地震、台风、水灾、虫灾等破坏性自然现象。

社会事件是指由于社会上发生了不以个人意志为转移的、难以预料到的重大事变所形成的客观事实。比如战争、暴乱、动乱、罢工等。

意外事件是指突发的、难以预料的客观事实。比如失火、触礁、爆炸等。

2. 合同法律关系的产生、变更与消灭

（1）法律关系的产生是指由于一定的客观事实的存在，在合同法律关系主体之间形成一定的权利义务关系。比如建设单位与建筑施工企业之间签订的建设工程施工合同，就会形成合同法律关系。

（2）合同法律关系的变更是指合同法律关系形成后，由于一定的客观事实出现而引起合同法律关系的主体、客体、内容的变化。比如主体数目的增减、客体的扩大和缩小、主体权利义务的改变等。

（3）合同法律关系的消灭是指合同法律关系主体之间的权利和义务不复存在。合同法律关系的消灭包括自然消灭、双方协商一致而提前消灭、不可抗力引起的消灭、当事人违约引起的消灭等。

1.2　合同法律制度

1.2.1　合同的订立

1.2.1.1　合同的形式

合同的形式是合同当事人双方对合同的内容、条款经过协商，作出共同意思表示的具体方式，也是合同成立的外在表现形式。《合同法》第 10 条规定："当事人订立合同，有书面形式、口头形式和其他形式。法律、行政法规规定采用书面形式的，应当采用书面形式。当事人约定采用书面形式的，应当采用书面形式。"根据这条规定，合同的形式是比较灵活的，当事人可以根据有关规定和具体情况，分别采用书面形式、口头形式或者其他形式订立合同。

1. 书面形式的合同

书面形式的合同是指当事人采用书面文字表述方式确定相互之间权利义务关系的协议。我国《合同法》第 11 条规定："书面形式是指合同书、信件和数据电文（包括电报、电传、传真、电子数据交换和电子邮件）等可以有形地表现所载内容的形式。"一般情况下，合同只要不是立即就清结的，都应采用书面形式。因为，签订合同是一种法律行为，它确定当事人双方的权利和义务，涉及合同主体的利害关系。书面形式的合同还必须由当事人双方签字盖章才能成立。

2. 口头形式的合同和其他形式的合同

口头形式的合同是指当事人只用语言为意思表示，通过对话方式确定相互之间权利和义务关系的协议。口头形式的合同简便易行，交易快捷，适合于那些交易金额小、内容简单并且能够即时清结的合同关系。凡是法律、行政法规没有规定采用特定形式，当事人也未有特别约定的合同，就可采用口头形式的合同。

其他形式的合同是指当事人并非或者不完全以书面文字表述或者不完全以言语对话方式

为意思表示，而是通过其他方式确定相互之间权利义务关系的协议。当然，其他形式的合同应当具有能够反映或者证明合同关系的客观事实和证据，确定当事人之间的权利义务关系。

1. 2. 1. 2 合同的内容

合同的内容是指合同所确定的当事人各方的权利和义务。合同的内容是由合同中的具体条款加以明确的，也就是说，合同的条款反映着合同的具体内容。不同种类的合同其条款各不相同，综合合同的共同点，我国《合同法》第12条第1款规定："合同的内容由当事人约定，一般包括以下条款：（一）当事人的名称或者姓名和住所；（二）标的；（三）数量；（四）质量；（五）价款或者报酬；（六）履行期限、地点和方式；（七）违约责任；（八）解决争议的方法。"

1. 当事人的名称或者姓名和住所

合同确定的是当事人相互之间的权利和义务关系，合同内容就应当首先对作为合同权利义务主体的当事人的基本情况作出规定。具体地说，当事人是自然人的，应当明确其姓名和住址；当事人是法人或者其他组织的，应当明确其名称、住所以及法定代表人或者负责人的姓名等。

2. 标的

标的是合同当事人双方权利义务共同指向的对象。标的体现着当事人订立合同的目的，也是产生当事人权利和义务的依据，它是一切合同都应当具备的首要条款。如果没有标的或者标的不明确，必然导致合同无法履行，甚至产生纠纷。

不同的合同具有不同的标的，通常有物、货币、劳务、工程项目、技术等。比如，买卖合同的标的是货物，借款合同的标的是货币，运输合同的标的是劳务，建设工程施工合同的标的是工程项目，技术合同的标的是技术等。

3. 数量

数量是指以数字和计量单位来衡量合同标的的具体标准。数量是合同标的的计量，它反映合同当事人权利义务的大小和多少。因此，合同应当明确规定标的的数量，并且使用国家法定的计量单位和计量方法，使数量条款做到合法、准确、具体，必要时还要订明标的数量的正负尾数、合理磅差、自然损耗率等。

4. 质量

质量是标的物内在的特殊物质属性和外在形态的综合特征。质量是合同标的的具体化，比如产品的品种、型号、规格、性能、技术标准等。当事人在订立合同时，必须明确标的的质量，而且还必须符合国家的有关质量标准和规范。国家鼓励采取国际标准。

5. 价款或者报酬

价款或者报酬合称为价金，是当事人取得合同标的所付出的货币代价。合同当事人双方应当自行协商议定标的的价金，但法律、行政法规规定执行国家定价的除外。合同的价金条款，除了要明确一定的金额外，还要对价金的结算和支付有关事项作出约定，比如结算方式、开户银行、账户名称、账号、结算单位等。

6. 履行期限、地点和方式

履行期限是当事人履行合同义务的时间界限，是确定合同是否按时履行或延迟履行的客观标准，也是当事人一方要求对方当事人履行合同义务的时间依据。因此，合同的履行期限必须作出明确具体的规定，只有这样才能避免合同纠纷的发生。

履行地点是当事人履行合同义务的地理位置。当事人双方应根据合同的性质和内容，对合同的履行地点作出明确具体的约定，避免由此引起纠纷。

履行方式是指当事人履行合同义务的具体方式和要求。合同的内容不同，履行方式也有所不同，所以当事人应根据合同的性质和内容全面约定它的履约方式。

7. 违约责任

违约责任是指当事人一方或双方不履行或者不完全履行合同时，按照法律或者合同的约定应承担的法律责任。合同中规定违约责任，可以维护合同的严肃性，督促当事人切实履行合同，防止违约现象，保护当事人的合法权益。

合同的违约责任条款，当事人可以依据法律规定进行约定，也可以自行约定，但约定的内容必须合法。比如支付违约金、偿付赔偿金、发生不可抗力时当事人应如何承担责任等。

8. 解决争议的方法

在合同履行的过程中，由于主观的或客观的原因，当事人双方可能会对合同履行的情况或者合同履行的后果产生争议，对此应当及时、妥善地加以解决，否则会给当事人带来不必要的损失。所以合同当事人应在合同条款中约定解决争议的方法，以保障当事人的合法权益。解决合同争议的方法主要有协商、调解、仲裁和诉讼。

合同的内容除了合同的主要条款外，还包括一些普通条款，当事人可以根据法律规定和合同性质与内容的需要进行协商约定。

合同如有示范文本的，应参照示范文本进行。

1.2.1.3　合同订立的程序

合同订立的程序是指当事人双方就合同的主要条款经过协商一致，并签订书面协议的过程。《合同法》第 13 条明确规定："当事人订立合同，采取要约、承诺方式。"可见，合同订立的程序包括要约和承诺两个阶段。

1. 要约

（1）要约的概念和条件

要约是指当事人一方向他方提出订立合同的意思表示，也叫订约提议，提出要约的一方称为要约人，接受要约的一方称为受要约人或相对人。

要约是一种法律行为，所以要约应符合以下条件：

①要约必须是特定人的意思表示。即提出要约的当事人应当符合合同主体的要求，具有订立合同并享有权利和承担义务的能力；

②要约的内容应具体和明确，足以决定合同的主要条款。因为要约一经受要约人承诺，合同即为成立，所以要约的内容要具体、明确，并且是能够决定合同主要内容的意思表示。这样受要约人才能决定是否表示承诺；

③要约必须送达受要约人。要约送达受要约人，一方面可以使要约人的意愿和目的得以表示，另一方面受要约人只能在收到要约时才能表示承诺。而且受要约人往往都是特定的、具体的；

④要约人在发出要约时，应给对方考虑并作出答复的期限，在这个期限内，要约人受自己要约的约束，并负有与作出承诺的受要约人签订合同的义务。

要约只有具备了上述条件才能成立，我们日常生活中遇到的一些行为，比如寄送产品价目表、拍卖公告、招标公告、招股说明书、商业广告等就不具备要约的条件，它们被称为要约邀请或者邀约引诱。但如果商业广告的内容符合要约规定的条件，就视为要约。

（2）要约的效力

要约的效力是指要约所引起的法律后果，包括对要约人的效力和对受要约人的效力两方面。

①要约生效的时间。《合同法》第16条第1款规定："要约到达受要约人时生效。"这明确表明了要约的生效时间。而且《合同法》第16条第2款还规定："采用数据电文形式订立合同，收件人指定特定系统接收数据电文的，该数据电文进入该特定系统的时间，视为到达时间；未指定特定系统的，该数据电文进入收件人的任何系统的首次时间，视为到达时间。"对于口头要约，由于要约人作出要约意思表示的同时，相对人就完全了解要约的内容，无须送达的过程，因此，口头要约与要约人作出要约同时生效。

②要约对要约人的效力。要约对要约人来说，要约人在要约的有效期限内不得随意撤销或变更要约，并负有以要约内容与对方订立合同的义务；如果以特定物为合同标的时，不得以该特定物为标的同时向第三人发出相同的要约，或与第三人订立合同，否则要承担法律责任。

③要约对受要约人的效力。要约对受要约人来说，只是取得承诺的资格，并没有承诺的义务，如不作出承诺，也无须通知要约人，不负法律责任。受要约人如表示了承诺，合同即为成立，双方就构成了合同关系。

（3）要约的撤回、撤销与失效

①要约的撤回。要约的撤回是指要约人在要约生效前有权取消要约。《合同法》第17条规定："要约可以撤回。撤回要约的通知应当在要约到达受要约人之前或者与要约同时到达受要约人。"可见要约的撤回是对尚未生效的要约予以取消，与要约未发出的效果是一致的，这既有利于保护要约人的利益，同时又不影响相对人的利益。

②要约的撤销。要约的撤销是指在要约生效后和受要约人承诺前，要约人可以依法将要约予以取消。但是，要约人对已经生效的要约不得随意撤销，除非法律有特别规定。《合同法》第18条和第19条分别规定："要约可以撤销。撤销要约的通知应当在受要约人发出承诺通知之前到达受要约人。""有下列情形之一的，要约不能撤销：（一）要约人确定了承诺期限或者以其他形式表明要约不可撤销；（二）要约人有理由认为要约是不可撤销的，并已经为履行合同作了准备工作。"这一规定既有利于要约人能够根据市场等因素的变化灵活从事交易活动，也有利于保障受要约人的利益不受损害。

③要约的失效。要约的失效是指要约失去法律效力，对要约人和受要约人均不产生约束力。《合同法》第20条规定："有下列情形之一者，要约失效：（一）拒绝要约的通知到达要约人；（二）要约人依法撤销要约；（三）承诺期限届满，受要约人未作出承诺；（四）受要约人对要约的内容作出实质性变更。"

2. 承诺

（1）承诺的概念和条件

承诺是受要约人向要约人作出的对要约完全同意的意思表示，也叫接受提议。受要约人作出承诺后称为承诺人。

承诺也是一种法律行为，它应当具备下列条件：

①承诺必须是受要约人作出。因为要约是向特定的受要约人作出的，所以只有受要约人

作出的承诺才能成立，任何其他人作出的承诺都不能成立，但受要约人委托的代理人除外；

②承诺必须是对要约的内容作出完全同意的意思表示。承诺应当是无条件地、无异议地接受要约，承诺的内容与要约的内容应完全一致，如有异议，承诺就不能成立；

③承诺应在要约的有效期内作出。如果受要约人在有效期内没有作出意思表示，要约人会认为是不接受其要约。如果受要约人过了有效期作出的意思表示，实际上是一种新要约，而不是承诺；

④承诺应送达要约人。

（2）承诺的效力

承诺的效力是指承诺所引起的法律后果。要约一经承诺，合同即为成立，此时的承诺人和要约人便成为已成立的合同的双方当事人，构成了一项合同法律关系。

①承诺生效的时间。《合同法》第 26 条规定："承诺通知到达要约人时生效。承诺不需要通知的，根据交易习惯或者要约的要求作出承诺的行为时生效。"可见，承诺生效的时间，根据承诺方式不同而有所不同。

②承诺的撤回。承诺的撤回是指承诺人在承诺生效前有权取消承诺。《合同法》第 27 条规定："承诺可以撤回。撤回承诺的通知应当在承诺通知到达要约人之前或者与承诺通知同时到达要约人。"可见，如果撤回承诺的通知迟于承诺通知到达要约人，则撤回承诺的通知不发生法律效力。

上述要约和承诺的过程，是订立合同的一般程序，在实际生活中，一项合同的订立往往要经过反反复复的协商过程：要约—新要约—再要约—再新要约—承诺。法律规定有些合同签订后还必须经过鉴证、公证或者有关国家机关审批的法定程序。

1.2.1.4　合同示范文本

《合同法》第 12 条第 2 款规定："当事人可以参照各类合同的示范文本订立合同。"

合同示范文本是指由一定机关事先拟订各类合同的主要条款、式样等规范性、指导性的文本，在全国范围内推广，引导当事人采用，目的在于实现合同签订和管理的规范化。我国工商行政管理局于 1990 年 10 月 1 日向全国发出《关于在全国逐步推行经济合同示范文本制度请示》的通知，全国各行各业积极响应，纷纷出台各类合同示范文本，并逐步推行。

合同示范文本采用统一的编号（GF—××—××××）体现合同示范文本是国家示范文本，合同文本发布的年代和合同类型以及其发布的顺序。

在建设工程领域，国家建设部和国家工商行政管理局于 1991 年 3 月开始陆续联合发布了《建设工程施工合同（示范文本）》、《建设工程委托监理合同（示范文本）》、《建设工程勘察合同（示范文本）》、《建设工程设计合同（示范文本）》等，并于 1999 年底和 2000 年初对这些示范文本进行了第一次修订。2012 年 3 月对《建设工程委托监理合同（示范文本）》进行了第二次修订，改名为《建设工程监理合同（示范文本）》。这些示范文本对建设工程合同的订立、履行和管理都起到了极大的促进作用。

1.2.1.5　格式条款合同

格式条款合同是指合同当事人一方为了重复使用而事先拟订出一定格式的合同文本。格式条款合同既可以是合同的部分条款为格式条款，也可以是合同的全部条款为格式条款。提供格式条款的相对人只能在接受格式条款和拒签合同之间进行选择。

格式条款一般是由具有垄断地位或交易优势的一方或行业组织，在未与对方协商的情况下，预先设计制订的文本。

格式合同使用的范围主要有：商品房销售、物业管理、装修服务；还有邮政、电信；金融、保险；交通运输、旅游、旅馆住宿等，涉及的行业包括农业、工业、商业、服务业及其他公用企业等。

格式条款合同的提供人往往利用自己的有利地位加入一些不公平、不合理的内容。因此《合同法》对格式条款合同提供人作出了以下限制：

第一，提供格式条款的一方应当遵循公平的原则确定当事人之间的权利义务关系，并采取合理的方式提请对方注意免除或者限制其责任的条款，按照对方的要求，对该条款予以说明。提供格式条款一方免除其责任、加重对方责任、排除对方主要权利的，该条款无效。

第二，对格式条款的理解发生争议的，应当按照通常的理解予以解释。对格式条款有两种以上解释的，应当作出不利于提供格式条款一方的解释。格式条款与非格式条款不一致的，应当采用非格式条款。

1.2.1.6 缔约过失责任

1. 缔约过失责任的概念

缔约过失是指在合同订立过程中，当事人一方或双方因未履行依据诚实信用原则而致使合同不成立、无效或被撤销，而导致信赖其合同为有效成立的相对人受到损失。因此应承担的民事责任，称之为缔约过失责任。在我们的现实生活中，缔约过失给对方当事人造成损失，且合同未成立的情况确实存在，所以缔约过失的责任者应承担相应的赔偿责任。

2. 缔约过失的情形

《合同法》中对缔约过失情形作出了如下规定：

（1）假借订立合同，恶意进行磋商；

（2）故意隐瞒与订立合同有关的重要事实或者提供虚假情况；

（3）有其他违背诚实信用原则的行为；

（4）违反订立合同中的保密义务。

3. 承担缔约过失责任的要件

（1）订立合同的一方当事人受到损失；

（2）承担缔约过失责任的当事人要有过错；

（3）合同尚未成立；

（4）当事人的过错行为与另一方当事人受到的损失之间要有因果关系。

1.2.2 合同的效力

1.2.2.1 合同有效的条件

经过要约和承诺的程序而达成协议签订的合同，不一定都是合法有效的合同，只有具备有效合同条件的合同，才是合法有效的。

1. 合同的主体必须具备主体资格

合同的主体要具备主体资格，必须具有相应的民事权利能力和民事行为能力。民事权利能力是指民事主体参加具体的民事法律关系，享有具体的民事权利，承担具体的民事义务的前提条件。民事行为能力是指民事主体以自己的行为参与民事法律关系，从而取得享受权利和承担义务的资格。

2. 合同的内容必须符合国家的法律、行政法规和政策

合同的内容就是指合同的各项条款，必须符合国家的法律、法规和政策，否则就是违法的，而违法的合同是不能成立并且是无效的。

3. 合同的形式必须合法

合同的形式就是合同当事人对合同内容的共同表达方式。法律、行政法规规定采用书面形式的，应当采用书面形式。有示范文本的合同，应当采用示范文本。当事人约定采用书面形式的，也应当采用书面形式。否则，合同形式就是不合法的。

4. 合同的程序必须合法

合同的程序主要包括两层含义：其一是指双方当事人达成的协议必须是当事人真实意思的表达，而且是双方当事人协商一致的结果；其二是指有些合同必须经过国家有关部门的审查、批准、登记等程序，否则程序就是不合法的。

1.2.2.2 合同生效的其他规定

1. 合同生效时间

一般情况下，依法成立的合同，自成立时生效。具体地讲，口头合同自受要约人承诺时生效，书面合同自当事人双方签字或者盖章时生效；法律规定应当采用书面形式的合同，当事人虽然没有采用书面形式但已经履行全部或者主要义务的，可视为合同生效；法律、行政法规规定应当办理审查批准、登记等手续的合同，依其规定行使后合同生效；附生效时间的合同，在生效时间到来时合同生效；附生效条件的合同，在生效条件具备时合同生效。

2. 合同效力与仲裁条款

合同成立后，合同中的仲裁条款是独立存在的，合同的无效、变更、解除、终止，均不影响仲裁协议的效力。

3. 合同效力的补正

合同效力的补正，是指合同因欠缺生效要件而并非必然生效，须通过法律特别处理才能使其发生效力。《合同法》对合同效力的补正有明确的规定，具体内容如下：

（1）未采用法定的书面形式订立的合同

对法律、行政法规规定应当采用书面形式，而当事人却未采用书面形式的合同，从形式上看，它不完全具备合同生效的要件。但如果当事人已经履行了该合同的主要义务，或者有证据能够证明当事人双方对合同的内容已经协商一致的，该合同应当视为有效。

（2）当事人没有签字或者盖章的合同

对采用合同书包括确认书形式订立的书面合同，当事人双方均应在合同上签字或者盖章，否则合同就不成立也不生效。但是如果当事人尽管没有签字或者盖章，但却履行了该合同中的主要义务，可以根据这一事实认定该合同已经成立并有效。

（3）限制民事行为能力人订立的合同

法律规定，限制民事行为能力人不能作为合同的主体，他们签订的合同是无效的。但是《合同法》第 47 条专门作了补正规定："限制民事行为能力人订立的合同，经法定代理人追认后，该合同有效，但纯获利益的合同或者与其年龄、智力、精神健康状况相适应而订立的合同，不必经法定代理人追认。相对人可以催告法定代理人在一个月内予以追认。法定代理人未作表示的，视为拒绝追认。合同被追认之前，善意相对人有撤销的权利。撤销应当以通知的方式作出。"

（4）没有代理权、超越代理权或者代理权终止后以被代理人的名义订立的合同根据法律规定，没有代理权、超越代理权或者代理权终止后以被代理人的名义订立合同均属于无权代理行为，无权代理所产生的合同属于无效合同。但是法律却又规定了被代理人的追认权和相对人的催告权，这就给了一个补正的机会。《合同法》第 48 条规定："行为人没有代理权、超越代理权或者代理权终止后以被代理人的名义订立的合同，未经被代理人追认，对被代理人不发生效力，由行为人承担责任。相对人可以催告被代理人在一个月内予以追认，被代理人未作表示的，视为拒绝追认。合同被追认之前，善意相对人有撤销的权利，撤销应当以通知的方式作出。"

（5）行为人没有代理权、超越代理权或者代理权终止后以被代理人名义订立合同而被代理人对此知道的

根据法律规定，在上述情况下订立的合同是无效的。但是，如果被代理人知道行为人的行为而不作出否认表示，他就应当承担行为人订立合同的法律后果，即将行为人的行为视为有效代理。另外，对于行为人的上述行为，如果合同当事人有正当理由相信行为人有代理权的，该行为也视为有效代理，并由被代理人承担合同的法律后果。这也称之为表见代理。

（6）单位的法定代表人或者负责人超越权限订立的合同

对这一情况，《合同法》第 50 条作了规定："这种合同，如果合同相对人知道或者应当知道其超越权限的，该行为自然无效；如果相对人不知道或者不可能知道的，该行为有效，合同具有法律效力。"

（7）无处分权的人订立的以处分他人财产为内容的合同

对他人财产无处分权的人，自然不得处分他人的财产，所产生的行为为无效行为。但是，如果权利人对无处分权人订立的合同予以追认，或者无处分权人在订立合同后取得处分权的，则该合同应当视为有效。

1.2.2.3　无效的合同

1. 无效合同的概念和种类

无效合同是指当事人虽然协商并达成了协议，但因违反法律规定而不具有任何法律效力，不受法律保护的合同。无效合同从订立时起就没有法律效力，不但达不到当事人预期的目的，行为人还要承担由此产生的法律责任，受到法律的制裁。根据《合同法》第 52 条的规定，无效的合同有以下几种：

（1）一方以欺诈、胁迫的手段订立的损害国家利益的合同。"欺诈"是指一方当事人故意隐瞒事实真相，制造虚假情况，使对方当事人作出错误地意思表示行为。"胁迫"是指一方当事人以给对方当事人造成某些方面的损害为要挟，迫使对方当事人在违背真实意思表示的情况下作出行为。比如某施工企业用假营业执照和假资质证书欺骗建设单位承包工程的行为，或者在某一方面要挟对方而订立合同的行为。

（2）恶意串通，损害国家、集体或者第三人利益的合同。比如建设工程招标投标中的陪标行为。

（3）以合法形式掩盖非法目的的合同。比如某企业为了骗取银行的贷款，故意制造一个形式上合法的合同欺骗银行。

（4）损害社会公共利益的合同。这是指违反社会公序良俗的行为。比如当事人之间签订购销黄色盗版光盘的合同行为。

（5）违反法律、行政法规的强制性规定的合同。比如建设单位在没有领取施工许可证

的情况下就使工程开始施工的行为。

2. 合同中无效的免责条款

免责条款是当事人在合同中约定的对某些损害结果免于承担责任的具体条款。当事人可以在合同中规定免责条款，但不得借此逃避自己应尽的义务和责任。所以，《合同法》第 53 条规定："合同中的下列免责条款无效：（一）造成对方人身伤害的；（二）因故意或者重大过失造成对方财产损失的。"因为这种免责条款对社会危害性很大。

3. 无效合同的确认

合同有效还是无效，关系到合同的法律效力，关系到当事人合法权益的保护，为此，合同是否有效，由人民法院或者仲裁机构确认，其他任何国家机关都无权确认。而且，在确认合同是否有效时，还要分清合同是全部无效还是部分无效，如果是部分无效，只要不影响有效部分的履行，有效的部分仍然可以履行。

4. 可变更或可撤销的合同

可变更或可撤销的合同是指当事人虽然达成了协议，但由于合同欠缺生效条件，一方当事人可依照自己的意思使合同的内容变更或者消灭合同的效力。如果合同当事人对合同的可变更或可撤销发生争议，只有人民法院或者仲裁机构有权变更或者撤销。当事人提出请求是合同被变更或撤销的前提。

《合同法》第 54 条规定：下列合同，当事人一方有权请求人民法院或者仲裁机构变更或者撤销：

（1）因重大误解订立的合同；

（2）在订立合同时显失公平的；

（3）采取欺诈手段签订的合同；

（4）采取胁迫手段签订的合同；

（5）乘人之危签订的合同等。

这里需要明确一点，当事人申请撤销的，人民法院或者仲裁机构可以撤销；当事人请求变更的，人民法院或者仲裁机构不得撤销。

《合同法》第 55 条还规定，有下列情形之一的，合同的撤销权消灭：

（1）具有撤销权的当事人自知道或者应当知道撤销事由之日起 1 年内没有行使撤销权；

（2）具有撤销权的当事人知道撤销事由后明确表示或者以自己的行为放弃撤销权。

5. 无效合同和被撤销合同的法律后果

无效合同和被撤销合同，表明当事人之间的合同关系即告消灭，除合同中独立存在的有关解决争议方法的条款有效外，其余内容对当事人均没有法律约束力。无效合同或者被撤销的合同，如果当事人尚未履行的就不再履行；正在履行的应当立即终止履行；已经履行并引起财产后果的，法律规定处理方式如下：

（1）返还财产

合同被确认无效或者被撤销，意味着合同自始没有法律效力。因此，就应当将合同的财产后果恢复到合同成立以前的状态。返还财产就是处理这个问题的一种法律措施和恢复手段。

（2）赔偿损失

合同无效或者被撤销，不论该合同是否已经履行，都可能会给当事人一方或者双方造成

15

一定的经济损失，因此，有过错的一方应向对方当事人赔偿由此所造成的损失，如果双方均有过错，当事人各自承担责任。

（3）向国家、集体或者第三人交付财产

如果当事人恶意串通订立合同，损害国家、集体或者第三人利益的，在确定该合同无效的同时，还应当对实施恶意违法行为的当事人在财产方面给予制裁，即应将其因此取得的财产收归国家所有或者返还集体、第三人。需要强调的是，这种处理方式仅适用于当事人恶意串通损害他人利益的无效合同，不适用于被撤销的合同。

1.2.2.4 当事人名称或者法定代表人变更不对合同效力产生影响

当事人名称或者法定代表人变更对合同的效力不会产生影响。因此，合同生效后，当事人不得因姓名、名称的变更或者法定代表人、负责人、承办人的变更而不履行合同义务，否则属于违法行为。

1.2.2.5 当事人合并或分立后对合同效力的影响

在现代社会中，由于市场经济的不断进行和发展，经常出现由于资产的优化或重组而产生法人、社会组织的合并或分立，但不应影响合同的效力。

《合同法》规定，订立合同后当事人分立为两个或两个以上法人或组织的，应及时通知债权人和债务人，并告知合同权利和义务的享有者和承担者，如果分立者事先有协议，而且协议被合同对方接受，则合同的权利和义务按协议履行；如果分立者没有协议，或者协议被合同对方拒绝承认，则合同的权利和义务由分立后的法人或组织享有连带债权，承担连带义务。订立合同后两个或两个以上当事人合并为一个法人或组织的，原合同的债权债务由合并后的法人或组织享有和承担。

1.2.3 合同的履行

1.2.3.1 合同履行的概念

合同的履行是指合同依法成立后，当事人双方按照合同约定的内容，各自完成合同约定的义务。也就是说，合同成立后，当事人双方按照合同约定的标的、数量和质量、价金、履行的期限、履行的地点和履行的方式等，全面地完成合同约定的义务。

合同的履行是合同法律制度的核心，是实现合同内容的重要环节，没有义务人履行义务，权利人的权利无法实现，只有义务人履行了义务，权利人的权利才能实现，才能达到合同当事人所追求的目的，所以只有合同内容全部实现，合同才会履行，也叫做合同的全部履行。如果合同当事人只完成了合同约定的部分义务，叫做合同的部分履行，也叫做不完全履行合同。如果当事人过了合同约定的期限，而合同的全部义务都没有履行，叫做合同未履行，也叫完全不履行合同。

这里需要特别强调的是，合同履行的前提和依据是合同必须有效。因为无效合同就不存在合同履行的问题。

1.2.3.2 合同履行的原则

合同履行的原则，是指当事人双方在完成合同规定的义务过程中必须共同遵守的一般准则。根据《合同法》及有关法律规定，合同履行的原则主要有全面履行原则和诚实信用原则。

1. 全面履行原则

全面履行原则，是指合同当事人完全按照合同规定的标的、数量、质量、价金、履行期限、地点、方式、违约责任等的要求，全面履行各自的义务。如果合同中没有约定或者约定不明确，当事人可以补充协议；不能达成补充协议的，当事人按照合同有关条款或者交易习惯确定。

根据按约定全面履行原则，合同的履行必须符合以下条件：

（1）履行的主体符合合同约定。合同是当事人双方签订的，所以合同的履行也应当由双方当事人亲自进行。如果由于某些原因使当事人不能亲自履行的，可以由第三人代替履行，但必须征得对方当事人的同意，而且不损害合同权利人的权益。如果未经对方当事人的同意就由第三人代为履行的，应赔偿因此造成的损失。而且法律规定，有些合同由于内容和性质的特殊性，必须由当事人亲自履行，不能由第三人代替履行。

（2）履行标的符合合同规定。合同的标的是合同的核心，按照合同约定的标的履行是合同履行中最基本的要求。所以，在履行合同时，必须按照合同约定的标的的品种、数量、质量、价金等要求履行，不得用其他标的替代，也不得以支付违约金或者赔偿金的方式履行。①如果合同中质量要求不明确，按照国家标准、行业标准履行；没有国家标准、行业标准的，按照通常标准或者符合合同目的的特定标准履行；②如果合同中的价金不明确的，按照订立合同时履行地的市场价格履行；依法应当执行政府定价或者政府指导价的，按照规定履行。对此，《合同法》专门规定：执行政府定价或者政府指导价的，在合同约定的交付期限内政府价格调整时，按照交付时的价格计价。逾期交付标的物的，遇价格上涨时，按照原价格执行；价格下降时，按照新价格执行。逾期提取标的物的或者逾期付款的，遇价格上涨时，按照新价格执行；价格下降时，按照原价格执行。

（3）履行期限符合合同约定。履行期限是当事人双方行使权利、承担义务的时间。当事人必须按照合同约定的履行期限履行合同，任何一方不得违反，既不能提前履行，也不能迟延履行，否则要承担违约责任。如果合同中没有约定履行期限或者履行期限不明确，债务人可以随时履行，债权人也可以随时要求对方履行，但应当给对方必要的准备时间。

（4）履行地点符合合同规定。履行地点是合同当事人履行合同义务的具体地理位置。当事人必须按照合同约定的履行地点履行合同，任何一方当事人不得擅自变更合同的履行地点，否则要承担违约责任。如果合同中没有约定履行地点或者履行地点不明确，给付货币的，在接受货币一方所在地履行；交付不动产的，在不动产所在地履行；交付其他标的的，在履行义务一方所在地履行。

（5）履行方式符合合同约定。履行方式是合同当事人双方约定的履行合同的方式和方法。它包括的内容很多，如货物的交付方法、运输方法、计量方法、结算方法、验收方法等，根据不同的合同内容和性质确定不同的履行方式。所以当事人必须按照合同约定的履行方式履行合同，任何一方不得擅自变更，否则按违约处理。如果合同中没有规定履行方式或者履行方式不明确，当事人按照有利于实现合同目的的方式履行。如果合同中履行费用的负担不明确，由履行义务一方负担。

2. 诚实信用原则

诚实信用原则是我国合同法和民法所确定的一项基本原则。《合同法》第 60 条规定："当事人应当遵循诚实信用的原则，根据合同的性质、目的和交易习惯履行通知、协助、保密等义务。"诚实信用的原则主要涉及两个方面的利益关系，一方面是当事人之间的利益关系，它要求合同双方互相尊重双方的利益，不得损人利己；另一方面是当事人与社会的利益关系，它要求当事人不得通过自己活动损害第三人或者社会的公共利益。

其中，"通知"是指当事人在履行合同中应当将有关重要的事项、情况告诉对方。"协助"是指当事人在履行合同过程中要互相合作，像对待自己的事务一样对待对方的事务，不仅要严格履行自己的合同义务，而且要配合对方履行义务。"保密"是指当事人在履行合同中对属于对方当事人的商业秘密或者对方当事人要求保密的信息、事项不能向外界泄露。

1. 2. 3. 3　合同履行中当事人的抗辩权

抗辩权是指在双务合同的履行中，双方都应当履行自己的债务，一方不履行或者履行不当或者可能不履行时，另一方当事人可以据此拒绝对方当事人的履行要求。合同履行中当事人的抗辩权有以下三种情况：

1. 同时履行抗辩权

同时履行抗辩权是指在没有规定履行顺序的双务合同中，当事人一方在对方当事人没有作出对等给付前或者在对方履行债务不符合约定时，有权拒绝履行自己负担的给付义务。同时履行抗辩权作为合同履行的一项保留权，在适用时并不是随意的，必须具备一定的条件：

（1）当事人订立的合同必须是双务合同，只有在同一双务合同中才有可能产生同时履行抗辩权；

（2）合同中未明确约定当事人履行合同的先后顺序；

（3）对方当事人未履行债务或者未按照约定正确履行债务；

（4）对方的对价给付是可能履行的义务。

2. 异时履行抗辩权

异时履行抗辩权是指合同的当事人互负债务，有先后履行顺序，先履行一方未履行，后履行一方有权拒绝其履行要求；或者先履行的一方履行债务不符合合同的约定，后履行一方也有权拒绝其相应的履行请求。异时履行抗辩权在适用时也必须具备一定的条件：

（1）当事人订立的合同必须是双务合同，双方互负债务；

（2）当合同中明确约定当事人履行合同的先后顺序；

（3）当应当先履行合同的当事人未履行债务或者未按照约定正确履行债务；

（4）当应当先履行的对价给付是可能履行的义务。

3. 不安抗辩权

在双务合同成立后，如果后履行合同的一方当事人财产状况恶化，先履行债务的一方如果先为给付，那么其合同权利显然难以实现，在这种情况下强迫其仍先履行债务则有失公平。因此，先履行债务的一方在后履行债务的一方未履行或者提供担保前有权拒绝先为履行。这种权利称为不安抗辩权。

不安抗辩权是当事人在其债权受到威胁时的一种防范制度，也叫做中止履行。但是，不安抗辩权的成立应具备四个条件：

（1）在双务合同成立之后，对方财产状况恶化；

（2）财产状况恶化到导致合同履行困难或者根本不可能履行合同；

（3）必须有财产状况恶化并导致合同不能履行的确切证据；

（4）对方不提供合同履行的担保。

当事人行使不安抗辩权的，应及时通知对方。

1. 2. 3. 4　合同履行债权人的代位权和撤销权

1. 代位权

代位权是指因债务人怠于行使其到期债权，给债权人造成了损害，债权人为保全自己的债权，向人民法院请求后以自己的名义代位行使债务人的债权。我国《合同法》对此专门做了规定，而且还规定代位权成立应具备下列条件：

（1）债权人和债务人之间存在合法的债权债务关系，而且债务人怠于行使其债权。"怠于行使"是指对于应行使的权利，能行使而不行使，至于不行使的理由如何，则在所不问；

（2）债务人怠于行使权利的行为对债权人造成损害；

（3）债权人有保全债权的必要。"保全债权的必要"是指债权人的债权具有不能实现的危险，即以债务人的财产是否不能或者不足以清偿债务为标准。

2. 撤销权

撤销权是指债权人对于债务人危害债权实现的行为，有请求人民法院撤销该行为的权利。但撤销权的成立应具备以下条件：

（1）债务人放弃到期债权或者无偿转让财产，或者以明显不合理的低价转让财产；

（2）债务人的行为已经对债权人造成了损害；

（3）撤销权的行使范围以债权人的债权为限。

撤销权的行使必须遵循下列规定：第一，行使主体必须是享有撤销权的债权人；第二，必须是债权人以自己的名义到人民法院提起诉讼，请求人民法院撤销债务人的行为；第三，债权人应当自知道撤销事由之日起 1 年内或者债务人的行为发生之日起 5 年内没有行使撤销权的，该撤销权消灭；第四，债务人必须负担债权人行使撤销权的必要费用。

1. 2. 3. 5　合同履行中的其他规定

1. 由债务人向第三人履行债务

《合同法》第 64 条规定："当事人约定由债务人向第三人履行债务的，债务人未向第三人履行债务或者履行债务不符合约定，应当向债权人承担违约责任。"

《合同法》的上述法条对债务人向第三人履行债务的问题作了规定。向第三人履行债务，即债务人本应向债权人履行债务，而由于债权人与债务人通过约定由债务人向第三人履行债务，但原债权人的地位不变。向第三人履行债务的合同也被称作为第三人利益订立的合同。

向第三人履行债务有以下法律特征：第一，第三人不是订立合同的当事人。合同关系主体不变，仍然是原合同中的债权人和债务人，第三人只是作为接受债权的人而不是合同当事人；第二，合同的当事人应当协商同意由第三人接受债务履行，也即债权人必须征得债务人的同意，债务人向第三人履行债务的约定才发生效力；第三，债务人必须向债权人指定的第三人履行债务，否则，不发生债务清偿的效力；第四，第三人履行债务，原则上不能增加履行难度和履行费用等。

2. 由第三人向债权人履行债务

《合同法》第 65 条规定："当事人约定由第三人向债权人履行债务的，第三人不履行债务或者履行债务不符合约定，债务人应当向债权人承担违约责任。"

《合同法》的上述规定，确立了第三人代为履行债务的合法性问题。第三人代为履行债务，是指经当事人双方的约定由第三人代替债务人履行债务的，第三人并不因为履行债务而成为合同的当事人。

第三人替代债务人履行债务，只要不违反法律规定和合同约定，且未给债权人造成损失或增加费用，此种履行在法律上是有效的。第三人代为履行债务必须符合一定的条件：第一，与债务人向第三人履行债务的情况相同，在第三人代为履行债务时，该第三人并没有成为合同的当事人，仅是债务履行的辅助人；第二，当事人约定由第三人向债权人履行债务时，必须经当事人协商一致，特别是征得债权人的同意；第三，第三人代为履行债务时，对债权人不得造成消极影响，即第三人代为履行不能损害债权人的权益。

依据法律规定，第三人不履行债务或履行债务不符合约定，债务人应当向债权人承担违约责任。

3. 债务人提前履行债务

债务人提前履行债务，是指债务人在合同履行期限到来之前即开始履行合同中约定的债务。

《合同法》第 71 条规定："债权人可以拒绝债务人提前履行债务，但提前履行不损害债权人利益的除外。债务人提前履行债务给债权人增加的费用，由债务人承担。"

依据法律规定，债权人可以拒绝债务人提前履行债务，是指在债权人享有期限利益的情况下，债权人为了保护其期限利益不受侵害，有权拒绝债务人提前履行债务；当债务人提前履行不损害债权人利益时，则债权人不享有期限利益的保护，因此，债务人有权提前履行其债务。

4. 债务人部分履行债务

债务人部分履行债务，是指债务人没有按照合同的约定全部履行合同义务，而只是履行了合同中的部分义务。

《合同法》第 72 条规定："债权人可以拒绝债务人部分履行债务，但部分履行不损害债权人利益的除外。债务人部分履行债务给债权人增加的费用，由债务人负担。"

依据法律规定，合同履行过程中，债权人有权要求债务人全面履行债务，对于债务人部分履行债务，债权人可以行使拒绝权，藉以保护自身的合法利益。如果债务人的部分履行不损害债权人的利益，那么债权人应当接受对方的部分履行。

1.2.4 合同的变更与转让

1.2.4.1 合同的变更

1. 合同变更的概念

合同的变更是合同内容的变更，是指在合同依法成立以后至未履行或者未完全履行之前，当事人经过协议对合同的内容进行修改和补充。

《合同法》第 77 条规定："当事人协商一致，可以变更合同。法律、行政法规规定变更合同应当办理批准、登记等手续的，依照其规定。"

2. 当事人变更合同应具备的要件

（1）当事人之间本来存在着有效的合同关系。合同变更是在原来合同的基础上通过当事人双方的协商改变合同的一些内容，所以，不存在合同关系就没有合同的变更问题。

（2）合同的变更应根据法律的规定或者当事人的约定。合同变更主要是通过当事人的协商产生的，当事人的协商一致实际是对变更后合同新内容的确认。

（3）必须有合同新内容的变化。合同的变更是对合同内容方面的变更，如果合同内容没有发生变化或者变更的内容不明确，合同就没有变更。

（4）合同的变更必须遵守法定的形式。即合同的变更必须依照法律、行政法规的规定办理批准、登记手续，否则合同变更不生效。如果法律、法规没有明文规定的，双方当事人可以协商决定，一般与原合同的形式相一致，原合同是书面的，仍采用书面形式，原合同是口头的，仍采用口头形式，也可采用书面形式。

3. 合同变更的内容

合同变更的内容包括：标的物的数量增减、品质的改变和规格的更改等；履行条件的变更，比如履行期限的变更、履行方式的变更、履行地的变更、结算方式的变更等；附条件及附期限合同中条件及期限的变更；合同担保的变更；其他内容的变更等。

4. 合同变更的方式

根据法律规定，合同的变更方式主要有以下三种：

（1）法定变更

在法律规定的情形出现时合同的内容可以发生变更。一般是指当发生不可抗力时，合同的内容经过当事人双方协商后可以变更。根据《合同法》第 117 条的规定，凡属于不可预见、不可避免并不能克服的客观情况均属于不可抗力。它主要包括：①自然灾害，即天灾人祸类的事实，比如地震、台风、洪水等；②某些政府行为，即当事人在订立合同后，政府颁布新政策、法律和采取行政措施而导致合同不能履行；③社会异常事件，比如罢工、战争等。

（2）裁判变更

对可撤销的合同，人民法院和仲裁机构可裁判变更。根据法律规定，其具体情况主要有：①因重大误解订立的合同；②在订立合同时显失公平的；③因欺诈而订立的合同；④因胁迫而订立的合同等。

（3）协议变更

合同双方当事人达成协议变更合同，这是最常见的合同变更方式。协议变更合同的内容要具体明确，否则视为合同未变更。

1. 2. 4. 2　合同的转让

1. 合同转让的概念和特点

合同的转让是合同主体的变化，是指合同的一方当事人将合同的全部或者部分权利义务转让给第三人，而合同的内容将不发生变化。可见，合同的转让是合同主体的变更，合同的内容不变。合同的转让包括合同权利的转让、合同义务的转让，合同权利和义务的转让三种类型。

合同的转让，具有如下特点：

（1）合同的转让导致合同主体发生变化。在合同的转让中，第三人代替原合同当事人一方享有合同权利、承担合同义务或者第三人加入合同关系中与原当事人分享权利、分担义务。

（2）合同的转让并不改变原合同的权利和义务关系。也就是说，转让后的合同内容与转让前的合同内容完全相同。

（3）合同的转让必须是合法有效的合同权利或义务的转让。如果原合同因违反法律规定被确认无效或撤销则不能发生转让。

（4）合同的转让涉及原合同当事人双方及受让的第三人三方之间的法律关系。

2. 合同转让的条件

（1）合同中必须存在合法有效的合同关系。合法有效的合同关系是合同中权利义务转让的前提。如果合同是无效的，则转让行为也是无效的。

（2）合同的转让应当符合法律规定的程序。由于合同权利义务的转让涉及原合同当事人的利益，因此，法律要求在转让合同的权利和义务时，应当取得原合同当事人另一方的同意或者及时通知另一方，否则合同的转让无效。对于法律规定由国家有关机关批准的合同，在转让合同时应报原批准机关批准，否则合同的转让也无效。

（3）合同的转让必须合法，并且不违背社会公共利益。合法是指转让内容和形式的合法。

3. 合同债权的转让

（1）合同债权转让的概念及法律特征

合同债权转让又称合同债权让与或者合同权利的转让，是指合同债权人通过协议将其债权全部或者部分转让给第三人的行为。原债权人称为让与人，新债权人称为受让人。

合同债权转让具有以下特征：

①合同债权转让的主体是债权人和第三人。这里的"第三人"即为得到全部或者部分合同权利的受让人。

②合同债权转让的方式有权利全部转让和部分转让两种。"全部转让"时，第三人将完全取代债权人的地位而成为合同当事人，原合同关系消灭，产生新的合同关系。"部分转让"时，第三人只得到合同的部分权利，他作为受让人加入到合同关系中，与原债权人共同享有债权。

③合同债权转让的对象是合同中可以转让的债权。

（2）不能转让的合同债权

法律规定不能转让的合同债权有以下三种情况：

①根据合同性质不得转让的债权。这种债权是根据合同权利的性质只能在特定当事人之间发生才能实现合同目的的权利，如果转让给第三人，将会使合同的内容发生变更。此类合同主要有：第一，根据个人信任关系而必须由特定人受领的债权，比如因代培、雇佣等产生的债权；第二，以特定的债权人为基础发生的合同权利，比如以某个特定演员的演出活动为基础所订立的演出合同等；第三，属于从合同的合同，比如担保合同等。

②按照当事人约定不得转让的债权。当事人在订立合同时或者订立合同后约定禁止任何一方转让合同权利，只要此约定不违反法律的禁止性规定和社会公共道德，就具有法律效力。

③依照法律规定不得转让的债权。这种债权是法律规定禁止转让的，常见的有三种：第一，以特定身份为基础的债权，比如抚养费债权；第二，公法上的债权，比如抚恤金债权、退休金债权、劳动保险金债权等；第三，因人身权受侵害而产生的损害赔偿请求权，比如因身体健康、名誉受侵害而产生的赔偿金、抚恤金债权等。

（3）合同债权转让的效力

①债权人转让权利的，应当及时通知债务人。没有通知债务人的转让对债务人不发生法律效力。

②债权人转让的通知不得撤销，但经受让人同意的除外。

③债权人转让权利的，受让人取得与债权有关的从权利，但该从权利专属于债权人自身的除外。

④债权的转让，只发生债权主体的变更，债务的内容不丧失同一性，所以债务人在接受通知时，可以对抗让与人的事由，皆可对抗受让人。

⑤既然受让人接受了让与人的债权，那么，为了保护债务人的利益不受侵害，受让人对于让与人基于同一债权而应该承担的义务也应承受，包括债权人的清偿抵销权。"抵销"是指当事人就互负给付种类相同的债务，按对等数额使其相互消灭的意思表示。《合同法》第99 条规定："当事人互负到期债务，该债务的标的物种类、品质相同的，任何一方可以将自己的债务与对方的债务抵销，但依照法律规定或者按照合同性质不得抵销的除外。当事人主张抵销的，应当通知对方。通知自到达时生效。抵销不得附条件或者附期限。"

⑥法律、行政法规规定转让权利应当办理批准、登记等手续的，应当依照规定办理，否则权利转让无效。

4. 合同债务的转让

（1）合同债务转让的概念及法律特征

合同债务的转让，也叫合同义务转让或者合同债务承担，是债务人将合同的义务全部或者部分转让给第三人的行为。法律规定允许债务人转让债务，但必须经债权人同意。

合同债务承担具有以下特征：

①合同债务承担并不改变原债务的内容；

②在全部合同债务承担的情况下，原债务人脱离了原来的合同关系，新的债务人成为原全部债务的承担者；在部分合同债务承担的情况下，原债务人和新债务人成为共同债务人。

（2）合同债务转让的效力

①债务人转让债务的，新债务人可以主张原债务人对债权人的抗辩。债务承担使债务以承受时的状态转移于新债务人，因此，为了使新债务人的利益不受损害，基于原债务而产生的抗辩对于新债务人应该有效力。比如，合同关系具有无效因素时，原债务人可以主张合同无效，由于在债务转移之前，原债务人没有主张合同无效，当新债务人承担该债务以后，新债务人可以以合同无效为由而不履行债务。

②债务人转让债务的，新债务人应当承担与主债务有关的从债务，但该从债务专属于原债务人自身的除外。

③法律、行政法规规定转让债务时应当办理批准、登记等手续的，应依照规定办理，否则转让无效。

5. 合同权利义务的概括转让

（1）合同权利义务概括转让的概念

合同权利义务的概括转让，又叫债权债务的概括转移或者债权债务的概括转让，是指由当事人一方将其债权债务一并转移给第三人，由第三人概括地接受这些债权债务。

（2）合同权利义务概括转让的方式

合同权利义务的概括转让有两种方式：一种为合同转让，另一种为企业的合并而发生的债权债务的转让。

①合同转让

合同转让，又称合同承受或者合同承担，是指一方当事人与他人订立合同，后又与第三人约定并经过对方当事人的同意，由第三人取代自己在合同关系中的法律地位，承担自己在合同中的权利和义务。

由于合同权利义务的概括转让是要转让整个权利义务，因此，只有在双务合同中才可能存在这种情况，因为双务合同的一方当事人既享有债权又承担债务，而在单务合同中，一方当事人仅享有权利或者仅承担义务，所以，在单务合同中不存在债权债务的概括转让的情况。

②因企业合并而发生的债权债务转让

企业合并是指原存在的两个或者两个以上的企业合并为一个企业。它包括两种情况：

一种是吸收合并，是一个或者一个以上企业归并于另一个企业，归并后只有一个企业存续，被归并企业均告消灭的企业合并。因合并而消灭的企业，其权利义务均由合并后存续的企业概括承受。

另一种是新设合并，是两个或者两个以上企业归并为一个新企业，而原有的企业均告消灭的企业合并。原有企业的权利和义务均由新设立的企业概括承受。

（3）合同权利义务概括转让的效力

合同权利义务概括转让的效力，参照合同权利的转让及合同义务的转让的效力。

1.2.5　合同的权利义务终止

1.2.5.1　合同权利义务终止的概念和原因

1. 合同权利义务终止的概念

合同的权利义务终止，又称合同的终止或合同的消灭，是指因某种原因而引起的债权债务客观上不复存在。

合同的终止与合同的解除不是同一个概念，两者的区别主要有两点：一是合同终止仅使继续性合同关系自终止之日起消灭，以前的合同关系仍然有效，不发生恢复原状的后果，而合同的解除在效力上一般溯及至合同成立之时，会发生恢复原状的后果；二是合同的终止原因不限于违约，而解除的原因是违约。我国《合同法》的观点是：合同的解除是合同终止的一个原因，将解除作为终止的下位概念。

2. 合同权利义务终止的原因

《合同法》第91条规定，有下列情形之一的，合同的权利义务终止：

（1）债务已经按照约定履行；

（2）合同解除；

（3）债务相互抵销；

（4）债务人依法将标的物提存；

（5）债权人免除债务；

（6）债权债务同归于一人；

（7）法律规定或者当事人约定终止的其他情形。即除了以上原因以外其他可以作为合同终止的情形，比如作为合同主体的自然人死亡、作为合同主体的法人解散、有限期的合同期届满等。

3. 合同的权利义务终止的效力

（1）合同终止后，依附主债权债务关系的从权利和从义务一并消灭，比如担保、违约金、利息等债务亦随之消灭，但已成立的违约金债权、利息债权不随主债权消灭而消灭。

（2）合同终止后，当事人应返还所有负债字据。因为负债字据是债权债务关系的证明，债权债务关系消灭了，债权人应当将负债字据返还给债务人。

（3）合同终止后，在合同当事人之间发生合同后义务。《合同法》第 92 条规定："合同的权利义务终止后，当事人应当遵循诚实信用原则，依据交易习惯履行通知、协助、保密等义务。"后合同义务是相对于前合同义务而言的，它是合同终止后当事人应当履行的义务。

下面就各个合同终止的原因进行分析。

1.2.5.2　债务已经按照约定履行

债务已经按照约定履行，称为清偿。清偿，是按照合同约定实现债权目的的行为。清偿与履行的意义相同，只是侧重点不同，履行是从满足债权而实现合同目的的角度而言的，而清偿是从满足债权而使合同终止的角度而言的。

1.2.5.3　合同解除

1. 合同解除的含义及特征

合同解除是指合同当事人一方，行使基于合同或者法律规定的解除权，使合同效力终止的一种行为。可见，合同解除是一种法律行为，此行为依据有解除权的当事人一方的意思表示而成立，无须相对人的承诺。

合同解除具有以下特征：

（1）合同解除只适用于有效成立的合同；

（2）合同解除必须符合法定或约定的条件，没有法定或约定的条件发生，当事人不得解除合同；

（3）合同解除必须有行使解除权的行为或者当事人双方的合意；

（4）合同解除的效力是使合同关系消灭；

2. 合同的约定解除

约定解除是当事人通过行使约定的解除权或者双方协商决定而进行的合同解除。《合同法》第 93 条规定："当事人协商一致，可以解除合同。当事人可以约定一方解除合同的条件。解除合同的条件成就时，解除权人可以解除合同。"可见，约定解除包括两种：约定解除和协商解除。

（1）约定解除是当事人在订立合同时就事先约定了合同解除的条件。

（2）协商解除是当事人根据已经发生的需要解除合同的情况而决定解除合同。

3. 合同的法定解除

法定解除是合同成立后，在没有履行或者没有完全履行的情况下，当事人一方行使法定的解除权而使合同效力消灭的行为。为此，《合同法》第 94 条规定，有下列情形之一的，当事人可以解除合同：

（1）因不可抗力致使不能实现合同目的；

（2）在履行期间届满之前，当事人一方明确表示或者以自己的行为表明不履行主要债务；

（3）当事人一方延迟履行主要债务，经催告后在合同期限内仍未履行；

（4）当事人一方延迟履行主要债务或者有其他违约行为致使不能实现合同目的；

（5）法律规定的其他情形。

4. 合同解除的程序

（1）解除权的行使程序

解除权的行使行为是有相对人的单方行为，所以它的行使应符合下列要件：①出现了法定解除权或者约定解除权的条件；②解除权人将解除合同的意旨通知于对方当事人；③通知须到达对方当事人；④解除权的行使须遵守法定的或约定的解除权行使期限，期限届满当事人不行使的，解除权消灭。法律没有规定或者当事人没有约定解除权行使期限，当对方催告后在合理期限内不行使的，解除权消灭。⑤法律、行政法规规定解除合同应当办理批准、登记等手续的，应按规定的程序进行。

协商解除合同的前提是当事人双方协商一致，订立一个解除合同的合同。

（2）合同解除的法律后果

《合同法》规定，合同解除后，尚未履行的，终止履行；已经履行的，根据履行情况和合同性质，当事人可以要求恢复原状、采取其他补救措施，并有权要求赔偿损失。合同的权利义务终止，不影响合同中结算和清理条款的效力。

1.2.5.4　债务相互抵销

抵销是指合同双方当事人互负债务时，各自用其债权来充当债务的清偿从而使其债务与对方的债务在对等数额内相互消灭。包括法定抵销和合意抵销两类。

1. 法定抵销

法定抵销是指合同当事人双方互负到期债务，并且该债务的标的物种类、品质相同，任何一方当事人作出的使相互间相当数额的债务同归消灭的意思表示。

但是，根据合同性质和依据法律规定，有些合同的债务的标的不能抵销。按照合同性质不能抵销的债务有行为、智力成果为标的的债务；依据法律规定不能抵销的债务有因侵权行为所负的债务、法律禁止扣押的侵权债务（比如劳动报酬、抚恤金等）、约定应向第三人给付的债务等。

《合同法》还规定，当事人主张抵销的，应当通知对方。通知自到达对方时生效。抵销不得附条件或者附期限。

2. 合意抵销

合意抵销又称约定抵销，是当事人双方经协商一致而发生的抵销。合意抵销可以在合同的标的物种类、品质不相同的情况下进行，但双方必须协商一致，而且数额等同。

根据合同性质和依据法律规定不得抵销的债务，也不得进行合意抵销。

1.2.5.5　债务人提存标的物

1. 提存的概念

提存是指由于债权人的原因而无法向其交付合同标的物时，债务人将该标的物提交给提存机关而消灭债务，使债权债务关系终止的制度。

在我国，目前提存机关为公证机关。标的物提存后，债务人应当及时通知债权人或者债权人的继承人、监护人，债权人下落不明的除外。

2. 提存的原因

根据《合同法》的规定，提存的原因有以下三种：

（1）债权人迟延受领，简称迟延受领，是指债权人对于债务人的履行应当受领而不予受领或者不能受领。迟延受领的要件：①债务人的履行需要债权人的协助；②债务的履行期限已经到来；③债务人已经提出履行或者开始履行；④债权人对债务人的履行不予或者不能受领。

（2）债权人下落不明，是指债权人的住所地和居住地不固定或者不能被外人所知，以至于债务人欲履行债务而因不知道履行地点或者无债权人的必要协助而无法履行债务。

（3）债权人死亡或者丧失行为能力而未确定继承人或者监护人，债务人不知道向谁履行债务。

3. 提存的其他法律规定

（1）标的物提存以后，提存物损毁、灭失的风险由债权人承担。由于提存同等于合同关系的消灭，债务人提存了标的物被视为已经履行了合同义务，此时标的物的风险不能由债务人承担。

（2）提存期间，提存的标的物的孳息归债权人。

（3）标的物的提存费用由债权人承担。

（4）债权人可以随时领取提存物，但债权人对债务人负有到期债务的，在债权人未履行债务或者提供担保之前，提存部门根据债务人的要求应当拒绝债权人领取提存物。

（5）债权人领取提存物的权利，自提存之日起5年内不行使而消灭，提存物扣除提存费用后归国家所有。

1.2.5.6 债权人免除债务

1. 债权人免除债务的概念和特征

债权人免除债务简称免除，是债权人以消灭债务人的债务为目的而抛弃债权的意思表示。

免除具有以下法律特征：

（1）免除是民事法律行为，而且是一种单方的法律行为。

（2）免除是无偿行为。因为债务人因免除而取得利益时，无须为此支付代价。

（3）免除必须以债权债务关系消灭为内容。

2. 免除的条件

（1）免除的意思表示只能向债务人作出，如果向第三人作免除的意思表示，债务关系并不消灭。免除应当以合同方式、交付免除证书的方式或者交还债权证书的方式来进行。

（2）免除作为法律行为，适用有关法律行为的规定，比如可以附条件或者附期限等。

（3）债权人必须有处分能力，债务人因单纯获得利益，所以即使能力有欠缺，免除仍可成立。

（4）免除不得损害第三人的合法利益。

3. 免除的效力

免除导致债权债务关系绝对消灭。免除部分债务的部分消灭，免除全部债务的全部消灭，与债务相对应的债权也消灭。

1.2.5.7 债权债务同归于一人

债权债务同归于一人，在民法理论上称为混同。合同关系须有债权人和债务人同时存在时方能成立，当债权人和债务人合为一人时，债权债务关系就当然消灭，合同随即终止。

混同的发生主要有两种原因：（1）概括承受。此为发生混同的主要原因。比如法人合并、债权人继承债务人、债务人继承债权人等。（2）特定承受。即债务人受让债权人的债权，债权人承受债务人的债务。

混同的效力：混同导致债权债务绝对消灭。

1.2.6 违约责任及其他规定

1.2.6.1 违约责任概述

1. 违约责任的概念

违约责任是指合同当事人因违反合同所应承担的法律责任。

违约责任是民事责任的一种，它在合同关系中居于十分重要的地位。违约责任制度是保障债权实现及债务履行的重要措施，它与合同债务有密切关系，合同债务是违约责任的前提，违约责任制度的设立具有保障合同债权、维护社会经济秩序的作用。

2. 违约责任的性质

关于违约责任的性质，法学界有许多观点，比如有担保说、制裁说、补偿说、法律后果说等。根据我国《民法通则》和《合同法》以及其他一些法律规定来看，违约责任的性质具有补偿性。

3. 违约责任的构成要件

违约责任的构成要件是指合同当事人应具备何种条件才应承担违约责任。违约责任的构成要件包括如下：

（1）违约的合同必须是有效的合同。因为只有有效的合同，法律规定才允许履行，才会发生违反合同的情况。

（2）要有违反合同的行为事实存在。违反合同的行为事实是指不履行合同或者不适当履行合同的事实，法律上也叫违约事实。

（3）违约方要有过错。

4. 违约行为形态及违约责任方式

（1）违约行为形态

我国《合同法》第107条规定的违约行为形态有两种：不履行和不适当履行。

不履行就是不履行合同义务，是合同当事人不能履行或者拒绝履行合同义务。不能履行是指债务人由于某种情况，事实上已经不可能再履行债务。拒绝履行是指债务人能够履行债务而拒不履行。

不适当履行就是履行合同义务不符合合同约定。它包括履行迟延、瑕疵履行和不完全履行等。

（2）违约责任方式

违约责任方式有：继续履行合同、采取补救措施和赔偿损失，除此之外，违约责任的方式还有支付违约金和强制实际履行等。

①继续履行合同，是指违反合同的当事人不论是否已经承担赔偿金或者违约金责任，都必须根据对方当事人的要求，在自己能够履行的条件下，对原合同未履行的部分继续履行。

②采取补救措施，是指在违反合同的事实发生后，为防止损失发生或者扩大，而由违反合同行为人采取修理、重作、更换等措施。

③赔偿损失，是一方当事人违反合同造成对方损失时，应以其相应价值的财产予以补偿。

④支付违约金是指一方当事人违反合同规定，依照当事人约定或法律规定向对方当事人支付一定数额金钱的责任形式。

⑤强制实际履行是法院强制违约方继续履行合同债务。

（3）违约责任方式实施过程中的注意事项

①赔偿损失和支付违约金这两种方式不能同时使用。法律规定或者合同约定的违约金能够补偿对方损失的，就可采用支付违约金的方式；如果违约金不能补偿对方损失，不必支付违约金，直接采用赔偿金的方式。

②如果当事人发现约定的违约金高出损失很多或者低于损失很多时，可以请求人民法院降低违约金或者提高违约金。

③当事人既约定违约金又约定定金的，只能选择其中的一种。

1.2.6.2　违约行为的具体体现

根据《合同法》的规定，违约行为的具体表现有先期拒绝履行、履行拒绝、履行迟延、瑕疵履行、受领迟延等。

1. 先期拒绝履行

先期拒绝履行是指当事人在履行期限届满之前，明确表示或者以自己的行为表明不履行合同义务的行为。这是一种明示的毁约行为。

先期拒绝履行的构成要件：（1）以言语或行为明确肯定地向对方提出不履行合同的表示；（2）必须明确表示在履行期到来以后不履行合同义务；（3）明确毁约无正当的理由。

先期拒绝履行导致的法律后果有：解除合同、赔偿损失、支付违约金等。

2. 履行拒绝

履行拒绝是指履行期届至，债务人能为给付而违法的表示不为给付的意思表示。履行拒绝是严重损害债权人利益的行为，对债权的价值有重大影响。

履行拒绝的构成要件：（1）有合法的债务存在；（2）履行为可能；（3）履行期届至；（4）债务人有履行拒绝的表示；（5）债务人明知有债务且能够履行而拒不履行。

履行拒绝导致的法律后果有：解除合同、债务人支付违约金或者赔偿金，违约方的对方当事人为了防止损失扩大，有担保的合同在债务人明确拒绝履行时债权人可以请求担保人承担连带责任，由保证人履行保证债务。

3. 履行迟延

履行迟延是指合同债务已到履行期，当事人能够履行而不按法律规定或当事人约定的时间履行的情形。判定履行是否迟延，关键是履行期。

履行迟延的构成要件：（1）有合法债务的存在；（2）债务已届履行期；（3）债务人能为给付而不为给付；（4）有可归责于债务人的事由；（5）债务人无正当理由。

履行迟延导致的法律后果有：解除合同、申请强制履行非金钱债务、向债权人支付损害赔偿金或违约金、对迟延期间的不可抗力负责等。

4. 履行不能

履行不能是指债务人不能实现给付的内容。

履行不能的原因很多，比如标的物已不复存在、债务人自身不能提供劳务等。一般来说金钱之债或种类物之债不能发生履行不能。

履行不能导致的法律后果有：解除合同、赔偿损失。

5. 瑕疵履行

瑕疵履行是指债务人虽然履行，但其履行有瑕疵或者给债权人造成其他损害的情形。所以又称不完全给付或不良给付。

瑕疵履行又可分为两类：不适当给付和加害给付。

瑕疵履行导致的法律后果有：继续履行、解除合同、修理、更换、重作、减价、退货、赔偿损失等。

1.2.6.3 免除违约责任的事由

1. 不可抗力

不可抗力是指当事人不能预见、不能避免并不能克服的客观情况。

《合同法》第117条规定，因不可抗力不能履行合同的，根据不可抗力的影响，部分或者全部免除责任。

不可抗力的范围有：（1）自然灾害，包括地震、台风、冰雹、洪水侵袭等。（2）意外事件，包括政府行为（比如政府当局颁布新政策、法规和行政措施而导致合同不能履行）、社会异常事件（比如罢工、骚乱等阻碍合同的履行）。

2. 受害人自己的故意或过失

受害人自己的故意或过失引起不履行合同的，可免除对方当事人的责任。

1.2.6.4 涉外合同的法律适用

涉外合同的法律适用是指涉外合同的当事人对合同有争议的，仲裁机构或者法院以哪个国家的法院作为处理合同争议的准据法。《合同法》第126条规定："涉外合同的当事人可以选择处理合同争议所适用的法律，但法律另有规定的除外。涉外合同的当事人没有选择的，适用与合同有最密切联系的国家的法律。在中华人民共和国境内履行的中外合资经营企业合同、中外合作经营企业合同、中外合作勘探开发自然资源合同，适用中华人民共和国法律。"

1.2.6.5 合同的监督

1. 监督的主体：县级以上各级人民政府工商行政部门和其他有关主管部门有在其各自职权范围内，在法律、法规规定的范围内对合同实施监督管理的权利。

2. 监督的依据：我国现有的法律、行政法规等。

3. 监督的内容：工商行政管理部门和其他有关主管部门在有人利用合同实施对国家利益、社会公共利益造成危害的违法、犯罪行为时，依其职责进行监督以及责任的追究。

1.2.6.6 合同纠纷的解决方式

我国《合同法》第128条规定了解决合同争议的方式，具体有：和解、调解、仲裁、诉讼四种。

1. 和解

和解是指合同纠纷发生后，由合同当事人就合同争议的问题进行磋商，双方都作出一定的让步，在彼此都认为可以接受的基础上达成和解协议的方式。

协商在合同当事人之间进行，一般没有外界参与，有一定的灵活性，气氛一般比较友好，成本较低，因此合同各方当事人协商往往能在友好的气氛中解决合同争议。

2. 调解

调解是指合同当事人自愿将合同争议提交给一个第三者，在第三者的主持下进行协商的方式。

调解的最大特点就是由第三者主持解决合同纠纷。作为调解方，可以是合同当事人双方共同的上级主管部门，也可以是合同管理机关，还可以是与合同及其当事人不存在联系的其他组织或者个人。

合同经过调解达成调解协议，应采用书面形式，当事人在协议上签字、盖章，作为合同纠纷解决的依据。

3. 仲裁

仲裁是指合同当事人根据仲裁协议将合同争议提交给仲裁机构并由仲裁机构作出裁决的方式。仲裁分为国内仲裁和涉外仲裁两种。

仲裁必须要有仲裁协议。仲裁协议有两种类型：一种是各方当事人在争议发生前订立的，表示愿意将将来发生的争议提交仲裁机构解决的协议，并把它写进合同条款，称为仲裁条款；另一种是当事人在争议发生后订立的表示愿意将合同争议提交仲裁机构解决的协议。仲裁协议的内容一般包括请求仲裁的意思表示、仲裁事项、选定的仲裁委员会等。

仲裁庭的组成有两种方式，一种是当事人约定由 3 名仲裁员组成仲裁庭，另一种是当事人约定由 1 名仲裁员组成仲裁庭。

4. 诉讼

诉讼是指当事人为了解决合同纠纷而依法向人民法院提出请求的诉讼行为。

当事人起诉要向人民法院提交起诉状。其中，主动提出请求的当事人称为原告，受原告控告的当事人称为被告。

起诉必须具备以下条件：（1）原告是与本案有直接利害关系的自然人、法人或者其他组织；（2）有明确的被告；（3）有具体的诉讼请求和事实、理由；（4）属于人民法院受理民事诉讼的范围和受诉人民法院管辖。

以上四种解决合同争议的方式各有特点，当事人可以依据实际情况选择其中的一种或者几种方式，但是，仲裁和诉讼只能选择其中的一种，即选择了仲裁就不能再选择诉讼。

1.3　代理制度

1.3.1　代理的概念及法律特征

代理是指代理人以被代理人的名义，并在其授权范围内向第三人作出意思表示，所产生的权利和义务直接由被代理人享有和承担的法律行为。

代理具有以下法律特征：

1. 代理是代理人代替被代理人所谓的民事法律行为。代理是一种民事法律行为，许多被代理人的民事法律行为都可以由代理人的行为来实现，比如代订合同等。但是，不是所有的民事法律行为都可以由代理人代理，比如结婚登记就不能由代理人代理，必须由当事人自己办理。

2. 代理行为是代理人以被代理人的名义实施的民事法律行为。代理活动的目的就是为被代理人进行某种法律行为，代理人只有以被代理人的名义进行代理活动，才能为被代理人设定权利和义务，代理行为所产生的后果，才能归属于被代理人。如果代理人不是以被代理人的名义而是以自己的名义实施的法律行为，其所设定的权利和义务只能由代理人自己承受，是一种非代理行为，称之为行纪行为。

3. 代理人在被代理人的授权范围内独立地作出意思表示。当代理人以被代理人的名义并在其授权范围内与第三人进行法律活动时，必须反映被代理人在其授权范围内的意志，并且通过自己的思考和决策，作出独立的、发挥主观能动性的意思表示。代理人如果超过了被代理人的授权范围所实施的行为，被代理人不承担责任。

4. 代理人的代理行为所产生的法律后果直接归属被代理人。就是说代理人的代理行为所产生的法律后果，在代理人与被代理人之间不必经过权利义务的转移，由被代理人直接取得权利和承担义务，其中也包括代理人在执行代理活动中所造成的损失责任。

1.3.2 代理的种类

由于代理权产生的依据不同，代理可分为委托代理、法定代理和指定代理。

1. 委托代理

委托代理是指按照被代理人的委托授权而产生代理权的代理。在这种法律关系中，被代理人向代理人授予代理权的意思表示称为委托授权行为。委托代理是依据一定的法律关系而产生的法律行为，所以代理人与被代理人之间应签订委托合同。

委托合同可以是书面的，也可以是口头的。如果法律法规规定应当采用书面形式的，则应当采用书面形式。

委托代理是我国市场经济生活中使用最多的一种代理，也是社会生活必不可少的组成部分。在建设工程中涉及的代理主要是委托代理，比如项目经理就是施工企业就具体的工程项目委托的代理人，总监理工程师就是监理单位就建设单位委托的具体工程项目的监督管理的代理人，而且随着经济的不断发展，社会分工越来越细，委托代理的范围也在扩大，建设工程领域中的某些中介业务也已经产生了专门的代理机构，甚至于成为专门的行业，比如招标代理机构、工程咨询机构等。

2. 法定代理

法定代理是指依据法律的直接规定而产生代理权的代理。这种代理的最大特点是"法定"，即代理人与被代理人是法定的，代理权的内容是法定的，代理关系也是法定的。而且法定代理的被代理人只能是公民，并且是无民事行为能力和限制民事行为能力的公民。

3. 指定代理

指定代理是指根据人民法院或有关主管机关指定而产生代理权的代理。指定代理的被代理人也只能是公民，而且是无民事行为能力和限制民事行为能力的公民。

1.3.3 无权代理

1. 无权代理的概念和表现形式

无权代理是指行为人没有代理权或超越代理权限而进行的"代理活动"。它的表现形式有以下三种情况：

（1）没有合法授权的"代理行为"。代理权的产生是基于被代理人的授权、法律直接规定或人民法院和主管机关的指定，如果没有这些产生代理权的依据，所谓的"代理行为"就是无权代理。

（2）代理人超越代理权限所为的"代理行为"。代理人只有在代理权限范围内实施代理行为才有效，如果超越代理权限实施的行为就构成了无权代理。

（3）代理权终止后的"代理行为"。代理人的代理权总是在特定时间范围内有效，代理关系一旦终止，代理权也应终止。代理权终止后，代理人再以被代理人的名义实施代理行为就构成了无权代理。

2. 无权代理的法律后果

我国《民法通则》对无权代理的法律后果作了专门规定：

（1）"被代理人"的追认权。从原则上说被代理人对无权代理不应追认，但被代理人如果认为这部分权利和义务符合自己的愿望或利益，他有权追认。无权代理一旦被追认，就转变为有效代理，被代理人才承担民事责任。

（2）"被代理人"的拒绝权。被代理人为了保护自己的合法权益，对无权代理行为及其所产生的法律后果，享有拒绝的权利。被拒绝的无权代理行为所产生的法律后果，由行为人承担所有民事责任，被代理人不承担任何民事责任。

另外，在无权代理活动中，无权代理行为人也享有催告权和撤回权。催告权是指无权代理行为人作出无权代理行为后，向"被代理人"催问他对上述行为是追认有效还是拒绝追认，并限期作出答复。撤回权是指无权代理行为人在作出无权代理行为后，向"被代理人"提出撤回以前曾作出的无权代理行为。

1.3.4　代理关系的终止

我国《民法通则》中对委托代理的终止、法定代理和指定代理的终止分别作了专门规定，其中委托代理在我们的经济生活中使用较为普遍，所以这里仅就委托代理终止的原因概括为以下几个方面：

1. 代理期间届满或者代理事务完成，代理关系终止；

2. 被代理人取消委托或者代理人辞去委托，代理关系终止；

3. 代理人死亡，代理关系终止；

4. 代理人丧失民事行为能力，代理关系终止；

5. 作为被代理人或者代理人的法人终止，代理关系终止。

1.4　本章案例

【案例 1-1】

某厂与某建筑公司签订了建造厂房的建设工程承包合同。开工后一个月，厂方因资金紧缺，口头要求建筑公司暂停施工，建筑公司亦口头答应停工一个月。工程按合同规定期限验收时，厂方发现工程质量存在问题，要求返工。两个月后，返工完毕。结算时，厂方认为建筑公司迟延交付工程，应偿付逾期违约金。建筑公司认为：厂方要求临时停工并不得顺延完工日期，建筑公司为抢工期才出现了质量问题，因此迟延交付的责任不在建筑公司。厂方则认为：临时停工和不顺延工期是当时建筑公司答应的，其应当履行承诺，承担违约责任。

问题：

此争议依据合同法律规范应如何处理？

案例评析：

1. 根据《合同法》规定，原合同是书面签订的，那么变更合同也应当采取书面形式，本案中厂方要求临时停工并不得顺延工期，是厂方与建筑公司的口头协议；其变更协议的形式违法，是无效的变更，双方仍应按原合同规定执行。

2. 施工期间，厂方未能及时支付工程款，应对停工承担责任，故应当赔偿建筑公司停工一个月的实际损失。

3. 工程因质量问题返工，造成逾期交付，责任在建筑公司，故建筑公司应当支付逾期违约金。

【案例 1-2】

2000 年 3 月 1 日，原告甲公司和被告乙县大剧院签订了房屋租赁合同。合同约定，被告将其主体娱乐区三层 100 平方米的房屋租赁给原告使用，租期 3 年，年租金 2 万元；同时约定，如一方违约，应向另一方赔偿经济损失，并按当年租金总额的 10% 承担违约金。

2001 年 3 月 22 日，乙县人民政府县长办公会决定将文化馆搬入被告处集中办公。

被告认为原告所租赁的房屋适合文化馆使用，便于 4 月 7 日书面通知原告，限其 4 月 9 日上午搬出，原告不同意，被告便于当日将原告的办公设备强行搬至该院二层会议室。原告无奈只好搬出。

为此，原告损失加工费、广告费、搬迁费等共计 3 万多元。原告诉至法院，要求被告承担违约责任。被告辩称，解除合同系政府行为，属于不可抗力，因此其并未违约，不同意原告的诉讼要求。

问题：

本案中，被告是否应承担违约责任？为什么？

案例评析：

普遍适用的免责事由是不可抗力。依《合同法》第 117 条规定，因不可抗力不能履行合同的，根据不可抗力的影响，部分或者全部免除责任，但法律另有规定的除外。

政府行为是否构成不可抗力要具体分析，对于政府当局颁布新的政策、法律、法规和行政措施从而使合同履行不可能的，可以认为构成不可抗力。

当然，不可抗力是否免除或减轻违约人的责任，则应考察是在违约人在不可抗力之前存在主观过错。

本案中，县政府的决定不构成不可抗力。具体而言，县政府决定将文化馆搬入被告处安置，其决定不属于依政府职能进行管理的行政措施，而且，被告并非仅有原告租赁房屋处可以安置，而是有很多处房屋可供选择，并非不能避免、不能克服的事件。因此，该决定不能成为被告免除违约责任的事由，被告仍应依法承担违约责任。

思 考 题

1. 什么是合同？合同有哪些类别？
2. 简述合同订立的形式和内容。
3. 订立合同的程序是什么？
4. 合同效力的概念和内容是什么？
5. 无效合同的概念及法律后果是什么？
6. 合同履行的概念和原则是什么？
7. 什么是合同履行的抗辩权、合同履行的代位权、合同履行的撤销权？
8. 什么是合同的变更？合同变更应具备哪些条件？

9. 什么是合同的转让? 合同转让应具备哪些条件?

10. 简述合同债权转让、债务转让、债权债务转让。

11. 引起合同权利义务终止的原因有哪些?

12. 合同解除的方式和程序是什么?

13. 什么是违约责任? 构成违约责任的要件有哪些?

14. 违约行为有哪些具体表现?

15. 合同纠纷的解决方式有哪些? 怎样选择?

16. 合同法律关系由哪些要素构成?

17. 自然人和法人有哪些异同?

18. 什么是法律事实? 法律事实有哪些种类?

19. 什么是代理? 代理有哪些法律特征?

20. 代理在建设工程中有哪些应用?

第2章 建设工程合同及相关法律体系

2.1 建设工程合同及体系构成

在市场经济中，财产的流转主要依靠合同，特别是工程项目，标的大、履行时间长、协调关系多，合同尤为重要。因此，建筑市场中的各方主体，包括建设单位、勘察设计单位、施工单位、咨询单位、监理单位、材料设备供应单位等都要依靠合同规范相互之间的关系，对于工程建设的各个方面，在合同中均作出详细的规定，合同是将建设工程纳入法制化管理体系的重要文件。

2.1.1 建设工程合同的概念

我国建设领域习惯上把建设工程合同的当事人双方称为发包方和承包方，建设工程合同是承包人进行工程建设、发包人支付价款的合同。

双方当事人应当在合同中明确各自的权利义务，但主要是承包人进行工程建设，发包人支付工程款。此处的工程建设是广义的概念，包括与工程建设相关的各种行为。《合同法》列举的建设工程合同主要是勘察、设计合同和施工合同，但由于工程监理合同和物资采购合同与建设工程密切相关，通常也被列入建设工程合同的范畴。

从合同理论上说，建设工程合同是广义的承揽合同的一种，也是承揽人（承包人）按照定作人（发包人）的要求完成工作（工程建设），交付工作成果（竣工工程），定作人给付报酬（工程款）的合同。但由于工程建设合同在经济活动、社会生活中的重要作用，以及在国家管理、合同标的等方面均有别于一般的承揽合同，我国一直将建设工程合同列为单独的一类重要合同。考虑到建设工程合同具有承揽合同的属性，《合同法》规定：建设工程合同中没有规定的，适用承揽合同的有关规定。

2.1.2 建设工程合同的特点

建设工程合同具有以下特点：

（1）建设工程合同具有很强的计划性。基本建设是整个国民经济的一项重要经济活动。虽然建设工程合同在完成工作这一类合同中，与承揽合同有某些相似之处，但它并非是一般的加工承揽关系，而是关系到国计民生，关系到国民经济建设的极为重要的一种合同，因而更需要加强计划管理。我国有关法规规定所有基本建设，无论是国家中央财政预算内，还是地方、部门和企业自筹资金安排的，都应毫无例外地纳入国家基本建设年度计划以内。

（2）严格的管理和监督。国家对建设工程合同的管理十分严格，规定了严格的法定程序，即基本建设程序。签订建设工程合同，必须严格遵守基本建设程序。基本建设工作涉及面广，内外协作、配合环节多，必须要有计划、有步骤、有秩序地进行。

（3）合同主体的要求。根据我国现行法律规定，建设工程合同的主体——建设工程勘察、设计、建筑、安装单位必须是经国家主管部门审查、批准，在当地工商行政管理部门进行核准登记并领有营业执照的基本建设专业组织，必须具备必要的人力、技术力量、机械设备以及工程技术人员，满足一定的资质条件并取得相应的资质等级的合法企业。建设单位必须具备一定的投资条件和投资能力，才能签订建设工程合同。

（4）主体之间具有严密的协作性。建设工程合同的履行涉及面广，内外协作、配合的环节多，需要合同主体双方较长期的通力协作。在合同的履行过程中，不仅要求承包方完成一定的工作，还要求双方当事人在完成该项工作中密切配合，共同努力，确保整个合同义务得以全面完成。

（5）建设工程合同的标的是基本建设工程。基本建设工程是以资金、材料、设备为条件，以科学技术为手段，通过脑力劳动和体力劳动，建设的各种工厂、矿山、道路、住宅、公用设施等，以形成固定资产扩大再生产的能力和改善人民物质文化生活水平。

2.1.3　建设工程合同的分类

2.1.3.1　按照承发包的范围进行划分

1. 勘察、设计或施工总承包合同

勘察、设计或施工总承包，是指建设单位将全部勘察、设计或施工的任务分别发包给一个勘察、设计单位或一个施工单位作为总承包单位，经发包人同意，总承包单位可以将勘察、设计或施工任务的一部分再分包给其他单位。

在这种模式中，发包人与总承包人订立总包合同，总承包人与分包人订立分包合同（从工程承包人承包的工程中承包部分工程而订立的合同），总承包人与分包人就工作成果对发包人承担连带责任。

这种承发包模式是我国工程建设实践中最常见的形式。

2. 单位工程施工承包合同

单位工程施工承包，是指在一些大型或者复杂的建设工程中，发包人可以将专业性很强的单位工程发包给不同的承包商，与承包商分别签订土木工程施工合同、电气与机械工程承包合同，这些承包商之间为平行关系。这种承包模式常见于大型工业建筑安装工程。

3. 工程项目总承包合同

工程项目总承包，是指建设单位将包括工程设计、施工、材料和设备采购等一系列工作全部发包给一家承包单位，由其进行设计、施工和采购工作，最后向建设单位交付具有使用功能的工程项目。

按这种模式发包的工程也称为"交钥匙工程"，一般适用于简单、明确的常规性工程，如一般性商业用房、标准化建筑等。对一些专业性较强的工业建筑，如钢铁、化工、水利等工程由专业的承包公司进行项目总承包也是常见的。

4. 工程项目总承包管理合同

工程项目总承包管理，即 CM 承包模式，是指建设单位将项目设计和施工的主要部分分包给专门从事设计和施工组织管理工作的单位，再由后者将其分包给若干设计、施工单位，并对它们进行项目管理。

工程项目总承包管理与工程项目总承包的不同之处在于：前者承包人不直接进行设计和施工，没有自己的设计和施工力量，而是将承包的设计和施工任务全部分包出去，总承包单位专心致力于工程项目管理，而后者承包人有自己的设计、施工力量，直接进行设计、施工、材料和设备采购等工作。

5. BOT 承包合同

BOT 承包，是指由政府或政府授权的机构授予承包商在一定的期限内，以自筹资金建设项目并自费经营和维护，向东道国出售项目产品或服务，收取价款或酬金，期满后将项目全部无偿移交东道国政府的工程承包模式。BOT 承包合同又称特许协议书。

对项目所在国来说，采取这种方式解决政府建设资金短缺的问题而不形成债务，又可解决本国欠缺建设、经营管理能力等困难，而且不用承担建设、经营中的风险。所以，这种方式在许多发展中国家受到欢迎和推广。

对承包商来说，利润来源也就不限于施工阶段，而是向前后延伸到可行性研究、规划设计、器材供应及项目建成后的经营管理，从被动招标的经营方式转向主动为政府、业主和财团提供服务，从而扩大了经营范围。一般要求承包商有很强的融资能力和技术经济管理水平，包括风险防范能力。

这是 20 世纪 80 年代中后期新兴的一种带资承包方式，适用于发展中国家的大型能源、交通、基础设施建设，如隧道、港口、高速公路、电厂建设等。

2.1.3.2　按照承发包的内容进行划分

从承包的内容进行划分，建设工程合同可以分为建设工程勘察合同、设计合同、施工合同、监理合同、物资采购合同等。

2.1.3.3　按照计价方式进行划分

根据计价方式不同进行划分，建设工程合同可分为：

1. 固定总价合同

固定总价合同是指在合同中确定一个完成建设工程的总价款，承包单位据此完成项目全部内容的合同，也称为包干合同。

固定总价合同的特点有：

（1）工程的总价款一般不随环境变化和工程量增减而变化，除非发生重大的设计变更。

（2）业主无风险，省去了追加投资报批的麻烦。

（3）承包商承担了全部的价格和工程量变化风险，因此不可预见费较高。

（4）建设单位在评标时易于确定报价最低的承包商、易于进行支付计算。

这类合同适用于工程量不太大且能精确计算、工期较短、技术不太复杂、风险小的项目。采用这种合同类型要求建设单位必须准备详细而全面的设计图纸（一般要求施工详图）和各项说明，使承包单位能准确计算工程量。

2. 单价合同

单价合同是指承包商按工程量清单内的分项工作填报单价，以实际完成工程量乘以所报单价计算工程结算款的合同。

单价合同的特点有：

（1）承包商承担报价的风险，即对所报单价的正确性和适宜性负责，工程量变化的风险由业主承担。其风险可以得到合理的分摊，能调动双方的管理积极性。

（2）招标文件中给的是参考工程量，投标时评比总价格；但工程结算时单价优先，实际工程款按双方确认的实际完成工程量和承包商投标所报的单价计算。

（3）一般单价不能变化，除非国家价格调整或者出现大的价格变化。

这类合同的适用范围最广，FIDIC 土木工程施工合同和我国的建设工程施工合同示范文本都是这一类。此类合同适用于一般性的各类土木工程项目（建筑、桥梁、水利、港口等），图纸量大而且比较复杂，变更的可能性大，施工有一定难度，工期长。

3. 成本加酬金合同

成本加酬金合同，是由业主向承包单位支付建设工程的实际成本，并按事先约定的某一种方式支付酬金的合同类型。

此类合同的特点有：

（1）业主需承担项目实际发生的一切费用，因此也就承担了项目的全部工程量和价格风险。

（2）承包单位无风险，其报酬往往也较低。

（3）承包商没有成本控制的积极性，反而期望提高成本来增加自己的经济效益。

这类合同的使用较少，主要适用于以下项目：时间紧迫，需要立即开展工作的项目，如抢险救灾工程；新研发的工程项目，或对项目工程技术、结构方案未确定，风险较大；缺少工程的详细资料，无法准确估价的项目。

合同计价方式有不同的权利与责任的分配，合同双方承担不同的风险，应视具体情况选择合同类型。有时也会在同一个合同中出现两种计价方式，如单价包干混合合同。

2.1.4　建设工程合同体系

一个建设项目的合同有几十份甚至几百份，而且它们之间存在复杂的关系，共同形成工程项目的合同体系。在这个体系中，业主和承包商是两个最重要的节点。

2.1.4.1　业主的主要合同关系

业主作为工程（或服务）的买方，是工程的所有者，它可能是政府、企业、其他投资者，或几个企业的组合，或政府与企业的组合（例如合资项目）。它投资一个项目通常委派一个代理人（或代表）以业主的身份进行工程项目的经营管理。

业主根据对工程的需求，确定工程项目的整体目标。这个目标是所有相关工程合同的核心。要实现工程目标，业主必须将建筑工程的勘察设计、各专业工程施工、设备和材料等工作委托出去，必须与有关单位签订如下各种合同：咨询（监理）合同、勘察设计合同、供应合同、工程施工合同、贷款合同等。在建筑工程中，业主的主要合同关系如图 2-1 所示。

按照工程承包方式和范围的不同，业主订立合同的数量不同。例如将工程分专业、分阶段委托，将材料和设备供应分别委托。也可能将上述委托以各种形式合并，如把土建和安装委托给一个承包商，把整个设备供应委托给一个成套设备供应企业。当然，业主还可以与一个承包商订立全包合同（一揽子承包合同），由该承包商负责整个工程的设计、供应、施工甚至管理工作。因此，不同合同的工作范围和内容会有很大的区别。

2.1.4.2　承包商的主要合同关系

承包商要完成承包合同的责任，包括由工程量表所确定的工程范围的施工、竣工和保修，为完成这些工程提供劳动力、施工设备、材料，有时也包括技术设计。任何承包商都不可能，也不必具备所有的专业工程的施工能力、材料和设备的生产和供应能力，他必须将许多专业工作委托出去。所以承包商常常又有自己复杂的合同关系。承包商的主要合同关系如图 2-2 所示。

（1）分包合同。分包是指总承包人与分包人之间签订的合同。分包人不与发包人发生直接关系，而只对总承包人负责，在现场由总承包人统筹安排其活动。

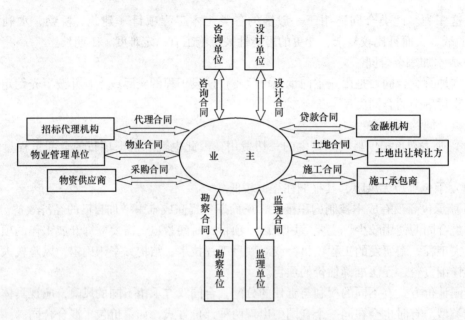

图 2-1　业主的主要合同关系

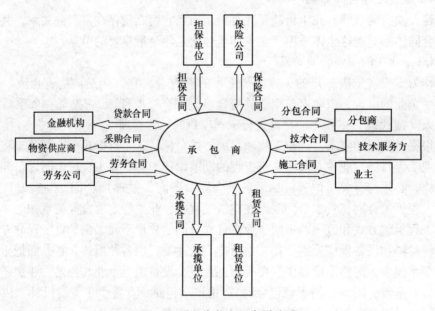

图 2-2　承包商的主要合同关系

分包人承包的工程，不能是总承包范围内的主体结构工程或主要部分（关键性部分），主体结构工程或主要部分必须由总承包人自行完成。

（2）采购合同。在工程施工中承包商为工程进行的必要的材料和设备的采购和供应，应按土建安装施工合同中供应物资责任方的规定与材料或设备供应单位签订合同。

（3）加工合同。承包商将建筑构配件、特殊构件加工任务委托给加工承揽单位而签订的合同。

（4）劳务合同。承包商与劳务供应商之间签订的合同。由劳务供应商向工程提供劳务。

（5）租赁合同。在建筑工程中承包商需要许多施工设备、运输设备、周转材料，当有些设备、周转材料在现场使用率较低，或自己购置需要大量资金投入而又不具备这个经济实力时，可以采用租赁方式，与租赁单位签订租赁合同。

（6）运输合同。这是承包商为解决材料和设备的运输问题而与运输单位签订的合同，是承运人将货物从起运点运输到约定地点，由托运人支付运费的合同。

（7）保险合同。承包商按施工合同要求对工程进行保险，与保险公司签订保险合同。

2.1.4.3　其他合同关系

（1）设计单位、各供应单位也可能存在各种形式的分包。

（2）施工承包商有时也承担工程（或部分工程）的设计（如设计—施工总承包），则它有时也必须委托设计单位，签订设计合同。

（3）如果工程付款条件苛刻，要求承包商带资承包，它就必须借款，与金融单位订立借款合同。

（4）在许多大型工程中，尤其是在业主要求全包的工程中，承包商经常是几个企业的联营，即联营承包。联营承包是指若干家承包商（最常见的是设备供应商、土建承包商、安装承包商、勘察设计单位）联合投标，共同承接工程，他们之间订立联营合同。联营承包已成为许多承包商的经营战略之一，这在国内外工程中都很常见。

2.1.4.4　建设工程合同体系图

按照对业主和承包商合同关系的分析和项目任务的结构分解，得到不同层次、不同种类的合同，它们共同构成该工程的合同体系（图 2-3）。

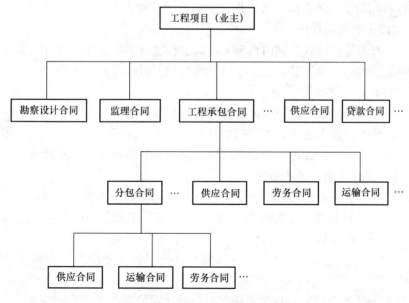

图 2-3　工程合同体系的构成层次

在该合同体系中，这些合同都是为了完成业主的工程项目目标，都必须围绕一个目标签订和实施。这些合同之间存在着复杂的内部联系，构成了该工程的合同网络。其中，工程承包合同是最有代表性、最普遍，也是最复杂的合同类型，它在工程项目的合同体系中处于主导地位，是整个工程项目合同管理的重点。

工程项目的合同体系从一个重要角度反映了工程项目的构成，对整个项目管理的运作有很大的影响。

（1）它反映了项目任务的范围和划分方式。

（2）它反映了项目所采用的管理模式。例如监理制度、全包方式或平行承包方式。

（3）它在很大程度上决定了项目的组织形式。因为不同层次的合同常常决定该合同的实施者在项目组织结构中的地位。

2.2 建设工程合同管理

2.2.1 建设工程合同管理的含义

建设工程合同管理包括两层含义，即宏观的合同管理和微观的合同管理。

2.2.1.1 宏观的合同管理

宏观的合同管理，是指国家授权的有关行业主管部门和工商行政管理部门，根据法律和政策的规定，对合同的订立、履行、变更及解除等行为进行指导、组织、监督、鉴证和核查等，以维护合同当事人的正当权益，确保合同依法履行，纠正和查处违法行为。

建设行政主管部门和工商行政管理部门对建设工程合同的监督管理有如下主要职能：

（1）制定和贯彻有关法律、法规和规章。

（2）制定和推荐使用建设工程合同示范文本。

（3）审查和鉴证建设工程合同，监督合同履行，调解合同争议，依法查处违法行为。

（4）指导合同当事人的合同管理工作，培训合同管理人员，总结交流经验。

2.2.1.2 微观的合同管理

微观的合同管理是指订立合同的当事人，对工程项目相关合同所进行的策划、谈判、签订、履行、跟踪、核查、协调等活动，以维护自身的正当权益并确保合同的如约履行。它是工程项目管理的重要组成部分。

宏观的合同管理和微观的合同管理是合同管理相辅相成的两个方面，互为联系，缺一不可。宏观的合同管理主要体现为有关部门的行政管理和执法行为，涉及的内容较少。如不特别指明，本教材讨论的合同管理主要是指合同当事人所实施的微观合同管理。

2.2.2 建设工程合同管理的目标

合同管理是为保证项目总目标和企业总目标的实现。具体地说，合同管理目标包括：

（1）使整个工程项目在预定的成本（投资）、预定的工期范围内完成，达到预定的质量和功能要求，实现工程项目的三大目标。

（2）使项目的实施过程顺利，合同争执较少，合同各方面能互相协调，都能够圆满地履行合同责任。

（3）保证整个工程合同的签订和实施过程符合法律的要求。

（4）一个成功的合同管理，还要在工程结束时使双方都感到满意，最终业主按计划获得一个合格的工程，达到投资目的，对工程、对承包商、对双方的合作感到满意；承包商不但获得合理的价格和利润，还赢得了信誉，建立双方友好合作关系。这是企业经营管理和发展战略对合同管理的要求。

2.2.3 建设工程合同管理的内容

建设工程合同管理是对于工程建设项目相关的各类合同，从条款的拟订、协商、签署、履行情况等环节入手进行检查和分析，以期通过一系列科学的合同管理活动，实现工程项目的目标，维护当事人的合法权益。其主要内容可以从不同的主体角度理解，也可以从不同的阶段理解。

2.2.3.1 不同主体的合同管理内容

在工程实践中会涉及各方主体的合同管理工作，此处主要以业主、工程师和承包商的合同管理作为论述对象。

1. 业主的合同管理

业主作为工程合同的主体之一，通过合同运作项目，实现项目的总目标。业主的合同管理工作主要包括：对工程合同进行总体策划，决定项目的承发包模式和管理模式，选择合同类型等；聘请工程师进行具体的工程合同管理工作；对合同的签订进行决策，选择项目管理（咨询）单位、承包商、供应商、设计单位，委托项目任务，并以项目所有者的身份与他们签订合同；为合同实施提供必要的条件，作宏观控制，如在项目实施过程中重大问题的决策，重大的技术和实施方案的选择和批准；设计和计划的重大修改的批准；按照合同规定及时向承包商支付工程款和接收已完工程等。

2. 工程师的合同管理

工程师（项目管理公司、监理公司或业主的项目经理）受业主委托，代表业主具体地承担整个工程的合同管理工作，主要是合同管理的事务性工作和决策咨询工作等，如起草合同文件和各种相关文件，作现场监督，具体行使合同管理的权力，协调业主、各个承包商、供应商之间的合同关系，解释合同等。

3. 承包商的合同管理

这里的承包商是广义的，包括业主委托的设计单位、工程承包商、材料和设备供应商。他们作为工程合同的实施者，在同一个组织层次上进行合同管理。工程承包商的合同管理工作最细致、最复杂、最困难，也最重要，对整个工程项目影响最大。

承包商的合同管理从参加相应工程的投标开始直到承包合同所确定的工程范围完成，竣工交付，直到合同所规定的保修期（缺陷通知期）结束为止。他具体地作投标报价，在相应的工程承包合同范围内，完成规定的设计、施工、供应、竣工和保修任务，对相关的工程实施进行计划、组织、协调和控制，圆满地完成合同所规定的义务。

2.2.3.2 不同阶段的合同管理内容

1. 合同形成阶段的管理

合同形成阶段的管理包括合同订立前的准备阶段和合同订立过程中的管理。其主要体现在招标及签约过程中双方所进行的一系列相关工作。如施工合同中，招标方对合同形式的选择，条款内容的拟定，承包人资格的审查，开标、评标、定标及签约谈判等方面的工作都涉及合同管理的内容。对承包方来说，投标项目的选定、投标文件的编制、报价的确定以及参与签约谈判等工作都属于合同管理。

2. 合同履行阶段的管理

合同履行阶段的管理主要有双方对合同内容执行的跟踪、核查、监督，以及合同纠纷的解决等方面的工作。就施工合同来说，业主、承包人及监理工程师三方都必须以合同条件为准则，同时遵循诚实信用、公平合理的原则，全面履行合同，最终取得各方都满意的结果。

2.2.4 建设工程合同管理的作用

合同管理在现代工程项目管理中有着特殊的地位和作用，已成为与进度管理、质量管理、成本（投资）管理、信息管理等并列的一大管理职能。

合同确定工程项目的价格（成本）、工期和质量（功能）等目标，规定着合同双方责权利关系，所以合同管理必然是工程项目管理的核心。广义地说，工程项目的实施和管理全部工作都可以纳入到合同管理的范围。合同管理贯穿于工程实施的全过程和工程实施的各个方面。它作为其他工作的指南，对整个项目的实施起总控制和总保证作用。在现代工程中，没有合同意识则项目整体目标不明；没有合同管理，则项目管理难以形成高效率的系统工作，就不可能实现项目的目标。

在现代工程项目中不仅需要专职的合同管理人员和部门，而且要求参与工程项目管理的其他各种人员（或部门）都必须熟悉合同和合同管理工作。所以合同管理在项目管理实践以及相关专业的教学中具有十分重要的地位。

2.3 建设工程合同管理的相关法律

建设工程合同管理要依法进行，由于建设工程合同涉及面广，内容复杂，所以需要相关法律体系的逐步完善。目前，我国这方面的立法已基本形成了体系，奠定了建筑市场和建设工程合同管理的法律基础。建设工程的相关法律体系除了第 1 章已经讲过的《中华人民共和国合同法》这部最主要的法律之外，还包括以下主要的法律法规。

2.3.1 《中华人民共和国民法通则》（以下简称《民法通则》）

《民法通则》是调整平等主体的公民之间、法人之间、公民与法人之间的财产关系和人身关系的基本法律，是我国民事方面的基本法。合同关系也是一种财产（债权）关系，因此，《民法通则》对规范合同关系作出了原则性的规定。

2.3.1.1 民法的概念和调整对象

我国《民法通则》第 2 条规定："中华人民共和国民法调整平等主体的公民之间、法人之间、公民与法人之间的财产关系和人身关系。"这条规定说明我国民法的调整对象是平等主体之间的财产关系和人身关系。

（1）平等主体之间的财产关系，主要是在商品生产和商品交换过程中所产生的财产关系。在这种财产关系中，当事人的法律地位是平等的，即是民事法律关系的当事人之间存在着行政隶属关系或经济实力上存在着差别，法律也不允许发生以上压下、以强凌弱、将自己的意志强加于他人的事情。当事人一律在平等、意志独立自由的基础上进行民事交往；在这种财产关系中，当事人进行民事活动一般都要遵循等价交换的原则，即双方当事人的权利和义务都是对等的，当事人一方不得只享受权利而不尽义务，不得无偿占有和剥夺他人的财产权益。

（2）平等主体之间的人身关系，包括基于公民和法人的人格而产生的人格关系和基于公民和法人的一定地位和资格而产生的身份关系，它们在民法上表现为生命、健康、姓名、名誉、荣誉、肖像等权利，其特点是人格尊重和身份平等。

2. 3. 1. 2 民事权利

民事权利是指民事法律关系的主体依据法律规定，在国家强制力保护下，为一定行为或者要求他人为一定行为或不为一定行为的权利。民事权利主要有财产所有权、债权、知识产权，与财产所有权有关的财产权、人身权等。

1. 财产所有权

财产所有权是指所有人依法对自己的财产享有占有、使用、收益和处分的权利。

（1）财产所有权的取得有两种方式：原始取得和继承取得。原始取得是指财产所有权第一次产生或者不依靠原所有人的权利而取得所有权。具体有生产、没收、收益、添附、无主财产归国家或集体所有等几种方式。

继承取得是指所有人通过某种法律行为从原所有人那里取得财产的所有权。具体有买卖、继承、受赠、其他合法根据等几种方式。

（2）财产所有权消灭的主要原因有：所有权转让、所有权抛弃、所有权客体消灭、所有权主体消灭、所有权因强制手段而消灭等。

（3）财产所有权的保护方式有：请求确认所有权、请求返还原物、请求恢复原状、要求停止侵害、请求排除妨害、请求赔偿损失等。

2. 债权

债权是按照合同的约定或者依据法律的规定，在当事人之间产生的特定权利。与债权相对应的是债务。

债权发生的根据有：

（1）合同：当事人通过订立合同而设立的债权债务关系。

（2）不当得利：指没有法律或合同上的依据取得利益而使他人受到损失的事实。受损失者为债权人。

（3）无因管理：指没有法定的或者约定的义务，为避免他人利益受到损失而进行管理或者服务行为。管理或服务者为债权人。

（4）侵权行为：指侵害他人财产或人身权利的不法行为。受侵害者为债权人。

债权消灭的主要原因有：因履行而消灭、因双方协议而消灭、因债权债务混同而消灭、因当事人死亡而消灭、因债权债务抵销而消灭、因债务提存而消灭等。

3. 知识产权

知识产权是指公民、法人对自己的作品、专利、商标或发现、发明和其他科技成果依法享有的民事权利。其主要包括著作权、专利权、商标权、科技成果权等。

4. 人身权

人身权是指民事主体依法享有的与其人身不可分离的、以特定人身利益为内容的民事权利。其主要包括：公民享有的生命健康权、姓名权、肖像权、婚姻自由权；公民、法人享有的名誉权、荣誉权；法人、个体工商户、个人合伙享有的名称权等，还有婚姻、家庭、老人、母亲和儿童受法律保护的权利，妇女享有同男子平等的民事权利。

2. 3. 1. 3 民事责任

民事责任是指对不履行民事义务产生的后果所应承担的法律责任。民事责任的种类：民事责任一般分为违约责任和侵权责任。

违约责任在合同法中已经叙述。侵权责任分一般侵权责任和特殊侵权责任。一般侵权责任包括：侵犯财产所有权的民事责任、侵害人身权的民事责任、侵害知识产权的民事责任等。特殊侵权责任包括：国家机关及工作人员在执行职务中造成侵害的民事责任、因产品质量缺陷造成损害的民事责任、从事高度危险作业致人损害的民事责任、环境污染致人损害的民事责任、在公共场所施工致人损害的民事责任、无行为能力人或限制行为能力人致人损害的民事责任等。

承担民事责任的方式主要有：停止侵害、排除妨害、消除危险、返还财产、恢复原状、修理、更换、赔偿损失、支付违约金、消除影响、恢复名誉、赔礼道歉等。

2.3.2 《中华人民共和国招标投标法》（以下简称《招标投标法》）

招标投标是通过竞争择优确定承包人的主要方式。《招标投标法》制定目的在于规范招标投标活动，保护国家利益、社会公共利益和招标投标活动当事人的合法权益，提高经济效益及保证工程项目质量等。《招标投标法》是规范建筑市场竞争的主要法律，这部法律的颁布与实施有效地实现了建筑市场的公开、公平、公正的竞争。该法具体内容将在第三、第四章中展开。

2.3.3 《中华人民共和国建筑法》（以下简称《建筑法》）

建设工程合同的订立和履行也是一种建筑活动，合同的内容也必须遵守《建筑法》的规定。

2.3.3.1 建筑法的概念

建筑法是指调整建筑活动的法律规范的总称。建筑活动是指各类房屋及其附属设施的建造和与其配套的线路、管道、设备的安装活动。

1997 年 11 月 1 日，第八届全国人民代表大会常务委员会第二十八次会议通过了《建筑法》，该法于 1998 年 3 月 1 日正式实施。该法共分 8 章，是调整我国建筑活动的基本法律。《建筑法》主要以规范建筑市场行为为出发点，以建筑工程质量和安全为主线，包括总则、建筑许可、建筑工程发包与承包、建筑工程监理、建筑安全生产管理、建筑工程质量管理、法律责任、附则等内容，并确定了建筑活动中的一些基本法律制度。

2.3.3.2 建筑工程许可

1. 建筑工程报建登记

建设单位必须在建设工程立项批准后、工程发包前，向建设行政主管部门或其授权的部门办理建设工程报建登记手续。未办理报建登记手续的工程，不得发包，不得签订工程合同。

2. 建设工程施工许可证

新建、扩建、改建的建设工程，建设单位必须在开工前向建设行政主管部门或其授权的部门申请领取建设工程施工许可证。未领取施工许可证的，不得开工。已经开工的，必须立即停止，办理施工许可证手续，否则由此引起的经济损失由建设单位承担，并视违法情节，对建设单位做出相应处罚。《建筑法》第 7 条规定："建筑工程开工前，建设单位应当按照国家有关规定向工程所在地县级以上人民政府建设行政主管部门申请领取施工许可证；但是，国务院建设行政主管部门确定的限额以下的小型工程除外。"

（1）申请建设工程施工许可证的条件

《建筑法》第 8 条规定申请领取施工许可证应具备的条件包括：①已经办理该建筑工程用的批准手续；②在城市规划区的建筑工程，已经取得规划许可证；③需要拆迁的，其拆迁进度符合施工要求；④已经确定建筑施工企业；⑤有满足施工需要的施工图纸及技术资料；⑥有保证工程质量和安全的具体措施；⑦建设资金已经落实；⑧法律、行政法规规定的其他条件。

建设行政主管部门应当自收到申请之日起十五日内，对符合条件的申请颁发施工许可证。

（2）领取建设工程施工许可证的法律后果

第一，建设单位应当自领取施工许可证之日起三个月内开工。因故不能按期开工的，应当向发证机关申请延期；延期以两次为限，每次不超过三个月。既不开工又不申请延期或者超过延期时限的，施工许可证自行废止。

第二，在建的建筑工程因故中止施工的，建设单位应当自中止施工之日起一个月内，向发证机关报告，并按照规定做好建筑工程的维护管理工作。建筑工程恢复施工时，应当向发证机关报告；中止施工满一年的工程恢复施工前，建设单位应当报发证机关核验施工许可证。

第三，按照国务院有关规定批准开工报告的建筑工程，因故不能按期开工或者中止施工的，应当及时向批准机关报告情况，因故不能按期开工超过六个月的，应当重新办理开工报告的批准手续。

按照国务院规定的权限和程序批准开工报告的建筑工程，不再领取施工许可证。

3. 建筑工程从业者资格

（1）国家对建筑工程从业者实行资格管理

从事建筑工程活动的企业或单位，应当向工商行政管理部门申请设立登记，并由建设行政主管部门审查，颁发资格证书。从事建筑工程活动的人员，要通过国家任职资格考试、考核，由建设行政主管部门注册并颁发资格证书。而且建设工程从业者的资格证件，严禁出卖、转让、出借、涂改、伪造。违反上述规定的，将视具体情节，追究法律责任。建设工程从业者资格的具体管理办法，由国务院及建设行政主管部门另行规定。

（2）国家规范的建筑工程从业者

国家规范的建筑工程从业者既包括建筑工程从业的经济组织，又包括建设工程的从业人员。

建筑工程从业的经济组织包括：建设工程总承包企业；建设工程勘察、设计单位；建设工程施工企业；建设工程监理单位；法律、法规规定的其他企业或单位。这些经济组织应具备规定的条件：第一，有符合国家规定的注册资本；第二，有与其从事的建筑活动相适应的具有法定执业资格的专业技术人员；第三，有从事相关建筑活动所应有的技术装备；第四，法律、行政法规规定的其他条件。

建设工程的从业人员包括：建筑师、建造师、结构工程师、监理工程师、工程造价师、工程咨询师以及法律、法规规定的其他人员。

2.3.3.3　建筑工程发包与承包

1. 建筑工程发包

（1）建筑工程发包方式和程序的规定

《建筑法》规定：建筑工程依法实行招标发包，对不适于招标发包的可以采用直接委托的方式进行发包。招标发包是业主对自愿参加某一特定工程项目的承包单位进行审查、评比和选定的过程。依据有关法规，凡政府、企业、事业单位投资的新建、扩建、改建和技术改造工程项目，除某些不适宜招标的特殊工程外，均应实行招投标。

目前，国际上通常采用的招标方式主要是公开招标、邀请招标、议标等方式，我国法律规定的招标方式只有公开招标和邀请招标两种。

（2）发包单位发包行为的规范

《建筑法》规定：发包单位及其工作人员在建筑工程发包中不得收受贿赂、回扣或者索取其他好处。

建筑工程实行招标发包的，发包单位应当将建筑工程发包给依法中标的承包单位。建筑工程实行直接委托发包的，发包单位应当将工程发包给具有相应资质条件的承包单位。

按照合同约定，建筑材料、建筑构配件和设备由工程承包单位采购的，发包单位不得指定承包单位购入用于工程的建筑材料、建筑构配件和设备或者指定生产厂、供应商。

（3）建筑工程发包的其他规定

《建筑法》规定，政府及其所属部门不得滥用行政权力，限定发包单位将招标发包的建筑工程发包给指定的承包单位。

提倡对建筑工程实行总承包，禁止将建筑工程肢解发包。建筑工程的发包单位可以将建筑工程的勘察、设计、施工、设备采购一并发包给一个工程总承包单位，也可以将建筑工程勘察、设计、施工、设备采购的一项或多项发包给一个工程总承包单位；但是，不得将应当由一个承包单位完成的建筑工程肢解成若干部分发包给几个承包单位。

2. 建筑工程承包

（1）承包单位的资质管理规定

《建筑法》规定，承包建筑工程的单位应当持有依法取得的资质证书，并在其资质等级许可的业务范围内承揽工程。禁止建筑施工企业超越本企业资质等级许可的业务范围或者以任何形式用其他建筑企业的名义承揽工程。禁止建筑企业以任何形式允许其他单位或者个人使用本企业的资质证书、营业执照，以本企业的名义承揽工程。

（2）建筑工程转包与分包的规定

《建筑法》规定，禁止承包单位将其承包的全部建筑工程转包给他人，禁止承包单位将其承包的全部工程肢解以后以分包的名义分别转包他人。

《建筑法》规定，建筑工程总承包单位可以将承包工程中的部分工程发包给具有相应资质条件的分包单位；但是，除总承包合同中约定的分包外，必须经建设单位认可。施工总承包的建筑工程主体结构的施工必须由总承包单位自行完成。建筑工程总承包单位按照总承包合同的约定对建设单位负责；分包单位按照分包合同的约定对总承包单位负责。总承包单位和分包单位就分包工程对建设单位承担连带责任。禁止总承包单位将工程分包给不具备相应资质条件的单位。禁止分包单位将其承包的工程再分包。

2.3.3.4 建筑工程监理制度

1. 建筑工程监理的概念

建筑工程监理，是指工程监理单位受建设单位的委托对建筑工程进行监督和管理活动。建筑工程监理制度是我国建设体制深化改革的一项重大措施，它是适应市场经济的产物。建筑工程监理随着建筑市场的日益国际化，得到了普遍推行。《建筑法》规定，我国推行建筑工程监理制度。

建筑工程监理应当依照法律、行政法规及有关的技术标准、设计文件和建筑工程承包合同，对承包单位在施工质量、建设工期和建设资金使用等方面，代表建设单位实施监督。工程监理人员认为工程施工不符合工程设计要求、施工技术标准和合同约定的，有权要求建筑施工企业改正。工程监理人员发现工程设计不符合建筑工程质量标准或者合同约定的质量要求的，应当报告建设单位要求设计单位改正。

2. 建筑工程监理的范围

建筑工程监理是一种特殊的中介服务活动，对建筑工程实行监督管理，对控制建筑工程的投资、保证建设工期、确保建筑工程质量以及开拓国际建筑市场等都具有非常重要的意义。因此，《建筑法》第 30 条第 2 款规定："国务院可以规定实行强制性监理的建筑工程的范围。"依据这一规定，原国家建设部在 2001 年 1 月 17 日发布了《建设工程监理范围和规模标准规定》，规定了建筑工程监理的范围：

（1）国家重点建设工程。即对国民经济和社会发展有重大影响的骨干工程。

（2）大中型公用事业工程。即项目总投资额在 3000 万元以上的工程项目，包括：①供水、供电、供气、供热等市政工程项目；②科技、教育、文化等项目；③体育、旅游、商业等项目；④卫生、社会福利等项目；⑤其他公用事业项目。

（3）成片开发建设的住宅小区工程。建筑面积在 5 万 m^2 以上的住宅建设工程必须实施监理；5 万 m^2 以下的住宅建设工程，可以实施监理，具体范围由各省、自治区、直辖市人民政府建设行政主管部门规定。

（4）利用外国政府或者国际组织贷款、援助资金的工程。包括：①使用世界银行、亚洲开发银行等国际组织贷款资金的项目；②使用国外政府及其机构贷款资金的项目；③使用国际组织或者国外政府援助资金的项目。

（5）国家规定必须实行监理的其他工程。包括：①项目总投资额在 3000 万元以上关系社会公共利益、公众安全的基础设施项目；②学校、影剧院、体育场馆项目。

2.3.3.5　建筑工程质量管理制度

1. 建筑工程质量的概念

建筑工程质量是指在国家现行的有关法律、法规、技术标准、设计文件和合同中，对工程的安全、适用、经济、美观等特性的综合要求。建筑工程质量直接关系到国家的利益和形象，关系到国家财产、集体财产、私有财产和人民的生命安全，因此必须加强对建筑工程质量的法律规范。2000 年 1 月 30 日国务院发布了《建设工程质量管理条例》，规定了建设单位、勘察设计单位、施工单位、工程监理单位的质量责任和义务，规定了建设工程质量保修和监督管理制度。

2. 建设工程质量政府监督

国家实行建设工程质量政府监督制度。国务院建设行政主管部门对全国的建设工程质量实行统一监督管理。国务院铁路、交通、水利等有关按照国务院规定的职责分工，负责对全国的有关专业建设工程质量的监督管理。县级以上地方人民政府建设行政主管部门对本行政区域内的建设工程质量实施监督管理。县级以上地方人民政府交通、水利等有关部门在各自的职责范围内，负责对本行政区域内的专业建设工程质量的监督管理。

3. 建设工程质量责任

（1）建设单位的质量责任和义务

① 建设单位应对其选择的勘察、设计、施工监理单位和负责供应的设备等原因发生质量问题承担相应责任；

② 建设单位应根据工程特点，配备相应的质量管理人员，根据国家规定委托工程建设监理单位进行管理。委托监理单位的，建设单应与工程建设监理单位签订监理合同，明确双方的责任、权利和义务；

③ 建设单位必须根据工程特点和技术要求，按有关规定选择相应资格（质）等级的勘察、设计、施工单位，并签订工程承包合同。工程承包合同中必须有国家强制性质量标准条款，明确质量责任；

④ 建设单位在工程开工前，必须办理有关工程质量监督手续，组织设计和施工单位认真进行设计交底和图纸会审，并将施工图纸设计文件报县级以上人民政府建设行政主管部门或者其他有关部门审查；施工中应按照国家现行有关工程建设法律、法规、技术标准及合同规定，对工程质量进行检查；工程竣工后，应及时组织有关部门进行竣工验收；

⑤ 建设单位按照工程承包合同中规定供应的设备等产品的质量，必须符合国家现行的有关法律、法规和技术标准的要求；

⑥ 建设单位在领取施工许可证或者开工报告前，应按国家有关规定办理工程质量监督手续；

⑦ 房屋建筑使用者在装修过程中，不得擅自变动房屋建筑主体和承重结构；

⑧ 建设单位应严格按国家规定，及时收集、整理建设工程项目各环节的文件资料，建立、健全建设项目档案，及时向建设行政主管部门或者其他有关部门移交。

（2）工程勘察设计单位的质量责任和义务

① 勘察设计单位应对本单位编制的勘察设计文件的质量负责；

② 勘察设计单位必须按资格等级承担相应的勘察设计任务，不得擅自超越资格等级业务范围承接任务，应当接受工程质量监督机构对其资格的监督检查；

③ 勘察设计单位必须按照国家工程建设强制性标准和合同约定进行勘察设计，对其勘察、设计的质量负责，主要设计人员必须在设计文件上签字、负责。建立健全质量保证体系，加强设计过程的质量控制，健全设计文件的审核会签制度，参与图纸会审和做好设计文件的技术交底、审查工作；

④ 设计单位应根据勘察成果文件进行建设工程设计，设计文件应当符合国家规定的设计深度要求，注明工程合理使用年限；

⑤ 设计单位在设计文件中选用的建筑材料、建筑构配件和设备，应注明规格、型号、性能等符合国家规定标准的技术指标；

⑥ 设计单位应当参与建设工程质量事故分析，并对因设计造成的质量事故，提出响应的技术处理方案。

（3）施工单位的质量责任和义务

①施工单位应当依法取得相应等级的资质证书，并在其资质等级许可的范围内承揽工程。施工单位不得超越资质等级许可的范围或者以其他单位的名义承揽工程，不得转包或者违法分包工程；

②施工单位应当对建设工程的施工质量负责。施工单位必须依据勘察设计文件和技术标准精心施工，建立质量责任制，确定工程项目的项目经理、技术负责人和施工管理负责人，

接受工程质量监督机构的监督检查；

③实行总承包的工程，总承包单位对工程质量和竣工交付使用的保修工作负责。总承包单位依法将工程分包的，分包单位要对其分包的工程质量和竣工交付使用的保修工作向总承包单位负责，总承包单位与分包单位对分包工程的质量承担连带责任；

④施工单位应建立健全施工质量的检验制度，严格工序管理，作好隐蔽工程的质量检查和记录。按照工程设计要求、施工技术标准和合同约定，对建筑材料、构配件、设备和商品混凝土进行检验，不合格的不得使用；

⑤施工单位对施工中出现质量问题的建设工程或者竣工验收不合格的建设工程，应当负责返修；

⑥施工单位应当建立、健全教育培训制度，加强对职工的教育培训。

（4）工程监理单位的质量责任和义务

①工程监理单位应当依法取得相应等级的资质证书，并在其资质等级许可的范围内承担工程监理业务。工程监理单位不得超越资质等级许可的范围或者以其他单位的名义承揽工程监理业务，不得转让工程监理业务；

②工程监理单位与被监理工程的施工承包单位以及建筑材料、建筑构配件和设备单位有隶属关系或者其他利害关系的，不得承担该项建设工程的监理业务；

③工程监理单位应当依照法律、法规以及有关技术标准、设计文件和建设工程承包合同，代表建设单位对施工质量实施监理，并承担监理责任；

④工程监理单位应当选派具有相应资格的总监理工程师和监理工程师进驻施工现场，组成监理机构，按照工程监理规范的要求，采用旁站、巡视和平行检验等形式，对建设工程项目质量进行监督管理。

（5）建筑材料、建筑构配件及设备供应单位的质量责任和义务

①建筑材料、建筑构配件及设备供应单位对其生产或供应的产品质量负责；

②建筑材料、建筑构配件及设备的供需双方均应订立购销合同，并按合同条款进行质量验收；

③建筑材料、建筑构配件及设备供应单位必须具有相应的生产条件、技术装备和质量保证体系，具备必要的检测人员和设备，把好产品看样、订货、储存、运输和核验的质量关；

④建筑材料、建筑构配件及设备质量应当符合下列要求：①符合国家或行业现行有关技术标准规定的合格标准和设计要求；②符合在建筑材料、构配件及设备或其包装上注明采用的标准；符合以建筑材料、构配件及设备说明、实物样品等方式表明的质量状况；

⑤建筑材料、建筑构配件及设备或者包装上的标记应符合要求：有产品质量检验合格证明；有中文表明的产品名称、生产厂厂名和厂址；产品包装和商标样式符合国家有关规定和标准要求；设备应有产品详细的使用说明书，电气设备还应附有线路图；实施生产许可证或使用产品质量认证标志的产品，应有许可证或质量认证的编号、批准日期和有效期限。

（6）建设工程质量保修

建设工程实行质量保修制度。建设工程承包单位在向建设单位提交工程竣工验收报告时，应当向建设单位出具质量保修书；建设工程在保修范围和保修期限内发生质量问题的，施工单位应当履行保修义务，并对造成的损失承担赔偿责任。

2.3.3.6 建筑安全生产管理

1. 建筑安全生产管理的概念

建筑安全生产管理是指建设行政主管部门、建筑安全监督管理机构、建筑施工企业及有关单位对建筑生产过程中的安全工作，进行计划、组织、指挥、控制、监督等一系列的管理活动。其目的在于保证建筑工程安全和建筑职工的人身安全。

2. 建筑安全生产管理的内容

建筑安全生产管理包括纵向、横向、施工现场三个方面的管理。

（1）纵向管理。纵向管理是指建设行政主管部门及其授权的建筑安全监督管理机构对建筑安全生产的行业监督管理。

（2）横向管理。横向管理是指建筑生产有关各方和建筑单位、设计单位、建筑施工企业等主体从自身角度对项目所承担的安全责任和义务。

（3）施工现场管理。施工现场管理是指在施工现场控制人的不安全行为和物的不安全状态。施工现场管理是建筑安全生产管理的关键。

3. 建筑安全生产管理方针和基本制度

建筑工程安全生产管理必须坚持安全第一、预防为主的方针，建立健全安全生产的责任制度和群防群治制度。

安全第一、预防为主的方针，体现了国家对在建筑安全生产过程中"以人为本"，保护劳动者权利，保护社会生产力，保护建筑生产的高度重视，确立了建筑安全生产管理在建筑活动管理中的首要和重要位置。

安全生产责任制度是建筑生产中最基本的安全管理制度，是所有安全规章制度的核心。安全生产的责任制度既包括行业主管部门建立健全建筑安全生产的监督管理体系，制定建筑安全生产监督管理工作制度，组织落实各级领导分工负责的建筑安全生产责任制，又包括参与建筑活动各方的建设单位、设计单位，特别是建筑施工企业的安全生产责任制度，还包括施工现场的安全责任制。

群防群治制度是在建筑安全生产中，充分发挥广大职工的积极性，加强群众性监督检查工作，以预防和治理建筑生产中的伤亡事故。

4. 建筑安全生产的基本要求

建筑工程设计要保证工程的安全性。建筑工程设计应当符合按照国家规定制定的建筑安全规程和技术规范，保证工程的安全性能。

建筑施工企业在编制施工组织设计时，应当根据建筑工程的特点制定相应的安全技术措施；施工企业应当在施工现场采取维护安全、防范危险、预防火灾等措施；施工现场对毗邻的建筑物、构筑物和特殊作业环境可能造成损害的，建筑施工企业应当采取安全防护措施。

建设单位应当向建筑施工企业提供与施工现场相关的地下管线资料，建筑施工企业应当采取措施加以保护。

5. 建筑施工事故报告制度

施工中发生事故时，建筑施工企业应当采取紧急措施减少人员伤亡和事故损失，并按照国家有关规定及时向有关部门报告。

施工中发生事故后，建筑施工企业应当采取紧急措施，抢救伤亡人员、排除险情，尽量制止事故蔓延扩大，减少人员伤亡和事故损失。同时将施工事故发生的情况以最快速度逐级向上汇报。

建立建筑施工事故报告制度十分必要，一是可以得到有关部门的指导和配合，防止事故扩大，减少人员伤亡和财产的更大损失；二是可以及时对事故进行调查处理，总结经验，吸取教训，加强管理，保证安全生产。

2.3.4 《中华人民共和国民事诉讼法》和《中华人民共和国仲裁法》（以下简称《民事诉讼法》和《仲裁法》）

诉讼和仲裁是解决合同争议的两种不同的方式。诉讼是当事人为了解决合同纠纷而依法向人民法院提出审判请求的法律行为。仲裁是合同当事人根据仲裁协议将合同争议提交给仲裁机构并由仲裁机构作出裁决的方式。

《民事诉讼法》是国家制定的、规范法院与民事诉讼参与人诉讼活动，调整法院与诉讼参与人法律关系的法律规范的总称，任务是保证当事人行使诉讼权利，保证人民法院查明事实，正确运用法律，及时审理民事案件，确认民事权利义务关系，制裁民事违法行为，保护当事人的合法利益，维护社会和经济秩序。

《仲裁法》是规范仲裁法律关系主体的行为和调整仲裁法律关系的法律规范的总称。仲裁法内容包括仲裁委员会和仲裁协会、仲裁协议、仲裁程序、申请撤销裁决、裁决的执行等内容。

2.3.5 《中华人民共和国担保法》（以下简称《担保法》

担保是合同的双方当事人为了使合同能够得到全面按约履行，根据法律、行政法规的规定，经双方协商一致而采取的一种保障债权债务得以实施并具有法律效力的保证措施。《担保法》旨在促进资金融通和商品流通，保障债权的实现，以发展社会主义市场经济。建设工程合同管理中的各种形式的保函均应依据该法的规定。

《担保法》规定的担保方式有五种：保证、抵押、质押、留置和定金。

2.3.5.1 保证

1. 保证的概念和法律特征

保证是指保证人和债权人约定，当债务人不履行债务时，保证人按照约定履行债务或承担责任的行为。

保证的法律特征：

（1）保证属于人的担保范畴，它不是用特定的财产提供担保，而是以保证人的信用和不特定的财产为他人债务提供担保。

（2）保证人必须是主合同以外的第三人，债务人不得为自己的债务作保证。

（3）保证人应当具有代为清偿债务的能力，设定保证关系时，保证人必须具有足以承担保证责任的财产。

（4）保证人和债权人可以在保证合同中约定保证方式。

2. 保证人资格

保证人必须是具有代为清偿债务能力的人，既可以是法人，也可以是其他组织或公民。下列人不可以作保证人：

（1）国家机关不得作保证人，但经国务院批准为使用外国政府或国际经济组织贷款而进行的转贷除外。

（2）学校、幼儿园、医院等以公益为目的的事业单位、社会团体不得作保证人。

（3）企业法人的分支机构、职能部门不得作保证人，但有法人书面授权的，可在授权范围内提供保证。

3. 保证合同

保证人与债权人应当以书面形式订立保证合同。保证合同应包括以下内容：

（1）被保证的主债权种类、数量；

（2）债务人履行债务的期限；

（3）保证的方式；

（4）保证担保的范围；

（5）保证的期间。

4. 保证方式

保证的方式有两种：

（1）一般保证。是指当事人在保证合同中约定，当债务人不履行债务时，由保证人承担保证责任的保证方式。一般保证的保证人在主合同纠纷未经审判或仲裁，并就债务人财产依法强制执行仍不能履行债务前，对债务人可以拒绝承担保证责任。

（2）连带保证。是指当事人在保证合同中约定保证人与债务人对债务承担连带责任的保证方式。连带责任保证的债务人在主合同规定的债务履行期届满没有履行债务的，债权人可以要求债务人履行债务，也可以要求保证人在其保证范围内承担保证责任。

保证方式没有约定或约定不明确的，按连带保证承担保证责任。

5. 保证范围

保证范围包括主债权及利息、违约金、损害赔偿金和实现债权的费用。保证合同另有约定的，按照约定。无约定或约定不明确的，保证人应对全部债务承担责任。

6. 保证期间

保证的担保人与债权人未约定保证期间的，保证期间为主债务履行期间届满之日起六个月。

债权人未在合同约定的和法律规定的保证期间内主张权利（仲裁或诉讼），保证人免除保证责任；如债权人已主张权利的，保证期间适用于诉讼时效中断的规定。

7. 保证期间内的保证责任

（1）保证期间内债权人依法将主债权转让给第三人的，保证人在原保证担保的范围内继续承担保证责任。

（2）保证期间内债务人转让债务的，首先应取得债权人的同意，并取得保证人的书面同意，否则保证人不再承担保证责任。

（3）债权人与债务人协议变更主合同的，应当取得保证人的书面同意，未经保证人书面同意的，保证人不再承担保证责任。

2.3.5.2 抵押

1. 抵押的概念和法律特征

抵押是指债务人或第三人不转移对抵押财产的占有，将该财产作为债权的担保。当债务人不履行债务时，债权人有权依法以该财产折价或以拍卖、变卖该财产的价款优先受偿。

抵押的法律特征：

（1）抵押权是一种他物权，抵押权是对他人所有物具有取得利益的权利。

（2）抵押权是一种从物权，抵押权将随着债权的发生而发生，随着债权的消灭而消灭。

（3）抵押权是一种对抵押物的优先受偿权，在以抵押物的折价受偿债务时，抵押权人的受偿权优先于其他债权人。

（4）抵押权具有追及力，当抵押人将抵押物擅自转让他人时，抵押权人可追及抵押物而行使权利。

2. 抵押物

可以抵押的财产类型有：房屋、土地使用权、机器、交通运输工具等。

《担保法》规定，下列财产不得抵押：

（1）土地所有权；

（2）耕地、宅基地、自留地、自留山等集体所有的土地使用权；

（3）事业单位、社会团体的教育设施、医疗设施和其他社会公益设施；

（4）所有权、使用权不明确或有争议的财产；

（5）依法被查封、扣押、监管的财产；

（6）依法不得抵押的其他财产。

3. 抵押合同内容及生效时间

采用抵押方式担保时，抵押人和抵押权人应以书面形式订立抵押合同。

抵押合同应包括如下内容：

（1）被担保的主债权种类、数额；

（2）债务人履行债务的期限；

（3）抵押物的名称、数量、质量、状况；

（4）抵押担保的范围。

法律规定应当办理抵押物登记的（如房产权、土地使用权等），抵押合同自登记之日起生效。其他抵押合同自签订之日起生效。

4. 抵押物的转让

在抵押期间，抵押人转让已办理登记的抵押物的，应当通知抵押权人并告知受让人转让物已经抵押的情况，否则转让行为无效，抵押权人仍可以行使抵押权。

2.3.5.3　质押

1. 质押的概念

质押是指债务人或第三人将其动产或权利移交债权人手中占有（抵押由债务人或第三人占有），用以担保债权的履行。当债务人不能履行债务时，债权人有权以该动产折价、拍卖、变卖的价款优先受偿。

2. 质押的种类

根据质押物的不同，质押可分为动产质押和权利质押两种。

动产质押是指债务人或第三人将其动产移交债权人占有，将该动产作为债权的担保。

权利质押是指出质人将其法定的可以质押的权利凭证交付质权人，以担保债权人的债权可以实现。

3. 质押合同内容及生效时间

出质人和质权人应以书面形式订立质押合同，质押合同自质物移交于质权人占有时生效。质押合同应当包括以下内容：

（1）被担保的主债权种类、数额；

（2）债务人履行债务的期限；

（3）质押的名称、数量、质量、状况；

（4）质押担保的范围；

（5）质物移交的时间。

以汇票、支票、本票、债券、存款单、仓单、提单出质的，应当在合同的约定期限内将权利凭证交付质权人。质押合同自权利凭证交付之日起生效；以依法可以转让的股票出质的，应向证券登记机构办理出质登记；以依法可以转让的商标专用权、专利权、著作权等出质的，应向其管理部门办理出质登记，质押合同自登记之日起生效；

2.3.5.4 留置

1. 留置的概念和法律特征

留置是指债权人按照合同约定占有债务人的动产，债务人不按照合同约定的期限履行债务的，债权人有权依法留置该财产以保护自身合法权益的法律行为。当债务人不履行债务时，债权人有权依法以该财产折价或以拍卖、变卖该财产的价格优先受偿。

留置具有如下法律特征：

（1）留置权是一种从权利；

（2）留置权属于他物权；

（3）留置权是一种法定担保方式，它依据法律规定而发生，而非以当事人之间的协议而成立。

2. 留置的适用范围

因保管合同、运输合同、加工承揽合同发生的债权，债务人不履行债务的，债权人有留置权。

3. 留置担保范围

留置担保范围包括主债权及利息、违约金、损害赔偿金、留置物保管费用和实现留置权的费用。

4. 留置的期限

债权人留置债务人财产后，应确定两个月以上的期限，通知债务人在该期限内履行债务。

债务人逾期仍不履行的，债权人可与债务人协议处理留置物。留置物折价或拍卖、变卖后，其价款超过债权数额的部分归债务人所有，不足部分由债务人清偿。

2.3.5.5 定金

1. 定金的概念

定金是指合同当事人一方为了证明合同成立及担保合同的履行，在合同中约定应预先给付对方一定数额的货币。

2. 定金合同与定金数额

定金应以书面形式约定。当事人在定金合同中应该约定交付定金的期限及数额。定金合同从实际交付定金之日起生效，定金数额最高不得超过主合同标的额的20%。

3. 定金罚则

合同履行后，定金或收回或抵作价款。

给付定金的一方拒绝订立或不履行合同，无权要求返还定金；收受定金的一方拒绝订立或不履行合同，应双倍返还定金。

2.3.5.6　建设工程中的担保

建设工程中的担保方式主要是保证，保证人一般是银行和担保公司，合同的表现形式主要是保函或保证书。保证在建设工程中的应用主要表现为施工投标保证、施工履约保证和施工预付款保证。

1. 施工投标保证

施工投标保证一般是指投标人在施工投标过程中提供一定数额的保证金或请第三方提供信用的担保的方式，一般称之为投标保函或投标保证书。评标结束后，发包人应将投标保函或投标保证书退还给投标人。

2. 施工合同履约保证

施工合同履约保证是为了保证施工合同按约履行，由发包人要求承包人提供的担保。其保证方式可以是提交一定数额的保证金，也可以是由第三人提供保证，所以我们称之为履约保证金、履约保函或履约保证书。保证金额一般为合同总额的 5% ~10% 。

3. 施工预付款保证

施工预付款保证是由承包人提交的，为保证返还预付款的担保。它采用的方式主要是由银行出具保函担保。担保金额应当与预付款金额相同。

2.3.6　《中华人民共和国保险法》（以下简称《保险法》）

2.3.6.1　保险的概念和种类

保险是一种经济制度，同时也是一种法律关系。从法律角度讲，保险是对危险发生后所导致的意外损失给予经济补偿或支付保险金的一项具有互助共济性的法律制度。《保险法》第 2 条规定：保险是指投保人根据合同约定，向保险人支付保险费，保险人对于合同约定的可能发生的事故因其发生所造成的财产损失承担赔偿保险金责任，或者当保险人死亡、伤残、疾病或者达到合同约定的年龄、期限时，承担给付保险金责任的商业保险行为。

根据保险标的的不同，保障分为财产保险和人身保险两种。财产保险是指以财产及其有关利益为保险标的的保险。比如企业财产保险、家庭财产保险等。建筑工程一切险和安装工程一切险属于财产保险。人身保险是指以人的寿命和身体为保险标的的保险。比如医疗保险、养老保险等。

2.3.6.2　《保险法》的基本内容

现行的《保险法》是 1995 年 6 月 30 日第八届全国人民代表大会常务委员会第十四次会议通过的，2009 年 2 月 28 日第十一届全国人民代表大会常务委员会第七次会议对该法进行了修订。该法共 8 章，主要内容包括：

第一章，总则。规定了《保险法》的立法宗旨、适用范围、《保险法》活动的基本原则以及《保险法》的公平竞争原则和监督管理机关。

第二章，保险合同。规定了保险合同法律关系的主体、客体和内容：保险合同的订立、变更、解除和解释；保险责任的承担、诉讼时效、保险欺诈和再保险及财产保险合同、人身保险合同的具体规范。

第三章，保险公司。规定了保险公司的设立、变更和终止。

第四章，保险经营规则。规定了保险公司的业务范围和保险公司的经营规则。

第五章，保险代理人和保险经纪人。规定了保险代理人和保险经纪人及其相关规范。

第六章，保险业的监督管理。规定了基本保险条款和保险费率制定的监管；保险业财务制度的监管；保险资金运用的监管；保险事故的评估与鉴定等监督管理规范。

第七章，法律责任。规定了违反保险法应承担的法律责任。

第八章，附则。规定了海事保险和农业保险的法律适用，以及本法的施行时间。

2.3.6.3　保险合同条款

保险合同条款即保险合同内容，它规定保险责任范围和保险人、被保险人的权利和义务以及其他有关保险条件。险种不同，保险合同条款也不同。但主要条款有：

（1）保险人名称和住所；

（2）投保人、被保险人名称和住所，以及人身保险的受益人的名称和住所；

（3）保险标的；

（4）保险责任和责任免除；

（5）保险期间和保险责任开始时间；

（6）保险金额；

（7）保险以及支付办法；

（8）保险金赔偿或者给付办法；

（9）违约责任和争议处理；

（10）订立合同的年、月、日。

2.3.6.4　建设工程保险

建设工程保险是财产保险中的一部分。由于建设工程项目进行过程中会涉及各种复杂多样的关系，履行时间又比较长，所以可能发生的风险也比较多，因此，建设工程保险是必不可少的财产保险，而且险种也很多，比如建筑工程一切险、安装工程一切险、机器损坏险、机动车辆险，货物运输险等。我们这里主要介绍建筑工程一切险、安装工程一切险、机器损坏险和第三者责任险。

1. 建筑工程一切险

（1）建筑工程一切险的概念

建筑工程一切险承保各类民用、工业和公用事业建筑工程项目，包括道路、水坝、桥梁、港埠等，在建造过程中因自然灾害或意外事故而引起的一切损失。

建筑工程一切险往往还加保第三者责任险，即保险人在承保某建筑工程的同时，还对该工程在保险期限内因发生意外事故造成的依法应由被保险人负责的工地上及邻近地区的第三者的人身伤亡、疾病或财产损失，以及被保险人因此而支付的诉讼费用和事先经保险人书面同意支付的其他费用，负赔偿责任。

（2）建筑工程一切险的被保险人

在工程进行期间，对这项工程承担一定风险的有关各方，均可作为被保险人。

具体包括：业主、承包商或分包商、技术顾问（包括业主雇用的建筑师、工程师及其他专业顾问）。

（3）建筑工程一切险承保的财产

建筑工程一切险可承保的财产包括：①合同规定的建筑工程，包括永久工程、临时工程以及在工地的物料；②建筑用机器、工具、设备和临时工房及其屋内存放的物件，均属履行工程合同所需要的，是被保险人所有的或为被保险人所负责的物件；③业主或承包商在工地的原有财产；④安装工程项目；⑤场地清理费；⑥工地内的现成建筑物；⑦业主或承包商在工地上的其他财产。

（4）建筑工程一切险承保的危险

建筑工程一切险保险人对以下危险承担赔偿责任：①洪水、潮水、水灾、地震、海啸、暴雨、风暴、雪崩、地崩、山崩、冻灾、冰雹及其他自然灾害；②雷电、火灾、爆炸；③飞机坠毁，飞机部件或物件坠落；④盗窃；⑤工人、技术人员因缺乏经验、疏忽、过失、恶意行为等造成的事故；⑥原材料缺陷或工艺不善所引起的事故；⑦除外责任以外的其他不可预料的自然灾害或意外事故。

（5）建筑工程一切险的除外责任

建筑工程一切险的除外责任包括：①被保险人的故意行为引起的损失；②战争、罢工、核污染的损失；③自然磨损；④停工；⑤错误设计引起的损失、费用或责任；⑥换置、修理或矫正标的本身原材料缺陷或工艺不善所支付的费用；⑦非外力引起的机械或电气装置的损坏或建筑用机器、设备、装置失灵；⑧领有公共运输行驶执照的车辆、船舶、飞机的损失；⑨档案、文件、账簿、票据、现金、有价证券、图表资料的损失。

（6）建筑工程一切险保险责任的起讫

保险单一般规定：保险责任自投标工程开工日起或自承包项目所用材料卸至工地时起开始。保险责任的终止，则按以下规定办理，以先发生者为准：①保险单规定的保险终止日期；②工程建筑或安装（包括试车、考核）完毕，移交给工程的业主，或签发完工证明时终止（如部分移交，则该移交部分的保险责任即行终止）；③业主开始使用工程时，如部分使用，则该使用部分的保险责任即行终止。

（7）建筑工程一切险制定费率应考虑的因素

由于工程保险的个性很强，每个具体工程的费率往往都不相同，在制定建筑工程一切险保险费率时应考虑如下因素：

第一，承保责任范围的大小。双方如对承保范围做出特殊约定，则此范围大小对费率会有直接影响。如果承保地震、洪水等灾害，还应考虑以往发生这些灾害的频率及损失大小。

另外，工程保险往往有免赔额和赔偿限额的规定。这是对被保险人自己应负责任的规定。如果免赔额高、赔偿限额低，则意味着被保险人承担的责任大，则保险费率就应相应降低；如果免赔额低、赔偿限额高，则保险费率应相应提高。

第二，承保工程本身的危险程度。决定承保工程本身的危险程度的因素有：①施工种类、工程性质；②施工方法；③工地和邻近地区的自然地理条件；④设备类型；⑤工地现场的管理情况。

第三，承包商的资信情况。包括承包商以往承包工程的情况，以及对工程的经营管理水平、经验等。承包商的资信条件好，则可降低保险费率；反之则应提高保险费率。

第四，保险人承保同类工程的以往损失记录。这也是保险人在制定保险费率时应考虑到的重要因素。以往有较大损失记录的，则保险费率应相应提高。

第五，最大危险责任。保险人应当估计所保工程可能承担的最大危险责任的数额，将其作为制定费率的参考因素。

2. 安装工程一切险

由于建筑工程一切险与安装工程一切险有许多相似之处，因此对其只作简单介绍。

（1）安装工程一切险概述

安装工程一切险承保安装各种工厂用的机器、设备、储油罐、钢结构工程、起重机、吊车，以及包含机械工程因素的任何建造工程因自然灾害或意外事故而引起的一切损失。

由于目前机电设备价值日趋高昂，工艺和构造日趋复杂，这种安装工程的风险也越来越高。因此，在国际保险市场上，安装工程一切险已发展成一种保障比较广泛、专业性很强的综合性险种。

安装工程一切险的投保人可以是业主，也可以是承包商或卖方（供货商或制造商）。在合同中，有关利益方，如所有人、承包人、转承包人、供货人、技术顾问等其他有关方，都可被列为被保险人。

安装工程一切险也可以根据投保人的要求附加第三者责任险。在安装工程建设过程中因发生任何意外事故，造成在工地及邻近地区的第三者人身伤亡、致残或财产损失，依法应由被保险人承担赔偿责任时，保险人将负责赔偿并包括被保险人因此而支付的诉讼费用或事先经保险人同意支付的其他费用。安装工程第三者责任险的最高赔偿限额，应视工程建设过程中可能造成第三者人身或财产损害的最大危险程度确定。

（2）安装工程一切险的保险期限

安装工程一切险的保险期限，通常应以整个工期为保险期限。一般是从被保险项目被卸至施工地点时起生效到工程预计竣工验收交付使用之日止。如验收完毕先于保险单列明的终止日，则验收完毕时保险期亦即终止。若工期延长，被保险人应及时以书面通知保险人申请延长保险期，并按规定增缴保险费。

安装工程第三者责任保险作为安装工程一切险的附加险，其保险期限应当与安装工程一切险相同。

（3）安装工程一切险的保险标的

安装工程一切险的保险标的有：①安装的机器及安装费，包括安装工程合同内要安装的机器、设备、装置、物料、基础工程（如地基、座基等）以及为安装工程所需的各种临时设施（如水电、照明、通讯设备）等；②为安装工程使用的承包人的机器，设备；③附带投保的土木建筑工程项目，其保额不得超过整个工程项目保额的20%；④场地清理费用；⑤业主或承包商在工地上的其他财产。

（4）安装工程一切险制定费率时考虑的因素

在制定安装工程一切险的费率时应注意安装工程的特点。主要有：①保险标的从安装开始就存在于工地上，风险一开始就比较集中；②试车考核期内任何潜在因素都可能造成损失，且试车期的损失率占整个安装期风险的50%以上；③人为因素造成的损失较多。

总的来讲，安装工程一切险的费率要高于建筑工程一切险。

3. 机器损坏险

（1）机器损坏险概述

机器损坏险主要承保各类工厂、矿山的大型机械设备、机器在运行期间发生损失的风险。这是近几十年来在国际上新兴起的一种保险。由于国际工程建设中使用的机器设备趋于大型化，在国际工程建设中也经常投保机器损坏险。

机器损坏险具有以下特点：

①用于防损的费用高于用于赔偿的费用。保险人承保机器损坏险后，要定期检查机器的运行，许多国家的立法都有这方面的强制性规定。这往往使得保险人用于检查机器的费用远高于用于赔款的费用。

②承保的基本上都是人为的风险损失。机器损坏险承保的风险，如设计制造和安装错误，工人、技术人员操作错误，疏忽、过失、恶意行为等造成的损失，大都是人为的，这些风险往往是普通财产保险不负责承保的。

③机器设备均按重置价投保。即在投机器损坏险时按投保时重新换置同一型号、规格、性能的新机器的价格，包括出厂价、运费、可能支付的税款和安装费进行投保。

（2）机器损坏险的保险责任范围

被保险机器及其附属设备由于下列原因造成损失，需要修理或重置时，保险人负责进行赔偿：①设计、制造和安装错误，铸造和原材料缺陷。这些错误、缺点和缺陷常常在制造商的保修期满后在操作中发现，而不可能向制造商再提出追偿；②工人、技术人员操作错误，缺乏经验、技术不善、疏忽、过失、恶意行为；③离心力引起的撕裂。它往往会对机器本身或其周围财产造成很严重的损失；④电气短路或其他电气原因。这是指短路、电压过高、绝缘不良、电流放电和产生的应力等原因；⑤错误的操作、测量设施的失灵、锅炉加水系统有毛病以及报警设备不良，所造成的由于锅炉缺水而致的损毁；⑥物理性爆炸。这是与化学性爆炸相对而言的，指内储气、汽和液体物质的容器在内容物没有化学反应的情况下，过高的压力造成容器四壁破裂；⑦露装机器遭受暴风雨、冻灾、流冰等风险；⑧保险单规定的除外责任以外的其他事故。

（3）机器损坏险的除外责任

机器损坏险的除外责任包括：①其他财产保险所保的危险或责任；②溢堤、洪水、地震、地陷、土崩、水陆空物体的碰击；③自然磨损、氧化、腐蚀、锈蚀等；④战争、武装冲突、民众骚动、罢工；⑤被保险人及其代表的故意行为、重大过失；⑥被保险人及其代表在保险生效时已经或应该知道的被保险机器存在的缺点或缺陷；⑦根据契约或者法律，应由供货方或制造商负责的损失；⑧核子反应和辐射或放射性污染；⑨各种间接损失或责任。

（4）机器损坏险的防损事项

如上所述，在机器损坏险中，保险人对机器的检查制度是很重要的。保险人在保险期间应定期派合格的、有经验的专家去检查保险机器。由于保险人有各种防损经验，熟悉机器损失原因，所以能够提出可行的防损意见。

更为重要的是，保险人应督促被保险人对机器建立完善的管理和保养制度。

4. 第三者责任险

建筑工程一切险、安装工程一切险往往还加保第三者责任险，即保险人在承保建筑工程或者安装工程的同时，还对该工程在保险期限内因发生意外事故造成的依法应由被保险人负责的工地上及邻近地区的第三者的人身伤亡或财产损失，以及被保险人因此而支付的诉讼费用和事先经保险人书面同意支付的其他费用，承担经济赔偿责任。

2.4　本章案例

【案例 2-1】　建设工程合同关系分析

A 钢材厂与 B 贸易公司签订了一份购销钢材的合同，约定 A 厂向 B 公司提供钢材 1000 吨，每吨单价 1000 元，总货款 100 万元。合同签订后，B 公司到 C 灯具厂联系推销钢材，并与之签订了 200 吨钢材的买卖合同，每吨单价为 1100 元。C 灯具厂与 B 公司签订合同后，派出业务员携带 10 万元转账支票，随同 B 公司业务员来到 A 钢材厂，要求发运 200 吨钢材。A 钢铁厂要求先将预付款打进账户后才能发货。C 灯具厂到银行办理转账手续时，银行认为 C 灯具厂与 A 钢材厂没有直接的合同关系而不同意转收支票款。于是，C 灯具厂在转账支票上写上"代 B 贸易公司付钢材款 10 万元"后，银行同意将预付款转至 A 钢材厂的账户。A 钢材厂收到货款后以预付款不足而拒绝交货。故此，C 灯具厂以 A 钢材厂为被告提起诉讼，请求退回货款。

案例评析：

该案件中存在两份合同，两份合同相互联系，却又互相独立。A 钢材厂和 B 贸易公司之间形成一个合同法律关系，主体是 A 钢材厂和 B 贸易公司，客体是钢材，内容是 A 钢材厂向 B 贸易公司交付钢材 1000 吨，而 B 贸易公司向 A 钢材厂支付货款 100 万。B 贸易公司和 C 灯具厂之间形成另一个合同法律关系，主体是 B 贸易公司与 C 灯具厂，客体也是钢材，内容是 B 贸易公司向 C 灯具厂交付钢材 200 吨，C 灯具厂则向 B 贸易公司支付货款 22 万元。

A 钢材厂与 B 贸易公司签订的买卖合同仅对 A 钢材厂与 B 贸易公司有法律上的约束效力，而与 C 灯具厂无关。而 A 钢材厂与 C 灯具厂之间不存在任何法律关系，因此，C 灯具厂无义务向 A 钢材厂支付货款，而 A 钢材厂也无义务直接向 C 灯具厂提供货物。本案中 C 灯具厂的支付行为应当视为代替 B 贸易公司所作的支付，该支付行为不足以使 A 钢材厂与 C 灯具厂之间产生合同法律关系。

由于 C 灯具厂与 A 钢材厂之间没有民事法律关系，因此 C 灯具厂将 A 钢材厂作为被告是不妥当的。基于 C 灯具厂与 B 贸易公司之间的合同关系，当 C 灯具厂无法得到钢材时，其应当以 B 贸易公司违约为由提起诉讼。由于 A 钢材厂与本案有利害关系，法院应当追加 A 钢材厂为本案的第三人。

【案例 2-2】 担保合同的效力

2004 年 7 月 27 日，徐某因建房缺乏资金，以其自有住房一座作为抵押担保，向 A 银行申请贷款人民币 10 万元，并与 A 银行签订《借款合同》、《房地产抵押贷款合同》各一份，并办理抵押物登记。合同约定：借款 10 万元，借款用途为建房，月利率 6‰，借期 24 个月，从 2004 年 8 月至 2006 年 7 月止。后因故该笔贷款未发放。2004 年 9 月 20 日，徐某又与 A 银行再次签订《个人住房借款合同》及《个人住房借款抵押合同》各一份，约定借款金额 10 万元，借款用途为购房，月利率为 5.925‰，借期为 60 个月，借期从 2004 年 10 月 1 日起算，并约定原抵押合同一同生效，双方没有重新办理抵押物登记。借款期满后，徐某截至 2009 年 10 月 1 日，仅累计还贷本息 26500 元，余额未能偿还。为此，A 银行于 2009 年 12 月 15 日诉至法院，请求判令徐某偿还借款本息，并拍卖、变卖抵押物房屋优先受偿。

案例评析：

本案中，2004 年 7 月 27 日签订的主合同与 2004 年 9 月 20 日签订的主合同项下的借款是两笔不同的借款，表现在借款用途、利率、借款期限、签约时间均不同。而在房管部门办理抵押物登记的从合同所担保的借款是 2004 年 7 月 27 日签订的借款合同项下的借款，该笔借款未实际发生，从合同的抵押担保也就失去了担保对象。因此，抵押登记与 2004 年 9 月

20 日借款无关，不能张冠李戴。依照《中华人民共和国担保法》第四十一条"当事人以本法第四十二条的财产抵押的应当办理抵押物登记，抵押合同自登记之日起生效"之规定，抵押合同从登记之日起生效，这是法律的强制性规定，不能由当事人任意约定。本案中徐某于 2004 年 7 月 27 日办理抵押物登记的抵押合同所担保的借款与 2004 年 9 月 20 日借款属两笔不同的借款，不能混同。本案 2004 年 9 月 20 日签订的抵押合同因未办理抵押登记而未生效，A 银行不能据此主张优先受偿权。

思 考 题

1. 建设工程合同按照计价方式如何分类？
2. 分别简述业主和承包商的建设工程合同关系的构成。
3. 简述不同主体的合同管理的内容。
4. 建设工程合同具有哪些特点？
5. 简述建设工程合同法律体系的构成。
6. 保证合同的内容是什么？
7. 比较抵押与质押的异同之处。
8. 常用的建设工程保险有哪些种类？

第3章 建设工程招标管理

3.1 建设工程招标概述

3.1.1 建设工程招标的概念及性质

1. 概念

招投标是市场经济条件下进行大宗货物的买卖、工程建设项目的发包与承包，以及服务项目的采购与提供时，所采用的一种交易方式。它的特点是，单一的买方设定包括功能、质量、期限、价格为主的标的，约请若干卖方通过投标进行竞争，买方从中选择优胜者并与其达成交易协议，随后按合同实现标的。建筑产品也是商品，工程项目的建设以招标投标的方式选择实施单位，是运用竞争机制来体现价值规律的科学管理模式。

建设工程招标指发包人（招投标中也称招标人）用招标文件将委托的工作内容和要求告之有兴趣参与竞争的投标人，让他们按规定条件提出实施计划和价格，然后通过评审比较选出信誉可靠、技术能力强、管理水平高、报价合理的可信赖单位（设计单位、监理单位、施工单位、供货单位），以合同形式委托其完成。发包人是指既有进行某项工程建设需求，又具有该项建设工程相应的建设资金和各种准建手续，在建筑市场中发包建设工程咨询、设计、施工及监理任务，并最终获得建筑产品所有权的政府部门、企事业单位及个人。

建设工程投标是各投标人（中标签合同就成为承包人）依据自身能力和管理水平，按照招标文件规定的统一要求投标，争取获得实施资格。承包人是指具有一定生产能力、机械设备、流动资金，具有承包工程建设任务的营业资格，在建设市场中能够按照发包人的要求，提供不同形态的建筑产品，并最终得到相应的工程价款的建筑业企业。

招投标是具有完善机制、科学合理的工程承发包方法，是国际上采用的比较完善的工程承发包方式。推行工程项目招投标，就是要在建筑市场中建立竞争机制。

2. 建设工程招标投标的意义

（1）有利于建设市场的法制化和规范化。从法律意义上说，工程建设招标投标是招标、投标双方按照法定程序进行交易的法律行为，所以双方的行为都受法律的约束。这就意味着建设市场在招标投标活动的推动下将更趋理性化、法制化和规范化。

（2）形成市场定价的机制，使工程造价更趋合理。招标投标活动最明显的特点是投标人之间的竞争，而其中最集中、最激烈的竞争则表现为价格的竞争。价格的竞争最终导致工程造价趋于合理。

（3）促进建设活动中劳动消耗水平的降低，使工程造价得到有效的控制。在建设市场中，不同的投标人其个别劳动消耗水平是不一样的。但为了竞争招标项目并在市场中取胜，降低劳动消耗水平就成了重要途径。当这一途径为大家所重视时，必然要努力提高自身的劳动生产率、降低个别劳动消耗水平，进而导致整个工程建设领域劳动生产率的提高和平均劳动消耗水平下降，使工程造价得到有效的控制。

（4）有力地遏制建设领域的腐败，使工程造价趋向科学。工程建设领域在许多国家被认为是腐败行为多发区和重灾区。我国在招标投标中采取设立专门机构对招标投标活动进行监督管理和从专家人才库中选聘专家进行评标的方法，使工程建设项目承发包活动实现公开、公平、公正，可有效地减少暗箱操作、徇私舞弊行为，有力地遏制行贿受贿等腐败现象的产生，使工程造价的确定更趋科学、更加符合其价值。

（5）促进了技术进步和管理水平的提高，有助于保证工程质量、缩短工期。投标竞争中表现最激烈的虽然是价格的竞争，但实质上是人员素质、技术装备、技术水平、管理水平的全面竞争。投标人要在竞争中获胜，就必须在报价、技术、实力、业绩等诸方面展现出优势。因此，竞争迫使竞争者都加大自己的投入，采用新材料、新技术、新工艺，加强企业和项目管理，因而促进了全行业的技术进步和管理水平的提高，进而使我国工程建设项目的质量普遍得到提高，工期普遍得以合理缩短。

3. 开展招标投标活动的原则

《中华人民共和国招标投标法》（以下简称《招标投标法》规定招标投标活动必须遵循公开、公平、公正和诚实信用的原则。

（1）公开。招标投标活动中所遵循的公开原则要求招标活动信息公开、开标活动公开、评标标准公开和定标结果公开。

招标活动信息公开。招标人进行招标之始，就要将工程建设项目招标的有关信息在招标管理机构指定的媒介上发布，以同等的信息量晓谕潜在的投标人。此信息足以使潜在的投标人作出是否参加投标的判断，并知道如果要参加投标该怎么做。

开标活动公开。开标活动公开包括开标活动过程公开和开标程序公开两方面。过程公开，使得所有投标人都能参加开标会，见证整个开标过程。开标程序公开，是指开标前就公布开标程序包括废标认定程序、唱标程序等。

评标标准公开。评标标准应该在招标文件中载明，便于投标人做相应的准备，以证明自己是最合适的中标人。如果等到开标前再宣布评标标准，就有可能由于这种随机性造成原本是强有力的投标人因准备不当而错失中标的机会，招标人也会因此失去最佳的承包人，这样的评标是欠科学的。如果评标标准在开标后宣布，就难免带上某种倾向的烙印，使评标失去公正。

定标结果公开。招标人根据评标结果，经综合平衡，确定中标人后，应当向中标人发出中标通知书，同时将定标结果通知未中标的投标人。

（2）公平。招标人要给所有的投标人以平等的竞争机会，这包括给所有投标人同等的信息量、同等的投标资格要求，不设倾向性的评比条件，例如，不能以某一投标人的产品技术指标作为标的要求，否则就有明显的授标倾向，而使其他投标人处于竞争的劣势。

招标文件中所列合同条件的权利和义务要对等，要体现承发包双方的平等地位。

投标人不得串通打压别的投标人，更不能串通起来抬高报价损害业主的利益。

（3）公正。招标人在执行开标程序、评标委员会在执行评标标准时都要严格照章办事，尺度相同，不能厚此薄彼，尤其是处理迟到标和判定废标、无效标以及质疑过程中更要体现公正。

（4）诚实信用。诚实信用是民事活动的基本原则，招标投标的双方都要诚实守信，不得有欺骗、背信的行为。招标人不得搞内定承包人的虚假招标，也不能在招标中设圈套损害承包人的利益。投标人不得用虚假资质、虚假标书投标，投标文件中所有各项都要真实。合同签订后，任何一方均要严格、认真地履行。

4. 性质

建设工程招标一般被认为是要约邀请，而投标是要约，中标通知书是承诺。我国《合同法》规定，要约邀请是希望他人向自己发出要约的意思表示，招标公告或投标邀请书都属于要约邀请；投标符合要约条件的所有法定条件，一旦投标人中标将受约于招标文件和投标书的全部约束条件；而招标人向投标人发出中标通知书，则表示同意接受中标的投标人的投标条件，即视为接受投标人的要约的意思表示，属于承诺。

3.1.2 建设工程招标的范围和标准

1. 强制招标的范围和标准

依据《招标投标法》规定，在中国境内进行下列建设项目，包括项目的勘察、设计、施工、监理以及与工程建设有关的重要设备、材料的采购，必须进行招标：

（1）大型基础设施、公用事业等关系社会公共利益、公众安全的项目；

（2）全部或部分使用国有资金投资或国家融资的项目；

（3）使用国际组织或外国政府贷款、援助资金的项目。

国家发展计划部门颁布的《工程建设项目招标范围和规模标准规定》对以上必须进行招标的项目范围作出的具体的规定如下。

（1）关系社会公共利益、公众安全的基础设施项目的范围包括：

①煤炭、石油、天然气、电力、新能源等能源项目；

②铁路、公路、管道、水运、航空以及其他交通业等交通运输项目；

③邮政、电信枢纽、通信、信息网络等邮电通讯项目；

④防洪、灌溉、排涝、引（供）水、滩涂治理、水土保持、水利枢纽等水利项目；

⑤道路、桥梁、地铁和轻轨交通、污水排放及处理、垃圾处理、地下管道、公共停车场等城市设施项目；

⑥生态环境保持项目；

⑦其他基础设施项目。

（2）关系社会公共利益、公众安全的公用事业项目的范围包括：

①供水、供电、供气、供热等市政工程项目；

②科技、教育、文化等项目；

③体育、旅游等项目；

④卫生、社会福利等项目；

⑤商品住宅，包括经济适用住房；

⑥其他公用事业项目。

（3）使用国有资金投资项目的范围包括：

①使用各级财政预算资金的项目；

②使用纳入财政管理的各种政府性专项建设基金的项目；

③使用国有企业事业单位自有资金，并且国有资产投资者实际拥有控制权的项目。

（4）国家融资项目的范围包括：

①使用国家发行债券所筹资金的项目；

②使用国家对外借款或者担保所筹资金的项目；

③使用国家政策性贷款的项目；

④国家授权投资主体融资的项目；

⑤国家特许的融资项目。

（5）使用国际组织或者外国政府资金的项目的范围包括：

①使用世界银行、亚洲开发银行等国际组织贷款资金的项目；

②使用外国政府及其机构贷款资金的项目；

③使用国际组织或者外国政府援助资金的项目。

《工程建设项目招标范围和规模标准规定》对上述范围内的各类工程建设项目作了具体规定，达到下列标准之一的，必须进行招标：

（1）施工单项合同估算价在 200 万元人民币以上的；

（2）重要设备、材料等货物的采购，单项合同估算价在 100 万元人民币以上的；

（3）勘察、设计、监理等服务的采购，单项合同估算价在 50 万元人民币以上的；

（4）单项合同估算价低于上述三项规定的标准，但项目总投资额在 3000 万元人民币以上的勘察、设计、施工、监理、与工程建设相关的重要设备和材料的采购。

2. 可以直接发包的建设项目

涉及国家安全、国家秘密、抢险救灾或者利用扶贫资金实行以工代赈、需要使用农民工等特殊情况，不适宜进行招标。2012 年颁行的《招标投标实施条例》进一步规定，属于下列情形之一的，可以不进行招标，采用直接委托的方式发包建设工程项目：

（1）需要采用不可替代的专利或者专有技术；

（2）采购人依法能够自行建设、生产或者提供；

（3）已通过招标方式选定的特许经营项目投资人依法能够自行建设、生产或者提供；

（4）需要向原中标人采购工程、货物或者服务，否则将影响施工或者功能配套要求；

（5）国家规定的其他特殊情形。

3.1.3　建设工程招标的种类

按工程项目建设程序以及招标内容的不同，招标可分为项目总承包招标、咨询服务招标、勘察设计招标和施工招标、监理招标、物资采购招标等类型。

1. 建设工程项目总承包招标

建设工程项目总承包招标又叫建设工程项目全过程招标，在国外被称为"交钥匙"工程发包方式。它是指从项目建议书开始，包括可行性研究、勘察设计、设备材料采购、工程施工、生产准备、投料试车，直到竣工投产、交付使用的建设全过程招标。工程总承包人提出的实施方案是从项目建议书开始到工程项目竣工验收后交付使用的全过程的方案，因此提出的报价也是包括对项目建议书、可行性研究、勘察设计、咨询监理、材料设备采购、工程施工、员工上岗培训、试生产、竣工投产等各阶段的全面投标报价。总承包招标对投标人来说时间跨度长，风险也大，因此要求投标人要有很强的管理水平和技术力量。国外较多采用建设工程项目总承包招标方式，国内也在逐步采用。

2. 建设工程咨询服务招标

这种招标是业主为选择科学、合理的投资开发建设方案，为进行项目的可行性研究，通过投标竞争寻找满意的咨询单位的招标。投标人一般为工程咨询单位，中标人最终的工作成果是项目的可行性研究报告。

3. 建设工程勘察设计招标

勘察设计招标指根据批准的可行性研究报告，择优选择勘察设计单位的招标。勘察和设计是两种不同性质的工作，可由勘察单位和设计单位分别完成。勘察单位最终提出施工现场的地理位置、地形、地貌、地质、水文等在内的勘察报告。设计单位最终提供设计图纸和施工图预算。

4. 建设工程施工招标

建设工程施工招标是指根据招标人拟建工程项目的施工任务发出招标公告或投标邀请书，由投标人在规定的时间内根据招标文件的要求提交包括施工组织设计、工期、质量、进度及报价等内容的投标书，经评审委员会专家评审，从中择优选定施工承包单位。根据施工承担范围的不同，可分为单项工程施工招标、单位工程施工招标、专业工程施工招标等。

5. 建设工程监理招标

建筑工程监理招标是指招标人就拟建工程项目的监理任务，发出招标公告或投标邀请书，由符合招标文件规定的建设监理单位参加，竞争承接工程项目相应各阶段的监理任务。其目的是业主为更好实施工程项目各阶段的监督管理工作，保证建设过程的进度、质量、投资及生产安全、文明施工等。

6. 建设工程物资采购招标

工程建设中的物资主要是指构成建设工程实体的材料和设备。建设工程造价的60%以上是由材料、设备的价值构成的，对材料、设备采购进行招标有助于提高物资的质量，降低采购价格。建设工程项目材料、设备招标是指招标人就拟建工程项目中的材料、设备发出招标公告或投标邀请书，由符合招标文件规定的材料、设备供应商投标竞争来获得材料、设备的供应合同。对工程项目来说一般都是用量大、价值高等材料设备，还有政府规定的一些用品采购。其目的是通过竞争采购到性价比最高的材料、设备及各类用品。

3.1.4 建设工程招标方式及特点

根据我国《招标投标法》规定，招标方式分为公开招标和邀请招标两种。

1. 公开招标

公开招标又称无限竞争招标，是由招标人以招标公告的方式邀请不特定的法人或者其他组织投标，招标人通过报刊、广播、电视等方式发布招标广告，有意的承包商均可参加资格审查，合格的承包商可购买招标文件，参加投标的招标方式。

公开招标的特点是，投标的承包商多、竞争激烈，招标人有较大的选择范围，有利于选择报价合理的投标人，同时也有利于提高工程质量和缩短工期。但是由于投标的承包商多，招标工作量大，组织工作复杂，需投入较多的人力、物力，招标过程所需时间较长。因而此类招标方式主要适用于投资额度大，工艺、结构复杂的较大型工程建设项目。

《工程建设项目施工招标投标办法》第 11 条规定：国务院发展计划部门确定的国家重点建设项目和各省、自治区、直辖市人民政府确定的地方重点建设项目，以及全部使用国有资金投资或者国有资金投资占控股或者主导地位的工程建设项目，应当公开招标。

2. 邀请招标

邀请招标又称有限竞争招标，是由招标人以投标邀请书的方式邀请特定的法人或者其他组织投标。这种方式不发布公告，业主根据自己的经验和所掌握的各种信息资料，向有承担该项工程能力的 3 个以上（一般为 5 ~8 个）承包商发出投标邀请书，收到邀请书的单位才有资格参加投标。

邀请投标的特点是，目标集中，招标的组织工作较容易，周期短，工作量较小，招标费用也低。但是由于参加的投标单位较少，竞争性较差，选择余地较小，如果招标单位在选择邀请单位前所掌握的信息资料不足，则会失去发现最适合承担该项目的承包商的机会。

根据《工程建设项目施工招标投标办法》的规定，有下列情形之一的，经批准可以进行邀请招标。

（1）项目技术复杂或有特殊要求，只有少量几家潜在投标人可供选择的；

（2）受自然地域环境限制的；

（3）涉及国家安全、国家秘密或者抢险救灾，适宜招标但不宜公开招标的；

（4）采用公开招标方式的费用占项目合同金额的比例过大；

（5）法律、法规规定不宜公开招标的。

3. 两种招标方式的区别

公开招标和邀请招标都必须按规定的招标程序进行，要制订统一的招标文件，投标都必须按招标文件的规定进行投标。

邀请招标与公开招标的程序基本相同，不同之处在于公开招标发布招标公告，而邀请招标发出投标邀请书。

3.1.5　建设工程项目招标条件

对于依法必须招标的工程建设项目，在招标工作开始前招标人和项目应满足一定的条件。具体包括：

（1）招标人已经依法成立；

（2）初步设计及概算应当履行审批手续的，已经批准；

（3）招标范围、招标方式和招标组织形式等应当履行核准手续的，已经核准；

（4）有相应的资金或者资金来源已经落实；

（5）有能够满足招标需要的设计图样及相关技术资料。

3.1.6　招标组织机构

1. 招标组织机构的形式

招标组织机构主要有三种形式：

（1）由招标人的基本建设单位或实行建设项目业主责任制的业主单位负责有关招标的全部工作。工作人员可能是从有关部门临时抽调的，项目建成后转入生产或其他部门工作。

（2）招标代理机构。招标代理机构是依法成立，从事招标代理业务并提供相关服务的社会中介组织。受招标人委托，组织招标活动。

（3）政府主管部门设立的招标管理机构。职责主要有：

①接受各个阶段的备案与核查；

②对招投标活动进行监督。各地建设行政主管部门认可的建设工程交易中心，既为招投标活动提供场所，又可以使行政主管部门对招投标活动进行有效的监督；

③查处招投标活动中的违法行为，视情节和对招标的影响程度，让违法主体承担行政法

律责任。

2. 招标组织机构应具备的条件

为了保证招标行为规范、科学地评标，招标组织机构应具备以下条件：

（1）具有法人资格或者依法成立的其他组织；

（2）有与招标项目规模和复杂程度相适应的技术、经济等方面的专业人员；

（3）有组织编制招标文件的能力；

（4）有审查投标单位资质的能力；

（5）有组织开标、评标、定标的能力。

发包人自身不具备上述条件的，须委托具有招标代理资质的中介机构代理招标。

3. 招标代理机构

招标人不具备自行招标能力的或虽有能力，但不准备自行招标的，可以委托具有相应资格的中介机构代理招标，招标代理机构的资格依照法律和国务院的规定由有关部门认定。

（1）招标代理机构应具备的条件

①有从事招标代理业务的营业场所和相应资金；

②有能够编制招标文件和组织评标的相应专业能力；

③有符合技术、经济等方面要求的评标委员专家库。

（2）对招标代理机构的法律要求

①招标代理机构在其资格许可和招标人委托的范围内开展招标代理业务，任何单位和个人不得非法干涉。招标代理机构不得涂改、出租、出借、转让资格证书；

②招标人应当与被委托的招标代理机构签订书面委托合同，合同约定的收费标准应当符合国家有关规定；

③招标代理单位对于提供的招标文件、评标报告等的科学性、准确性负责，并不得向外泄露可能影响公正、公平竞争的有关情况；

④招标代理机构不得在所代理的招标项目中投标或者代理投标，也不得为所代理的招标项目的投标人提供咨询。

3.2 建设工程招标基本程序及主要工作

建设工程招标需要经历诸多过程，而且不同种类的招标包括的工作内容也不尽相同，但基本程序大致相同，以施工招标为例，一般可将招标分为 3 个阶段，即招标准备阶段、招标投标阶段、决标成交阶段。

建设工程施工招标的程序如图 3-1 所示。

3.2.1 招标准备阶段的主要工作

此阶段由招标人单独完成，投标人不参与。包括以下主要工作：

1. 工程项目报建

建筑工程项目的立项文件获得批准后，招标人需向建设行政主管部门履行建设项目报建手续。只有报建申请批准后，才可以开始项目的建设。报建时应交验的文件资料包括：立项批准文件或年度投资计划，固定资产投资许可证，建筑工程规划许可证和资金证明文件。建设工程项目报建，是建设单位招标活动的前提。

2. 成立招标组织机构

招标人根据自身情况决定自行招标或者委托招标，组建招标班子或者签订委托代理合同。

3. 确定招标方式和招标范围

根据项目的特点和相关的法律规定选择自行招标或者委托招标、招标方式和招标范围。招标人对项目招标范围划分标段的，应当遵守《招标投标法》的有关规定，不得利用划分标段限制或者排斥潜在投标人，依法必须进行招标的项目的招标人不得利用划分标段规避招标。划分标段时，主要应考虑以下因素的影响：

（1）招标人的管理能力

全部施工内容只发一个合同包招标，招标人仅与一个中标人签订合同，施工过程中管理工作比较简单，但有能力参与竞争的投标人较少。

如果招标人有足够的管理能力，也可以将全部施工内容分解成若干个单位工程和特殊专业工程分别发包，一则可以发挥不同投标人的专业特长，增强投标的竞争性；二则每个独立合同比总承包合同更容易落实，即使出问题也是局部的，易于纠正或补救。但招标发包的数量多少要适当，合同太多会给招标工作和施工阶段的管理工作带来麻烦或不必要损失。

（2）施工内容的专业要求

将土建施工和设备安装分别招标。土建施工采用公开招标，跨行业、跨地域在较广泛范围内选择技术水平高、管理能力强而报价又合理的投标人实施。设备安装工作由于专业技术要求高，可采用邀请招标选择有能力的中标人。

（3）施工现场条件

划分合同包时应充分考虑施工过程中几个独立承包人同时施工可能发生的交叉干扰。基本原则是现场施工尽可能避免平面或不同高程作业的干扰。还需考虑各合同施工中在空间和时间的衔接，避免两个合同交界面工作责任的推诿扯皮，以及关键线路上的施工内容划分在不同合同包时要保证总进度计划目标的实现。

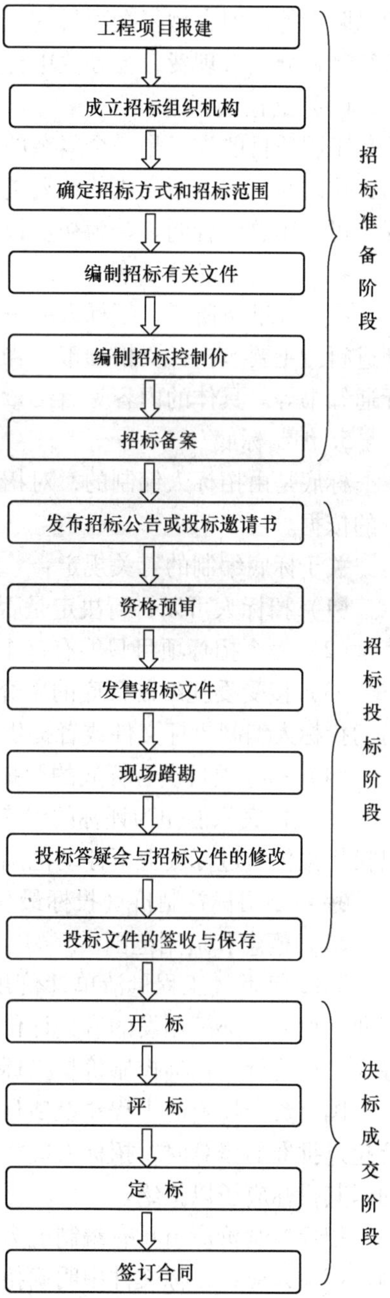

（4）对工程总投资的影响

合同数量划分的多与少对工程总造价的影响不是可以一概而论的问题，应根据项目的具体特点进行客观分析。

只发一个合同包，便于投标人的施工，人工、施工机械和临时设施可以统一使用；划分合同数量较多时，各投标书的报价中均要分别考虑动员准备费、施工机械闲置费、施工干扰

图3-1 建设工程施工招标流程图

71

的风险费等。但大型复杂项目的工程总承包，由于有能力参与竞争的投标人较少，且报价中往往计入分包管理费，会导致中标的合同价较高。

（5）其他因素

工程项目的施工是一个复杂的系统工程，影响划分合同包的因素很多，如筹措建设资金的到位时间、施工图完成的计划进度等条件。如施工招标时，已完成施工图设计的中小型工程，可采用总价合同。若为初步设计完成后的大型复杂工程，则应采用单价合同。

4. 编制招标有关文件

在招标准备阶段，招标人应编制好招标过程中需要使用的有关文件，保证招标活动的顺利进行。主要包括：资格预审公告、招标公告或投标邀请书、资格预审文件、招标文件、中标通知书等。具体的内容见后续章节。

5. 编制标底

标底是由招标人编制的，对招标项目所需费用的自我测算和控制的期望值，主要作为评价的依据。

关于标底编制的有关规定：

（1）招标人可以自行决定是否编制标底；

（2）一个招标项目只能有一个标底，标底必须保密；

（3）接受委托编制标底的中介机构不得参加受托编制标底项目的投标，也不得为该项目的投标人编制投标文件或者提供咨询；

（4）招标项目设有标底的，招标人应当在开标时公布；

（5）标底只能作为评标的参考，不得以投标报价是否接近标底作为中标条件，也不得以投标报价超过标底上下浮动范围作为否决投标的条件。

6. 编制招标控制价（投标最高限价）

（1）概念和适用范围

2013 年版《工程量清单计价规范》中规定，招标控制价是指招标人根据国家或省级、行业建设主管部门颁发的有关计价依据和办法，按设计施工图纸计算的，对招标工程限定的最高工程造价。招标控制价是投标报价的最高限定值。

国有资金投资的工程建设项目应实行工程量清单招标，并应编制招标控制价。招标控制价超过批准的概算时，招标人应将其报原概算部门审核。投标人的投标报价高于招标控制价的，其投标应予以拒绝。

招标控制价应由具有编制能力的招标人，或受其委托具有相应资质的工程造价咨询人编制。招标人应在招标文件中明确招标控制价或者计算方法，招标人不得规定最低投标限价。招标人不应对其上调或下浮，招标人应将招标控制价及有关资料报送工程所在地工程造价管理机构备查。

投标人经复核认为招标人公布的招标控制价未按照本规范的规定编制的，应在开标前 5 天向招投标监督机构或（和）工程造价管理机构投诉。招投标监督机构应会同工程造价管理机构对投诉进行处理，发现有错误的，应责成招标人修改。

（2）编制依据

招标控制价应根据下列依据编制：

①2013 年版《工程量清单计价规范》；

②国家或省级、行业建设主管部门颁发的计价定额和计价办法；

③建设工程设计文件及相关资料；

④招标文件中的工程量清单及有关要求；

⑤与建设项目相关的标准、规范、技术资料；

⑥工程造价管理机构发布的工程造价信息，工程造价信息没有发布的参照市场价；

⑦其他的相关资料。

（3）招标控制价的组成

招标控制价的计价内容、工程量应与招标文件规定的一致，招标控制价的编制应采用合理的施工方法、国家有关部门发布的消耗量和价格信息。根据工程量清单计价的规定，招标控制价的组成包括四个部分：

①分部分项工程费应根据招标文件中的分部分项工程量清单项目的特征描述及有关要求，按计价规范的规定确定综合单价计算。综合单价中应包括招标文件中要求投标人承担的风险费用。招标文件提供了暂估单价的材料，按暂估的单价计入综合单价。

②措施项目清单计价应根据拟建工程的施工组织设计，可以计算工程量的措施项目，应按分部分项工程量清单的方式采用综合单价计价；其余的措施项目可以"项"为单位的方式计价，应包括除规费、税金外的全部费用；措施项目清单中的安全文明施工费应按照国家或省级、行业建设主管部门的规定计价，不得作为竞争性费用。

③其他项目费中，暂列金额应根据工程特点，按有关计价规定估算；暂估价中的材料单价应根据工程造价信息或参照市场价格估算；暂估价中的专业工程金额应分不同专业，按有关计价规定估算；计日工应根据工程特点和有关计价依据计算；总承包服务费应根据招标文件列出的内容和要求估算。

④规费和税金应按国家或省级、行业建设主管部门的规定计算，不得作为竞争性费用。

7. 办理招标备案

依法必须进行招标的项目，应当在发布招标公告或者发出投标邀请书前，招标人自行办理招标事宜的，按规定应向建设行政主管部门备案；委托代理招标事宜的，应签订委托代理合同，建设行政主管部门接受备案。

招投标工程中涉及的备案程序包括：

（1）自行办理招标事宜审查备案；

（2）招标文件审查备案；

（3）投标单位投标申请审查；

（4）评标办法审查；

（5）开标、评标、定标过程监督（在有形建筑市场进行）；

（6）招标备案报告书的备案；

（7）合同备案。

招标备案的相关法律规定有：

《招标投标法》第 12 条第 3 款规定：依法必须进行招标的项目，招标人自行办理招标事宜的，应当向有关行政监督部门备案。

《施工招标投标管理办法》第 12 条规定：招标人自行办理施工招标事宜的，应当在发布招标公告或者发出投标邀请书的 5 日前，向工程所在地县级以上地方人民政府建设行政主管部门备案，并报送下列材料：

（1）按照国家有关规定办理审批手续的各项批准文件；

（2）本办法第十一条所列条件的证明材料，包括专业技术人员的名单，职称证书或者执业资格证书及其工作经历的证明材料；

（3）法律、法规、规章规定的其他材料。

招标人不具备自行办理施工招标事宜条件的，建设行政主管部门应当自收到备案材料之日起 5 日内责令招标人停止自行办理施工招标事宜。

如某省建设行政主管部门规定，在招标备案时应报送下列资料：

（1）建设工程项目的年度投资计划和工程项目报建备案登记表；

（2）建设工程施工招标备案登记表；

（3）项目法人单位的法人资格证书和授权委托书；

（4）招标公告或招标邀请书；

（5）招标单位有关工程技术、概预算、财务以及工程管理等方面专业技术人员名单、职称证书或执业资格证书及主要工作经历证明材料；

（6）委托工程招标代理机构招标，委托方和代理方签订的"工程代理委托合同"。

3.2.2　招标投标阶段的主要工作

公开招标时，从发布招标公告开始，邀请招标从发出投标邀请函开始，到投标截止日期为止的期间称为招标投标阶段。在此阶段，招标人应做好招标的组织工作，投标人则应按照招标有关文件的规定程序和具体要求进行投标。

1. 发布招标公告或投标邀请书、资格预审公告

公开招标的项目，应当按照招投标法的有关规定，发布招标公告。招标公告的作用是让潜在投标人获取招标信息，以便进行项目筛选，确定是否参与竞争。依法必须进行招标的项目的招标公告，必须通过国家制定的报刊、信息网络等媒介发布。具体格式由招标人自定。内容一般包括：招标单位信息，招标项目资金来源、实施地点等概况，本次招标范围，资格预审的条件，购买资格预审文件的时间、地点和价格等有关事项。下面为招标公告示例。

××国际小商品交易中心工程招标公告

一、项目名称：××国际小商品交易中心工程

二、建设单位：××集团有限公司

三、项目概况

为了积极响应、坚决贯彻落实自治区党委、政府，市委、政府关于大力发展商贸流通业，繁荣地方经济的指示精神，××集团有限公司计划投资建设××国际小商品交易中心。项目是以自主批发经营小商品、穆斯林商品为主的现代国际商业综合体。

项目位于××，西侧紧邻××，北距××600m 处。该项目总投资约 30 亿元，占地面积 639085m²，建筑总面积 765700m²，其中：大型交易中心约 500000m²；物流仓储 64700m²；酒店、商务、娱乐及配套建筑 201000m²；住宅区、物流区绿化率分别达到 32% 和 20%。商业核心项目将于 2010 年 8 月建成运营。

四、工程招标内容

1. 大型交易中心工程

该工程为四层，其结构设计以商业大卖场为标准，总高度 24m，1~3 层层高 5m，第 4 层层高 9m，每个交易中心长 207m、宽 70m，单体建筑面积约 57960m^2，共计 8 个交易中心，总建筑面积约 50 万 m^2。其中：±0.00m 以下基础部分为钢筋混凝土结构，局部设地下室，总面积约 5000m^2，作为交易中心的机、电设备间；±0.00m 以上为钢结构，外墙砌块围护；消防通道为单层结构，南北向宽 40m，东西向宽 36m。该工程分两期进行建设：一期建设 4 个交易中心、二期建设 4 个交易中心，建筑面积分别约为 231840m^2。

2. 仓储工程

该工程为钢结构库房，单层结构，建筑物高 10m。基础为灰土换填、钢筋混凝土独立基础结构。主体结构为钢结构，外墙围护 +0.800m 以下为砌块围护，+0.800m 以上为夹芯板围护，屋面为保温棉覆盖彩钢板。共计 14 个库房，总建筑面积约 64700m^2。

3. 标段划分

一期工程招标包括以下工程范围，每个单项工程单独投标：

（1）地基基础工程、钢结构主体工程（包括防火涂料）、墙体砌筑工程、给水及消火栓系统、排水工程、供配电系统及电照工程（分 4 个标段）

（2）通风空调工程（分 2 个标段）

（3）喷淋消防及火灾报警控制系统（分 2 个标段）

（4）外墙装饰工程（分 4 个标段）

（5）道路工程及绿化工程（分 1 个标段）

（6）钢结构库房工程（1 个标段）

五、投标人资质

具备建筑施工总承包一级资质和钢结构制作、安装一级资质，并有五年以上同类建筑业绩。通风及空调、室内装修及弱电工程、喷淋消防及火灾报警控制、外网、道路及绿化工程等施工企业具备安装施工一级资质。

六、报名时应携带资料

法定代表人委托书（原件）、营业执照、资质证书、组织机构代码证、安全生产许可证、相关专业注册建造师资质及近两年承担类似的工程业绩资料（以上为复印件并加盖单位公章）。

七、报名时间

2009 年 10 月 22 日~2009 年 10 月 27 日

八、报名地点

宁夏银川市兴庆区太阳都市花园××号

九、联系方式

联 系 人：××

联系电话：××

电子邮箱：××

招标人采用邀请招标方式的，应当向三个以上具备承担招标项目的能力、资信良好的特定法人或者其他组织发出邀请书。邀请书中应载明下列内容：招标人的名称和地址，招标项目的性质、数量、实施地点和时间，投标人如何获取招标文件等事项。

招标人采用资格预审办法对潜在投标人进行资格审查的，应当发布资格预审公告。

依法必须进行招标的项目的资格预审公告和招标公告，应当在国务院发展改革部门依法指定的媒介发布。在不同媒介发布的同一招标项目的资格预审公告或者招标公告的内容应当一致。指定媒介发布依法必须进行招标的项目的境内资格预审公告、招标公告，不得收取费用。

编制依法必须进行招标的项目的资格预审文件和招标文件，应当使用国务院发展改革部门会同有关行政监督部门制定的标准文本。

2. 组织资格预审

（1）资格审查方式

资格审查一般可分为资格预审和资格后审。资格预审是在投标前对投标申请人进行的资格审查；资格后审一般是在评标时对投标申请人进行的资格审查，资格后审的内容、审查程序和资格预审的内容、审查程序大致相同。

招标人应根据工程规模、结构复杂程度或技术难度等具体情况，对投标人采取资格预审方式或资格后审方式。

（2）资格预审的目的

对潜在投标人进行资格预审要达到下列目的：

①了解投标者，保证投标人在资质和能力方面能够满足招标项目的要求；

②淘汰不合格的投标者，减小评标工作工作量，降低评审费用；

③为不合格的投标者节约购买招标文件、参加现场考察及投标的费用；

④降低招标人的风险，为业主选择一个优秀的中标者打下良好的基础。

（3）资格预审文件

对于要求资格预审的应编制预审文件，招标人应当按照资格预审公告规定的时间、地点发售资格预审文件。资格预审文件发售期不得少于5日。同时，招标人应当合理确定提交资格预审申请文件的时间，依法必须进行招标的项目提交资格预审申请文件的时间，自资格预审文件停止发售之日起不得少于5日。

编制依法必须进行招标的项目的资格预审文件和招标文件，应当使用国务院发展改革部门会同有关行政监督部门制定的标准文本。

根据《标准施工招标资格预审文件》（2007年发布）的规定，资格预审文件应包括资格预审公告、申请人须知、资格审查办法、资格预审申请文件格式、项目建设概况，以及对资格预审文件的澄清和对资格预审文件的修改。

资格预审申请文件格式是列出对潜在投标人资质条件、实施能力、技术水平、商业信誉等方面需要了解的内容，以应答形式给出的调查文件。在资格预审文件中一般规定统一表格让参加资格预审的单位填报和提交有关资料。包括：

①资格预审申请函；

②法定代表人身份证明；

③授权委托书；

④联合体协议书；

⑤申请人基本情况表；

⑥近年财务状况表；

⑦近年完成的类似项目情况表；

⑧正在施工的和新承接的项目情况表；

⑨近年发生的诉讼及仲裁情况；

⑩其他材料。

（4）对联合体资格预审的要求

联合体投标是指两个以上的法人或其他组织组成一个联合体，以一个投标人的身份投标，按照资质等级较低的单位确定资质等级，并承担连带责任。

①联合体各方必须按资格预审文件提供的格式签订联合体协议书，明确联合体牵头人和各方的权利义务；

②由同一专业的单位组成的联合体，按照资质等级较低的单位确定资质等级；

③通过资格预审的联合体，其各方组成结构或职责，以及财务能力、信誉情况等资格条件不得改变；

④联合体各方不得再以自己名义单独或加入其他联合体在同一标段中参加资格预审。

（5）资格预审方法

资格预审一般采用加权打分法，招标人依据工程项目特点和发包工作性质划分评审的几大方面，如资质条件、人员能力、设备和技术能力、财务状况、工程经验、企业信誉等，并分别给予不同权重。对其中的各方面再细化评定内容和分项评分标准。通过对各投标人的评定和打分，确定各投标人的综合素质得分。

（6）资格预审合格条件

投标人必须满足资格预审文件规定的合格条件。

合格条件是为了保证承包工作能够保质、保量、按期完成，按照项目特点设定而不是针对外地区或外系统投标人，不能违背《招标投标法》的有关规定，如招标人不得以不合理的条件限制或者排斥潜在的投标人，不得对潜在投标人实行歧视待遇。

招标人有下列行为之一的，属于以不合理条件限制、排斥潜在投标人或者投标人：

①就同一招标项目向潜在投标人或者投标人提供有差别的项目信息；

②设定的资格、技术、商务条件与招标项目的具体特点和实际需要不相适应或者与合同履行无关；

③依法必须进行招标的项目以特定行政区域或者特定行业的业绩、奖项作为加分条件或者中标条件；

④对潜在投标人或者投标人采取不同的资格审查或者评标标准；

⑤限定或者指定特定的专利、商标、品牌、原产地或者供应商；

⑥依法必须进行招标的项目非法限定潜在投标人或者投标人的所有制形式或者组织形式；

招标人可以针对工程所需的特别措施或工艺的专长、专业工程施工资质、环境保护方针和保证体系、同类工程施工经历、项目经理资质要求、安全文明施工要求等方面设立合格条件。

（7）资格预审合格通知书

资格预审结束后，招标人应当及时向资格预审申请人发出资格预审结果通知书。未通过资格预审的申请人不具有投标资格。

通过资格预审的申请人少于3个的，应当重新招标。

招标人采用资格后审办法对投标人进行资格审查的，应当在开标后由评标委员会按照招标文件规定的标准和方法对投标人的资格进行审查。

3. 发售招标文件

（1）招标文件的发售

招标文件的发售是指将招标文件、图纸和有关技术资料在招标公告中指定的时间和地点发售给通过资格预审获得投标资格的投标单位。投标单位收到招标文件、图纸和有关资料后，应认真核对，核对无误后，应以书面形式予以确认。

招标人发售资格预审文件、招标文件收取的费用应当限于补偿印刷、邮寄的成本支出，不得以赢利为目的。对于设计图纸可以收取图纸押金，确定中标人后，其他投标人将设计图纸退还后，招标人退还押金。

法律规定，从招标文件出售之日至停止出售，发售期不得少于 5 日。

（2）招标文件的内容

根据 2007 年发布的《标准施工招标文件》，施工招标的招标文件分为八章。具体包括：

第一章　招标公告（或投标邀请书）

第二章　投标人须知

第三章　评标办法（经评审的最低价法或综合评估法）

第四章　合同条款及格式

第五章　工程量清单

第六章　图纸

第七章　技术标准和要求

第八章　投标文件格式

4. 组织现场踏勘

组织现场踏勘指招标人在投标须知规定的时间组织投标人自费对现场进行考察，或者由投标人自己自费对现场进行考察。现场踏勘是指投标人对建设工程项目现场进行实地考察，了解施工现场场地和周围环境，以便于对招标项目各项有关内容作出正确的判断，更好地编制投标书，也可以有效地避免合同履行过程中投标人以不了解现场情况为理由推卸履行合同中应当承担的责任。

招标人不得组织单个或者部分潜在投标人踏勘项目现场。

5. 资格预审文件和招标文件的修改

投标人研究资格预审文件、招标文件和现场踏勘后以书面形式提出某些质疑问题，招标人应及时给予书面解答。

招标人解答投标人就资格预审文件、招标文件、设计图纸及现场踏勘中存在的质疑问题，必须以书面的形式向获得招标文件的所有投标人发放。此资料作为原有资格预审文件及招标文件的组成部分，其内容不一致之处，以后者为准。

招标人可以对已发出的资格预审文件或者招标文件进行必要的澄清或者修改。澄清或者修改的内容可能影响资格预审申请文件或者投标文件编制的，招标人应当在提交资格预审申请文件截止时间至少 3 日前，或者投标截止时间至少 15 日前，以书面形式通知所有获取资格预审文件或者招标文件的潜在投标人；不足 3 日或者 15 日的，招标人应当顺延提交资格预审申请文件或者投标文件的截止时间。

潜在投标人或者其他利害关系人对资格预审文件有异议的，应当在提交资格预审申请文件截止时间 2 日前提出；对招标文件有异议的，应当在投标截止时间 10 日前提出。招标人应当自收到异议之日起 3 日内作出答复；作出答复前，应当暂停招标投标活动。

投标答疑会是在招标文件中规定的时间和地点，由招标人主持召开的答疑会，也称投标预备会或标前会议。

6. 投标文件的签收与保存

投标人把投标文件递交招标人或招标代理机构后，招标人或招标代理机构应当履行签收、登记和备案手续。签收人要记录投标文件递交的日期及密封情况，签收后应将投标文件放置保密、安全处，在规定的开标时间前任何人不得开启投标文件的密封条。对于超过规定的投标截止时间后送达的投标文件，不予接受。

《招标投标法》第 24 条规定，招标人应当确定投标人编制投标文件所需要的合理时间；但是依法必须进行招标的项目，自招标文件开始发出之日起至投标人提交投标文件截止之日，最短不得少于二十日。如果招标单位因补充通知修改招标文件而酌情延长投标截止日期的，招标和投标单位在投标截止日期方面的全部权力、责任和义务，将适用延长后新的投标截止期。

3.2.3　决标成交阶段的主要工作

从开标日到签订合同这一期间称为决标成交阶段，是对各投标书进行评审比较，最终确定中标人并与之签订合同的过程。

1. 开标

开标应当在投标截止时间后，按照招标文件规定的时间和地点公开进行。已建立建设工程交易中心的地方，开标应当在建设工程交易中心举行。

投标人少于 3 个的，不得开标；招标人应当重新招标。

开标由招标人主持，并邀请所有投标单位的法定代表人或者其代理人参加，建设行政主管部门及其工程招投标监督管理机构依法实施监督。

（1）开标程序

一般按照下列程序进行：

①主持人宣布开标会议开始，介绍参加开标会议的单位人员名单、宣布公证、唱标、记录人员名单等；

②请投标单位代表确认投标文件的密封性，确认无误后，工作人员当众拆封；

③宣读投标单位的名称、投标报价、工期、质量目标、主要材料用量、投标担保或保函以及投标文件的修改、撤回等情况，所有在投标致函中提出的附加条件、补充声明、优惠条件、替代方案等均应宣读，如果有标底也应在此时公开宣布；

④开标过程应当场记录，与会的投标单位法定代表人或者其代理人在记录上签字，确认开标结果；

⑤宣布开标会议结束，进入评标阶段。

开标后，任何投标人都不允许更改投标书的内容和报价，也不允许再增加优惠条件。投标书经启封后不得再更改招标文件中说明的评标、定标办法。

（2）无效投标文件的判定

在开标时，如果发现投标文件出现下列情形之一，招标人不予受理，不再进入评标阶段：

①投标截止日期以后送达的；

②投标文件未按照招标文件的要求予以密封。

2. 评标

评标是对各投标书优劣的比较，以便最终确定中标人，由评标委员会负责评标工作。

1）评标委员会

评标委员会的成员由招标单位代表和聘请的有关技术、经济专家组成（如果委托招标代理或者工程监理的，应当有招标代理、工程监理单位的代表参加），为 5 人以上的单数，其中专家不得少于三分之二。

国家实行统一的评标专家专业分类标准和管理办法。省级人民政府和国务院有关部门应当建立综合评标专家库。评标专家须由从事相关领域工作满八年，并具有高级职称或者具有同等专业水平的工程技术、经济管理人员担任。

除《招标投标法》规定的特殊招标项目（特殊招标项目，是指技术复杂、专业性强或者国家有特殊要求，采取随机抽取方式确定的专家难以保证胜任评标工作的项目），依法必须进行招标的项目，其评标委员会的专家成员应当从评标专家库内相关专业的专家名单中以随机抽取方式确定。任何单位和个人不得以明示、暗示等任何方式指定或者变相指定参加评标委员会的专家成员。

2）评标方法

由于工程项目的规模不同、招标的标的不同，具体评标方法由招标单位决定，并在招标文件中载明，招标文件中没有规定的标准和方法，不得作为评标的依据。《招标投标法》中规定的评标方法如下：

（1）经评审的最低投标价法

经评审的最低投标价法是评标委员会对满足招标文件实质要求的投标文件，根据招标文件规定的量化因素及量化标准进行价格折算，按照经评审的投标价由低到高的顺序推荐中标候选人，或根据招标人授权直接确定中标人，但投标报价低于其成本的除外。经评审的投标价相等时，投标报价低的优先。

①初步评审

初步评审包括形式评审、资格评审、响应性评审、施工组织设计和项目管理机构评审。

未进行资格预审的，评标委员会可以要求投标人提交规定的有关证明和证件的原件，以便核验。评标委员会依据规定的标准对投标文件进行初步评审。有一项不符合评审标准的，作废标处理。已进行资格预审的，当投标人资格预审申请文件的内容发生重大变化时，评标委员会依据规定的标准对其更新资料进行评审。

投标人有以下情形之一的，由评标委员会初审后作废标处理：

• 投标文件无单位盖章并无法定代表人或法定代表人授权的代理人签字或盖章的；

• 联合体投标没有提交共同投标协议；

• 未按规定的格式填写，内容不全或关键字迹模糊、无法辨认的；

• 未按招标文件要求提交投标保证金的；

• 投标人名称或组织机构与资格预审时不一致的；

• 投标人不符合国家或者招标文件规定的资格条件；

- 同一投标人提交两个以上不同的投标文件或者投标报价，未申明哪一个有效，但招标文件要求提交备选投标的除外；
  - 投标报价低于成本或者高于招标文件设定的最高投标限价；
  - 投标文件没有对招标文件的实质性要求和条件作出响应；
  - 投标人有串通投标、弄虚作假、行贿等违法行为。

②详细评审

评标委员会按规定的量化因素和标准进行价格折算，计算出评标价，并编制价格比较一览表。

评标委员会发现投标人的报价明显低于其他投标报价，或者在设有招标控制价时明显偏低，使得其投标报价可能低于其成本的，应当要求该投标人作出书面说明并提供相应的证明材料。投标人不能合理说明或者不能提供相应证明材料的，由评标委员会认定该投标人以低于成本报价竞标，其投标作废标处理。

（2）综合评估法

综合评估法是评标委员会对满足招标文件实质性要求的投标文件，按照招标文件规定的评分标准进行打分，并按得分由高到低的顺序确定中标人，但投标报价低于其成本的除外。综合评分相等时，以投标报价低的优先。

①初步评审

形式评审、资格评审、响应性评审同经评审的最低投标价法，综合评估法初步评审时一般不进行施工方案的评审。

②详细评审

评标委员会按招标文件中评标办法章节规定的施工组织设计、项目管理机构、其他评分因素等量化因素分值构成及评分标准进行打分，并根据评标基准价和投标报价偏差率的计算公式计算投标报价的得分，最后计算出综合评估总分。评分分值计算保留小数点后两位，小数点后第三位"四舍五入"。标底只能作为评标的参考，不得以投标报价是否接近标底作为中标条件，也不得以投标报价超过标底上下浮动范围作为否决投标的条件。

评标委员会认定某投标人以低于成本报价竞标，其投标作废标处理。

3）投标文件的澄清与修正

投标文件中有含义不明确的内容、明显文字或者计算错误，评标委员会认为需要投标人作出必要澄清、说明的，应当书面通知该投标人。投标人的澄清、说明应当采用书面形式，并不得超出投标文件的范围或者改变投标文件的实质性内容。评标委员会不得暗示或者诱导投标人作出澄清、说明，不得接受投标人主动提出的澄清、说明。

对实质上响应招标文件要求的投标进行报价评估时，除招标文件另有规定的，评标委员会应按以下原则进行修正：用数字表示的金额与用文字表示的金额不一致的，以文字数额为准；总价金额与依据单价计算出的结果不一致的，以单价金额为准修正总价，若单价有明显的小数点错位，应以总价为准，并修改单价。修正的价格经投标人书面确认后具有约束力，投标人不接受修正价格的，其投标作废标处理。

4）评标报告

评标完成后，评标委员会应当向招标人提交书面评标报告和中标候选人名单。中标候选人应当不超过 3 个，并标明排序。评标报告是评标委员会经过对各投标书评审后向招标人提出的结论性报告，作为定标的主要依据。

评标报告应当由评标委员会全体成员签字。对评标结果有不同意见的评标委员会成员应当以书面形式说明其不同意见和理由，评标报告应当注明该不同意见。评标委员会成员拒绝在评标报告上签字又不书面说明其不同意见和理由的，视为同意评标结果。

评标报告应包括下列主要内容：

①招标情况，包括工程概况、招标范围和招标的主要过程；

②开标情况，包括开标的时间、地点、参加开标会议的单位和人员，以及唱标等情况；

③评标情况，包括评标委员会的组成人员名单，评标的方法、内容和依据，对各投标文件的分析论证及评审意见；

④对投标单位的评标结果排序，并提出中标候选人的推荐名单。

招标人应当根据项目规模和技术复杂程度等因素合理确定评标时间。超过三分之一的评标委员会成员认为评标时间不够的，招标人应当适当延长。

3. 公示与定标

（1）中标候选人公示

依法必须进行招标的项目，招标人应当自收到评标报告之日起 3 日内公示中标候选人，公示期不得少于 3 日。

投标人或者其他利害关系人对依法必须进行招标的项目的评标结果有异议的，应当在中标候选人公示期间提出。招标人应当自收到异议之日起 3 日内作出答复；作出答复前，应当暂停招标投标活动。

（2）定标

招标单位应当依据评标委员会的评标报告，从其推荐的中标候选人名单中确定中标单位，也可以授权评标委员会直接定标。

国有资金占控股或者主导地位的依法必须进行招标的项目，招标人应当确定排名第一的中标候选人为中标人。排名第一的中标候选人放弃中标、因不可抗力不能履行合同、不按照招标文件要求提交履约保证金，或者被查实存在影响中标结果的违法行为等情形，不符合中标条件的，招标人可以按照评标委员会提出的中标候选人名单排序依次确定其他中标候选人为中标人，也可以重新招标。

《招标投标法》规定，中标人的投标应当符合下列条件之一：

①能够最大限度地满足招标文件中规定的各项综合评价标准；

②能够满足招标文件各项要求，并经评审的价格最低，但投标价格低于成本的除外。

第一种情况即指用综合评分法或评标价法进行比较后，最佳标书的投标人应为中标人。第二种情况适用于招标工作属于一般投标人均可完成的小型工程施工；采购通用的材料；购买技术指标固定、性能基本相同的定型生产的中小型设备等招标，对满足基本条件的投标书主要进行投标价格的比较。

（3）中标通知书

定标后，招标人将确定的中标人名单在当地建设行政主管部门备案，同时在指定网站公示 3~5 天，接受社会的监督。没有异议的情况下，招标人可向中标单位发放中标通知书，同时告知未中标人。

中标通知书的实质内容应当与中标单位投标文件的内容相一致，包括招标人及招标代理人名称，工程项目名称及地点，中标人名称、中标价、中标工期、质量标准等内容。

中标通知书对招标人和中标人具有法律约束力。中标通知书发出后，招标人改变中标结果或中标人放弃中标的，应当承担法律责任。

招标人确定中标人后 15 天内，应向有关行政监督部门提交招投标情况的书面报告。

4. 签订合同

自中标通知书发出之日 30 日内，招标单位应当与中标单位签订合同，招标人和中标人应当依照《招标投标法》的规定签订书面合同，合同的标的、价款、质量、履行期限等主要条款应当与招标文件和中标人的投标文件的内容一致。招标人和中标人不得再行订立背离合同实质性内容的其他协议。

中标后，除不可抗力外，中标单位拒绝与招标单位签订合同的，招标单位可以不退还其投标保证金，并可以要求赔偿相应的损失；招标单位拒绝与中标单位签订合同的，应当双倍返还其投标保证金，并赔偿相应的损失。

中标单位与招标单位签订合同时，如果招标文件要求中标人提交履约保证金的，中标人应当按照招标文件的要求提交。履约保证金不得超过中标合同金额的 10%。

招标人最迟应当在书面合同签订后 5 日内向中标人和未中标的投标人退还投标保证金及银行同期存款利息。

5. 重新招标

招标投标过程中出现下列情况之一的，招标人应重新招标：

（1）资格预审合格的潜在投标人不足 3 个的；

（2）所有投标截止时间前提交投标文件的投标人少于 3 个的；

（3）所有投标均被作废标处理或被否决的；

（4）评标委员会否决不合格投标或者界定为废标后，因有效投标不足 3 个使得投标明显缺乏竞争，评标委员会决定否决全部投标的；

（5）同意延长投标有效期的投标人少于 3 个的。

3.3　招标人的典型违法行为及法律责任

《招标投标法》中列出的招标人在招投标工程中的典型违法行为有以下方面：

1. 必须进行招标的项目而不招标的，将必须进行招标的项目化整为零或者以其他任何方式规避招标的，责令限期改正，可以处项目合同金额千分之五以上千分之十以下的罚款；对全部或者部分使用国有资金的项目，可以暂停项目执行或者暂停资金拨付；对单位直接负责的主管人员和其他直接责任人员依法给予处分。

2. 招标代理机构泄露应当保密的与招标投标活动有关的情况和资料的，或者与招标人、投标人串通损害国家利益、社会公共利益或者他人合法权益的，处五万元以上二十五万元以下的罚款，对单位直接负责的主管人员和其他直接责任人员处单位罚款数额百分之五以上百分之十以下的罚款；有违法所得的，并处没收违法所得；情节严重的，暂停直至取消招标代理资格；构成犯罪的，依法追究刑事责任。给他人造成损失的，依法承担赔偿责任。

3. 招标人以不合理的条件限制或者排斥潜在投标人的，对潜在投标人实行歧视待遇的，强制要求投标人组成联合体共同投标的，或者限制投标人之间竞争的，责令改正，可以处一万元以上五万元以下的罚款。

4. 依法必须进行招标的项目的招标人向他人透露已获取招标文件的潜在投标人的名称、数量或者可能影响公平竞争的有关招标投标的其他情况的，或者泄露标底的，给予警告，可以并处一万元以上十万元以下的罚款；对单位直接负责的主管人员和其他直接责任人员依法给予处分；构成犯罪的，依法追究刑事责任。

5. 依法必须进行招标的项目，招标人违反本法规定，与投标人就投标价格、投标方案等实质性内容进行谈判的，给予警告，对单位直接负责的主管人员和其他直接责任人员依法给予处分。

6. 评标委员会成员收受投标人的财物或者其他好处的，评标委员会成员或者参加评标的有关工作人员向他人透露对投标文件的评审和比较、中标候选人的推荐以及与评标有关的其他情况的，给予警告，没收收受的财物，可以并处三千元以上五万元以下的罚款，对有所列违法行为的评标委员会成员取消担任评标委员会成员的资格，不得再参加任何依法必须进行招标的项目的评标；构成犯罪的，依法追究刑事责任。

7. 招标人在评标委员会依法推荐的中标候选人以外确定中标人的，依法必须进行招标的项目在所有投标被评标委员会否决后自行确定中标人的，中标无效。责令改正，可以处中标项目金额千分之五以上千分之十以下的罚款；对单位直接负责的主管人员和其他直接责任人员依法给予处分。

8. 招标人与中标人不按照招标文件和中标人的投标文件订立合同的，或者招标人、中标人订立背离合同实质性内容的协议的，责令改正；可以处中标项目金额千分之五以上千分之十以下的罚款。

9. 任何单位限制或者排斥本地区、本系统以外的法人或者其他组织参加投标的，为招标人指定招标代理机构的，强制招标人委托招标代理机构办理招标事宜的，或者以其他方式干涉招标投标活动的，责令改正；对单位直接负责的主管人员和其他直接责任人员依法给予警告、记过、记大过的处分，情节较重的，依法给予降级、撤职、开除的处分。

10. 依法必须进行招标的项目违反法律规定，中标无效的，应当依照规定的中标条件从其余投标人中重新确定中标人或者重新进行招标。

3.4 建设工程勘察设计、监理、物资采购项目招标简介

3.4.1 勘察、设计招标

1. 勘察、设计招标应具备的条件

（1）招标人已经依法成立；

（2）按照国家有关规定需要履行审批手续的，已经履行审批手续，并取得批准；

（3）勘察、设计所需要的资金也已经落实；

（4）所必需的勘察、设计、基础资料已经收集完成；

（5）法律、法规及规章规定的其他条件。

2. 勘察、设计招标委托的内容

勘察招标由于建设工程项目的性质、规模、复杂程度，以及建设地点的不同，设计所需的技术条件也千差万别，设计前所做的勘察和科研项目也就各不相同。勘察主要有以下八大

类别：

①自然条件观测。主要任务是对气候、气象条件的观测，陆上和海洋的水文观测，特殊地区如沙漠和冰川的观测等。

②地形图测绘。内容包括陆上和海洋的工程测量、地形图的测绘工作。一般供规划设计用的工程地形图，通常都需要现测。

③资源探测。这是一项涉及范围非常广的调查、观测、勘察和钻探任务。资源探测一般由国家机构来完成进行，相关单位只需进行一些必要的补充。

④岩土工程勘察。岩土工程勘察也称为工程地质勘察，按工程性质不同，它有建（构）筑物岩土工程勘察、公路工程地质勘察、铁路工程地质勘察、海滨工程地质勘察和核电站工程地质勘察等。

⑤地震安全性评价。在大型工程和地震地质复杂地区，为了准确处理地震设防，确保工程的抗震安全，一般都要在国家地震区划的基础上作建设地点的地震安全性评价，均称地震地质勘察。

⑥工程水文地质勘察。主要解决地下水对工程造成的危害、影响或寻找底下水源作为工程水源加以开发利用，在做资源探测时，地下水地质勘察也同时做出。在进行工程地质勘察时，也同时进行工程水文地质勘察。所以在工程建设中，一般不单列工程水文地质勘察，而是在工程地质勘察、地下资源勘察的同时委托勘察。

⑦环境评价和环境基底观测。此项工作往往和陆地环境调查、海洋水文观测等同时进行，以减少观测费用，但不少项目需要单独进行观测。环保措施往往还要做试验研究才能确定。

⑧模型试验和科研试验。许多大中型项目和特殊项目，其建设条件须由模型试验和科学研究方能解决，即光靠以上各项观测、勘察仍不足以揭示复杂的建设条件，而是将这些实测的自然界的资料作为模型的边界条件，由模型试验和科学研究来指导设计、生产。如水利枢纽设计前要做泥沙模型试验、港口设计前要做港池和航道的淤积研究等。并不是每项工程都要做模型试验和科学研究，但有些工程不做试验和研究，就无法开展设计工作。

勘察设计招标按照《工程建设项目勘察设计招标投标办法》（国家八部委局令第 2 号）规定，需要政府审批的项目，有下列情形之一的，经批准，项目的勘察设计可以不进行招投标。

①涉及国家安全、国家秘密的；

②抢险救灾的；

③主要工艺、技术采用特定专利或者专有技术的；

④技术复杂或专业性强，能够满足条件的勘察设计单位少于三家，不能形成有效竞争的；

⑤已建成项目需要改、扩建或者技术改造，由其他单位进行设计影响项目功能配套性的。

其他符合《工程建设项目招标范围和规模标准规定》（国家计委令第 3 号）规定的范围和标准的，必须依据《工程建设项目勘察设计招标投标办法》进行招标。

任何单位和个人不得将依法必须招标的项目化整为零或者以其他任何方式规避招标。

工程设计招标由设计工作本身的特点决定，工程设计通常只对设计方案进行招标，并把设计阶段划分为方案设计阶段、初步设计阶段和施工图设计阶段。一些大型复杂工程，甚至只进行概念设计招标，但为了保证设计指导思想能够顺利地贯彻于设计的各个阶段，一般由中标单位实施技术设计或施工图设计，不另行选择别的设计单位完成第二、第三阶段的设计。招标人应依据工程项目的具体特点决定发包的工作范围，可以采取设计全过程总发包的一次性招标，也可以选择分单项或分专业的发包招标。

3. 勘察、设计招标的特点

委托勘察任务工作大多数属于常规方法实施的内容（即无科研要求），任务明确具体，可以在招标文件中给出任务的数量指标，如地质勘探的孔位、眼数、总钻探进尺长度等。如果单独招标时，可以参考施工招标的方法，勘察任务也可以单独发包给具有相应资质的勘察单位实施。将其包括在设计招标任务中，由于勘察工作所取得的工程项目所需的技术基础资料是设计的依据，必须满足设计要求，因此将勘察任务包括在设计招标的发包范围内，由有相应勘察能力的设计单位完成，或由设计单位再选择委托承担勘察任务的分包单位完成，这对招标人较为有利。

设计招标由于工程设计本身的特殊性决定了其与施工招标、监理招标及材料设备招标不同，其特点表现为承包任务是投标人通过自己的智力劳动，将招标人对建设工程项目的设想变为可实现的蓝图，而后几种招标则是投标人按照设计明确要求完成规定的物质生产劳动。设计单位（投标人）按招标人规定分别报出工程项目的构思方案、实施计划和工程项目概算等，设计招标应采用设计方案竞选的方式招标。

设计招标与其他招标有不同的特点，表现为以下几个方面。

①招标文件的内容不同。设计招标文件中仅提出设计依据、工程项目应达到的技术功能指标、项目的预期投资限额、项目限定的工作范围、项目所在地的基本资料、要求完成的时间等内容，而无具体的工作量。

②对投标书的编制要求不同。投标人的投标报价不是按规定的工程量清单填报单价后算出总价，而是首先提出设计构思和初步方案，并论述该方案的优点和实施计划，在此基础上进一步提出报价。

③开标形式不同。开标时不是由招标人宣读投标书并按报价高低排定标价次序，而是投标人自己说明设计方案的基本构思和意图，以及其他实质性内容，而且不按报价高低排定标价次序。

④评标原则不同。评标时不过分追求设计费报价的高低，评标委员会更多关注所设计方案的技术先进性、预期达到的技术指标、使用的合理性，以及对建设工程项目投资效益的影响。

4. 勘察、设计招标文件的编制

招标人应当根据招标项目的特点和需要编制招标文件，勘察设计招标文件应当包括下列内容：

①工程名称、地址、占地面积、建筑面积等；

②已批准的项目建议书或者可行性研究报告；

③工程经济、技术等要求；城市规划管理部门确定的规划控制条件和用地红线图；

④可参考的工程地质、水文地质、工程测量等建设场地勘察成果报告；

⑤供水、供电、供气、供热、环保、市政道路等方面的基础资料；

⑥招标文件的答疑、考察现场的时间和地点；

⑦投标文件编制要求及评标标准。招标人应当给潜在的投标人编制投标文件所需要的合理时间。招标人要求投标人提交投标文件的时限为：特级和一级建筑工程不少于 45 日，二级以下不少于 30 日，进行概念设计招标的，不少于 20 日；

⑧投标文件送达的截止时间，即投标的有效期。投标有效期，是招标文件中规定的投标文件有效期，从提交投标文件截止日起算；

⑨拟签订合同的主要条款；

⑩未中标方案的补偿方法。招标人应当按招标公告或者投标邀请书规定的时间、地点出售招标文件或者资格预审文件。自招标文件或者资格预审文件出售之日起至停止出售之日止，最短不得少于 5 个工作日。对招标文件的收费应限于补偿编制及印刷方面的成本支出，招标人不得通过出售招标文件谋取利益。

3.4.2　工程监理招标

1. 监理招标应具备的条件

全过程监理是指从建设工程项目立项开始到建成、竣工验收合格、交付使用的全过程监理。这对投标人的要求很高，要有会设计、懂施工的监理人才，建设前期还必须有专业的咨询专业工程师。这个意义上的全过程监理招标在我国目前还很少，主要还是以工程项目设计阶段、施工阶段的监理招标为多，特别是工程项目施工阶段的监理最为常见。监理招标应具备如下条件：

（1）招标人已经依法成立；

（2）设计任务书、初步设计或施工图设计已经批准；

（3）主要施工技术、工艺等要求已经确立。

2. 工程监理招标的范围

国家推行建设工程监理制度，是为了规范市场行为，保证工程项目达到预期目的。按照有关建筑法律和法规的要求，下列建设工程项目必须实行监理。

①国家重点建设项目。国家重点建设工程项目，是指依据《国家重点建设项目管理办法》所确定的对国民经济和社会发展有重大影响的骨干项目，即基础设施、基础产业和支柱产业中的大型项目；高科技并能带动行业技术进步的项目；跨地区并对全国经济发展或者区域经济发展有重大影响的项目；对社会发展有重大影响的项目；其他骨干项目。

②大中型公用事业工程。大中型公用事业工程，是指项目总投资额在 3000 万元以上的工程项目：供水、供电、供气、供热等市政工程项目；科技、教育、文化等项目；体育、旅游、商业等项目；卫生、社会福利等项目；其他共用事业项目。

③成片开发建设的住宅小区工程。成片开发建设的住宅小区工程，是指建筑面积在 5 万 m^2 以上的住宅建设工程；5 万 m^2 以下的住宅建设工程，可以实行监理，具体范围和规模标准，由省、自治区、直辖市人民政府建设行政主管部门规定；为了保证住宅质量，对高层建筑住宅及地基、结构复杂的多层住宅应当实行监理。

④利用外国政府或者国际组织贷款、援助资金的工程。利用外国政府或者国际组织贷款、援助资金的工程包括：使用世界银行、亚洲开发银行等国际组织贷款资金的项目；使用国外政府及其机构贷款资金的项目；使用国际组织或者国外政府援助资金的项目。

⑤国家规定必须监理的其他工程。国家规定必须监理的其他工程，其一是项目总投资额

在 3000 万元以上，关系社会公共利益、公众安全的基础设施项目：煤炭、石油、化工、天然气、电力、新能源等项目，铁路、公路、管道、水运、民航以及其他交通运输业等项目，邮政、电信枢纽、通信、信息网络等项目，防洪、灌溉、排涝、发电、引（供）水、滩涂治理、水资源保护、水土保持等水利建设项目，道路、桥梁、地铁和轻轨交通、污水排放处理、垃圾处理、地下管道、公共停车场等城市基础设施项目，生态环境保护项目，其他基础设施项目；其二是学校、影剧院、体育场馆项目。

3. 工程监理招标的特点

①工程监理招标文件或投标邀请函中提出的任务范围不是已确定的合同条件，只是合同谈判的一项内容，投标人可以提出改进的意见。

②评标时以技术方面评审为主，选择最好的监理的单位，不应以价格最低为主，所以不要编制标底。

③监理单位的投标书可以对任务大纲提出修改意见，提出合理的建设性和技术性的建议，并体现在监理大纲里。

④对拟担任该工程项目总监理工程师的技术人员可能要就关于工程项目概况、监理大纲的内容进行现场答辩，以考查总监理工程师对该工程项目技术及管理等方面的实际水平。

⑤可以不进行公开开标，如果需要公开开标不宜宣读投标报价。

4. 工程监理招标文件的编制

招标人根据施工监理招标项目的特点和需要编制招标文件。招标文件一般包括下列内容：

①招标公告或投标邀请信；

②投标须知；

③合同条款及其他相关内容；

④投标文件的格式；

⑤技术规范；

⑥经审查合格的设计图纸；

⑦评标方法和评标标准；

⑧要求提供投标辅助材料等。主要指监理单位的营业执照（复印件）、资质等级证书（复印件）、拟担任工程项目的总监理工程师、现场各专业工程师、技术人员人选的基本情况、业绩等资料。

3.4.3 工程材料、设备采购招标

1. 工程材料、设备采购招标应具备的条件

（1）招标人已经依法成立；

（2）建设项目已列入年度投资计划，按照国家有关规定需要履行项目审批、核准的，已经审批、核准或者备案；

（3）建设工程项目的资金已经落实或已有相当资金；

（4）有经审核、批准的材料、设备采购清单，材料、设备使用功能和技术要求、参数及数据等。

2. 工程材料、设备采购招标的范围

建设工程项目符合《工程建设项目招标范围和规模标准规定》（原国家计委第 3 号令）

规定的范围和标准的，必须通过招标选择货物供应单位，任何单位和个人不得将依法必须进行招标的项目化整为零或者以其他任何方式规避招标。其具体内容是：重要设备、材料等货物的采购，单项合同估算价在 100 万人民币以上的必须进行招标。

3. 工程材料、设备招标的特点

一般建筑材料，主要指"三材"等，即水泥、钢筋、木材；通用设备，主要指中小型通用设备，如空调机、管道阀门、施工机械等。这些材料设备采购招标属于买卖合同（或购销合同），其主要有以下特点。

①合同标的的数量较大。由于合同标的的数量较大，可以招标一次订购，但合同履行过程中也可分批交货；还可以分数次订购，以吸引更多的投标人参加竞争，发挥各个投标人的专长，达到降低货物价格、保证供货时间和质量的目的。但要考虑合理划分招标次数和合同包的划分。如合同包金额太大，一般中小型供货商无力问津，有实力参与竞争的供货商就少，势必引起投标价格抬高；如合同包金额太小，虽然可以有较多的中小供货商参与，但很难吸引实力较强的供货商。因此划分招标次数与合同包的内容、金额等要大小恰当，既要能吸引更多的供货商参与投标竞争，又要便于买方挑选，并有利于招标工作及合同履行过程中的管理。

②货物性质和质量要求。工程项目建设所需的物质、材料、设备等，可划分为通用产品和专用产品两大类。通用产品有较多的供货商参与竞争，而专用产品由于货物的性能和质量有特殊要求，则应按行业来划分。但建筑材料和通用设备的生产工艺均属于定型的工业化的流水生产，合同的质量要求仅按国家制定的质量规范约定即可。

③对供货商投标能力的要求。由于买卖合同内不涉及标的物的生产过程，买卖双方签订的合同内的权利和义务重点在货物的交付期间，而供货方如何生产或如何组织货源不属于合同内容。材料采购合同没有保修期，通用设备的买卖合同保修期责任相对大型工业性设备合同要简单。故对投标人的要求较低，只要具备按时交付标的物的能力即可。投标时可能投标人已拥有标的物，也可能中标后再进行生产或组织货源，因此投标人既可以是生产厂家也可以是参与物资流通环节经营的贸易公司。

大型工业设备采购招标的具有如下特点：

①标的物的数量少而金额大。大型工业设备由于生产技术复杂、标的物的金额较高，通常是投标中标后才去按买方要求加工制作，因此应属于承揽合同的范畴。对于成套设备，为了保证零配件的标准化和机组联结性能，应当划分为一个合同包，由一个供货商承包或联合体承包。

②合同中权利和义务的内容涉及期限较长。大型工业设备订购合同中的权利和义务的约定是从使用的制造材料开始，直至设备生产运行后的保修期满为止。有时可能还包括对生产和技术人员的培训，以及保修期满后的零配件的供应等内容。

③质量约定较为复杂。由于合同的内容是从产生标的物开始至设备生命期终止为止，因此质量约定的内容比较复杂。有不同阶段的质量要求和内容标准，质量标准的依据也较为复杂，有国家标准、行业标准等，对于通用设备可以采用国家质量标准，但对于非通用设备可能就要采用行业标准，对于一些特殊工艺的设备什么标准都不适用或没有标准规定时，就需要买卖双方在合同内具体约定检测方法和质量标准。

④对供货商投标能力的要求。由于产品是非通用性的，因此对生产厂家有较高的资质和

生产能力条件的要求，除了是法人之外，还必须有相应的制造能力和制作同类产品的生产经验。若是设备供应公司或代理商提供货物，为了保证合同的顺利进行，还应拥有生产厂家允许其供应产品的授权书，为保证标的物能够保质、保量和按期交付外，要求他们除了是法人之外，还必须对违约行为有足够的赔偿能力。故大型设备采购招标的投标人可以是生产厂家，也可以是设备供应公司或代理商。

4. 工程材料、设备招标文件的编制

工程材料、设备招标文件的编制包括如下内容：

①招标公告或投标邀请书；

②投标人须知；

③合同主要条款；

④投标文件的格式；

⑤技术规格、参数、数据及其他要求；

⑥评标方法和评标标准；

⑦清单等附件。

3.5　本章案例

【案例 3-1】　招标程序违法

某建设项目的业主于 2005 年 3 月 15 日发布该项目的施工招标公告，其中载明了招标项目的性质、大致规模、设施地点、获取招标文件的办法等事项，还要求参加投标的施工单位必须是本市二级以上企业或者外地一级以上企业，近三年内有项目获得过省、市优质工程奖，必须提供相应的资质证书和证明文件。4 月 1 日向通过资格预审的施工单位发售招标文件，各投标单位领取招标文件的人员均按照要求在同一张表格上登记并签收。招标文件明确规定：工期不长于 24 个月，工程质量标准为优良，4 月 18 日 16 时为投标截止时间。

开标时，由各投标人推选的代表检查投标文件的密封情况，确认无误后，由招标人当众拆封，宣读投标人名称、投标价格、工期等内容。同时宣布更改招标文件规定的评标办法，并宣布了评标委员会名单（共 8 人，其中招标人代表 4 人），并授权评标委员会直接确定中标人。

问题：

1. 开标的一般程序是什么？

2. 该项目施工招标在哪些方面不符合招投标法律的有关规定？请逐一说明。

案例评析：

1. 开标的一般程序如下：

（1）主持人宣布开标会议开始，介绍参加开标会议的单位人员名单、宣布公证、唱标、记录人员名单等；

（2）请投标单位代表确认投标文件的密封性，确认无误后，工作人员当众拆封；

（3）宣读投标单位的名称、投标报价、工期、质量目标、主要材料用量、投标担保或保函以及投标文件的修改、撤回等情况，所有在投标致函中提出的附加条件、补充声明、优惠条件、替代方案等均应宣读，如果有标底也应公开宣布；

（4）开标过程应当场记录，与会的投标单位法定代表人或者其代理人在记录上签字，确认开标结果；

（5）宣布开标会议结束，进入评标阶段。

2. 该项目的招标在以下方面不符合有关法律规定：

（1）该项目招标公告中对本地和外地投标人的资质等级要求不同是错误的，这属于"以不合理的条件限制或者排斥潜在投标人"。

（2）要求领取招标文件的投标人在一张表格上登记并签字是错误的，因为按规定，招标人不得向他人透露已获取招标文件的潜在投标人的名称、数量等情况。

（3）投标截止时间过短，按规定，自招标文件发出之日起至投标人提交投标文件截止之日时，最短不得少于 20 天。

（4）评标标准在开标时宣布，可能涉及两种情况：一是评标标准未包括在招标文件中，开标时才宣布，这是错误的；二是评标标准已包括在招标文件中，开标时只是重申性地宣布，则不属错误。

（5）评标委员会的名单在中标结果确定之前应当保密，而不应在开标时宣布；评标委员会的人数应为 5 人以上单数，不应为 8 人；其中技术、经济专家不得少于总数的 2/3，而本案例中仅为 5/8。

【案例 3-2】　综合评估法评标

某工程采用公开招标方式，有 A、B、C、D 四家承包商参加投标，经过资格预审，这四家承包商均满足业主要求。该工程采用两阶段评标法评标，评标委员会共由 5 名成员组成，评标具体规定如下：

（1）第一阶段评技术标

技术标共计 40 分，其中施工方案 16 分，总工期 10 分，工程质量 5 分，项目班子 4 分，企业信誉 5 分。

技术标各项内容的得分，为各评委得分去除一个最高分和一个最低分后的平均数。各评委对四家承包商施工方案评分如表 3-1。

表 3-1　各评委对四家承包商施工方案评分

投标单位＼评委	一	二	三	四	五
A	14.5	13.5	13.0	13.5	14.0
B	12.5	13.0	13.5	12.5	13.0
C	14.0	14.0	13.5	12.5	14.0
D	12.0	12.5	12.5	13.0	13.0

各评委对四家承包商总工期、工程质量、项目班子、企业信誉得分汇总如表 3-2。

表 3-2　各评委对四家承包商得分汇总表

投标单位	总工期	工程质量	项目班子	企业信誉
A	8.5	4.0	2.5	4.0
B	8.0	4.5	3.0	4.5
C	8.5	3.5	3.0	4.5
D	9.0	4.0	2.5	3.5

（2）第二阶段评商务标

商务标共计60分。以标底的50%与承包商报价算术平均数的50%之和为基准价，但最高（或最低）报价高于（或低于）次高（或次低）报价的15%者，在计算承包商报价算术平均数时不予考虑，且商务标得分为15分。

以基准价为满分（60分），报价比基准价每下降1%，扣1分，最多扣10分；报价比基准价每增加1%，扣2分，扣分不保底。

标底和各承包商的报价如表3-3。

表3-3　标底和各承包商的报价（单位：万元）

投标单位	A	B	C	D	标底
报价	32781	33197	33611	27765	33072

所有计算结果均保留两位小数。请按综合得分最高者中标的原则确定中标单位。

案例评析：

（1）计算各单位施工方案的得分

A单位：（13.5 + 13.5 + 14.0）/3 = 13.67

B单位：（13.0 + 12.5 + 13.0）/3 = 12.83

C单位：（14.0 + 14.0 + 13.5）/3 = 13.83

D单位：（12.5 + 12.5 + 13.0）/3 = 12.67

（2）计算各投标单位技术标的得分

A单位：13.67 + 8.5 + 4.0 + 2.5 + 4.0 = 32.67

B单位：12.83 + 8.0 + 4.5 + 3.0 + 4.5 = 32.83

C单位：13.83 + 8.5 + 3.5 + 3.0 + 4.5 = 33.33

D单位：12.67 + 9.0 + 4.0 + 2.5 + 3.5 = 31.67

（3）计算各承包商的商务标得分

（32781 - 27765）/32781 = 15.30% > 15%

（33611 - 33197）/33197 = 1.25% < 15%

因此，承包商D的报价在计算基准价时，不予考虑。

基准价 = ［33072 × 50% + （32781 + 33197 + 33611）× 50%/3］万元 = 33134.17万元

则 32781/33134.17 = 98.93%

33197/33134.17 = 100.19%

33611/33134.17 = 101.44%

各承包商的商务标得分为

A单位：60 - （100 - 98.93）× 1 = 58.93

B单位：60 - （100.19 - 100）× 2 = 59.62

C单位：60 - （101.44 - 100）× 2 = 57.12

D单位因为报价低于次低价15%，所以商务标得分为15分。

（4）计算各承包商的综合得分

A单位：32.67 + 58.93 = 91.60

B单位：32.83 + 59.62 = 92.45

C 单位：33.33 + 57.12 = 90.45

D 单位：31.67 + 15 = 46.67

经过计算比较可知，在四个承包商中，承包商 B 的综合得分最高，所以选择承包商 B 作为中标单位。

思 考 题

1. 我国采用的工程项目招标方式有哪些？各有什么优缺点，适用范围如何？

2. 施工项目公开招标程序包括哪些主要步骤？

3. 资格预审的目的和内容？

4. 法律对评标委员会的组成有何规定？

5. 某国外援助资金建设项目施工招标，该项目是职工住宅楼和普通办公大楼，标段划分为甲、乙两个标段。招标文件规定：国内投标人有 7.5% 的评标价优惠；同时投两个标段的投标人给予评标优惠；若甲标段中标，乙标段扣减 4% 的作为评标价优惠；合理工期为 24～30 个月，评标工期基准为 24 个月，每增加 1 月在评标价中加 0.1 个百万元。经资格预审有 A、B、C、D、E 五个承包商的投标文件获得通过，其中 A、B 两投标人同时对甲、乙两个标段进行投标，B、D、E 为国内承包商。承包商的投标情况见表 3-4。

表 3-4　各承包商投标情况

投标人	报价/百万元		投标工期/日	
	甲标段	乙标段	甲标段	乙标段
A	10	10	24	24
B	9.7	10.3	26	28
C		9.8		24
D	9.9		25	
E		9.5		30

问题：

（1）可否按综合评标得分最高者中标的原则确定中标单位？你认为什么方式合适？并说明理由。

（2）若按经评审的最低投标价法评标，是否可以把质量承诺作为评标的投标价修正因素？为什么？

（3）请确定两个标段的中标人。

6. 某办公楼项目的招标人于 2004 年 10 月 11 日向具备承担该项目能力的 A、B、C、D、E 5 家承包商发出投标邀请书，其中说明，10 月 17 日～18 日 9～16 时在招标人办公室领取招标文件，11 月 5 日 14 时为投标截止时间。该 5 家承包商均接受邀请，并按规定时间提交了投标文件。但承包商 A 在送出投标文件后发现报价估算有较严重失误，遂赶在投标截止时间前 10 分钟递交了一份书面声明，撤回已提交的投标文件。

开标时，由招标人委托的市公证处人员检查投标文件的密封情况，确认无误后，由工作人员当众拆封。由于承包商 A 已撤回投标文件，故招标人宣布有 B、C、D、E 4 家承包商投标,并宣读了该4家承包商的投标价格、工期和其他主要内容。

评标委员会委员由招标人直接确定,共由7人组成。在评标过程中,评标委员会要求B、D两投标人分别对其施工方案作详细说明,并对若干技术要点和难点提出问题,要求其提出具体、可靠的实施措施。作为评标委员会的招标人代表希望承包人B再适当考虑一下降低报价的可能性。

按照招标文件中确定的综合评标标准,4个投标人综合得分从高到低依次为:B、D、C、E。故评标委员会确定承包商B为中标人。由于承包商B为外地企业,招标人于11月10日将中标通知书以挂号的方式寄出,承包商B于11月14日收到中标通知书。

由于从报价情况来看,4个投标人的报价从低到高依次为:D、C、B、E,因此,从11月16日至12月11日招标人又与承包商B就合同价格进行了多次谈判,结果承包商B将价格降到略低于承包商C的报价水平,最终双方于12月12日签订了书面合同。

问题:

(1)从招标投标的性质看,本案例中要约邀请、要约和承诺的具体表现是什么?

(2)从所介绍的背景资料来看,在项目的招标投标程序中有哪些方面不符合《招标投标法》的有关规定?请逐一说明。

第4章 建设工程投标管理

4.1 建设工程投标概述

招标与投标是招投标活动不可分割的两个方面。本章从投标人的角度,来分析投标过程中的主要工作以及投标人可以采用的一些策略与技巧。

4.1.1 建设工程投标人的条件

投标人是响应招标文件、参加投标竞争的法人或者其他组织。投标人参加依法必须进行招标的项目的投标,不受地区或者部门的限制,任何单位和个人不得非法干涉投标人。

投标人参与项目的投标应具备下列条件:

(1)投标人应具备承担招标项目的能力,国家有关规定或者招标文件对投标人资格条件有规定的,投标人应当具备规定的资格条件;

(2)投标人应当按照招标文件的要求编制投标文件,投标文件应当对招标文件提出的要求和条件作出实质性的响应;

(3)投标人应当在招标文件所要求递交投标文件的截止日期前,将投标文件送达到投标地点。

(4)招标文件载明接受联合体投标的,两个以上法人或者其他组织可以组成一个联合体,以一个投标人的身份共同投标,但必须有联合体的合作协议,明确约定各方拟承担的工作和相应的责任,并将共同投标协议连同投标文件一并提交招标人。联合体各方均应当具备规定的相应资质条件和承担项目的能力。

(5)与招标人存在利害关系、可能影响招标公正性的法人、其他组织或者个人,不得参加投标;单位负责人为同一人或者存在控股、管理关系的不同单位,不得参加同一标段投标或者未划分标段的同一招标项目投标。

4.1.2 投标组织机构

投标工作是一项技术性很强的工作,需要有专门的机构和专业人员对投标的全过程加以组织和管理。建立一个强有力的投标组织机构是获得投标成功的根本保证。一般,投标组织机构配备经营管理类、工程技术类、财务金融类的专业人才5~7人,其成员必须具备以下素质:

(1)有较高的政治修养,事业心强。认真执行党和国家的方针、政策,遵守国家的法律和地方法规,自觉维护国家和企业利益,意志坚强,吃苦耐劳。

(2)知识渊博,经验丰富,视野广阔。必须在经营管理、施工技术、成本核算、施工预决算等领域都有相当的知识水平和实践经验,才能全面、系统地观察和分析问题。

(3)具备一定的法律知识和实际工作经验。对投标业务应遵循的法律、规章制度有充分了解;同时,有丰富的阅历和实际工作经验,对投标具有较强的预测能力和应变能力,能对可能出现的各种问题进行预测并采取相应措施。

（4）勇于开拓，有较强的思维能力和社会活动能力。积极参加有关的社会活动，扩大信息交流，正确处理人际关系，不断吸收投标工作所必需的新知识及有关情报。

（5）掌握科学的研究方法和手段。对各种问题进行综合、概括、总结、分析，并作出正确的判断和决策。

4.2　建设工程投标基本程序及主要工作

继续以工程施工项目的投标为例，投标的基本程序如图 4-1 所示。

4.2.1　获取招标信息，做好投标准备工作

招标信息的主要来源是招投标交易中心。交易中心会定期不定期地发布工程招标信息，但是，如果投标人仅仅依靠从交易中心获取工程招标信息，就会在竞争中处于劣势。因为我国《招标投标法》规定了两种招标方式，即公开招标和邀请招标，交易中心发布的主要是公开招标的信息，邀请招标的信息在发布时，招标人常常已经完成了考察及选择招标邀请对象的工作，投标人此时才去报名参加，已经错过了被邀请的机会。所以，投标人日常建立广泛的信息网络是非常关键的。

准确、全面、及时地收集各种技术、经济信息是投标成功与否的关键，需要收集的信息，涉及面很广，其主要内容可以概括如下。

（1）政治和法律方面

投标人首先应当了解在招标投标活动中以及合同履行过程中有可能涉及的法律，甚至与项目有关的政治形势、国家政策等，即国家对该项目采取的是鼓励政策还是限制政策。

（2）自然条件

自然条件包括工程所在地的地理位置和地形、地貌、气象状况，包括气温、湿度、主导风向、平均年降水量、洪水、台风及其他自然灾害状况等。

（3）市场状况

市场状况调查包括建筑材料、施工机械设备、燃料、动力、供水、供电和生活用品的供应情况、价格水平，还包括过去几年批发物价和零售物价指数及今后的变化趋势和预测；劳动力市场情况，如工人技术水平、工资水平；有关劳动保护、保险和福利待遇的规定等；金融市场情况，如银行贷款的难易程度以及银行贷款利率等。

（4）工程项目方面的情况

工程项目方面的情况包括：工作性质、规模、发包范围；工程的技术规模和对材料性能及工人技术水平的要求；总工期及分批竣工交付使用的要求；施工场地的地形、地质、地下水位、交通运输、给排水、供电、通信条件的情况；工程项目资金来源；对购买器材和雇佣工人有无限制条件；工程价款的支付方式、外汇所占比例；监理工程师的资历、职业道德和工作作风等。

（5）业主情况

包括业主的资信情况、履约态度、支付能力，在其他项目上有无拖欠工程款的情况，对实施的工程项目需求的迫切程度，以及对工程的工期、质量、费用等方面的要求等。

（6）投标人内部资料

投标人对自己内部情况和资料也应当进行归纳管理。这类资料主要用于招标人要求的资格审查和企业履行项目的可能性，包括反映本单位的技术能力、信誉、管理水平、工程业绩等各种资料。

（7）竞争对手资料

掌握竞争对手的情况，是投标人决定是否参与投标的重要依据，也是参与投标能否获胜的重要因素。

4.2.2　投标决策和策略

正确的投标决策和投标策略决定着投标人能否提高中标率和获取最大利润。在市场经济条件下，投标人通过投标取得工程项目，并不是每个工程项目的每个标都必投，也不是所投项目的每个标都必中，因此就必须研究和探讨投标决策和策略。

投标决策和策略的含义应有三方面的内容：

（1）对于每个工程项目招标，首先判定是否投标；

（2）若参加投标，投什么性质的标，才能保证中标；

（3）采取什么方式、策略和技巧投标，才能保证中标。

所以说投标决策与策略的正确与否，不仅关系到工程项目是否中标，而且还关系到中标后的效益如何，关系到企业发展和企业员工的利益。因此工程项目投标的决策者必须认识到投标决策的重要性，综合考虑市场行情、企业目标、竞争对手等情况来确定投标策略。

投标决策和策略分为两个阶段：投标前期决策阶段和投标后期策略阶段。

1. 投标前期决策

投标决策的前期阶段必须对投标与否作出论证，前期阶段的投标决策必须在购买资格预审资料前完成。决策的主要依据是招标公告，以及投标人对招标工程、业主情况的调研和了解的程度，如果是国际工程，还包括对工程所在国和工程所在地的政治、经济等情况的掌握程度。

通常情况下，下列招标项目应放弃投标：

（1）本施工企业主管和兼营能力之外的项目；

（2）工程规模、技术要求超过本施工企业技术等级的项目；

（3）本施工企业生产任务饱满，则招标工程的盈利水平较低或风险较大的项目；

（4）本施工企业技术等级、信誉、施工水平明显不如竞争对手的项目。

2. 投标后期策略

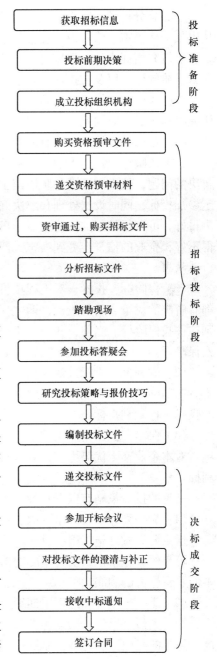

图4-1　工程施工项目投标流程图

当充分分析了主客观情况，对某一具体工程决定投标，即进入投标决策的后期，它是指从申报资格预审，或者没有资格预审环节时从购买招标文件至封送投标文件的过程中，投标人认真研究招标文件、根据自己企业的技术等级、施工水平、管理能力及社会信誉等决定投什么性质的标，以及在投标中采取什么样策略的问题。

投标人要想在投标中获胜，即中标得到承包工程，然后又要从承包工程中赢利，就需要研究投标中的策略问题。

投标按照投标性质来分有风险标和保险标，按照投标效益来分有赢利标和保本标。

（1）风险标：投标人明知工程项目承包难度大、风险大，且技术、设备、资金上都有未解决的问题，但由于自己的队伍窝工，或因为工程赢利丰厚，或为了开拓新的技术领域而决定参加投标，同时设法处理和解决好存在的问题，即风险标。投标中标后，如技术、管理解决得好，可取得较好的经济效益，可锻炼出一支好的施工队伍，使企业更上一层楼；若解决得不好，企业的信誉会受到损害，严重者可能导致企业亏损以致破产。因此，投风险标必须审慎从事。

（2）保险标：投标人对工程项目可以预见的各种情况从技术、设备、资金等重大问题上都有解决的对策之后再投标，谓之保险标。企业经济实力较弱，经不起失误、损失的打击，则往往投保险标。当前，我国施工企业多数都愿意投保险标，特别是在国际工程承包市场上投保险标。

（3）赢利标：投标人认为如果招标工程既是本企业的强项，又是竞争对手的弱项；或业主意向明确；或本企业任务饱满，利润丰厚，才考虑让企业超负荷运转。在上述几种情况下的投标，称赢利投标。

（4）保本标：当企业无后续工程，或已经出现部分窝工，必须争取中标，但招标的工程项目对本企业又无优势可言，竞争对手又多。此种情况下的投标，就是保本投标，顶多投薄利标。

常见的投标策略有以下几种：

（1）靠提高经营管理水平取胜

这主要靠做好施工组织设计，采取合理的施工技术和施工机械，精心采购材料、设备，选择可靠的分包单位，安排紧凑的施工进度，力求节省管理费用等，从而有效地降低工程成本而获得较大的利润。

（2）靠改进设计和缩短工期取胜

即仔细研究原设计图纸，发现有不够合理之处，提出能降低造价的修改设计建议，以提高对业主的吸引力。另外，靠缩短工期取胜，即比规定的工期有所缩短，达到早投产、早收益，有时甚至标价稍高，对业主也是很有吸引力的。

（3）低利政策

主要适用于承包任务不足时，与其坐吃山空，不如以低利承包到一些工程，还能适当盈利。此外，承包商初到一个新的地区，为了打入这个地区的承包市场，建立信誉，也往往采用这种策略。

（4）加强索赔管理

有时投标人虽然报价低，但却着眼于施工索赔，还能赚到高额利润。例如在香港，某些大的承包企业就常用这种方法，有时报价甚至低于成本，以高薪雇佣1~2名索赔专家，千方百计地从设计图纸、标书、合同中寻找索赔机会。一般索赔金额可达 10%～20%，当然这种策略并不是到处可用的，如在中东地区就较难达到目的。

（5）着眼于发展

为争取将来的优势，而宁愿目前少盈利。承包商为了掌握某种有发展前途的工程施工技术（如建造核电站的反应堆或海洋工程等），就可能采用这种策略。这是一种较有远见的策略。

以上这些策略不是互相排斥的，根据具体情况，可以综合灵活运用。

4.2.3　参加资格预审

已进行资格预审的，投标人在编制投标文件时，应按新情况更新或补充其在申请资格预审时提供的资料，以证实其各项资格条件仍能继续满足资格预审文件的要求，具备承担本标段施工的资质条件、能力和信誉。

审查资料包括：

（1）投标人基本情况表，应附投标人营业执照副本及其年检合格的证明材料、资质证书副本和安全生产许可证等材料的复印件。

（2）近年财务状况表，应附经会计师事务所或审计机构审计的财务会计报表，包括资产负债表、现金流量表、利润表和财务情况说明书的复印件，具体年份要求见招标文件或资审文件。

（3）近年完成的类似项目情况表，应附中标通知书和合同协议书、工程接收证书（工程竣工验收证书）的复印件，具体年份要求见投标人须知。每张表格只填写一个项目，并标明序号。

（4）正在施工和新承接的项目情况表，应附中标通知书和合同协议书复印件。

（5）近年发生的诉讼及仲裁情况，应说明相关情况，并附法院或仲裁机构作出的判决、裁决等有关法律文书复印件。

（6）投标人须知前附表规定接受联合体投标的，表格和资料应包括联合体各方相关情况。

未进行资格预审的，在编制投标文件时，应包括资格审查的资料，供评标时专家进行资格后审。

4.2.4　现场踏勘

现场踏勘主要指去工地现场进行考察。招标单位如果统一组织，一般招标文件中会注明现场踏勘的时间和地点，之后进行工程项目投标答疑会。如果招标人不统一组织，投标人可自行现场踏勘。现场考察既是投标者的权利也是其职责，因此投标者在决策报价之前必须认真地进行施工现场考察，全面仔细地调查工地周围的环境等。按照国际惯例，投标者提出的报价单一般被认为是在现场考察的基础上编制的报价，一旦报价单提出之后，投标者就无权因为现场考察不周、情况不了解或其他因素考虑不全面等原因提出修改投标、调整报价或提出补偿等要求。

现场踏勘的主要内容有：

（1）工程的性质以及与其他工程之间的关系；

（2）投标人投标的那一部分工程与其他承包商或分包商之间的关系；

（3）工地地貌、地质、气候、交通、电力、水源等情况，有无障碍物等；

（4）工地附近有无住宿条件，料场开采条件，其他加工条件，设备维修条件等；

（5）工地附近治安情况。

现场考察之后，拟定出项目调研提纲，确定重点要解决的问题，做到事先有准备。在答疑会上提出与工程项目投标有关的一些不明确的疑问问题，要求招标人给予明确。

4.2.5 编制投标文件

1. 编制投标文件的原则

投标文件是承包商参与投标竞争的重要凭证，是评标、定标、签订合同的重要依据，是投标人素质的综合反映和投标人能否取得经济效益的重要因素。投标人要根据招标文件及工程技术规范要求，结合项目施工现场条件编制施工规划和投标报价书。

（1）依法投标。严格按照《招标投标法》等国家法律、法规的规定编制投标文件。

（2）诚实信用的原则。提供的数据准确可靠，对作出的承诺负责履行。

（3）按照招标文件要求的原则。对提供的所有资料和材料，必须从形式到内容都满足招标文件的要求。投标文件应按招标文件中"投标文件格式"进行编写，如有必要，可以增加附页，作为投标文件的组成部分。其中，投标函附录在满足招标文件实质性要求的基础上，可以提出比招标文件要求更有利于招标人的承诺。

（4）投标文件应当对招标文件有关工期、投标有效期、质量要求、技术标准和要求、招标范围等实质性内容作出响应。

（5）投标文件应由投标人的法定代表人或其委托代理人签字或盖章。委托代理人签字的，投标文件应附法定代表人签署的授权委托书。投标文件应尽量避免涂改、行间插字或删除。如果出现上述情况，改动之处应加盖单位章或由投标人的法定代表人或其授权的代理人签字确认。

（6）从实际出发，在依法投标的前提下，可充分运用和发挥投标竞争的技巧与策略。

2. 投标文件包括的内容

根据《工程施工招标标准文件》（2007版）的规定，工程施工项目的投标文件，是由以下部分组成的：

（1）投标函及投标函附录；

（2）法定代表人身份证明或附有法定代表人身份证明的授权委托书；

（3）联合体协议书；

（4）投标保证金；

（5）已标价工程量清单；

（6）施工组织设计；

（7）项目管理机构；

（8）拟分包项目情况表；

（9）资格审查资料；

（10）投标人须知前附表规定的其他材料。

3. 编制投标文件的程序

（1）仔细阅读诸如投标须知、投标书附件等，研究招标文件。研究招标文件，重点应放在投标者须知、合同条件、设计图纸、工程范围以及工程量表上，最好有专人或小组研究技术规范和设计图纸，弄清其特殊要求。

（2）投标人应根据图纸校核工程量清单中分项分部工程的内容和数量，因为它直接影响投标报价及中标机会，如发现工程量有重大出入的，必要时可找招标人核对，要求招标人认可，并给予书面证明，这对于固定总价合同尤为重要。

（3）编制施工组织设计。施工组织设计是体现投标人技术、管理水平的标志，其主要内容是：工程概况、工程施工方法、施工质量控制方法、施工进度计划、劳动力需求计划、临时设施布置以及安全文明施工措施等。编制施工组织设计的依据是设计图纸，执行的规范，经复核的工程量，招标文件要求的开工、竣工日期以及对市场材料、机械设备、劳力价格的调查。编制的原则是在保证工期和工程质量的前提下，如何使成本最低、利润最大。

（4）收集现行定额标准、取费标准及各类标准图集，并掌握政策性调价文件，计算投标报价。投标人应按"工程量清单"的要求填写相应表格。投标人在投标截止时间前修改投标函中的投标总报价，应同时修改"工程量清单"中的相应报价。

（5）编制投标文件，办理投标担保。投标文件应严格按照招标文件的要求和格式编制。一般不能带有任何附加条件，否则导致投标作废。在投标截止日之前还必须按照招标文件的要求提供投标担保，一般是投标保证金或者投标保函。

4.2.6　投标有效期

招标人应当在招标文件中载明投标有效期，这个期限必须保证招标人有足够的时间完成评标并和中标人签订合同。投标有效期从提交投标文件的截止之日起算。

在投标有效期内，投标人不得要求撤销或修改其投标文件。出现特殊情况需要延长投标有效期的，招标人以书面形式通知所有投标人延长投标有效期。投标人同意延长的，应相应延长其投标保证金的有效期，但不得要求或被允许修改或撤销其投标文件；投标人拒绝延长的，其投标失效，但投标人有权收回其投标保证金。因延长投标有效期造成投标人损失的，招标人应给予补偿。

4.2.7　投标保证金

投标人在递交投标文件的同时，应按招标文件规定的金额、担保形式和"投标文件格式"规定的投标保证金格式递交投标保证金，并作为其投标文件的组成部分。联合体投标的，其投标保证金由牵头人递交，并应符合投标人须知前附表的规定。

招标人在招标文件中要求投标人提交投标保证金的，投标保证金不得超过招标项目估算价的2%。招标人不得挪用投标保证金；依法必须进行招标的项目的境内投标单位，以现金或者支票形式提交的投标保证金应当从其基本账户转出。

投标保证金有效期应当与投标有效期一致。投标人不按要求提交投标保证金的，其投标文件作废标处理。

招标人与中标人签订合同后5个工作日内，向未中标的投标人和中标人退还投标保证金。有下列情形之一的，投标保证金将不予退还：投标人在规定的投标有效期内撤销或修改其投标文件；中标人在收到中标通知书后，无正当理由拒签合同协议书或未按招标文件规定提交履约担保。

4.2.8　备选投标方案

除投标人须知前附表另有规定外，投标人不得递交备选投标方案。允许投标人递交备选投标方案的，只有中标人所递交的备选投标方案方可予以考虑。评标委员会认为中标人的备选投标方案优于其按照招标文件要求编制的投标方案的，招标人可以接受该备选投标方案。

4.2.9 投标文件的密封与递交

投标文件编制完成后应仔细核对和整理成册，并按招标文件要求进行装订、密封和标志。

投标文件正本一份，副本份数见招标文件规定。正本和副本的封面上应清楚地标记"正本"或"副本"的字样。当副本和正本不一致时，以正本为准。投标文件的正本与副本应分开包装，加贴封条，并在封套的封口处加盖投标人单位章。未按要求密封和加写标记的投标文件，招标人不予受理。

投标人应在投标截止日期前到指定地点递交投标文件。逾期送达的或者未送达指定地点的投标文件，招标人不予受理。

4.2.10 投标文件的修改与撤回

投标单位在递交投标文件后，可以在规定的投标截止时间之前以书面形式向招标单位递交修改或撤回其投标文件的通知。在投标截止时间之后，则不能修改与撤销投标文件，否则，将没收投标保证金。

投标人修改或撤回已递交投标文件的书面通知应按照要求签字或盖章。修改的内容为投标文件的组成部分。修改的投标文件应按照规定进行编制、密封、标记和递交，并标明"修改"字样。

投标人在投标截止时间前撤回已提交的投标文件，招标人已收取投标保证金的，应当自收到投标人书面撤回通知之日起 5 日内退还。

4.2.11 法律对投标人的禁止行为

1. 禁止投标人相互串通投标

有下列情形之一的，属于投标人相互串通投标：

（1）投标人之间协商投标报价等投标文件的实质性内容；

（2）投标人之间约定中标人；

（3）投标人之间约定部分投标人放弃投标或者中标；

（4）属于同一集团、协会、商会等组织成员的投标人按照该组织要求协同投标；

（5）投标人之间为谋取中标或者排斥特定投标人而采取的其他联合行动。

有下列情形之一的，视为投标人相互串通投标：

（1）不同投标人的投标文件由同一单位或者个人编制；

（2）不同投标人委托同一单位或者个人办理投标事宜；

（3）不同投标人的投标文件载明的项目管理成员为同一人；

（4）不同投标人的投标文件异常一致或者投标报价呈规律性差异；

（5）不同投标人的投标文件相互混装；

（6）不同投标人的投标保证金从同一单位或者个人的账户转出。

2. 禁止招标人与投标人串通投标

有下列情形之一的，属于招标人与投标人串通投标：

（1）招标人在开标前开启投标文件并将有关信息泄露给其他投标人；

（2）招标人直接或者间接向投标人泄露标底、评标委员会成员等信息；

（3）招标人明示或者暗示投标人压低或者抬高投标报价；

（4）招标人授意投标人撤换、修改投标文件；

（5）招标人明示或者暗示投标人为特定投标人中标提供方便；

（6）招标人与投标人为谋求特定投标人中标而采取的其他串通行为。

4.3　投标报价组成与报价技巧

4.3.1　投标报价组成

国内工程投标报价的组成和国际工程的投标报价基本相同，但每项费用的内容则比国际工程投标报价少而简单。各部门对项目分类也稍有不同，但投标报价的费用组成基本上有直接费、间接费、利润和税金及不可预见费等几项。

（1）直接费。指在工程施工中直接用于实体上的人工、材料、设备和施工机械使用费等费用的总和。由人工费、材料费、设备费、施工机械费、其他直接费和分包项目费用组成。

（2）间接费。指组织和管理工程施工所需的各项费用，主要由施工管理费和其他间接费组成。其他间接费包括临时设施费、远程工程增加费。

（3）利润和税金。按照国家有关部门的规定，建筑企业在承担建筑任务时应计取的利润，以及按规定应计入建筑安装工程造价内的营业额，城市建设维护税及教育经费税。

（4）不可预见费。可由风险因素分析予以确定，一般在投标时可按工程总造价的3%～5%来考虑。

投标报价由投标人自主确定，但不得低于成本，不得高于招标控制价。投标报价应由投标人或受其委托具有相应资质的工程造价咨询机构编制。在工程量清单计价模式下，投标人应按照招标人提供的工程量清单填报价格，填写的项目编码、项目名称、项目特征、计量单位、工程量必须与招标人提供的一致，否则会导致废标。而对于招标人给出的措施项目可根据工程实际情况结合施工组织设计进行增补。

4.3.2　投标报价技巧

投标报价技巧，其实是在保证工程质量与工期条件下，寻求一个好的报价的技巧问题。常见的投标报价技巧有以下几种。

1. 视具体情况报价

投标报价时，既要考虑自身的优势和劣势，也要分析招标项目的特点并按照工程项目的不同特点、类别、施工条件等来选择性地报价。

（1）报价可高些的情况：施工条件差的，如场地狭窄，地处闹市的工程；专业要求高的技术密集型工程，而本公司这方面有专业力量，声望也高；总价低的小工程，以及自己不愿意做而被邀请投标时，不便于不投标的工程；特殊的工程，如港口码头工程、地下开挖工程等；业主对工期要求急的；投标对手少的；支付条件不理想的。

（2）报价应低些的情况：施工条件好的工程，工作简单、工程量大而一般公司都可以做的工程，如大量的土方工程，一般房建工程等；本公司目前急于打入某一市场、某一地区或虽已在某地区经营多年，但即将面临没有工程的情况，机械设备等无工地转移时；附近有工程而本项目可利用该项工程的劳务、设备时或有条件短期内突击完成的；投标对手多，竞争力强时；非急需工程；支付条件好的，如现汇支付。

2. 不平衡报价法

不平衡报价法，指在一个工程项目总报价基本确定的前提下，通过调整内部各个子项的报价，以期不提高总报价，即不影响中标，又能在结算时获取更好的经济效益。

要避免畸高畸低现象，否则导致投标作废，失去中标机会。

通常采用的不平衡报价有下列几种情况：

（1）对能早期结账收回工程款的项目（如土方、基础等）的单价可报以较高价，以利于资金周转；对后期项目（如装饰、设备安装等）单价可适当降低。

（2）估计今后工程量可能增加的项目，其单价可提高，而工程量可能减少的项目，其单价可降低。

（3）图纸内容不明确或有错误，估计修改后工程量要增加的，内容不明确的，其单价可降低。

（4）没有工程量只填报单价的项目（如河道工程中的开挖淤泥工作等），其单价宜高。这样，既不影响总的投标报价，又可多获利。

（5）对于暂定项目，如果是实施的可能性大的项目，价格可定高价；估计该工程不一定实施的可定低价。

3. 多方案报价法

当工程说明书或合同条款有不够明确之处时，往往使投标人承担较大风险。为了减少风险就必须扩大工程单价，增加不可预见费。但这样做又会因报价过高而增加被淘汰的可能性。多方案报价法就是为应付这种两难局面而出现的。

若业主拟定的合同条件要求过于苛刻，为使业主修改合同要求，可准备两个报价。并阐明，按原合同要求规定，投标报价为某一数值；倘若合同要求作某些修改，则投标报价为另一数值，即比前一数值的报价低一定百分点，以此吸引对方修改合同条件。但是，如果招标文件规定工程方案是不容许改动的，这个方法就不能使用。

4. 增加建议方案

有时招标文件中规定，可以提一个建议方案，即可以修改原设计方案，提出投标者的方案。投标者这时应抓住机会，组织一批有经验的设计和施工工程师，对原招标文件的设计和施工方案仔细研究，提出更为合理的方案以吸引业主，促成自己的方案中标。这种新建议方案可以降低总造价或是缩短工期，或使工程运用更合理。但要注意对原招标方案一定也要报价。建议方案不要写得太具体，要保留方案的技术关键，防止业主将此方案交给其他承包商。同时要强调的是，建议方案一定要比较成熟，有很好的操作性。

5. 计日工单价的报价

如果是单纯报计日工单价，而且不计入总报价中，可以报高些，以便在业主额外用工或使用施工机械时可多盈利；如果计日工单价要计入总报价时，则需具体分析是否报高价，以免抬高总报价。总之，需分析业主在开工后能使用的计日工数量，再来确定报价方针。

6. 可供选择项目的报价

有些工程项目的分项工程，业主可能要求按某一方案报价，而后再提供几种可供选择的比较报价，对于将来有可能被选择使用的适当提高其报价，对于当地难以供货的可将价格有意抬高得更多一些，以阻挠业主选用。但是，所谓"可供选择项目"并非由承包商任意选择，而是由业主来进行选择。因此，虽然适当提高了可供选择项目的报价，但是并不意味着肯定可以取得较好的利润，这只是提供了一种可能性，一旦被业主选用，承包商即可得到额外加价的利益。

7. 分包商报价的采用

由于现代工程的综合性和复杂性，总承包商不可能将全部工程内容完全独家包揽，特别是有些专业性较强的工程内容，须分包给其他专业工程公司施工。还有些招标项目，业主规定某些工程内容必须由他指定的几家分包商承担。因此，总承包商通常应在投标前先取得分包商的报价，并增加总承包商摊入的那部分管理费，而后作为自己投标总价的一个组成部分一并列入报价中。应当注意，分包商在投标前可能同意接受总承包商压低其报价的要求，但等到总承包商得标后，他们常以种种理由要求提高分包价格，这将使总承包商处于十分被动的地位。解决的办法是，总承包商在投标前找二、三家分包商分别报价，而后选择其中一家信誉较好、实力较强和报价合理的分包商签订协议，同意该分包商作为本分包工程的唯一合作者，并同意将分包商的姓名列到投标文件中，但要求该分包商相应地提交投标保函。如果该分包商认为这家总承包商确实有可能中标，也许愿意接受这一条件。这种把分包商的利益同投标人捆在一起的做法，不但可以防止分包商事后反悔和涨价，还可能迫使分包商报出较合理的价格，以便共同争取中标。

8. 突然降价法

投标报价中各竞争对手往往在报价时采取迷惑对手的方法，即先按一般情况报价或以较高的价格报价，以表现出自己对该工程兴趣不大，到投标快截止时，再突然降价。采用这种方法时，一定要在准备投标报价的过程中考虑降价的幅度，在临近投标截止日期前，分析情报再作出最后决策。

4.4　投标人的典型违法行为及法律责任

《招标投标法》中列出的投标人常见的违法行为包括以下几种情形：

（1）投标人相互串通投标或者与招标人串通投标的，投标人以向招标人或者评标委员会成员行贿的手段谋取中标的，中标无效，处中标项目金额千分之五以上千分之十以下的罚款，对单位直接负责的主管人员和其他直接责任人员处单位罚款数额百分之五以上百分之十以下的罚款；有违法所得的，并处没收违法所得；情节严重的，取消其一年至二年内参加依法必须进行招标的项目的投标资格并予以公告，直至由工商行政管理机关吊销营业执照；构成犯罪的，依法追究刑事责任。给他人造成损失的，依法承担赔偿责任。

（2）投标人以他人名义投标或者以其他方式弄虚作假，骗取中标的，中标无效，给招标人造成损失的，依法承担赔偿责任；构成犯罪的，依法追究刑事责任。依法必须进行招标的项目的投标人有所列行为尚未构成犯罪的，处中标项目金额千分之五以上千分之十以下的罚款，对单位直接负责的主管人员和其他直接责任人员处单位罚款数额百分之五以上百分之十以下的罚款；有违法所得的，并处没收违法所得；情节严重的，取消其一年至三年内参加依法必须进行招标的项目的投标资格并予以公告，直至由工商行政管理机关吊销营业执照。

（3）中标人将中标项目转让给他人的，将中标项目肢解后分别转让给他人的，违反本法规定将中标项目的部分主体、关键性工作分包给他人的，或者分包人再次分包的，转让、分包无效，处转让、分包项目金额千分之五以上千分之十以下的罚款；有违法所得的，并处没收违法所得；可以责令停业整顿；情节严重的，由工商行政管理机关吊销营业执照。

（4）中标人不履行与招标人订立的合同的，履约保证金不予退还，给招标人造成的损失超过履约保证金数额的，还应当对超过部分予以赔偿；没有提交履约保证金的，应当对招标人的损失承担赔偿责任。中标人不按照与招标人订立的合同履行义务，情节严重的，取消其二年至五年内参加依法必须进行招标的项目的投标资格并予以公告，直至由工商行政管理机关吊销营业执照。

4.5 本章案例

【案例 4-1】 投标报价技巧的应用

某承包商购买招标文件后经研究发现，业主所提供施工图纸的基础桩采用的是现浇混凝土灌注桩，造价很高，且桩身设计过长要穿过卵石层，施工难度很大，而且工期也难以保证。于是在原设计方案报价的基础上，建议业主将基础桩改为 CFG 桩。这样桩长减少，能节约工期，降低造价，并对两方案进行技术经济比较，证明总造价能降低 100万元。承包商在计算出投标总价后，对分项工程报价进行了调整。将最先施工的基础工程报价上调 7%，将最后施工的机电安装工程报价下调约 5%，投标总价仍然维持不变。承包商考虑到参与投标的工作人员较多，容易泄密，于是在投标截止日期前一天下午将密封后的投标文件报送业主，开标前半小时突然递交一份补充文件，在原有报价的基础上降价 40 万元。

问题：

该承包商运用了哪些投标技巧？其运用是否得当？请逐一加以说明。

案例评析：

（1）增加建议方案法运用得当。因为在原方案（即现浇混凝土基础桩）报价的基础上，承包商又提交新的建议方案（即 CFG 桩），并能降低造价、缩短工期、减小施工难度，对业主也是非常有利的。

（2）不平衡报价法运用得当。将先完成的土方工程报价调高，将后完成的机电工程报价降低，且调整的幅度合理（通常不宜超过 10%）。这样在不影响投标报价竞争力的基础上，提高了资金的时间价值，对承包商有利。

（3）突然降价法运用得当。原投标文件的递交时间比规定的投标截止时间仅提前半天，这既是符合常理的，又为竞争对手调整、确定最终报价留有一定的时间，起到迷惑竞争对手的作用。若时间提前太多，会引起竞争对手的怀疑；在开标前半小时突然递交一份补充文件，而这时竞争对手已不可能再调整报价了。

【案例 4-2】 决策树在投标决策中的应用

某工业项目的安装工程投资数额较大，因此业主对承包方式非常重视，决定实行公开招标，在招标文件中对技术标的评标标准特设"承包方式"一项指标，规定若由安装专业公司和土建专业公司组成联合体投标，得 20 分；若由安装专业公司作总包，土建专业公司作分包，得 15 分；若由安装公司独立投标，且全部工程均自己施工，得 10 分。

安装公司 F 决定参与该项目的投标，经分析，在其他条件（如报价、工期等）相同的情况下，上述评标标准使得三种承包方式的中标概率分别为 0.8、0.7、0.5；另经分析，三种承包方式的承包效果、概率和盈利情况见表 4-1。编制投标文件的费用均为 3 万元。

表 4-1　各种承包方式的承包效果、概率和盈利情况表

承包方式	效果	概率	盈利（万元）
联合体承包	好	0.4	100
	中	0.3	70
	差	0.3	50
总分包	好	0.6	150
	中	0.2	100
	差	0.2	80
独立承包	好	0.3	180
	中	0.5	120
	差	0.2	30

请用决策树法帮助安装公司 F 进行承包方式的决策。

案例评析：

绘制决策树如图 4-2。

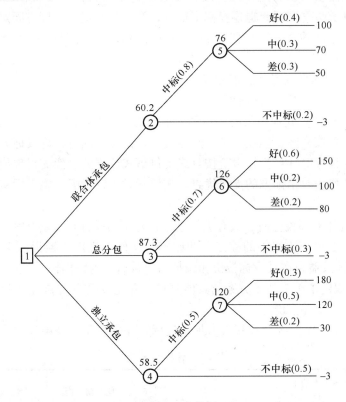

图 4-2　决策树

计算各机会点的期望值，并将其标示在图 4-2 中。

点⑤：$100 \times 0.4 + 70 \times 0.3 + 50 \times 0.3 = 76$ 万元

点②：$76 \times 0.8 + （-3） \times 0.2 = 60.2$ 万元

点⑥：$150 \times 0.6 + 100 \times 0.2 + 80 \times 0.2 = 126$ 万元

点③：$126 \times 0.7 + （-3） \times 0.3 = 87.3$ 万元

点⑦：$180 \times 0.3 + 120 \times 0.5 + 30 \times 0.2 = 120$ 万元

点④：$120 \times 0.5 + （-3） \times 0.5 = 58.5$ 万元

经计算，点②、③、④中点③的期望值最大，应以安装公司总包、土建公司分包的承包方式投标。

【案例 4-3】 招投标综合案例

某建设项目经主管机构批准进行公开招标，分为Ⅰ、Ⅱ两个标段分别招标。建设单位委托招标代理机构编制了（Ⅰ）标段标底为 800 万元，招标文件要求Ⅰ标段总工期不得超过 365d（按国家定额规定应为 460d）。通过资格预审并参加投标的有 A、B、C、D、E5 家施工单位。开标会议由招标代理机构主持，开标时 5 个投标人的最低报价为 1100 万元。为了避免招标失败，业主提出休会，由招标代理机构重新复核和制定新的标底。招标代理机构复核后确认由于工作失误，对部分项目工程量漏算，致使标底偏低，修正错误后复会。招标代理机构重新确定了新的标底，A、B、C3 家投标人认为新的标底不合理，向招标人提出要求撤回投标文件，由于上述问题导致定标工作在原定投标有效期没有完成。评标时由于 D 的报价中包含了赶工措施费被认为是废标，最后确定 E 为中标人，但 E 提出由于公司资金调度原因，请招标方在签订合同同时退还投标保证金，为早日开工，招标方同意了 E 的要求。

招标代理机构编制的（Ⅱ）标段标底为 2000 万元，额定工期为 20 个月，招标文件对下列问题作了说明：

（1）项目公开招标采取资格后审方式。

（2）投标人应具有一级施工企业资质。

（3）评标时采用考虑其他因素的评标价为依据的最低标价法确定中标人。

（4）承包工程款按实际工程量计算，月终支付，招标人同意允许投标人提出的对工程款支付的具体要求。评标时计算投标报价按月终支付形式计算的等额支付现值与投标人具体支付方案现值的差值作为对招标方的支付优惠，在评标时予以考虑。施工后实际支付仍按投标人中标报价支付。

（5）中外联合体参加投标时，按有关规定，评标价为投标报价的 93%。

（6）投标人报送施工方案中的施工工期比招标文件中规定工期提前 1 个月，可使招标方产生 50 万元超前效益，在其投标报价扣减超前效益后作为评标价。

7）招标文件规定了施工技术方案的具体要求，并允许投标人结合企业技术水平、管理水平提出新的技术方案并报价。

G、H、I、J、L、M、N8 个投标人参加了投标，评标情况见表 4-2。

表 4-2 评标情况表

投标人	投标报价（万元）	施工工期（月）	其 他 情 况
G	1800	16	一级资质，投标报价文字数额为一千八百三十万元。按招标文件支付
H	2050	18	中外联合体，中方资质为一级，附有联合体协议。按招标文件支付
I	1920	20	一级资质，支付条件为第 3、6、9、12、15、18 共 6 次等额支付工程款，第 20 个月支取余额

续表

投标人	投标报价 （万元）	施工工期 （月）	其 他 情 况
J	2010	15	一级资质，报价单中某分项工程报价错误 400（元/m²）×1500（m²）＝48（万元），按招标文件支付
K	1600	22	一级资质，按招标文件支付
L	1750	19	国内联合体，一级资质一个，三级资质两个。按招标文件支付
M	2050	20	一级资质，投标截止日期前报送补充施工方案，工期 18 个月，报价 1900 万元，对原报价的有效性未作出说明
N	1830	20	一级资质，拟将主体工程分包给 T 公司，此部分报价为 T 公司报价

问题：

1.（Ⅰ）标段招标工作存在着什么问题？撤标单位做法是否正确？招标失败可否另行招标？投标单位损失如何赔偿？

2. 确定（Ⅱ）标段 8 个投标人的投标文件的有效性，并说明理由。

3. 计算投标人 I 提出支付优惠条件的报价调整值（年折现率为 12%，简化计算月折现率为 1%，季折现率为 3%）。

4. 列出有效投标人的评标价格计算表。

5. 确定中标人和中标价格。

案例评析：

问题 1：

错误 1：开标后重新确定标底，且未经行业主管机构批准。

错误 2：没有在投标有效期内完成定标工作，不符合《招标投标法》的相关规定。

错误 3：评标时确定 D 投标为废标，因为按照目前国内规定，当项目实际工期比定额工期减少 20% 以上时，投标报价中允许包括赶工措施费。

错误 4：确定 E 为中标人并接受 E 提出提前归还投标保证金的要求是错误的。因为目前国内规定：招标人与中标人签订合同后 5 个工作日内应当向中标和未中标的投标人退还投标保证金。

错误 5：A、B、C 三个投标人撤回投标文件的做法错误，因为投标是一种要约行为。当招标文件中内容（如标底）存在明显与所有投标人意向区别（如报价偏高或偏低）时，可以重新招标。对投标人损失不予赔偿。

问题 2：

评估结论具体说明见表 4-3。

表 4-3　评标结论说明表

投标人	投标报价 （万元）	理　由
K	废标	实际工期为 22 个月，超过了招标文件中规定的 20 个月，表明投标人在工期上未对招标文件作出实质性响应
L	废标	联合体中包含三级资质企业，联合体资质评定为三级

投标人	投标报价（万元）	理　　由
M	废标	多方案报价在投标截止日期前递送补充文件合理，但应在补充文件中说明原投标文件的有效性
N	废标	工程主体部分不能分包，而且报价不是 N 公司的报价
G	有效标	报价应调整为 1830 万元
H	有效标	其报价的 93% 作为评标价，即扣除 2050 × 7% = 143.5 万元
I	有效标	应计算报价优惠调整值
J	有效标	投标报价应调整，增加报价 12 万元，即 400 × 1500 = 60 万元，60 − 48 = 12 万元

经过评标委员会符合性审查，K、L、M、N 投标为废标，不进行商务标评审。

问题 3：

按照 I 投标文件提出的支付方案计算其支付款现值。

投标人 I 每月平均支付工程款为 96 万元，根据其提出的支付条件计算支付款现值为：

$$支付款现值 = 288 \times [(1+3\%)^{-1} + (1+3\%)^{-2} + (1+3\%)^{-3} + (1+3\%)^{-4}$$
$$+ (1+3\%)^{-5} + (1+3\%)^{-6}] + 192 \times (1+1\%)^{-20}$$
$$= 288 \times (0.9709 + 0.943 + 0.915 + 0.889 + 0.863 + 0.838) + 192 \times 0.846$$
$$= 1723.07 \text{ 万元}$$

I 报价按照招标文件规定的支付条件计算的支付款现值为：1732.416 万元。

评标时扣减支付条件优惠值 = 1732.416 − 1723.07 = 9.346 万元。

G、H、J 三个投标人提出按照招标文件规定的条件支付，不计算支付条件优惠值。

问题 4：

评标价格计算见表 4-4。

表 4-4　评标价格计算表

序号	投标人　　项目	G	H	I	J
1	投标报价	1830	2050	1920	2022
2	支付优惠			− 9.346	
3	国内优惠		− 143.5		
4	工程超前收益	− 200	− 100		− 250
5	评标价	1630	1806.5	1910.654	1772

问题 5：

按照评标价最低值确定中标人的规定，中标人为 G，中标价格为 1830 万元。

思 考 题

1. 常用的投标报价技巧有哪些？
2. 简述投标的基本程序。

3. 现实中，投标人获取招标信息有哪些途径？

4. 投标文件包括哪些内容？

5. 某承包商对某办公楼建筑工程进行投标（安装工程由业主另行招标）。为了既不影响中标，又能在中标后取得较好的效益，决定采用不平衡报价法对原估价做出适当的调整，具体数字见表 4-5。

表 4-5　报价调整表

单位：万元

	桩基工程	主体结构工程	装饰工程	总价
调整前 （投标估价）	2680	8100	7600	18380
调整后 （正式报价）	2700	8800	6880	18380

现在假设桩基工程、主体结构工程、装饰工程的工期分别为 5 个月、12 个月、8 个月，贷款年利率为 12%，并假设各分部工程每月完成的工作量相同且能按月度及时收到工程款（不考虑工程款结算所需要的时间）。

问题：

（1）该承包商所应用的不平衡报价法是否恰当？为什么？

（2）采用不平衡报价法之后，该承包商所得工程款的现值比原估价增加了多少？（以开工日期为折现点）

第5章 建设工程勘察、设计合同管理

5.1 建设工程勘察、设计合同概述

5.1.1 建设工程勘察、设计合同基本概念

5.1.1.1 建设工程勘察、设计

建设工程勘察、设计是建设工程勘察与建设工程设计的总称。

建设工程勘察是指根据建设工程的要求，查明、分析和评价建设场地的地质、地理环境特征和沿途工程条件，编制建设工程勘察文件的活动。建设工程勘察的主要工作内容有工程测量、水文地质勘察、工程物探和沿途工程勘察等，一般包括选址勘察、初步设计勘察、详细勘察和施工勘察四个阶段。

建设工程设计是指根据建设工程的要求，对建设工程所需的技术、经济、资源、环境等条件进行综合分析、论证，编制建设工程设计文件的活动。建设工程设计一般分为初步设计、技术设计和施工图设计三个阶段。一般情况下只有对于技术复杂、各专业配合要求高的大型工程才需要进行独立的技术设计阶段。

5.1.1.2 建设工程勘察、设计合同

建设工程勘察、设计合同是指建设单位或项目管理部门和勘察、设计单位为完成特定的勘察、设计任务，明确相互权利、义务关系而签订的协议。承包人应当完成发包人委托的勘察、设计任务，发包人则应接受符合约定要求的勘察、设计成果并支付报酬。

勘察、设计合同的发包人必须是具有国家批准建设的工程项目、能够落实投资计划的企事业单位和社会组织或建设项目总承包单位；承包人必须是具有法人资格的勘察、设计单位，且持有建设行政主管部门颁布的工程勘察、设计资质等级证书，工程勘察、设计收费资格证书和工商行政管理部门核发的企业法人营业执照。承包人不能承接与其资质等级不符的工程项目的勘察、设计任务，越级承包的项目合同会因合同主体资格不合格而被认定为无效合同。

5.1.2 建设工程勘察、设计合同的类型

5.1.2.1 按委托的内容分类

1. 勘察设计总承包合同：由具有相应资质的承包人与发包人签订的包含勘察和设计两部分内容的承包合同。

2. 勘察合同：发包人与具有相应勘察资质的勘察人签订的委托勘察合同。

3. 设计合同：发包人与具有相应设计资质的设计人签订的委托设计合同。

5.1.2.2 按计价方式分类

1. 成本加酬金合同：按工程造价的比例收费的合同。

2. 总价合同：可以采用预算包干或中标价加签证的方式。

3. 单价合同：按实际完成工作量结算的合同。

5.1.3　建设工程勘察、设计合同的任务

建设工程勘察的任务是查明、分析、评价建设场地的地质地理环境特征和岩土条件，编制勘察文件，为拟建工程的选址、设计及施工提供水文、地质、地貌等资料。

建设工程设计的任务是对拟建工程所需的技术、经济、资源、环境等条件进行综合分析、论证，并编制设计文件。一般包括工程的初步设计、技术设计及施工图设计。

5.1.4　建设工程勘察、设计合同的法律依据

目前，建设工程勘察、设计合同应当依据的法律主要有：《中华人民共和国建筑法》、《中华人民共和国合同法》、《中华人民共和国招标投标法》等。行政法规主要包括：《建设工程勘察设计管理条例》、《建设工程质量管理条例》。此外，工程勘察、设计合同的法律依据还包括《建设工程勘察设计资质管理规定》（2007 年 9 月 1 日起施行）、《勘察设计注册工程师管理规定》、《建设工程勘察质量管理办法》、《建筑工程设计招标投标管理办法》等部门规章。

5.1.5　建设工程勘察、设计合同示范文本

5.1.5.1　建设工程勘察合同示范文本

原建设部和国家工商行政管理局于 2000 年 3 月联合发布了修订后的《建设工程勘察合同（示范文本）》，示范文本按照委托勘察任务的不同分为两个版本。

1. 《建设工程勘察合同（示范文本）》（一）（GF—2000—0203）

该勘察合同示范文本主要适用于岩土工程勘察、水文地质勘察（含凿井）、工程测量、工程物探等勘察任务。合同文本主要包括以下条款：

（1）工程概况；

（2）发包人应向勘察人提供的文件资料；

（3）勘察人向发包人提交勘察成果资料；

（4）开工及提交勘察成果资料的时间和收费标准及付费方式；

（5）发包人、勘察人责任；

（6）违约责任；

（7）未尽事宜的约定（补充协议）；

（8）其他约定事项；

（9）争议解决方式；

（10）合同生效与终止。

2. 《建设工程勘察合同（示范文本）》（二）（GF—2000—0204）

该勘察合同示范文本适用于岩土工程的勘察，主要包括取得岩土工程的勘察资料，对项目的岩土工程进行设计、治理和监测工作等。合同的主要条款除了包括《建设工程勘察合同（示范文本）》（一）中涉及的条款，还包括了变更及工程费的调整，材料设备的供应，报告、文件、治理的工程等的检查和验收等方面的约定条款。

5.1.5.2　建设工程设计合同示范文本

2000 年，原国家建设部联合国家工商行政管理局发布了修订后的《建设工程设计合同（示范文本）》，示范文本按照委托设计任务的不同也分为两个版本。

1. 《建设工程设计合同（示范文本）》（一）（GF—2000—0209）

该设计合同示范文本主要适用于民用建设工程的设计。其主要条款包括：

（1）签订设计合同依据的文件；

（2）委托设计项目的范围和内容；

（3）发包人应向设计人提交的有关资料和文件；

（4）设计人应向发包人交付的设计资料和文件；

（5）设计费的支付方式；

（6）合同当事人的责任；

（7）合同当事人的违约责任；

（8）其他。

2.《建设工程设计合同（示范文本）》（二）（GF—2000—0210）

该设计合同示范文本主要适用于专业工程的设计，合同的主要条款除了包括《建设工程设计合同（示范文本）》（一）中涉及的条款外，还包括设计依据、合同文件的组成和优先次序、项目的投资要求、设计阶段和设计内容、保密等方面的条款要求。

5.1.6 建设工程勘察、设计合同的订立

合同签订前，发包人要对承包人进行资格审查。例如，承包人是否持有勘查、设计证书和收费资格证书、法人营业执照等，签订合同的签字人是否是法人代表或承包人委托的代理人。

勘察合同，由建设单位、设计单位或有关单位提出委托，经双方同意即可签订。

设计合同，承包方应对发包项目有关的批准文件进行审查，这些文件是项目实施的前提条件，包括上级机关批准的设计任务书或批准文件（小型的单项工程）和建设规划部门批准的用地许可文件。如果单独委托施工图设计任务，应同时具有经有关部门批准的初步设计文件方能签订设计合同。

5.2 建设工程勘察合同的主要内容

建设工程勘察合同示范文本采用的是单式合同，不分标准条款、专用条款，既是协议书，同时也是具体条款。示范文本仅仅是签订勘察合同的通用文本，合同双方当事人在使用文本签订合同时，还需根据具体工程的实际情况，就合同具体内容进行协商，达成一致的意思表示，并在合同条款中注明。

根据示范文本的条款，勘察合同的主要内容如下：

5.2.1 工程概况

工程概况指所要勘察工程的基本介绍，包括工程名称、工程建设地点、工程规模、工程特征、工程勘察任务委托文号和日期、勘察任务与技术要求、承接方式及预计的勘察工作量等。

5.2.2 发包人应及时向勘察人提供的勘察依据文件和资料

发包人应及时向勘察人提供工程批准文件，施工、勘察许可批件，勘察工作范围已有的技术资料，工程勘察任务委托书等文件资料，并对其准确性、可靠性负责。

1. 提供本工程批准文件（复印件），以及用地（附红线范围）、施工、勘察许可等批件（复印件）；

2. 提供工程勘察任务委托书、技术要求和工作范围的地形图、建筑总平面布置图；

3. 提供勘察工作范围已有的技术资料及工程所需的坐标与标高资料；

4. 提供勘察工作范围地下已有埋藏物的资料（如电力、电讯电缆、各种管道、人防设施、洞室等）及具体位置分布图；

5. 其他必要的相关资料。

5.2.3　委托任务的工作范围

1. 工程勘察任务内容。可能包括：自然条件观测；地形图测绘；资源探测；岩土工程勘察；地震安全性评价；工程水文地质勘察；环境评价；模型试验等；

2. 技术要求；

3. 预计的勘察工作量；

4. 勘察成果资料提交的份数。

5.2.4　发包人应为勘察人提供的现场工作条件

为了保证勘察工作顺利开展，双方可以在合同内约定应由发包人负责提供的条件，可能包括：

1. 落实土地征用、青苗树木赔偿；

2. 拆除地上地下障碍物；

3. 处理施工扰民及影响施工正常进行的有关问题；

4. 平整施工现场；

5. 修好通行道路、接通电源水源、挖好排水沟渠以及安排水上作业用船等。

5.2.5　勘察人应向发包人提交勘察报告、成果资料

勘察人根据勘察任务与技术要求完成勘察工作，负责向发包人提交勘察报告、成果文件等资料，通常需要提交成果资料四份，发包人要求增加的份数另行收费。

勘察人应在勘察工作有效期内提交勘察成果资料，勘察工作有效期限以发包人下达的开工通知书或合同规定的时间为准，如遇特殊情况（设计变更、工作量变化、不可抗力影响以及非勘察人原因造成的停、窝工等）时，工期顺延。

5.2.6　工程勘察收费标准及付费方式

1. 收费标准

在合同中约定工程勘察费用计价方式，可以采用以下方式中的一种：

（1）按国家规定的现行收费标准取费。国家规定的收费标准中没有规定的收费项目，由发包人、勘察人另行议定；

（2）采用预算包干；

（3）中标价加签证；

（4）按实际完成工作量结算。

2. 勘察费用的支付方式

勘察费用的支付方式一般按定金、进度款、外业结束付款及尾款进行支付：

（1）合同生效后 3 天内，发包人应向勘察人支付预算勘察费的 20% 作为定金，合同履行后，定金抵作勘察费；

（2）勘察规模大、工期长的大型勘察工程，发包人还应按实际完成工程进度情况，按比例向勘察人支付预付勘察费和工程进度款；

（3）勘察工作外业结束后一定期限内，发包人应向勘察人支付一定比例的勘察费；

（4）提交勘察成果资料后 10 天内，发包人应一次付清全部工程费用。

5.2.7　发包人责任

1. 发包人委托任务时，必须以书面形式向勘察人明确勘察任务及技术要求，并按双方约定提供文件资料。

2. 在勘察工作范围内，没有资料、图样的地区（段），发包人应负责查清地下埋藏物，若因未提供上述资料、图样，或提供的资料图样不可靠、地下埋藏物不清，致使勘察人在勘察工作过程中发生人身伤害或造成经济损失时，由发包人承担民事责任。

3. 发包人应及时为勘察人提供并解决勘察现场的工作条件和出现的问题（如：落实土地征用、青苗树木赔偿、拆除地上地下障碍物、处理施工扰民及影响施工正常进行的有关问题、平整施工现场、修好通行道路、接通电源水源、挖好排水沟渠以及水上作业用船等），并承担其费用。

4. 若勘察现场需要看守，特别是在有毒、有害等危险现场作业时，发包人应派人负责安全保卫工作，按国家有关规定，对从事危险作业的现场人员进行保健防护，并承担费用。

5. 工程勘察前，若发包人负责提供材料的，应根据勘察人提出的工程用料计划，按时提供各种材料及其产品合格证明，并承担费用和运到现场，派人与勘察人一起验收。

6. 勘察过程中的任何变更，经办理正式变更手续后，发包人应按实际发生的工作量支付勘察费。

7. 为勘察人提供必要的生产、生活条件，并承担费用；如不能提供时，应一次性付给勘察人临时设施费。

8. 由于发包人原因造成勘察人停、窝工，除工期顺延外，发包人应支付停、窝工费；发包人若要求在合同规定时间内提前完工（或提交勘察成果资料）时，发包人应按提前天数向勘察人支付一定加班费。

9. 发包人应保护勘察人的投标书、勘察方案、报告书、文件、资料图样、数据、特殊工艺（方法）、专利技术和合理化建议，未经勘察人同意，发包人不得复制，不得泄露，不得擅自修改、传送或向第三人转让或用于本合同外的项目；如发生上述情况，发包人应负法律责任，勘察人有权索赔。

10. 合同有关条款规定和补充协议中发包人应负的其他责任。

5.2.8　勘察人责任

根据示范文本，勘察人承担的主要责任包括：

1. 勘察人应按国家技术规范、标准、规程和发包人的任务委托书及技术要求进行工程勘察，按双方规定的时间提交质量合格的勘察成果资料，并对其负责。

2. 由于勘察人提供的勘察成果资料质量不合格，勘察人应负责无偿给予补充完善使其达到质量合格；若勘察人无力补充完善，需另委托其他单位时，勘察人应承担全部勘察费用；或因勘察质量造成重大经济损失或工程事故时，勘察人除应负法律责任和免收直接受损失部分的勘察费外，并根据损失程度向发包人支付赔偿金，赔偿金由发包人、勘察人商定。

3. 在工程勘察前，提出勘察纲要或勘察组织设计，派人与发包人的人员一起验收发包人提供的材料。

4. 勘察过程中，根据工程的岩土工程条件（或工作现场地形地貌、地质和水文地质条件）及技术规范要求，向发包人提出增减工作量或修改勘察工作的意见，并办理正式变更手续。

5. 在现场工作的勘察人员，应遵守发包人的安全保卫及其他有关的规章制度，承担其有关资料保密的义务。

6. 合同有关条款规定和补充协议中勘察人应负的其他责任。

5.2.9 勘察合同的工期

勘察人应在合同约定的时间内提交勘察成果资料，勘察工作有效期限以发包人下达的开工通知书或合同规定的时间为准。如遇以下特殊情况时，可以相应延长合同工期：

1. 设计变更；

2. 工作量变化；

3. 不可抗力影响；

4. 非勘察人原因造成的停、窝工等。

5.2.10 双方当事人的违约责任

合同双方当事人因故未能完全履行合同，应当承担违约责任。

5.2.10.1 发包人的违约责任

1. 由于发包人未给勘察人提供必要的工作生活条件而造成停、窝工或来回进出场地，发包人应承担的责任包括：

（1）付给勘察人停、窝工费，金额按预算的平均工日产值计算；

（2）工期按实际延误的工日顺延；

（3）补偿勘察人来回的进出场费和调遣费；

（4）造成质量、安全事故时，由发包人承担法律责任和经济责任。

2. 合同履行期间，由于工程停建而终止合同或发包人要求解除合同时，勘察人未进行勘察工作的，不退还发包人已付定金；已进行勘察工作的，完成的工作量在50%以内时，发包人应向勘察人支付预算额50%的勘察费；完成的工作量超过50%时，则应向勘察人支付预算额100%的勘察费。

3. 发包人未按合同规定时间（日期）拨付勘察费，每超过一日，应偿付未支付勘察费的0.1%的逾期违约金。

4. 合同签订后，发包人不履行合同时，无权要求退还定金。

5.2.10.2 勘察人的违约责任

1. 由于勘察人原因造成勘察成果资料质量不合格，不能满足技术要求时，其返工勘察费用由勘察人承担。

交付的报告、成果、文件达不到合同约定条件的部分，发包人可要求承包人返工，承包人按发包人要求的时间返工，直到符合约定条件。

返工后仍不能达到约定条件，承包人应承担违约责任，并根据因此造成的损失程度向发包人支付赔偿金，赔偿金额最高不超过返工项目的收费。

2. 由于勘察人原因未按合同规定日期提交勘察成果资料，每超过一日应减收勘察费的0.1%。

3. 勘察人不履行合同时，应双倍返还定金。

5.2.11 争议解决方式

合同发生争议，发包人、勘察人应及时协商解决，也可由当地建设行政主管部门调解，协商或调解不成时，发包人、勘察人可约定仲裁委员会仲裁。发包人、勘察人未在合同中约定仲裁机构，事后又未达成书面仲裁协议的，可向人民法院起诉。

5.2.12 合同生效与终止

勘察合同自发包人、承包人签字盖章后生效；按规定到省级建设行政主管部门规定的审查部门备案；发包人、承包人认为必要时，到项目所在地工商行政管理部门申请鉴证。发包人、承包人履行完合同规定的义务后，勘察合同终止。

5.3　建设工程设计合同的主要内容

工程设计合同示范文本分为民用建设工程设计合同文本和专业工程设计合同文本，合同双方可以以示范文本为基础，根据工程具体情况进行协商，达成一致形成协议，在示范文本条款中加以注明。现以民用建设工程设计合同示范文本（GF—2000—0209）为例，介绍设计合同的主要内容。

5.3.1 设计合同的基本内容

设计合同的订立除了依据建设与合同的法规、有关工程设计的规章与标准外，还必须以设计项目的建设批准文件为依据。

合同必须对设计的项目的内容（如项目名称、规模、阶段、投资及设计费等）进行具体描述，为工程设计提供详细依据。

5.3.1.1 合同双方应提供的文件和资料

设计合同委托方即发包人需提供的资料通常包括：

1. 建设工程设计委托书；
2. 经批准的设计任务书或可行性研究报告；
3. 勘察报告资料；
4. 有关能源与环境方面的协议；
5. 其他能满足设计要求的资料等。

对这些资料应当登记造册，标明份数及交付日期、交付记录，这些资料为正式合同条文的一部分，具有法律效力。

合同双方当事人还应就被委托人即设计人应提交的设计图样、设计说明等成果资料进行约定，注明提交份数、提交日期等具体要求。

5.3.1.2 设计费的计费标准及收费方式

1. 计费标准

为了规范工程设计收费行为，原国家计委、原建设部根据《中华人民共和国价格法》及有关法律、法规，制定了《工程勘察设计收费管理规定》和《工程设计收费标准》，为工程设计取费提供了依据。

（1）工程设计收费根据建设项目投资额的不同情况，分别实行政府指导价和市场调节价。建设项目总投资估算额 500 万元及以上的工程设计收费实行政府指导价；建设项目总投资估算额 500 万元以下的工程设计收费实行市场调节价。

（2）实行政府指导价的工程设计收费，其基准价根据《工程设计收费标准》计算，除另有规定者外，浮动幅度为上下 20%。发包人和设计人应当根据建设项目的实际情况在规定的浮动幅度内协商确定收费额。

实行市场调节价的工程设计收费，由发包人和设计人协商确定收费额。

（3）工程设计费应当体现优质优价的原则。工程设计收费实行政府指导价的，凡在工程设计中采用新技术、新工艺、新设备、新材料，有利于提高建设项目经济效益、环境效益和社会效益的，发包人和设计人可以在上浮 25% 的幅度内协商确定收费额。

（4）设计人应当按照《关于商品和服务实行明码标价的规定》，告知发包人有关服务项目、服务内容、服务质量、收费依据以及收费标准。

2. 收费方式

工程设计费的金额以及支付方式，由发包人和设计人在《工程设计合同》中约定。设计费的计算多采用以估算总投资为基数乘以设计取费费率的方式，也有以单位面积或单位生产能力为基数计算设计费的，也可以采用设计总费用包干来计算。设计费的支付除小型工程项目外，一般都采用分期支付的方式。其具体原则如下：

（1）一般在合同约定，在签约后 3 天内支付总设计费的 20% 作为设计定金，也称设计费的首期付款。

（2）提交各阶段设计文件的同时支付各阶段设计费。在提交最后一部分施工图的同时结清全部设计费，不留尾款。

（3）实际设计费按初步设计概算（施工图设计概算）核定，多退少补。实际设计费与估算设计费出现差额时，双方另行签订补充协议。

（4）合同履行后，定金抵作设计费。

5.3.1.3　发包人责任

1. 发包人按本合同约定的内容，在规定的时间内向设计人提交资料及文件，并对其完整性、正确性及时限负责，发包人不得要求设计人违反国家有关标准进行设计。发包人提交上述资料及文件超过规定期限 15 天以内，设计人按合同规定交付设计文件时间顺延；超过规定期限 15 天以上时，设计人员有权重新确定提交设计文件的时间。

2. 发包人变更委托设计项目、规模、条件或因提交的资料错误，或所提交资料有较大修改，以致造成设计人设计返工时，双方除需另行协商签订补充协议（或另订合同）、重新明确有关条款外，发包人应按设计人所耗工作量向设计人增付设计费。在未签合同前发包人已同意，设计人为发包人所做的各项设计工作，发包人应按收费标准，相应支付设计费。

3. 发包人要求设计人比合同规定时间提前交付设计资料及文件时，如果设计人能够做到，发包人应根据设计人提前投入的工作量，向设计人支付赶工费。

4. 发包人应为派赴现场处理有关设计问题的工作人员提供必要的工作生活及交通等方便条件。

5. 发包人应保护设计人的投标书、设计方案、文件、资料图样、数据、计算软件和专利技术。未经设计人同意，发包人对设计人交付的设计资料及文件不得擅自修改、复制或向第三人转让或用于本合同外的项目，如发生以上情况，发包人应负法律责任，设计人有权向发包人提出索赔。

6. 发包人委托设计配合引进项目的设计任务，从询价、对外谈判、国内外技术考察直至建成投产的各个阶段，应吸收承担有关设计任务的设计人参加。对于出国费用，除制装费外，其他费用由发包人支付。

5.3.1.4　设计人责任

1. 设计人应按国家技术规范、标准、规程及发包人提出的设计要求进行工程设计，在合同中注明采用的设计标准，按合同规定的进度要求提交质量合格的设计资料，并对其负责。

2. 设计人设计的建筑物（构筑物）必须注明设计的合理使用年限。

3. 设计人应按本合同规定的内容、进度及份数向发包人交付资料及文件。设计人交付的设计资料及文件份数超过《工程设计收费标准》规定的份数，设计人另收工本费。

设计人交付设计资料及文件后，按规定参加有关的设计审查，并根据审查结论负责对不超出原定范围的内容做必要调整补充。设计人按合同规定时限交付设计资料及文件，本年内项目开始施工，负责向发包人及施工单位进行设计交底、处理有关设计问题和参加竣工验收。在一年内项目尚未开始施工，设计人仍负责上述工作，但应按所需工作量向发包人适当收取咨询服务费，收费额由双方商定。

4. 设计人应保护发包人的知识产权，不得向第三人泄露、转让发包人提交的产品图样等技术经济资料。如发生以上情况并给发包人造成经济损失，发包人有权向设计人索赔。

5. 工程设计资料及文件中，材料、建筑构配件和设备应当注明其规格、型号、性能等技术指标，设计人不得指定生产厂、供应商。发包人需要设计人的设计人员配合加工订货时，所需要费用由发包人承担。

5.3.1.5　违约责任

1. 在合同履行期间，发包人要求终止或解除合同，设计人未开始设计工作的，不退还发包人已付的定金；已开始设计工作的，发包人应根据设计人已进行的实际工作量，不足一半时，按该阶段设计费的一半支付；超过一半时，按该阶段设计费的全部支付。

2. 发包人应按合同规定的金额和时间向设计人支付设计费，每逾期支付一天，应承担支付金额 0.2% 的逾期违约金。逾期超过 30 天以上时，设计人有权暂停履行下阶段工作，并书面通知发包人。发包人的上级或设计审批部门对设计文件不审批或本合同项目停缓建，发包人应按合同约定支付设计费。

3. 设计人对设计资料及文件出现的遗漏或错误负责修改或补充。由于设计人员错误造成工程质量事故损失，设计人除负责采取补救措施外，应免收直接受损失部分的设计费。损失严重的，应根据损失的程度和设计人责任大小向发包人支付赔偿金，赔偿金额由双方商定。

4. 由于设计人自身原因，延误了按本合同规定的设计资料及设计文件的交付时间，每延误一天，应减收该项目应收设计费的 0.2% 。

5. 合同生效后，设计人要求终止或解除合同，设计人应双倍返还定金。

5.3.1.6　争议解决方式

合同发生争议，发包人、设计人应及时协商解决，也可由当地建设行政主管部门调解，协商或调解不成时，发包人、设计人可约定仲裁委员会仲裁，双方未在合同中约定仲裁机构，事后又未达成书面仲裁协议的，可向人民法院起诉。

5.3.1.7　合同生效及终止

合同经双方签章并在发包人向设计人支付定金后生效。合同生效后，按规定到项目所在省级建设行政主管部门规定的审查部门备案。双方认为必要时，到项目所在地工商行政管理部门申请鉴证。双方履行完合同规定的义务后，设计合同即行终止。

合同未尽事宜，双方可签订补充协议，有关协议及双方认可的来往电报、传真、会议纪要等，均为合同组成部分，与合同具有同等法律效力。

5.4　建设工程勘察、设计合同管理

5.4.1　勘察、设计合同的主体资质管理

5.4.1.1　基本原则

国家对从事建设工程勘察、设计活动的单位实行资质管理。从事建设工程勘察、工程设计活动的企业，应当按照其拥有的注册资本、专业技术人员、技术装备和勘察设计业绩等条件申请资质，经审查合格，取得建设工程勘察、工程设计资质证书后，方可在资质许可的范围内从事建设工程勘察、工程设计活动。

禁止建设工程勘察、设计单位超越其资质等级许可的范围或者以其他建设工程勘察、设计单位的名义承揽建设工程勘察、设计业务。禁止建设工程勘察、设计单位允许其他单位或者个人以本单位的名义承揽建设工程勘察、设计业务。

国家对从事建设工程勘察、设计活动的专业技术人员，实行执业资格注册管理。未经注册的建设工程勘察、设计人员，不得以注册执业人员的名义从事建设工程勘察、设计活动。

5.4.1.2　勘察合同承包人主体资格及承担业务范围

根据 2001 年原建设部制定的《建设工程勘察资质分级标准》规定，工程勘察资质范围包括建设工程项目的岩土工程、水文地质勘察和工程测量等专业。工程勘察资质分综合类、专业类和劳务类三类。综合类包括工程勘察所有专业；专业类是指岩土工程、水文地质勘察、工程测量等专业中的某一项，其中岩土工程专业类可以是岩土工程勘察、设计、测试监测检测、咨询监理中的一项或全部；劳务类是指岩土工程治理、工程钻探、凿井等。其中，工程勘察综合类资质只设甲级；工程勘察专业类资质原则上设甲、乙两个级别，确有必要设置丙级勘察资质的地区经原建设部批准后方可设置专业类丙级；劳务类工程勘察劳务资质不分级别。

5.4.1.3　设计合同承包人主体资格及承担业务范围

为适应社会主义市场经济发展，根据《建设工程勘察设计管理条例》和《建设工程勘察设计资质管理规定》，结合各行业工程设计的特点，原建设部于 2007 年制定并颁布了新的《工程设计资质标准》（建市［2007］86 号）。新标准对原有的设计资质分级标准进行整合修订，将整个行业分为工程设计综合资质标准、行业资质标准、专业资质标准和专项资质标准四个序列。

工程设计综合资质只设甲级，综合资质涵盖了工程设计资质划分表中的 21 个行业，取得工程设计综合资质后，企业可以承担的业务范围包括：承担各行业建设工程项目的设计业务，其规模不受限制；但在承接工程项目设计时，须满足本标准中与该工程项目对应的设计类型对专业及人员配置的要求；承担其取得的施工总承包（施工专业承包）一级资质证书

许可范围内的工程施工总承包（施工专业承包）业务。

工程设计行业资质设甲、乙两个级别，根据行业需要，建筑、市政公用、水利、电力（限送变电）、农林和公路行业可设立工程设计丙级资质。其中，甲级设计单位可以承担本行业建设工程项目主体工程及其配套工程的设计业务，其规模不受限制；乙级设计单位可以承担本行业中、小型建设工程项目的主体工程及其配套工程的设计业务；丙级设计单位可以承担本行业小型建设项目的工程设计业务。

工程设计专业资质是指行业资质标准中的某一个专业的设计资质，如建筑行业包括的建筑设计、结构设计、给水排水设计、电气设计等八个专业设置。工程设计专业资质的等级标准同工程设计行业标准类似，从资历和信誉、技术装备及管理水平、技术条件三方面来加以划分，在行业标准之下根据不同专业的不同要求来设定资质等级。工程设计专业资质设甲、乙两个级别；部分行业根据行业需要可设立工程设计丙级资质，建筑工程设计专业资质设丁级。甲级专业资质单位可以承担本专业建设工程项目主体工程及其配套工程的设计业务，其规模不受限制；乙级专业资质单位可以承担本专业中、小型建设工程项目的主体工程及其配套工程的设计业务；丙级专业资质单位可以承担本专业中、小型建设工程项目的主体工程及其配套工程的设计业务；丁级专业资质单位的从业范围仅限于建筑工程设计领域。

工程设计专项资质是指为适应和满足行业发展的需求，对已形成产业的专项技术独立进行设计以及设计、施工一体化而设立的资质。工程设计专项资质单位依据相关的专项资质标准承担规定的专项工程的设计业务。

5.4.2 建设工程勘察、设计合同订立

5.4.2.1 勘察、设计合同订立方式

建设工程勘察、设计发包方式有招标（包括设计方案竞投）发包和直接发包两种。

1. 招标发包

招标发包或设计方案竞投是确定建设项目勘察、设计承包人的主要方式。

根据《招标投标法》的规定，下列项目的勘察、设计必须通过招标方式进行发包：

（1）大型基础设施、公用事业等关系社会公共利益、公众安全的项目；

（2）全部或者部分使用国有资金投资或者国家融资项目；

（3）使用国际组织或者外国政府贷款、援助资金的项目。

建设工程勘察、设计评标，应当以投标人的业绩、信誉，勘察、设计人员的能力以及勘察、设计方案的优劣为依据综合评定。

2. 直接发包

在特定条件下，有些项目勘察、设计任务可以不经过招标而直接发包选择承包人。根据《建设工程勘察设计管理条例》相关规定，下列工程的勘察、设计，经有关主管部门批准，可以直接发包：

（1）采用特定的专利或者专有技术的；

（2）建筑艺术造型有特殊要求的；

（3）国务院规定的其他建设工程的勘察、设计。

5.4.2.2 勘察、设计合同分包

发包方可以将整个建设工程的勘察、设计发包给一个勘察、设计单位，也可以将建设工程的勘察、设计分别发包给几个勘察、设计单位。

除建设工程主体部分的勘察、设计外，经发包方书面同意，承包方可以将建设工程其他部分的勘察、设计再分包给其他具有相应资质等级的建设工程勘察、设计单位。

建设工程勘察、设计单位不得将所承揽的建设工程勘察、设计转包。

5.4.2.3　勘察、设计合同的订立程序

签订勘察合同，由建设单位、设计单位或有关单位提出委托，经双方协商同意，即可签订。签订设计合同除双方协商同意外，还必须具有上级机关批准的设计任务书。小型单项工程必须具有上级机关批准的设计文件。

建设工程勘察、设计合同必须采用书面形式，并参照国家推荐使用的合同文本签订。

1. 签约前对当事人资格与资信的审查

在合同签订前对对方的资格和资信进行审查是保证合同有效和顺利实施的必要措施。

（1）资格审查。发包人主要审查承包人是否是依法成立的法人组织，承担的勘察设计任务是否在其资质范围内，签订合同的有关人员是否是法定代表人或法定代表人的委托代理人；承包人要对发包人或发包人代理人的合法性进行审核。

（2）资信审查。主要审查当事人的生产经营状况和银行信用情况等，审查当事人的资信情况，可以了解当事人对于合同的履行能力和履行态度。

（3）履约能力审查。主要审查发包人建设资金的到位情况和支付能力，同时通过了解承包人的工程业绩、业务范围，确定承包人的专业能力。

2. 承包人审查工程项目的批准文件

承包人在接受委托勘察、设计任务前，必须对发包人所委托的工程项目的批准文件进行全面审查。拟委托勘察、设计的项目必须具备上级行政主管部门批准的设计任务书和建设规划部门批准的用地规划许可文件。设计合同的签订还需有上级主管部门批准的设计任务书，小型单项工程必须具备上级主管部门批准的设计文件。如果单独委托施工图设计任务，还应当具备经有关部门批准的初步设计文件。

3. 发包人提出勘察、设计的要求

主要包括勘查、设计的期限、进度、质量等方面的要求，承包人对此要求进行回应。

4. 承包人确定取费标准和进度

承包人根据发包人的勘查、设计要求和提供的资料，研究并确定收费标准和金额，提出付费方法和进度，双方对此进行协商。

5. 签订合同

合同双方当事人就合同的各项条款协商一致，签订合同并备案。

5.4.3　勘察、设计合同的履行管理

5.4.3.1　发包人对勘察、设计合同的管理

1. 监理进行合同管理的主要依据

发包人对勘察、设计合同可以自主管理，也可委托监理单位进行管理。发包人委托监理单位对勘察、设计活动进行监理的，必须签订监理委托合同。监理单位对勘察、设计合同进行管理的主要依据有：

（1）建设项目设计阶段监理委托合同；

（2）批准的可行性研究报告及设计任务书；

（3）建设工程勘察、设计合同及相关合同文件；

（4）规划部门批文、工程地质资料等文件。

2. 勘察、设计阶段监理的主要内容

监理对勘查、设计过程履行监理义务的一般内容包括：

（1）监督勘查、设计合同的履行情况；

（2）审查勘查、设计阶段的方案和设计结果；

（3）向建设单位提出支付合同价款的意见；

（4）审查项目的概、预算。

3. 发包人及委托监理的行为规范

发包人及其委托的监理单位在勘察、设计合同履行过程中不得有以下行为：

（1）收受贿赂、索取回扣或者其他好处；

（2）指使承包人不按法律、法规、设计规范及设计程序进行勘查、设计；

（3）不执行国家的勘察、设计收费规定，以低于国家规定的最低取费标准支付勘察、设计费或者不按合同约定支付勘察、设计费；

（4）未经承包人许可，擅自修改勘察设计文件，或将承包人专有技术和设计文件用于其他工程；

（5）法律、法规禁止的其他行为。

5.4.3.2　勘查人、设计人对合同的履行管理

1. 建立专门的合同管理机构

建设工程勘察、设计人应当设立专门的合同管理机构，对合同实施的各个环节进行监督、控制，不断完善建设工程勘察、设计合同管理机制。注意合同履行情况的反馈信息收集。

2. 对合同履行情况的检查

合同开始履行．即意味着合同双方当事人开始享有与承担各自的权利、义务。为保证勘查、设计合同能够全面正确地履行，合同管理机构要定期检查合同履行情况，发现问题及时协调解决，避免不必要的损失。

3. 建立健全合同档案管理

合同订立的基础材料以及合同履行中形成的所有资料，要有专人负责收集整理，及时归档、注意保存。完善的合同档案是解决合同争议和提出索赔的重要依据。

4. 做好合同管理人员的素质培养

参与合同管理的所有人员，必须具备良好的合同管理意识，承包人应配合有关部门搞好合同管理培训等工作，提高合同管理人员素质，保证合同顺利实施。

5.4.3.3　国家有关行政主管部门对勘察、设计合同的管理

1. 各级行政主管部门对勘察、设计活动的管理原则

（1）国务院建设行政主管部门对全国的建设工程勘察、设计活动实施统一监督管理；国务院铁路、交通、水利等有关部门按照国务院规定的职责分工，负责对全国的相关专业建设工程勘察、设计活动进行监督管理；县级以上地方人民政府建设行政主管部门对本行政区域内的建设工程勘察、设计活动实施监督管理；县级以上地方人民政府交通、水利等有关部门在各自的职责范围内，负责对本行政区域内的相关专业建设工程勘察、设计活动进行监督管理。

（2）建设工程勘察、设计单位在建设工程勘察、设计资质证书规定的业务范围内跨部门、跨地区承揽勘察、设计业务的，有关地方人民政府及其所属部门不得设置障碍，不得违反国家规定收取任何费用。

（3）县级以上人民政府建设行政主管部门或者交通、水利等有关部门应当对施工图设计文件中涉及公共利益、公众安全、工程建设强制性标准的内容进行审查。施工图设计文件未经审查批准的，不得使用。

（4）任何单位和个人对建设工程勘察、设计活动中的违法行为都有权检举、控告、投诉。

2. 国家相关行政主管部门的主要职能

（1）制定并贯彻国家和地方有关法律、法规和规章。

（2）制定和推荐使用建设工程勘察、合同文本。

（3）审查和签证建设工程勘察、设计合同，监督合同履行，调解合同争议，依法查处违法行为。

（4）指导勘察、设计单位的合同管理工作，培训勘查、设计单位的合同管理人员，总结交流经验，表彰先进的合同管理单位。

5.4.3.4　合同的修改、变更管理

勘察、设计文件批准后，就具有一定的严肃性，不得随意修改和变更。发包人、施工承包人、监理人均不得修改建设工程勘察、设计文件。

1. 发包人引起的修改、变更

（1）如果发包人根据工程的实际需要确需修改建设工程勘察、设计文件时，应当首先报经原审批机关批准，若是施工图设计的修改，还须经其审查单位的同意，然后由原建设工程勘察、设计单位修改，经过修改的设计文件仍需按设计管理程序经有关部门审批后使用。

（2）发包人因故要求修改工程设计的，经承包人同意后，发包人除按照承包人修改设计的工作量增加设计费外，同时另订提交设计文件的时间。由此而造成的施工单位等其他单位损失由发包人负责。

（3）原定设计任务书或初步设计如有重大变更而需要重做或修改时，经设计任务书批准机关或初步设计批准机关同意，并经双方当事人协商后另订合同，发包人负责支付已完成部分的设计费用。

2. 勘察人、设计人对勘察、设计文件的修改

勘察人、设计人交付勘察、设计资料后，按规定进行有关的设计审查，并根据审查结果负责对不超出原定范围的内容做必要的调整补充。由于勘察人、设计人原因造成的勘察、设计成果资料质量不合格，不能满足技术要求时，其返工费用由勘察、设计人承担，造成损失的，要向发包人赔偿损失。

3. 委托其他设计单位完成的变更

在某些特殊情况下，发包人需要委托其他设计单位完成设计变更工作。如变更增加的设计内容专业特点较强，超过了设计人资质条件允许承接的工作范围，或者施工期间发生的设计变更，设计人由于资源能力有限，不能在要求的时间内完成等，发包人经原建设工程设计人书面同意后，可以委托其他具有相应资质的建设工程勘察、设计单位修改。修改单位对修

改的勘察、设计文件承担相应责任，原设计人不再对修改部分负责。

5.5　施工图设计文件审查

原建设部于 2004 年 8 月颁布了《房屋建筑和市政基础设施工程施工图设计文件审查管理办法》，明确规定了我国实施施工图设计文件（含勘察文件，以下简称施工图）审查制度。

5.5.1　施工图审查制度的涵义及国家对施工图审查的管理

1. 施工图审查

施工图审查，是指建设主管部门认定的施工图审查机构（以下简称审查机构）按照有关法律、法规，对施工图涉及公共利益、公众安全和工程建设强制性标准的内容进行的审查。

施工图未经审查合格的，不得使用。

2. 国家对施工图审查的监督、管理

（1）国务院建设行政主管部门负责制定审查机构的设立条件、施工图审查工作的管理办法，并对全国的施工图审查工作实施指导、监督。

（2）省、自治区、直辖市人民政府建设行政主管部门负责认定本行政区域内的审查机构，对施工图审查工作实施监督管理，并接受国务院建设行政主管部门的指导和监督。

（3）市、县人民政府建设行政主管部门负责对本行政区域内的施工图审查工作实施日常监督管理，并接受省、自治区、直辖市人民政府建设行政主管部门的指导和监督。

（4）县级以上人民政府建设行政主管部门应当及时受理对施工图审查工作中违法、违规行为的检举、控告和投诉；对审查机构报告的建设单位、勘察设计企业、注册执业人员的违法违规行为，应当依法进行处罚。

5.5.2　施工图审查机构的认定及资质管理

1. 审查机构的认定

省、自治区、直辖市人民政府建设行政主管部门应当按照国家确定的审查机构设立条件，并结合本行政区域内的建设规模，认定相应数量的审查机构。

审查机构是不以营利为目的的独立法人。

2. 审查机构业务范围及设立条件

审查机构按承接业务范围分两类，一类机构承接房屋建筑、市政基础设施工程施工图审查，业务范围不受限制；二类机构可以承接二级及以下房屋建筑、市政基础设施工程的施工图审查。

（1）设立一类审查机构应当具备下列条件

① 注册资金不少于 100 万元。

② 有健全的技术管理和质量保证体系。

③ 审查人员应当有良好的职业道德，具有 15 年以上所需专业勘察、设计工作经历；主持过不少于 5 项一级以上建筑工程或者大型市政公用工程或者甲级工程勘察项目相应专业的

勘察设计；已实行执业注册制度的专业，审查人员应当具有一级注册建筑师、一级注册结构工程师或者勘察设计注册工程师资格，未实行执业注册制度的，审查人员应当有高级工程师以上职称。

④ 从事房屋建筑工程施工图审查的，结构专业审查人员不少于 6 人，建筑、电气、暖通、给水排水、勘察等专业审查人员各不少于 2 人；从事市政基础设施工程施工图审查的，所需专业的审查人员不少于 6 人，其他必须配套的专业审查人员各不少于 2 人；专门从事勘察文件审查的，勘察专业审查人员不少于 6 人。

⑤ 审查人员原则上不得超过 65 岁，60 岁以上审查人员不超过该专业审查人员规定数的 1/2。

⑥ 承担超限高层建筑工程施工图审查的，除具备上述条件外，还应当具有主持过超限高层建筑工程或者 100m 以上建筑工程结构专业设计的审查人员不少于 3 人的条件。

（2）设立二类审查机构应当具备下列条件

① 注册资金不少于 50 万元。

② 有健全的技术管理和质量保证体系。

③ 审查人员应当有良好的职业道德，具有 10 年以上所需专业勘察、设计工作经历；主持过不少于 5 项二级以上建筑工程或者中型以上市政公用工程或者乙级以上工程勘察项目相应专业的勘察设计；已实行执业注册制度的专业，审查人员应当具有一级注册建筑师、一级注册结构工程师或者勘察设计注册工程师资格，未实行执业注册制度的，审查人员应当有工程师以上职称。

④ 从事房屋建筑工程施工图审查的，各专业审查人员不少于 2 人；从事市政基础设施工程施工图审查的，所需专业的审查人员不少于 4 人，其他必须配套的专业审查人员各不少于 2 人；专门从事勘察文件审查的，勘察专业审查人员不少于 4 人。

⑤ 审查人员原则上不得超过 65 岁，60 岁以上审查人员不超过该专业审查人员规定数的 1/2。

5.5.3　施工图审查的内容及审查时限

1. 施工图审查的主要内容

（1）是否符合工程建设强制性标准。

（2）地基基础和主体结构的安全性。

（3）勘察设计企业和注册执业人员以及相关人员是否按规定在施工图上加盖相应的图章和签字。

（4）其他法律、法规、规章规定必须审查的内容。

任何单位或者个人不得擅自修改审查合格的施工图。确需修改的，凡涉及上述内容的，建设单位应当将修改后的施工图送原审查机构审查。

2. 施工图审查原则上不超过下列时限

（1）一级以上建筑工程、大型市政工程为 15 个工作日，二级及以下建筑工程、中型及以下市政工程为 10 个工作日。

（2）工程勘察文件，甲级项目为 7 个工作日，乙级及以下项目为 5 个工作日。

5.5.4　审查结果处理

审查机构对施工图进行审查后，应当根据下列情况分别作出处理：

（1）审查合格的，审查机构应当向建设单位出具审查合格书，并将经审查机构盖章的全套施工图交还建设单位。审查合格书应当有各专业的审查人员签字，经法定代表人签发，并加盖审查机构公章。审查机构应当在 5 个工作日内将审查情况报工程所在地县级以上地方人民政府建设行政主管部门备案。

（2）审查不合格的，审查机构应当将施工图退建设单位并书面说明不合格原因。同时，应当将审查中发现的建设单位、勘察设计企业和注册执业人员违反法律、法规和工程建设强制性标准的问题，报工程所在地县级以上地方人民政府建设主管部门。

5.5.5 审查机构的责任

审查机构有下列行为之一的，县级以上地方人民政府建设行政主管部门责令改正，处 1 万元以上 3 万元以下的罚款；情节严重的，省、自治区、直辖市人民政府建设行政主管部门撤销对审查机构的认定：

（1）超出认定的范围从事施工图审查的。

（2）使用不符合条件审查人员的。

（3）未按规定上报审查过程中发现的违法违规行为的。

（4）未按规定在审查合格书和施工图上签字盖章的。

（5）未按规定的审查内容进行审查的。

审查机构出具虚假审查合格书的，县级以上地方人民政府建设主管部门处 3 万元罚款，省、自治区、直辖市人民政府建设主管部门撤销对审查机构的认定；有违法所得的，予以没收。依照规定，给予审查机构罚款处罚的，对机构的法定代表人和其他直接责任人员处机构罚款数额 5% 以上 10% 以下的罚款。

5.6　本章案例

【案例 5-1】　设计失误应承担责任

甲公司与乙勘察设计单位签订了一份勘察设计合同，合同约定：乙单位为甲公司筹建中的商业大厦进行勘察、设计，按照国家颁布的收费标准支付勘察设计费；乙单位应按甲公司的设计标准、技术规范等提出勘察设计要求，进行测量和工程地质、水文地质等勘察设计工作，并在×××年 5 月 1 日前向甲公司提交勘察成果和设计文件。合同还约定了双方的违约责任、争议的解决方式。甲公司同时与丙建筑公司签订了建设工程承包合同，在合同中规定了开工日期。但是，不料后来乙单位迟迟不能提交出勘察设计文件。丙建筑公司按建设工程承包合同的约定做好了开工准备，如期进驻施工场地。在甲公司的再三催促下，乙单位迟延 36 天提交勘察设计文件。此时，丙公司已窝工 18 天。在施工期间，丙公司又发现设计图纸中的多处错误，不得不停工等候甲公司请乙单位对设计图纸进行修改。丙公司由于窝工、停工要求甲公司赔偿损失，否则不再继续施工。甲公司将乙单位起诉到法院，要求乙单位赔偿损失。法院认定乙单位应承担违约责任。

问题：

（1）甲方将乙单位起诉到法院有无法律依据？

（2）为什么？

（3）此案乙单位应承担什么责任？

案例评析：

该案中乙单位不仅没有按照合同的约定提交勘察设计文件，致使甲公司的建设工期受到延误，造成丙公司的窝工，而且勘察设计的质量也不符合要求，致使承建单位丙公司因修改设计图纸而停工、窝工。根据《合同法》"勘察、设计的质量不符合要求或者未按期限提交勘察、设计文件拖延工期，造成发包人损失的，勘察人、设计人应当继续完善勘察、设计，减收或者免收勘察、设计费并赔偿损失。"乙单位的上述违约行为已给甲公司造成损失，应负赔偿甲公司损失的责任。

【案例 5-2】 签订合同资料必须齐全

甲工厂与乙勘察设计单位签订一份《厂房建设设计合同》，甲委托乙完成厂房建设初步设计，约定设计期限为支付定金后 30 天，设计费按国家有关标准计算。另约定，如甲要求乙增加工作内容，其费用增加 10%，合同中没有对基础资料的提供进行约定。开始履行合同后，乙向甲索要设计任务书以及选厂报告和燃料、水、电协议文件，甲答复除设计任务书之外，其余都没有。乙自行收集了相关资料，于第 37 天交付设计文件。乙认为收集基础资料增加了工作内容，要求甲按增加后的数额支付设计费。甲认为合同中没有约定自己提供资料，不同意乙的要求，并要求乙承担逾期交付设计书的违约责任。乙遂诉至法院。法院认为，合同中未对基础资料的提供和期限予以约定，乙方逾期交付设计书属乙方过错，构成违约；另按国家规定，勘察、设计单位不能任意提高勘察设计费，有关增加设计费的条款认定无效，判定：甲按国家规定标准计算给付乙设计费；乙按合同约定向甲支付逾期违约金。

问题：

（1）本案的设计合同有什么不妥？

（2）为什么？

案例评析：

本案的设计合同缺乏一个主要条款，即基础资料的提供。按照《合同法》第 274 条"勘察、设计合同的内容包括提交有关基础资料和文件（包括概预算）的期限、质量要求、费用以及其他协作条件等条款。合同的主要条款是合同成立的前提，如果合同缺乏主要条款，则当事人无据可依，合同自身也就无效力可言，勘察、设计合同不仅要条款齐备，还要明确双方各自责任，以避免合同履行中的互相推诿，保障合同的顺利执行。"《建设工程勘察、设计合同条例》有关规定，设计合同中应明确约定由委托方提供基础资料，并对提供时间、进度和可靠性负责。本案因缺乏该约定，虽工作量增加，设计时间延长，乙方却无向甲方追偿由此造成的损失的依据。其责任应自行承担，增加设计费的要求违背国家有关规定不能成立，故法院判决乙按规定收取费用并承担违约责任。

思 考 题

1. 简述建设工程勘察、设计合同的分类标准及类型。

2. 简述建设工程勘察、设计合同应遵循的法律依据。

3. 简述勘察、设计合同的发包人及承包人的责任。

4. 试分别阐述勘察、设计合同的收费标准及收费方式。

5. 建设工程勘察资质分为几类？简述各类资质的等级划分标准及各级资质可承担的业务范围。

6. 试述建设工程勘察、设计合同的发包方式及订立程序。

7. 从发包人、承包人角度分别阐述如何进行勘察、设计合同的履行管理？

8. 为什么要进行施工图设计文件审查？简述建设工程施工图设计文件审查制度。

第6章 建设工程监理合同

6.1 建设工程监理合同概述

6.1.1 建设工程监理合同的概念和特征

建设工程委托监理合同简称监理合同，是指委托人与监理人以委托的建设工程项目的监督管理为内容而签订的规定双方当事人权利和义务的协议。

监理合同是委托合同的一种，它不仅具备委托合同的特征，而且具有自身的一些特征，归纳如下：

1. 监理合同的标的是劳务，因为监理合同的履行是通过监理工程师依据自己的知识、经验、技能等为业主所委托的建设工程项目实施监督和管理的，其标的是具体的服务。

2. 监理合同是诺成合同，监理合同的成立必须以委托人的承诺为条件，其承诺与否决定着监理合同是否成立。并且监理合同自承诺之日起生效，不须以履行合同的行为或者物的交换作为合同成立的条件。

3. 监理合同是双务合同，即合同成立后，委托人和监理人都要承担相应的义务。委托人有向监理人支付监理酬金等义务，监理人有向委托人报告委托事务、亲自处理委托事务等义务。

4. 监理合同是有偿合同，因为监理人也是以营利为目的的企业，它通过自己的有偿服务取得相应的报酬。

5. 监理合同的当事人双方应当是具有民事权利能力和民事行为能力的社会组织，个人在法律允许的范围内也可以成为合同当事人。当然，委托人必须是由国家批准的建设工程项目的社会组织或个人，监理人必须是依法成立的具有法人资格和相应资质的监理单位。

6. 监理合同的签订必须符合工程项目建设程序，遵守国家和地方的有关法律、行政法规等。

6.1.2 建设工程监理合同示范文本的组成

我国于 1995 年由原建设部和国家工商行管理局联合发布了《建设工程委托监理合同（示范文本）》，编号为（GF—95—0202）。1999 年 10 月 1 日我国正式实施《中华人民共和国合同法》后，由国家原建设部对示范文本进行了修改，并与国家工商行政管理局在 2000 年 2 月重新发布了《建设工程委托监理合同（示范文本）》，其编号为（GF—2000—0202）。在 2012 年住房和城乡建设部再次对示范文本进行了修改，并与国家工商行政管理总局在当年 3 月重新颁布了《建设工程委托监理合同（示范文本）》，其编号为（GF—2012—0202），这个示范文本由三个部分和附录 A、B 组成。

第一部分是协议书（AGREEMENT）。

这一部分是本合同的核心部分，也是总协议、纲领性文件。主要内容包括双方当事人确认的委托监理工程的概况（包括工程名称、地点、规模和工程概算总投资额或建筑安装工程费）；总监理工程师（包括姓名、身份证号码、注册号）；签约酬金（包括监理酬金和相关服务酬金）；监理期限及其相关服务期限；双方承诺；合同订立的时间、地点；双方自愿履行约定各项义务的表示以及合同文件的组成等。除此之外还应包括：

1. 协议书；

2. 中标通知书（适用于招标工程）或委托书（适用于非招标工程）；

3. 投标文件（适用于招标工程）或监理与相关服务建议书（适用于非招标工程）；

4. 专用条件；

5. 通用条件；

6. 附录，即：

附录 A　相关服务的范围和内容

附录 B　委托人派遣的人员和提供的房屋、资料、设备

建设工程委托监理合同是标准合同格式文件，双方需在有限的空格内填写具体内容并签字盖章后，合同才发生法律效力。

第二部分是建设工程委托监理合同的通用条件（General Conditions）。

这一部分是监理合同的共性条款或通用条款，适用于各类建设工程项目监理。其内容包括合同中所用词语定义，解释，签约双方的义务、违约责任，支付，合同生效、变更、暂停、解除和终止，争议的解决以及其他一些情况。监理合同的双方当事人都应当遵守。

第三部分是建设工程委托监理合同专用条件（Particular Conditions）

由于每个具体的工程项目都有其自身的特点和要求，通用条件虽然可以适用于各类建设工程基础上的监理，但却不能满足每个具体的工程项目监理的需要，所以还专门设置了专用条件，可以根据建设工程项目监理的需要对通用条件的某些条款进行补充、修正。

"补充"是指通用条件中的条款明确规定，在该条款确定的原则下，专用条件的条款中进一步明确具体内容，使两个条件中相同序号的条款共同组成一条内容完备的条款。比如通用条件中第 2.1 条规定是"监理的范围和工作内容"，在专用条件第 2.1 条可写明监理范围及监理工作具体包括哪些内容。

"修正"是指通用条件中规定的程序方面的内容，如果合同双方认为不合适，可以通过协商在专用条件的相应序号条款中修改。比如通用条件中第 1.2.2 条规定合同文件的解释顺序，如果监理人认为不合适，在与委托人协商达成一致意见后，可以在专用条件的相应条款中修改这一顺序。

附录 A 是相关服务的范围和内容。

2007 年 5 月 1 日正式施行的《建设工程监理与相关服务收费管理规定》首次提出了"建设工程监理与相关服务"，相关服务是相对于建设工程监理而言的。这一部分包括在勘察阶段、设计阶段、保修阶段及在其他一些方面有关该工程项目的服务范围和内容。

附录 B 是委托人派遣的人员和提供的房屋、资料、设备。

6.2　建设工程监理合同的主要内容

6.2.1　词语定义

词语定义是指对建设工程委托监理合同中一些专用名词的统一特定解释。词语定义既是

国际上的统一做法，也是为了避免合同当事人对某一概念的理解或解释不一致而发生争议。监理合同中共有以下十八个词语定义：

1. "工程"是指按照本合同约定实施监理与相关服务的建设工程。

2. "委托人"是指本合同中委托监理与相关服务的一方，及其合法的继承人或受让人。

3. "监理人"是指本合同中提供监理与相关服务的一方，及其合法的继承人。

4. "承包人"是指在工程范围内与委托人签订勘察、设计、施工等有关合同的当事人，及其合法的继承人。

5. "监理"是指监理人受委托人的委托，依照法律法规、工程建设标准、勘察设计文件及合同，在施工阶段对建设工程质量、进度、造价进行控制，对合同、信息进行管理，对工程建设相关方的关系进行协调，并履行建设工程安全生产管理法定职责的服务活动。

6. "相关服务"是指监理人受委托人的委托，按照本合同约定，在勘察、设计、保修等阶段提供的服务活动。

7. "正常工作"指本合同订立时通用条件和专用条件中约定的监理人的工作。

8. "附加工作"是指本合同约定的正常工作以外监理人的工作。

9. "项目监理机构"是指监理人派驻工程负责履行本合同的组织机构。

10. "总监理工程师"是指由监理人的法定代表人书面授权，全面负责履行本合同、主持项目监理机构工作的注册监理工程师。

11. "酬金"是指监理人履行本合同义务，委托人按照本合同约定给付监理人的金额。

12. "正常工作酬金"是指监理人完成正常工作，委托人应给付监理人并在协议书中载明的签约酬金额。

13. "附加工作酬金"是指监理人完成附加工作，委托人应给付监理人的金额。

14. "一方"是指委托人或监理人；"双方"是指委托人和监理人；"第三方"是指除委托人和监理人以外的有关方。

15. "书面形式"是指合同书、信件和数据电文（包括电报、电传、传真、电子数据交换和电子邮件）等可以有形地表现所载内容的形式。

16. "天"是指第一天零时至第二天零时的时间。

17. "月"是指按公历从一个月中任何一天开始的一个公历月时间。

18. "不可抗力"是指委托人和监理人在订立本合同时不可预见，在工程施工过程中不可避免发生并不能克服的自然灾害和社会性突发事件，如地震、海啸、瘟疫、水灾、骚乱、暴动、战争和专用条件约定的其他情形。

6.2.2　解释

1. 本合同使用中文书写、解释和说明。如专用条件约定使用两种及以上语言文字时，应以中文为准。

2. 组成本合同的下列文件彼此应能相互解释、互为说明。除专用条件另有约定外，本合同文件的解释顺序如下：

（1）协议书；

（2）中标通知书（适用于招标工程）或委托书（适用于非招标工程）；

（3）专用条件及附录 A、附录 B；

（4）通用条件；

（5）投标文件（适用于招标工程）或监理与相关服务建议书（适用于非招标工程）。

双方签订的补充协议与其他文件发生矛盾或歧义时，属于同一类内容的文件，应以最新签署的为准。

6.2.3 双方当事人的义务

1. 监理人的义务

1）监理的范围和工作内容

（1）监理范围在专用条件中约定。

（2）除专用条件另有约定外，监理工作内容包括：

① 收到工程设计文件后编制监理规划，并在第一次工地会议 7 天前报委托人。根据有关规定和监理工作需要，编制监理实施细则；熟悉工程设计文件，并参加由委托人主持的图纸会审和设计交底会议；

② 参加由委托人主持的第一次工地会议；主持监理例会并根据工程需要主持或参加专题会议；审查施工承包人提交的施工组织设计，重点审查其中的质量安全技术措施、专项施工方案与工程建设强制性标准的符合性；

③ 检查施工承包人工程质量、安全生产管理制度及组织机构和人员资格；检查施工承包人专职安全生产管理人员的配备情况；

④ 审查施工承包人提交的施工进度计划，核查承包人对施工进度计划的调整；检查施工承包人的试验室；审核施工分包人资质条件；查验施工承包人的施工测量放线成果；审查工程开工条件，对条件具备的签发开工令；

⑤ 审查施工承包人报送的工程材料、构配件、设备质量证明文件的有效性和符合性，并按规定对用于工程的材料采取平行检验或见证取样方式进行抽检；

⑥ 审核施工承包人提交的工程款支付申请，签发或出具工程款支付证书，并报委托人审核、批准；

⑦ 在巡视、旁站和检验过程中，发现工程质量、施工安全存在事故隐患的，要求施工承包人整改并报委托人；经委托人同意，签发工程暂停令和复工令；

⑧ 审查施工承包人提交的采用新材料、新工艺、新技术、新设备的论证材料及相关验收标准；验收隐蔽工程、分部分项工程；

⑨ 审查施工承包人提交的工程变更申请，协调处理施工进度调整、费用索赔、合同争议等事项；审查施工承包人提交的竣工验收申请，编写工程质量评估报告；

⑩ 参加工程竣工验收，签署竣工验收意见；审查施工承包人提交的竣工结算申请并报委托人；编制、整理工程监理归档文件并报委托人。

（3）相关服务的范围和内容在附录 A 中约定。

2）监理与相关服务依据

（1）监理依据包括：

① 适用的法律、行政法规及部门规章；

② 与工程有关的标准；

③ 工程设计及有关文件；

④ 本合同及委托人与第三方签订的与实施工程有关的其他合同。

双方根据工程的行业和地域特点，在专用条件中具体约定监理依据。

（2）相关服务依据在专用条件中约定。

3）项目监理机构和人员

（1）监理人应组建满足工作需要的项目监理机构，配备必要的检测设备。项目监理机构的主要人员应具有相应的资格条件。

（2）本合同履行过程中，总监理工程师及重要岗位监理人员应保持相对稳定，以保证监理工作正常进行。

（3）监理人可根据工程进展和工作需要调整项目监理机构人员。监理人更换总监理工程师时，应提前 7 天向委托人书面报告，经委托人同意后方可更换；监理人更换项目监理机构其他监理人员，应以相当资格与能力的人员替换，并通知委托人。

（4）监理人应及时更换有下列情形之一的监理人员：

① 严重过失行为的；

② 有违法行为不能履行职责的；

③ 涉嫌犯罪的；

④ 不能胜任岗位职责的；

⑤ 严重违反职业道德的；

⑥ 专用条件约定的其他情形。

（5）委托人可要求监理人更换不能胜任本职工作的项目监理机构人员。

4）履行职责

监理人应遵循职业道德准则和行为规范，严格按照法律法规、工程建设有关标准及本合同履行职责。

（1）在监理与相关服务范围内，委托人和承包人提出的意见和要求，监理人应及时提出处置意见。当委托人与承包人之间发生合同争议时，监理人应协助委托人、承包人协商解决。

（2）当委托人与承包人之间的合同争议提交仲裁机构仲裁或人民法院审理时，监理人应提供必要的证明资料。

（3）监理人应在专用条件约定的授权范围内，处理委托人与承包人所签订合同的变更事宜。如果变更超过授权范围，应以书面形式报委托人批准。

在紧急情况下，为了保护财产和人身安全，监理人所发出的指令未能事先报委托人批准时，应在发出指令后的 24 小时内以书面形式报委托人。

（4）除专用条件另有约定外，监理人发现承包人的人员不能胜任本职工作的，有权要求承包人予以调换。

5）提交报告

监理人应按专用条件约定的种类、时间和份数向委托人提交监理与相关服务的报告。

6）文件资料

在本合同履行期内，监理人应在现场保留工作所用的图纸、报告及记录监理工作的相关文件。工程竣工后，应当按照档案管理规定将监理有关文件归档。

7）使用委托人的财产

监理人无偿使用附录 B 中由委托人派遣的人员和提供的房屋、资料、设备。除专用条件另有约定外，委托人提供的房屋、设备属于委托人的财产，监理人应妥善使用和保管，在本合同终止时将这些房屋、设备的清单提交委托人，并按专用条件约定的时间和方式移交。

2. 委托人义务

（1）告知

委托人应在委托人与承包人签订的合同中明确监理人、总监理工程师和授予项目监理机构的权限。如有变更，应及时通知承包人。

（2）提供资料

委托人应按照附录 B 约定，无偿向监理人提供工程有关的资料。在本合同履行过程中，委托人应及时向监理人提供最新的与工程有关的资料。

（3）提供工作条件

委托人应为监理人完成监理与相关服务提供必要的条件。

① 委托人应按照附录 B 约定，派遣相应的人员，提供房屋、设备，供监理人无偿使用。

② 委托人应负责协调工程建设中所有外部关系，为监理人履行本合同提供必要的外部条件。

（4）委托人代表

委托人应授权一名熟悉工程情况的代表，负责与监理人联系。委托人应在双方签订本合同后 7 天内，将委托人代表的姓名和职责书面告知监理人。当委托人更换委托人代表时，应提前 7 天通知监理人。

（5）委托人意见或要求

在本合同约定的监理与相关服务工作范围内，委托人对承包人的任何意见或要求应通知监理人，由监理人向承包人发出相应指令。

（6）答复

委托人应在专用条件约定的时间内，对监理人以书面形式提交并要求作出决定的事宜，给予书面答复。逾期未答复的，视为委托人认可。

（7）支付

委托人应按本合同约定，向监理人支付酬金。

6.2.4 双方当事人的违约责任

1. 监理人的违约责任

监理人未履行本合同义务的，应承担相应的责任。

（1）因监理人违反本合同约定给委托人造成损失的，监理人应当赔偿委托人损失。赔偿金额的确定方法在专用条件中约定。监理人承担部分赔偿责任的，其承担赔偿金额由双方协商确定。

在专用条件中规定监理人赔偿金额按下列方法确定：

赔偿金 = 直接经济损失 × 正常工作酬金 ÷ 工程概算投资额（或建筑安装工程费）

（2）监理人向委托人的索赔不成立时，监理人应赔偿委托人由此发生的费用。

2. 委托人的违约责任

委托人未履行本合同义务的，应承担相应的责任。

（1）委托人违反本合同约定造成监理人损失的，委托人应予以赔偿。

（2）委托人向监理人的索赔不成立时，应赔偿监理人由此引起的费用。

（3）委托人未能按期支付酬金超过 28 天，应按专用条件约定支付逾期付款利息。

在专用条件中规定委托人逾期付款利息按下列方法确定：

逾期付款利息 = 当期应付款总额 × 银行同期贷款利率 × 拖延支付天数

3. 除外责任

因非监理人的原因，且监理人无过错，发生工程质量事故、安全事故、工期延误等造成的损失，监理人不承担赔偿责任。

因不可抗力导致本合同全部或部分不能履行时，双方各自承担其因此而造成的损失、损害。

6.2.5　合同生效、变更、暂停、解除与终止

1. 生效

除法律另有规定或者专用条件另有约定外，委托人和监理人的法定代表人或其授权代理人在协议书上签字并盖单位章后本合同生效。

2. 变更

（1）任何一方提出变更请求时，双方经协商一致后可进行变更。

（2）除不可抗力外，因非监理人原因导致监理人履行合同期限延长、内容增加时，监理人应当将此情况与可能产生的影响及时通知委托人。增加的监理工作时间、工作内容应视为附加工作。附加工作酬金的确定方法在专用条件中约定。

（3）合同生效后，如果实际情况发生变化使得监理人不能完成全部或部分工作时，监理人应立即通知委托人。除不可抗力外，其善后工作以及恢复服务的准备工作应为附加工作，附加工作酬金的确定方法在专用条件中约定。监理人用于恢复服务的准备时间不应超过 28 天。

（4）合同签订后，遇有与工程相关的法律法规、标准颁布或修订的，双方应遵照执行。由此引起监理与相关服务的范围、时间、酬金变化的，双方应通过协商进行相应调整。

（5）因非监理人原因造成工程概算投资额或建筑安装工程费增加时，正常工作酬金应作相应调整。调整方法在专用条件中约定。

（6）因工程规模、监理范围的变化导致监理人的正常工作量减少时，正常工作酬金应作相应调整。调整方法在专用条件中约定。

3. 暂停与解除

除双方协商一致可以解除本合同外，当一方无正当理由未履行本合同约定的义务时，另一方可以根据本合同约定暂停履行本合同直至解除本合同。

（1）在本合同有效期内，由于双方无法预见和控制的原因导致本合同全部或部分无法继续履行或继续履行已无意义，经双方协商一致，可以解除本合同或监理人的部分义务。在解除之前，监理人应作出合理安排，使开支减至最小。

因解除本合同或解除监理人的部分义务导致监理人遭受的损失，除依法可以免除责任的情况外，应由委托人予以补偿，补偿金额由双方协商确定。

解除本合同的协议必须采取书面形式，协议未达成之前，本合同仍然有效。

（2）在本合同有效期内，因非监理人的原因导致工程施工全部或部分暂停，委托人可通知监理人要求暂停全部或部分工作。监理人应立即安排停止工作，并将开支减至最小。除不可抗力外，由此导致监理人遭受的损失应由委托人予以补偿。

暂停部分监理与相关服务时间超过 182 天，监理人可发出解除本合同约定的该部分义务的通知；暂停全部工作时间超过 182 天，监理人可发出解除本合同的通知，本合同自通知到达委托人时解除。委托人应将监理与相关服务的酬金支付至本合同解除日，且应承担 GF—2012—0202 示范文本中通用条件第 4.2 款委托人的违约责任中约定的责任。

（3）当监理人无正当理由未履行本合同约定的义务时，委托人应通知监理人限期改正。若委托人在监理人接到通知后的 7 天内未收到监理人书面形式的合理解释，则可在 7 天内发出解除本合同的通知，自通知到达监理人时本合同解除。委托人应将监理与相关服务的酬金支付至限期改正通知到达监理人之日，但监理人应承担 GF—2012—0202 示范文本中通用条件第 4.1 款监理人的违约责任中约定的责任。

（4）监理人在 GF—2012—0202 示范文本中专用条件第 5.3 款支付酬金中约定的支付之日起 28 天后仍未收到委托人按本合同约定应付的款项，可向委托人发出催付通知。委托人接到通知 14 天后仍未支付或未提出监理人可以接受的延期支付安排，监理人可向委托人发出暂停工作的通知并可自行暂停全部或部分工作。暂停工作后 14 天内监理人仍未获得委托人应付酬金或委托人的合理答复，监理人可向委托人发出解除本合同的通知，自通知到达委托人时本合同解除。委托人应承担 GF—2012—0202 示范文本中通用条件第 4.2.3 款委托人逾期付款利息约定的责任。

（5）因不可抗力致使本合同部分或全部不能履行时，一方应立即通知另一方，可暂停或解除本合同。

（6）本合同解除后，本合同约定的有关结算、清理、争议解决方式的条件仍然有效。

4. 终止

以下条件全部满足时，本合同即告终止：

（1）监理人完成本合同约定的全部工作；

（2）委托人与监理人结清并支付全部酬金。

6.2.6　支付

1. 支付货币

除专用条件另有约定外，酬金均以人民币支付。涉及外币支付的，所采用的货币种类、比例和汇率在专用条件中约定。

2. 支付申请

监理人应在本合同约定的每次应付款时间的 7 天前，向委托人提交支付申请书。支付申请书应当说明当期应付款总额，并列出当期应支付的款项及其金额。

3. 支付酬金

支付的酬金包括正常工作酬金、附加工作酬金、合理化建议奖励金额及费用。

1）正常的监理酬金的构成

正常的监理酬金的构成，是监理人在工程项目监理中所需的全部成本，再加上合理的利润和税金。其具体包括：

（1）直接成本。包括：①监理人员和监理辅助人员的工资，包括津贴、附加工资、奖金等；②用于该项工程监理人员的其他专项开支，包括差旅费、补助费、书报费等；③监理期间使用与监理工作相关的计算机和其他仪器、机械的费用；④所需的其他外部协作费用。

（2）间接成本，即全部业务经营开支和非工程项目的特定开支。包括：①管理人员、行政人员、后勤服务人员的工资；②经营业务费，包括为招揽业务而支出的广告费等；③办公费，包括文具、纸张、账表、报刊、文印费用等；④交通费、差旅费、办公设施费（公司使用的水、电、气、环卫、治安等费用）；⑤固定资产及常用工器具、设备的使用费；⑥业务培训费、图书资料购置费；⑦其他行政活动经费。

2）正常的监理酬金的计算方法

我国现行的监理费计算方法主要有四种，即国家发展改革委、原建设部颁发的发改价格〔2007〕670 号文《建设工程监理与相关服务收费管理规定》中规定的：

① 按照监理工程概预算的百分比计收。这种方法比较简单、科学，在国际上也是一种比较常用的方法，我国监理费的计算大部分也是使用这种方法，一般情况下，新建、改建、扩建的工程都应采用这种方法。在我国物价局的"工程建设监理收费标准"中，不仅规定了建设工程施工（含施工招标）及保修阶段监理的取费标准，而且还规定了建设工程设计阶段（含设计招标）监理的取费标准。

② 按照参与监理工作的年度平均人数计算。1994 年 5 月 5 日原建设部监理司以建监工便（1994）第 5 号文做了简要说明。这种方法，主要适用于单工种或临时性，或不宜按工程概预算的百分比计取监理费的监理项目。

③ 不宜按①、②两项办法计收的，由建设单位和工程承包人通过协商采用其他方法计收；

④ 中外合资经营企业、中外合作经营企业、外商独资企业的建设工程项目，工程建设监理费由双方参照国际标准协商确定。

⑤ 正常工作酬金增加额按下列方法确定：

正常工作酬金增加额＝工程投资额或建筑安装工程费增加额×正常工作酬金÷工程概算投资额（或建筑安装工程费）

3）正常工作酬金的支付

正常工作酬金支付的次数、时间、比例及金额见表 6-1。

表 6-1　正常工作酬金支付的次数、时间、比例及金额

支付次数	支付时间	支付比例	支付金额（万元）
首付款	本合同签订后 7 天内		
第二次付款			
第三次付款			
……			
最后付款	监理与相关服务期届满 14 天内		

4）附加工作的监理工作的酬金计算方法

① 除不可抗力外，因非监理人原因导致本合同期限延长时，附加工作酬金按下列方法确定：

附加工作酬金＝本合同期限延长时间（天）×正常工作酬金÷协议书约定的监理与相关服务期限（天）

② 附加工作酬金按下列方法确定：

附加工作酬金＝善后工作及恢复服务的准备工作时间（天）×正常工作酬金÷协议书约定的监理与相关服务期限（天）

5）奖金

监理人在工程项目监理过程中提出了合理化建议，并使委托人得到了经济效益，监理人有权按照专用条件的约定获得经济奖励。一般采用的计算方法为：奖金＝工程费用节省额×报酬比率。

4. 有争议部分的付款

委托人对监理人提交的支付申请书有异议时，应当在收到监理人提交的支付申请书后 7 天内，以书面形式向监理人发出异议通知。无异议部分的款项应按期支付，有异议部分的款项按示范文本 GF—2012—0202 中通用条件第 7 条解决约定办理。

6.2.7　争议的解决

1. 协商

双方应本着诚信原则协商解决彼此间的争议。

2. 调解

如果双方不能在 14 天内或双方商定的其他时间内解决本合同争议，可以将其提交给专用条件约定的或事后达成协议的调解人进行调解。

3. 仲裁或诉讼

双方均有权不经调解直接向专用条件约定的仲裁机构申请仲裁或向有管辖权的人民法院提起诉讼。

6.2.8　监理合同的其他规定

1. 外出考察费用

经委托人同意，监理人员外出考察发生的费用由委托人审核后支付。

2. 检测费用

委托人要求监理人进行的材料和设备检测所发生的费用，由委托人支付，支付时间在专用条件中约定。

3. 咨询费用

经委托人同意，根据工程需要由监理人组织的相关咨询论证会以及聘请相关专家等发生的费用由委托人支付，支付时间在专用条件中约定。

4. 奖励

监理人在服务过程中提出的合理化建议，使委托人获得经济效益的，双方在专用条件中约定奖励金额的确定方法。奖励金额在合理化建议被采纳后，与最近一期的正常工作酬金同期支付。

5. 守法诚信

监理人及其工作人员不得从与实施工程有关的第三方处获得任何经济利益。

6. 保密

双方不得泄露对方申明的保密资料，亦不得泄露与实施工程有关的第三方所提供的保密资料，保密事项在专用条件中约定。

7. 通知

本合同涉及的通知均应当采用书面形式，并在送达对方时生效，收件人应书面签收。

8. 著作权

监理人对其编制的文件拥有著作权。

监理人可单独或与他人联合出版有关监理与相关服务的资料。除专用条件另有约定外，如果监理人在本合同履行期间及本合同终止后两年内出版涉及本工程的有关监理与相关服务的资料，应当征得委托人的同意。

6.3　本章案例

【案例 6-1】

背景材料：

监理单位承担了某工程的施工阶段监理任务，该工程由甲施工单位总承包。甲施工单位选择了经建设单位同意并经监理单位进行资质审查合格的乙施工单位作为分包。施工过程中发生了以下事件：

事件 1. 专业监理工程师在熟悉图纸时发现，基础工程部分设计内容不符合国家有关工程质量标准和规范。总监理工程师随即致函设计单位要求改正并提出更改建议方案。设计单位研究后，口头同意了总监理工程师的更改方案，总监理工程师随即将更改的内容写成监理指令通知甲施工单位执行。

事件 2. 施工过程中，专业监理工程师发现乙施工单位施工的分包工程部分存在质量隐患，为此，总监理工程师同时向甲、乙两施工单位发出了整改通知。甲施工单位回函称：乙施工单位施工的工程是经建设单位同意进行分包的，所以本单位不承担该部分工程的质量责任。

事件 3. 专业监理工程师在巡视时发现，甲施工单位在施工中使用未经报验的建筑材料，若继续施工，该部位将被隐蔽。因此，立即向甲施工单位下达了暂停施工的指令（因甲施工单位的工作对乙施工单位有影响，乙施工单位也被迫停工）。同时，指示甲施工单位将该材料进行检验，并报告了总监理工程师。总监理工程师对该工序停工予以确认，并在合同约定的时间内报告了建设单位。检验报告出来后，证实材料合格，可以使用，总监理工程师随即指令施工单位恢复了正常施工。

事件 4. 乙施工单位就上述停工自身遭受的损失向甲施工单位提出补偿要求，而甲施工单位称：此次停工是执行监理工程师的指令，乙施工单位应向建设单位提出索赔。

事件 5. 对上述施工单位的索赔建设单位称：本次停工是监理工程师失职造成，且事先未征得建设单位同意。因此，建设单位不承担任何责任，由于停工造成施工单位的损失应由监理单位承担。

问题：

针对上述各个事件，分别提出问题如下：

1. 请指出总监理工程师上述行为的不妥之处并说明理由。总监理工程师应如何正确处理？

2. 甲施工单位的答复是否妥当？为什么？总监理工程师签发的整改通知是否妥当？为什么？

3. 专业监理工程师是否有权签发本次暂停令？为什么？下达工程暂停令的程序有无不妥之处？请说明理由。

4. 甲施工单位的说法是否正确？为什么？乙施工单位的损失应由谁承担？

5. 建设单位的说法是否正确？为什么？

案例评析：

针对上述 5 项事件的 5 个问题，逐个解答如下：

1. 总监理工程师不应直接致函设计单位。因为监理人员无权要求设计单位进行设计变更。

正确处理：发现问题应向建设单位报告，由建设单位向设计单位提出变更要求。

2. 甲施工单位回函所称，不妥。因为分包单位的任何违约行为导致工程损害或给建设单位造成的损失，总承包单位承担连带责任。总监理工程师签发的整改通知，不妥，因为整改通知应签发给甲施工单位，因乙施工单位与建设单位没有合同关系。

3. 专业监理工程师无权签发《工程暂停令》。因为这是总监理工程师的权力。下达工程暂停令的程序有不妥之处。理由是专业监理工程师应报告总监理工程师，由总监理工程师签发工程暂停令。

4. 甲施工单位的说法不正确。因为乙施工单位与建设单位没有合同关系，乙施工单位的损失应由甲施工单位承担。

5. 建设单位的说法不正确。因为监理工程师在是合同授权内履行职责，施工单位所受的损失不应由监理单位承担。

【案例 6-2】

2012 年监理工程师执业资格考试真题

背景材料：

某实施监理的工程，监理合同履行过程中发生以下事件：

事件 1：监理规划中明确的部分工作如下：

（1）论证工程项目总投资目标；

（2）制定施工阶段资金使用计划；

（3）编制由建设单位供应的材料和设备的进场计划；

（4）审查确认施工分包单位；

（5）检查施工单位实验室试验设备的计量检定证明；

（6）协助建设单位确定招标控制价；

（7）计量已完工程；

（8）验收隐蔽工程；

（9）审核工程索赔费用；

（10）审核施工单位提交的工程结算书；

（11）参与工程竣工验收；

（12）办理工程竣工备案。

事件 2：建设单位提出要求：总监理工程师应主持召开第一次工地会议、每周一次的工地例会以及所有专业性监理会议，负责编制各专业监理实施细则，负责工程计量，主持整理监理资料。

事件 3：项目监理机构履行安全生产管理的监理职责，审查了施工单位报送的安全生产相关资料。

事件 4：专业监理工程师发现，施工单位使用的起重机械没有现场安装后的验收合格证明，随即向施工单位发出监理工程师通知单。

问题：

1. 针对事件 1 中所列的工作，分别指出哪些属于施工阶段投资控制工作，哪些属于施工阶段质量控制工作；对不属于施工阶段投资、质量控制工作的，分别说明理由。

2. 指出事件 2 中建设单位所提要求的不妥之处，写出正确做法。

3. 事件 3 中，根据《建设工程安全生产管理条例》，项目监理机构应审查施工单位报送资料中的哪些内容？

4. 事件 4 中，监理工程师通知单应对施工单位提出哪些要求？

案例评析：

1. （1）属于施工阶段投资控制工作的有：（2）、（7）、（9）、（10）；

（2）属于施工阶段质量控制工作的有：（4）、（5）、（8）；

（3）第（1）项工作属于设计阶段投资控制工作；第（3）项工作属于施工阶段进度控制工作；第（6）项工作属于施工招标阶段的工作。第（11）、（12）项工作属于工程竣工阶段的工作。

2. 事件 2 中的不妥之处及正确做法。

（1）不妥之处：总监理工程师应主持召开第一次工地会议。

正确做法：第一次工地会议应由建设单位主持召开。

（2）不妥之处：总监理工程师负责编制各专业监理实施细则。

正确做法：监理实施细则应由各专业监理工程师编制，总监理工程师批准。

（3）不妥之处：总监理工程师负责工程计量。

正确做法：由各专业监理工程师负责本专业的工程计量工作。

3. 根据《建设工程安全生产管理条例》，项目监理机构应审查施工单位报送资料中的如下内容：

（1）审查施工单位编制的施工组织设计中的安全技术措施和危险性较大的分部分项工程安全专项施工方案是否符合工程建设强制性标准要求；

（2）审查施工单位资质和安全生产许可证是否合法有效；

（3）审查项目经理和专职安全生产管理人员是否具备合法资格，是否与投标文件相一致；

（4）审核特种工作人员的特种作业操作资格证书是否合法有效；

（5）审核施工单位应急救援预案和安全防护措施费用使用计划。

4. 监理工程师通知单应对施工单位提出以下要求：

（1）指令施工单位停止使用该起重机械；

（2）必须由相应资质的单位承担安装工作，并出具自检合格证明，办理验收手续并签字；

（3）应由检验检测机构对检验合格的起重机械出具安全合格证明文件。

【案例 6-3】

背景材料：

某实行监理的工程，施工合同价为 15000 万元，合同工期为 18 个月，预付款为合同价的 20%，预付款自第 7 个月起在每月应支付的进度款中扣回 300 万元，直至扣完为止，保留金按进度款的 5% 从第 1 个月开始扣除。

工程施工到第 5 个月，监理工程师检查发现第 3 个月浇筑的混凝土工程出现细微裂缝。经查验分析，产生裂缝的原因是由于混凝土养护措施不到位所致，须进行裂缝处理。为此，项目监理机构提出："出现细微裂缝的混凝土工程暂按不合格项目处理，第 3 个月已付该部分工程款在第 5 个月的工程进度款中扣回，在细微裂缝处理完毕并验收合格后的次月再支付"。经计算，该混凝土工程的直接工程费为 200 万元，取费费率：措施费为直接工程费的 5%，间接费费率为 8%，利润率为 4%，综合计税系数为 3.41%。

施工单位委托一家具有相应资质的专业公司进行裂缝处理，处理费用为 4.8 万元，工作时间为 10 天。该工程施工到第 6 个月，施工单位提出补偿 4.8 万元和延长 10 天工期的申请。

该工程前 7 个月施工单位实际完成的进度款见表 6-2。

表 6-2　施工单位实际完成进度款

施工单位实际完成的进度款							
时间/月	1	2	3	4	5	6	7
实际完成的进度款/万元	200	300	500	500	600	800	800

问题：

1. 项目监理机构在前 3 个月可签认的工程进度款分别是多少（考虑扣保留金）？

2. 写出项目监理机构对混凝土工程中出现细微裂缝质量问题的处理程序。

3. 计算出现细微裂缝的混凝土工程的造价。项目监理机构是否应同意施工单位提出的补偿 4.8 万元和延长 10 天工期的要求？说明理由。

4. 如果第 5 个月无其他异常情况发生，计算该月项目监理机构可签认的工程进度款。

5. 如果施工单位按项目监理机构要求执行，在第 6 个月将裂缝处理完成并验收合格，计算第 7 个月项目监理机构可签认的工程进度款。

案例评析：

1. 项目监理机构在前 3 个月可签认的工程进度款：

第 1 个月签认的进度款 = 200 万元 × (1 − 5%) = 190 万元。

第 2 个月签认的进度款 = 300 万元 × (1 − 5%) = 285 万元。

第 3 个月签认的进度款 = 500 万元 × (1 − 5%) = 475 万元。

2. 项目监理机构对混凝土工程出现细微裂缝质量问题的处理程序：

（1）当发生工程质量问题时，监理工程师首先应判断其严重程度。对可以通过返修或返工弥补的质量问题可签发监理通知，责成施工单位写出质量问题调查报告，提出处理方案，填写监理通知回复单报监理工程师审核后，批复承包单位处理，必要时应经建设单位和设计单位认可，处理结果应重新进行验收。

（2）对需要加固补强的质量问题，或质量问题的存在影响下道工序和分项工程的质量时，应签发工程暂停令，指令施工单位停止有质量问题部位和与其有关联部位及下道工序的施工。必要时，应要求施工单位采取防护措施，责成施工单位写出质量问题调查报告，由设计单位提出处理方案，并征得建设单位同意，批复承包单位处理。处理结果应重新进行验收。

（3）施工单位接到监理通知后，在监理工程师的组织参与下，尽快进行质量问题调查并完成报告编写。

（4）监理工程师审核、分析质量问题调查报告，判断和确认质量问题产生的原因。

（5）在原因分析的基础上，认真审核签认质量问题处理方案。

（6）指令施工单位按既定的处理方案实施处理并进行跟踪检查。

（7）质量问题处理完毕，监理工程师应组织有关人员对处理的结果进行严格的检查、鉴定和验收，写出质量问题处理报告，报建设单位和监理单位存档。

3. （1）出现细微裂缝的混凝土工程的造价 $= 200 \times（1 + 5\%）（1 + 8\%）（1 + 4\%）（1 + 3.41\%）= 243.92$（万元）。

（2）项目监理机构不应同意施工单位提出的费用补偿 4.8 万元和延长 10 天工期的要求。

理由：产生裂缝的原因是由于混凝土养护措施不到位所致，这属于施工单位应承担的责任。

4. 第 5 个月项目监理机构可签认的工程进度款 $= 600 \times（1 - 5\%）- 243.92 = 326.08$（万元）。

5. 第 7 个月项目监理机构可签认的工程进度款 $= 800 \times（1 - 5\%）- 300 + 243.92 = 703.92$（万元）。

【案例 6-4】

背景材料：

建设单位将一热电厂建设工程项目的土建工程和设备安装工程施工任务分别发包给某土建施工单位和某设备安装单位。经总监理工程师审核批准，土建施工单位又将桩基础施工分包给一专业基础工程公司。

建设单位与土建施工单位和设备安装单位分别签订了施工合同和设备安装合同。在工程延期方面，合同中约定，业主违约一天应补偿承包方 5000 元人民币，承包方违约一天应罚款 5000 元人民币。

该工程所用的桩是钢筋混凝土预制桩，共计 1200 根。预制桩由建设单位供应。按施工总进度计划的安排，规定桩基础施工应从 5 月 10 日开工至 5 月 20 日完工。但在施工过程中，由于建设单位供应预制桩不及时，使桩基础施工在 5 月 13 日才开工；5 月 13 日至 5 月 18 日基础工程公司的打桩设备出现故障不能施工；5 月 19 日至 5 月 22 日又出现了属于不可抗力的恶劣天气无法施工。

问题：

1. 在上述工期拖延中，监理工程师应如何处理？

2. 土建施工单位应获得的工期补偿和费用补偿各为多少？

3. 设备安装单位的损失应由谁承担责任，应补偿的工期和费用是多少？

4. 施工单位向建设单位索赔的程序如何？

案例评析：

1. 对于上述工程拖期，监理工程师可做出如下的处理：

（1）从 5 月 10 日至 5 月 13 日共 3 天，属于建设单位原因造成的拖期，应给予施工单位工期和费用的补偿。

（2）从 5 月 13 日至 5 月 18 日共 6 天，属于不可抗力的原因造成的拖期，由施工单位承担发生的费用，工期不予顺延。

（3）从 5 月 19 日至 5 月 22 日共 4 天，属于不可抗力的原因造成的拖期，施工单位承担发生的费用，工期给予顺延。

2. 应予以补偿的具体数额为：

土建施工单位应获得的工期补偿为 $3 + 4 = 7$（天）。

土建施工单位应获得的费用补偿为 $3 \times 5000 - 6 \times 5000 = -15000$（元），即应扣款 1.5 万元。

3. 设备安装单位的损失应由建设单位负责。因为设备安装单位与建设单位有合同关系，它与土建施工单位无合同关系。

设备安装单位应获工期补偿 $3 + 6 + 4 = 13$（天）。

应获费用补偿为 $13 \times 5000 = 65000$（元）。

4. 施工单位可按下列程序以书面形式向建设单位索赔：

（1）索赔事件发生后 28 天内，向监理方发出索赔意向通知；

（2）发出索赔意向通知后 28 天内，向监理方提出延长工期和补偿经济损失的索赔报告及有关资料；

（3）监理方在收到施工单位送交的索赔报告和有关资料后，于 28 天内给予签复，或要求施工单位进一步补充索赔理由和证据；

（4）监理方在收到施工单位送交的索赔报告和有关资料后 25 天内未予答复或未对施工单位作进一步要求，视为该项索赔已经认可。

思 考 题

1. 什么是建设工程委托监理合同？它有哪些法律特征？

2. 监理合同中的委托人和监理人应具备什么资格？

3. 监理人、项目监理机构、总监理工程师这三个概念有何区别？

4. 明确区分工程监理的正常工作、附加工作、相关服务？

5. 监理合同中规定监理人履行哪些义务和承担哪些违约责任？

6. 监理合同中通用条件如何规定合同文件的解释顺序？

7. 支付酬金如何构成？

第7章 建设工程施工合同

7.1 建设工程施工合同概述

7.1.1 建设工程施工合同的概念和特征

建设工程施工合同又叫建筑安装工程承包合同，是发包人和承包人之间为完成具体建设工程项目的建筑施工和设备安装等工作，明确当事人双方权利和义务的协议。也就是说，根据施工合同规定，承包人应当完成具体建设工程项目的建筑施工、设备安装、设备调试、工程保修等工作内容，发包人应及时提供必要的施工条件并支付工程价款。

建设工程施工合同是建设工程合同的一种，与其他建设工程合同一样，当事人双方应在依据国家法律、行政法规和国家有关计划的前提下，遵守平等、自愿、公平、诚实信用的原则，经过协商一致而订立合同，并认真履行合同。

建设工程施工合同具有建设工程合同的特征，又具有它自身的特征。

1. 建设工程施工合同是双务合同

建设工程施工合同经当事人要约承诺后合同成立，发包人和承包人都要承担相应的义务。对发包人来说，他有向承包人提供施工条件和支付工程价款等义务。对承包人来说，他有向发包人对工程项目进行施工和设备安装，并保质、保量、保证施工进度、完成施工内容等义务。

2. 建设工程施工合同是有偿合同

建设工程施工合同双方当事人的任何一方必须给予另一方相应权益，才能取得自己的利益。发包人必须向承包人提供所需的施工条件并支付工程价款，才能使他所设想的工程项目变为建筑产品。承包人必须在向发包人保质、保量、保证进度和成本的情况下完成建筑安装任务，才能得到工程款。

3. 建设工程施工合同是诺成合同

发包人与承包人在订立施工合同时，不仅要有发包人的意思表示，还要有承包人对发包人的承诺。也就是说，施工合同的成立必须以双方当事人的相互协商一致为条件，合同生效时不需要履行行为的发生或交付标的物作为合同成立的条件。

4. 建设工程施工合同的标的是完成工作行为

建设工程施工合同的标的是具体的工程项目，而工程项目的完成必须通过一定行为来表现。这就决定了施工合同的标的具有特殊性，主要表现在工程项目是不动产，它是不能移动的，而且具有个性，不能用其他标的物来代替，它需要双方当事人通过一系列程序的行为才能得以实现。

5. 建设工程施工合同的履行期限比较长

相对其他类型的合同而言，建设工程施工合同的履行期限都比较长。这是因为建设工程合同的结构复杂、体积庞大、工序繁多、工作量非常大，再加上工程项目施工期间，往往还有一些难以预料的主观的和客观的情况发生，使工程项目施工不能按预期期限完成，从而导致工期顺延。

6. 建设工程施工合同履行过程中社会关系复杂多样

建设工程施工合同本身只有发包人和承包人两个主体，但在合同履行期间，却需要与多个环节和多个社会主体发生不同的社会关系。比如采购合同关系、运输关系、租赁关系、劳务关系、保险关系、分包关系，还有涉及安全施工、使用专利技术和新工艺、发现地下文物和障碍物、发生不可抗力事件等引起的社会关系等。

7.1.2 《建设工程施工合同（示范文本）》简介

根据我国《合同法》和其他建设工程施工方面的法律、行政法规的规定，借鉴国际上使用的土木工程施工合同条件，尤其是 FIDIC 土木工程施工合同条件，再结合我国建设工程施工领域的实际情况，原国家建设部和国家工商行政管理局经过对 1991 年 3 月 31 日发布的《建设工程施工合同（示范文本）》的修订，于 1999 年 12 月 24 日联合印发了《建设工程施工合同（示范文本）》（GF—1999—0201）。

施工合同文本适用于各类公用建筑、民用建筑、工业厂房、交通设施及线路、管道的施工和设备安装。

《建设工程施工合同（示范文本）》由协议书、通用条款、专用条款三个部分组成，并附有承包人承揽工程项目一览表、发包人供应材料设备一览表和房屋建筑工程质量保修书三个附件。

第一部分是协议书，是施工合同的核心部分。它主要规定了合同中的工程概况、工程承包范围、合同工期、质量标准、合同价款、组成合同的文件、承包人对发包人的承诺、发包人对承包人的承诺、合同生效等这些合同当事人双方权利和义务的主要内容，而且当事人双方在这一部分文件上要签字盖章，因此具有很高的法律效力。

第二部分是通用条款，属于施工合同的共性条款，适用于各类工程项目的建筑安装，对当事人双方的权利和义务作出了详细规定，除了双方通过协商一致在专用条款中对某些条款作出修改、补充或取消外，当事人都需要履行。它主要由 11 部分组成，包括 47 条内容：

（1）词语定义和合同文件；

（2）双方一般权利和义务；

（3）施工组织设计和工期；

（4）质量与检验；

（5）安全施工；

（6）合同价款与支付；

（7）材料设备供应；

（8）工程变更；

（9）竣工验收与结算；

（10）违约、索赔和争议；

（11）其他。

第三部分是专用条款，属于施工合同的个性条款。因为每一份施工合同的签订涉及的都是一个具体的工程项目，而每个具体的工程项目都有自身的特点、性质和内容，再加上每个工程项目的环境和条件也不相同，发包人与承包人的能力也有差异性，所以仅有通用条款不能满足每个具体工程项目的需要，必须配以专用条款，当事人双方可以在协商一致的基础上对某些条款进行修改或补充，使第二和第三部分的条款成为双方统一意愿的体现。专用条款也是由 11 个部分 47 条内容组成。

施工合同文本中的三个附件是对当事人双方权利和义务的详细表明，以便于在施工中执行和管理。

7.1.3　建设工程施工合同文件的组成及解释原则

建设工程施工合同文件应由两大部分组成，一部分是当事人双方签订合同时已经形成的文件，另一部分是双方在履行合同过程中形成的对双方具有约束力的补充合同文件。

第一部分文件包括：

（1）施工合同协议书；

（2）中标通知书；

（3）投标书及其附件；

（4）施工合同专用条款；

（5）施工合同通用条款；

（6）标准、规范及有关技术文件；

（7）图纸；

（8）工程量清单；

（9）工程报价单或预算书。

第二部分文件主要包括在合同履行过程中，当事人双方有关工程项目的洽商、变更等书面协议或文件。这一部分可以纳入协议书中，作为其组成部分。

以上建设工程施工合同文件原则上应当能够互相解释、互相说明。但是也会出现含糊不清或不一致的情况，这时就以上述合同文件的序号为优先解释顺序。在合同履行过程中，通过双方当事人协商一致的洽商、变更等书面文件是作为协议书的组成部分，因此具有首先解释的效力。如果双方当事人对这种解释原则有异议，也可自行约定一种新的解释原则，并写在专用条款中。

7.2　施工合同的词语定义与双方的一般权利和义务

7.2.1　词语定义

建筑工程施工合同一开始就对合同中的常用词进行了统一定义，一方面是为了适应国际惯例的需要，另外一方面是因为合同当事人双方由于不同的文化、历史和民族背景，往往会对同一个概念有不同的理解而产生分歧，合同中做了统一解释后，就以合同的解释为准，从而避免当事人之间发生争议。施工合同中共有以下常用词语定义：

1. 通用条款：是根据法律、行政法规规定及建筑工程施工的需要订立，通用于建筑工程施工的条款。

2. 专用条款：是发包人与承包人根据法律、行政法规规定，结合具体工程实际，经协商达成一致意见的条款，是对通用条款的具体化、补充或修改。

3. 发包人：指在协议书中约定，具有工程发包主体资格和支付工程价格能力的当事人以及取得该当事人资格的合法继承人。发包人可以是具备法人资格的社会组织，也可以是依法成立的不具备法人资格的社会组织，甚至可以是依法登记的个人合伙、个体工商户或个人。

4. 承包人：指在协议书中约定，被发包人接受的具有工程施工承包主体资格的当事人以及取得该当事人资格的合法继承人。承包人必须是具备法人资格和相应资质等级的施工企业，而且必须在资质等级允许的经营范围内承接施工任务，不得越级承包，否则合同无效。

5. 项目经理：指承包人在专用条款中指定的负责施工管理和合同履行的代表。项目经理是受承包人的法定代表人委托授权对某个具体工程项目管理的总负责人。

6. 设计单位：指发包人委托的负责本工程设计并取得相应工程设计资质等级证书的单位。

7. 监理单位：指发包人委托的负责本工程监理并取得相应工程监理资质等级证书的单位。

8. 工程师：指本工程监理单位委派的总监理工程师或发包人指定的履行本合同的代表，其具体身份和职权由发包人和承包人在专用条款中约定。

9. 工程造价管理部门：指国务院有关部门、县级以上人民政府建设行政主管部门或其委托的工程造价管理机构。

10. 工程：指发包人和承包人在协议书中约定的承包范围内的工程。

11. 合同价款：指发包人和承包人在协议书中约定，发包人用以支付承包人按照合同约定完成承包范围内全部工程并承担质量保修责任的款项。

12. 追加合同价款：指在合同履行中发生需要增加合同价款的情况，经发包人确认后按计算合同价款的方法增加的合同价款。

13. 费用：指不包含在合同价格之内的应当由发包人或承包人承担的经济支出。

14. 工期：指发包人和承包人在协议书中约定，按总日历天数（包括法定节假日）计算的承包天数。

15. 开工日期：指发包人和承包人在协议书中约定，承包人开始施工的绝对或相对日期。

16. 竣工日期：指发包人和承包人在协议书中约定，承包人完成承包范围内工程的绝对或相对日期。

17. 图纸：指由发包人提供或由承包人提供并经发包人批准，满足承包人施工需要的所有图纸（包括配套说明和有关资料）。

18. 施工场地：指由发包人提供的用于工程施工的场所以及发包人在图纸中具体指定的供施工使用的任何其他场所。

19. 书面形式：指合同书、信件和数据电文（包括电报、电传、传真、电子数据交换和电子邮件）等可以有形地表现所载内容的形式。

20. 违约责任：指合同一方不履行合同义务或履行合同义务不符合约定所应承担的责任。

21. 索赔：指在合同履行过程中，对于并非自己的过错，而是应由对方承担责任的情况造成的实际损失，向对方提出经济补偿和（或）工期顺延的要求。

22. 不可抗力：指不能预见、不能避免并不能克服的客观情况。

23. 小时或天：本合同中规定按小时计算时间的，从事件有效开始时计算（不扣除休息时间）；规定按天计算时间的，开始当天不记入，从次日开始计算。时限的最后一天是休息日或者其他法定节假日的，以节假日次日为时限的最后一天，但竣工日期除外。时限的最后一天的截止时间为当日 24 时。

7.2.2　语言文字和适用法律、标准及规范

1. 语言文字

建设工程施工合同文件使用汉语语言文字书写、解释和说明。在少数民族地区，双方可以约定使用少数民族语言文字书写和解释、说明施工合同。如在专用条款中约定使用的两种或两种以上语言文字时，汉语应为解释和说明施工合同的标准语言文字。

2. 适用法律和法规

建设工程施工合同文件适用国家的法律和行政法规。需要明文的法律、行政法规，由双方当事人约定后写在专用条款中。合同如果有依据地方法律、法规的，也应写进专用条款。

3. 适用标准和规范

建设工程施工合同的当事人双方就根据国家规定，在专用条款内约定工程项目适用的国家标准、规范的名称；没有国家标准、规范，可以约定适用行业标准、规范的名称；没有国家和行业标准、规范的，可以约定适用工程所在地地方标准、规范的名称。发包人应按专用条款约定的时间向承包人提供一式两份约定的标准、规范。

国内没有相应标准、规范的，由发包人按专用条款约定的时间向承包人提出施工技术要求，承包人按约定的时间和要求提出施工工艺，经发包人认可后执行。发包人要求使用国外标准、规范的，应负责提供中文翻译。

因购买、翻译标准、规范或制定施工工艺所发生的费用全部由发包人承担。

7.2.3　图纸

建设工程施工合同的履行应当按照图纸进行。一般情况下，图纸都是由发包人提供，所以发包人应当按照专用条款约定的日期和套数，向承包人提供工程施工所需要的图纸。承包人需要增加图纸套数的，发包人应代为复制，复制费用由承包人承担。发包人对工程有保密要求的，应当在专用条款中提出保密要求，保密措施费用由发包人承担，承包人在约定的保密期限内应当履行保密义务。

有些工程的施工图纸的设计或者与工程配套的设计有可能由承包人完成。如果发包人和承包人在合同中有约定，而且承包人又具备设计资质，则承包人可在允许范围内，按照发包人的要求完成施工图设计，经发包人确认后使用，发包人支付因设计所发生的费用。

无论是发包人提供施工图纸，还是承包人自己完成施工图纸，承包人未经发包人同意，不得将本工程图纸转给第三人。工程质量保修期满后，除承包人存档需要的图纸外，应将全部图纸退还给发包人。承包人还有义务在施工现场保留一套全套图纸，供工程师及有关人员进行工程检查时使用。

7.2.4　发包人的义务

根据专用条款约定的内容和时间，发包人应分阶段或一次履行以下义务：

1. 办理土地征用、拆迁补偿、平整施工场地等工作，使施工场地具备施工条件，并在开工后继续解决以上事项的遗留问题。

2. 将施工所需水、电、电讯线路从施工场地外部接至专用条款约定地点，并保证施工

期间需要。

3. 开通施工场地与城乡公共道路的通道，以及专用条款约定的施工场地内的主要交通干道，满足施工运输的需要，保证施工期间的畅通。

4. 向承包人提供施工场地的工程地质和地下管线资料，保证数据真实，位置准确。

5. 办理施工许可证和临时用地、停水、停电、中断道路交通、爆破作业以及可能损坏道路、管线、电力、通讯等公共设施法律、法规规定的申请批准手续及其他施工所需的证件（证明承包人自身资质的证件除外）。

6. 确定水准点与坐标控制点，以书面形式交给承包人，并进行现场交验。

7. 组织承包人和设计单位进行图纸会审和设计交底。

8. 协调处理施工现场周围地下管线和临近建筑物、构筑物（包括文物保护建筑）、古树名木的保护工作并承担有关费用。

9. 发包人应做的其他工作，双方在专用条款内约定。

发包人可以将上述部分工作委托承包方办理，具体内容由双方在专用条款内约定，其费用由发包人承担。

发包人不按合同约定履行以上义务，导致工期延误或给承包人造成损失的，应赔偿承包人的有关损失，延误的工期相应顺延。

7.2.5 工程师的委派和指令

1. 工程师

建设工程施工合同示范文本中的工程师是指监理单位委派的总监理工程师或者发包人指定的履行施工合同的负责人两种情况。

发包人可以委托监理单位，对实施的工程项目进行全部或部分监督管理，监理单位委派的总监理工程师称为工程师，其姓名、职务、职权由发包人在专用条款内写明，并以书面形式将委托的监理单位名称、监理内容及监理权限通知承包人。工程师按合同约定行使职权，发包人在专用条款内要求工程师在行使某些职权前需要征得发包人批准的，工程师应征得发包人批准。合同履行中，发生影响发包人和承包人权利或义务的事件时，负责监理的工程师应依据合同在其职权范围内客观公正地进行处理。一方对工程师的处理有异议时，可按合同争议的解决方式，选择解决争议的最好方式来处理。除合同内有明确约定或经发包人同意外，工程师无权解除施工合同中约定的承包人的任何权利和义务。

发包人派驻施工场地履行合同的代表在施工合同中也叫工程师，其姓名、职务、职权由发包人在专用条款中写明，但职权不得与监理单位委派的总监理工程师相互交叉。双方职权发生交叉或不明时，由发包人予以明确，并以书面形式通知承包人。不实行工程监理的，施工合同中的工程师专指发包人派驻施工场地履行合同的代表，其具体职权也由发包人在专用条款内写明。

在施工合同履行过程中，工程师可以换人，但应至少提前7天以书面形式通知承包人。而且后任的工程师对前任工程师承诺的权利和义务应当承认和履行，不得更改或否认。

2. 工程师的委派

工程师应依据监理合同的约定和施工合同专用条款中的权利和义务，认真履行自己的职权和职责，并组建监理机构对工程项目进行监督管理。如果超出权限范围的，工程师必须先征得发包人批准，才能行使职权或发布指令。

工程师可以委托工程师代表，行使合同约定的自己的职权，并可在认为必要时撤回委派。委派和撤回应提前 7 天以书面形式通知承包人，负责监理的工程师还应将委派和撤回通知发包人。

工程师代表在工程师授权范围内向承包人发出的任何书面形式的函件，与工程师发出的函件具有同等效力。承包人对工程师代表向其发出的任何书面形式的函件有疑问时，可将此函件提交工程师，工程师应进行确认。工程师代表发出的指令有失误时，工程师应进行纠正。

除工程师或工程师代表外，发包人派驻工地的其他人员以及监理机构的助理均无权向承包人发出任何指令。

3. 工程师的指令

工程师的指令、通知由其本人签字后，以书面形式交给项目经理在回执上签署姓名和收到时间后生效。确有必要时，工程师可发出口头指令，并在 48 小时内给予书面确认，承包人对工程师的指令应予执行。工程师不能及时给予书面确认，承包人应于工程师发出口头指令后 7 天内提出书面确认要求。工程师在承包人提出确认要求后 48 小时内不予答复，应视为承包人要求已被确认。

承包人认为工程师指令不合理，应在收到指令后 24 小时内提出书面申告，工程师在收到承包人申告后 24 小时内作出修改指令或继续执行原指令的决定，并以书面形式通知承包人。紧急情况下，工程师要求承包人立即执行的指令或承包人虽有异议，但工程师决定仍继续执行的指令，承包人应予执行。因指令错误发生的费用和给承包人造成的损失应由发包人承担，延误的工期相应顺延。

工程师应按合同规定，及时向承包人提供所需指令、批准、图纸并履行其他约定的义务，否则承包人在约定时间后 24 小时内将具体要求、需要的理由和延误的后果通知工程师，工程师收到通知后 48 小时内不予答复，应承担延误造成的追加合同价款，并赔偿承包人有关损失，顺延延误的工期。

7.2.6　承包人的义务

承包人按专用条款约定的内容和时间履行以下义务：

1. 根据发包人的委托，在其设计资质的范围内，完成施工图设计或与工程配套的设计，经工程师确认后使用，发生的费用由发包人承担。

2. 向工程师提供年、季、月工程进度计划及相应进度统计报表。

3. 按工程需要提供和维修非夜间施工使用的照明、围栏设施，并负责安全保卫。

4. 按专用条款规定的数量和要求，向发包人提供在施工现场办公和生活的房屋及设施，发生费用由发包人承担。

5. 遵守有关部门对施工场地交通、施工噪声以及环境保护和安全生产等的管理规定，按管理规定办理有关手续，并以书面形式通知发包人。发包人承担由此发生的费用，因承包人责任造成的罚款除外。

6. 已竣工工程未交付发包人之前，承包人按专用条款的约定负责已完工程的保护工作，保护期间发生损坏，承包人自费予以修复。要求承包人采取特殊措施保护的单位工程的部位和相应追加合同款价，在专用条款内约定。

7. 按专用条款的约定做好施工现场地下管线和临近建筑物、构筑物（包括文物保护建筑）、古树名木的保护工作。

8. 保护施工场地清洁符合环境卫生管理的有关规定。交工前清理现场达到专用条款的约定的要求，承担由自身原因违反有关规定造成的损失和罚款。

9. 承包人应履行的其他义务，双方在专用条款中约定。

承包人不履行以上各项义务，造成发包人损失的，应对发包人的损失给予赔偿。

7.2.7 项目经理

项目经理是由承包人单位法定代表人授权的，派往施工场地的承包人的总负责人。项目经理的姓名、职务在施工合同专用条款内写明。项目经理一旦确定后，则不能随意换人。承包人如需要更换项目经理，应至少提前 7 天以书面形式通知发包人，并征得发包人同意。后任继续执行合同文件约定的前任项目经理的职权，履行前任项目经理的义务。发包人可以与承包人协商，建议更换其不称职的项目经理。

承包人依据施工合同发出的通知，以书面形式由项目经理签字后送交工程师，工程师在回执上签署姓名和收到时间后生效。

项目经理按发包人认可的施工组织设计（施工方案）和工程师依据施工合同发出的指令组织施工。在情况紧急且无法与工程师联系时，项目经理应当采取保证人员生命和工程、财产安全的紧急措施，并在采取措施后 48 小时内向工程师送交报告。责任在发包人或第三人，由发包人承担由此发生的追加合同价款，相应顺延工期；责任在承包人，由承包人承担费用，不顺延工期。

7.3 施工合同的三大控制条款

建设工程施工合同的三大控制条款主要包括进度控制条款、质量控制条款和投资控制条款，是施工合同的重要组成部分，也是双方当事人的主要权利和义务。

7.3.1 施工组织设计和工期

1. 进度计划

承包人应按专用条款约定的日期，将施工组织设计和工程进度计划提交工程师。群体工程中单位工程分期进行施工的，承包人应按照发包人提供图纸及有关资料的时间，按单位工程编制进度计划，按双方在专用条款中约定的具体内容和时间，分别向工程师提交。工程师接到承包人提交的进度计划后，应当按专用条款约定的时间给予确认或提出修改意见。如果工程师逾期不确认也不提出书面意见，视为已经同意。

承包人必须按照工程师确认后的进度计划组织施工，接受工程师对进度的检查和监督。一般情况下，工程师每月检查一次承包人的进度计划与执行情况，由承包人提交一份上月进度计划实际执行情况和本月的施工计划，必要时也可以进行现场实地检查。

工程实际进度与经确认后的进度计划不符时，承包人应按工程师的要求提出改进措施，经工程师确认后执行。因承包人的原因导致实际进度与进度计划不符，承包人无权就改进措施提出追加合同价款。

如果采取改进措施后，工程实际进度赶上了进度计划，承包人仍可按原进度计划组织施工。如果采取改进措施后，工程实际进度仍明显与进度计划不符，则工程师可要求承包人修改原进度计划，并交经工程师确认后实施。但这种确认并不是工程师对工程延期的批准，承包人仍应承担相应的违约责任。

2. 开工及延期开工

承包人应当按照协议书约定的开工日期开工。

承包人不能按时开工，应当不迟于协议书约定的开工日期前 7 天，以书面形式向工程师提出延期开工的理由和要求。工程师应当在接到延期开工申请后 48 小时内以书面形式答复承包人。工程师在接到延期开工申请后 48 小时内不答复，视为同意承包人的要求，工期相应顺延。如果工程师不同意延期要求或承包人未在规定时间内提出延期开工要求，工期不予顺延。

因发包人原因不能按协议书约定的开工日期开工，工程师应以书面形式通知承包人，推迟开工日期。发包人赔偿承包人因延期开工造成的损失，并相应顺延工期。

3. 暂停施工

工程项目在施工过程中，有些主观的或客观的情况发生，往往会导致工程的暂停施工。当然，暂停施工对工程进度有很大影响，所以在施工期间，工程师会采取一些措施尽可能避免暂停施工的原因发生。

工程师认为确有必要暂停施工时，应当以书面形式要求承包人暂停施工，并在提出要求后 48 小时内提出书面处理意见。承包人应当按工程师要求暂停施工，并妥善保护已完工程。承包人实施工程师做出的处理意见后，可以书面形式提出复工要求，工程师应当在 48 小时内给予答复。工程师未能在规定时间内提出处理意见，或收到承包人复工要求后 48 小时内未予答复，承包人可自行复工。因发包人原因造成停工的，由发包人承担所发生的追加合同价款，赔偿承包人由此造成的损失，相应顺延工期；因承包人原因造成停工的，由承包人承担所发生的费用，工期不予顺延。

由发包人承担责任的暂停施工的主要原因有：发包人不按合同规定及时向承包人支付工程预付款、发包人不按合同规定及时向承包人支付工程进度款且双方又未达成延期付款协议、施工中发现有价值的文物或构筑物、施工中发生不可抗力的事件等。

4. 工期延误

承包人应当按照施工合同约定的时间完成工程施工任务，如果是由于承包人自身原因造成的工期延误，应当由承包人承担违约责任。但在有些情况下的工期延误，属于发包人违约或者应当由发包人承担的风险，所以经工程师确认后，工期可以相应顺延：

（1）发包人未能按专用条款的约定提供图纸及开工条件；

（2）发包人未能按约定日期支付工程预付款、进度款，致使施工不能正常进行；

（3）工程师未按合同约定提供所需指令、批准等，致使施工不能正常进行；

（4）设计变更和工程量增加；

（5）一周内非承包人原因停水、停电、停气造成停工累计超过 8 小时；

（6）不可抗力；

（7）专用条款中约定或工程师同意工期顺延的其他情况。

承包人在以上工期可以顺延的情况发生后 14 天内，就延误的工期以书面形式向工程师提出报告。工程师在收到报告后 14 天内予以确认，逾期不予确认也不提出修改意见，视为同意顺延工期。经工程师确认的顺延工期应纳入合同工期，作为合同工期的一部分。

7.3.2 质量与检验

1. 工程质量

承包人应当严格按施工合同约定的工程质量组织施工，使工程质量达到协议书约定的质量标准，质量标准的评定以国家或行业的质量检验评定标准为依据。有些工程项目质量标准的评定也可以参照国际标准进行评定，主要看当事人在合同中是如何约定的。

因承包人施工原因工程质量达不到约定的质量标准，承包人承担相应的违约责任。双方当事人对工程质量有争议，由双方同意的工程质量检测机构鉴定，所需费用及因此造成的损失，由责任方承担。双方都有责任，由双方根据其责任分别承担相应的费用和损失。

2. 施工中的检查和返工

在工程项目施工过程中，发包人委托的监理机构的工作人员有权对工程进行检查检验，一旦发现工程的某一部分达不到约定的质量标准，可要求承包人返工。

承包人应认真按照约定的标准、规范和设计图纸要求以及工程师依据合同发出的指令施工，随时接受工程师的检查检验，并为检查检验提供便利条件。工程质量达不到约定标准的部分，工程师一经发现，应要求承包人拆除和重新施工，承包人应按工程师的要求拆除和重新施工，直到符合约定标准。因承包人原因达不到约定标准，由承包人承担拆除和重新施工的费用，工期不予顺延。

工程师的检查检验不应影响施工正常进行。如果影响施工正常进行，检查检验不合格时，影响正常施工的费用由承包人承担。除此之外影响正常施工的追加合同价款由发包人承担，相应顺延工期。因工程师指令失误或其他非承包人原因发生的追加合同价款，也由发包人承担。

3. 隐蔽工程和中间验收

工程项目在施工期间，会有一些工程需要隐蔽后才能继续施工，而隐蔽工程在施工中一旦完成隐蔽，很难进行质量检查，所以在工程隐蔽之前就要进行工程验收。这样，发包人再签订合同时，应当在专用条款中约定隐蔽工程的名称、验收时间和质量要求等内容。

工程具备隐蔽条件或达到专用条款约定的中间验收部位，承包人进行自检，并在隐蔽或中间验收前48小时以书面形式通知工程师验收。通知包括隐蔽或中间验收的内容、验收的时间和地点。承包人准备验收记录，验收合格，工程师在验收记录上签字后，承包人可以进行隐蔽和继续施工。验收不合格，承包人在工程师限定的时间内修改后重新验收。

工程师不能按时进行验收，在验收前24小时应以书面形式向承包人提出延期要求，延期不能超过48小时。工程师未能按以上时间提出延期要求，不进行验收，承包人可自行组织验收，工程师应承认验收记录。

经工程师验收，工程质量符合标准、规范和设计图纸等要求，验收24小时内工程师应在验收记录上签字。工程师在验收24小时后不在验收记录上签字，视为工程师已经认可验收记录，承包人可进行工程隐蔽或继续施工。

4. 重新验收

无论工程师是否进行验收，当其要求对已经隐蔽的工程重新验收时，承包人应按要求进行剥露或开孔，并在验收后重新覆盖或修复。验收合格，发包人承担由此发生的全部追加合同价款，赔偿承包人损失，并相应顺延工期。验收不合格，承包人承担发生的全部费用，工期不予顺延。

5. 工程试车

需要进行试车的工程项目，发包人与承包人在施工合同专用条款中应予以约定，而且试车内容应当与承包人承包的安装范围相一致。

（1）单机无负荷试车

设备安装工程具备单机无负荷试车条件，承包人组织试车，并在试车前 48 小时以书面形式通知工程师。通知包括试车内容、时间、地点。承包人准备试车记录，发包人根据承包人要求为试车提供必要条件。试车合格，工程师在试车记录上签字。

工程师不能按时参加试车，须在开始试车前 24 小时以书面形式向承包人提出延期要求，延期不能超过 48 小时。工程师未能按以上时间提出要求，不能参加试车，应承认试车记录。

（2）联动无负荷试车

设备安装工程具备无负荷联动试车条件，发包人组织试车，并在试车前 48 小时以书面形式通知承包人。通知包括试车内容、时间、地点和对承包人的要求，承包人按要求做好准备工作。试车合格，双方在试车记录上签字。

（3）试车双方的责任

① 由于设计原因试车达不到验收要求，发包人应要求设计单位修改设计，承包人按修改后的设计重新安装。发包人承担修改设计、拆除及重新安装的全部费用和追加合同价款，工期相应顺延。

② 由于设备制造原因试车达不到验收要求，由该设备采购一方负责重新购置或修理，承包人负责拆除和重新安装。设备由承包人采购，由承包人承担修理或重新采购、拆除及重新安装的费用，工期相应顺延。

③ 由于承包人施工原因试车达不到验收要求，承包人按工程师要求重新安装和试车，并承担重新安装和试车的费用，工期不予顺延。

④ 工程师在试车合格后不在试车记录上签字，试车结束 24 小时后，视为工程师已经认可试车记录，承包人可以继续施工或办理竣工手续。

⑤ 试车费用除已包括在合同价款之内或专用条款另有约定外，均由发包人承担。

（4）投料试车应在工程竣工验收后由发包人负责，如发包人要在竣工验收前进行或需要承包人配合时，应征得承包人同意，另行签订补充协议。

7.3.3　安全施工

1. 安全施工与检查

工程项目的安全施工与检查，无论对发包方而言，还是对承包方来讲，都是施工过程中应当非常重视的一个问题。

承包人应当遵守工程建设安全生产有关管理规定，严格按安全标准组织施工，并随时接受行业安全检查人员依法实施的监督检查，采取必要的安全防护措施，消除事故隐患。由于承包人安全措施不力造成事故的责任和因此发生的费用，由承包人承担。

发包人应对其在施工场地的工作人员进行安全教育，并对他们的安全负责。发包人不得要求承包人违反安全管理的规定进行施工。因发包人原因导致的安全事故，由发包人承担相应责任及发生的费用。

2. 安全防护

承包人在动力设备、输电线路、地下管道、密封防震车间、易燃易爆地段以及临街交通要道附近施工时，施工开始前应向工程师提出安全防护措施，经工程师认可后实施，防护措施费用由发包人承担。

实施爆破作业，在放射、毒害性环境中施工（含储存、运输、使用）及使用毒害性、腐蚀性物品施工时，承包人应在施工前 14 天以书面形式通知工程师，并提出相应的防护措施，经工程师认可后实施，由发包人承担安全防护措施费用。

3. 事故处理

在施工过程中，发生重大伤亡及其他事故，承包人应按有关规定立即上报有关部门并通知工程师，同时按政府有关部门要求处理，由事故责任方承担发生的费用。发包人和承包人对事故责任有争议时，应按政府有关部门的认定处理。

7.3.4 施工合同价款与支付

1. 施工合同价款的约定及调整

1）施工合同价款的约定

建设工程施工合同价款，应当是由双方当事人在协议书内约定的。招标工程的合同价款由发包人和承包人依据中标通知书中的中标价格在协议书内约定。非招标工程的合同价款由发包人和承包人依据工程预算书在协议书内约定。合同价款在协议书内约定后，任何一方当事人不得擅自改变。

建设工程施工合同规定，下列三种确定价款的方式，双方当事人可在专用条款内约定采用一种：

（1）固定价格合同。即双方在专用条款内约定合同价款包含的风险范围和风险费用的计算方法，在约定的风险范围内合同价款不再调整。风险范围以外的合同价款调整方法，应当在专用条款内约定。

固定价格合同包括总价合同和单价合同。固定总价合同比较适用于中小型工程项目，而且要求招标文件和合同条件应详细确定，我国的很多工程项目采用固定总价合同。固定单价合同比较适合于大型工程项目，而且相对于固定总价合同来讲，它的风险更容易规避一些，因为它可以把工程施工中遇到的风险分散到各分部分项工程中去，只要措施得当，就可以使风险降低或者避免。

（2）可调整价格合同。即合同价款可依据双方的约定而调整，双方在专用条款内约定合同价款的调整因素和调整方法。

可调整价格合同中也应当包括总价合同和单价合同。可调总价合同也比较适用于中小型工程项目，因为计算总价比较方便和容易。可调单价合同比较适用于大型工程项目，它可以分部分项列出合同单价，然后按其工程量多少计算其总价。

（3）成本加酬金合同。即由发包人向承包人支付工程项目的实际成本，并按事先约定的某一种方式支付酬金的合同类型。也就是说，合同价款包括成本和酬金两部分，双方在专用条款内约定成本构成和酬金的计算方法。相对于固定价格合同和可调整价格合同来说，成本加酬金合同在工程项目中采用的较少，因为这种合同价款的风险全部由发包人承担，承包人可以不承担任何风险，只是得到的酬金高低问题，所以它比较适合于特别小的工程项目、很特别很复杂的工程项目、很紧急的工程项目、大工程实施中附加的小型工程项目等。

成本加酬金合同在国际工程承包中，被发包人演变出十多种形式，其目的就在于降低工程成本，因为发包人不可能不控制成本的支出而承担风险。工程成本控制的越低，承包人得到的酬金就越多。

2）可调价格合同中合同价款的调整因素和程序

可调价格合同中合同价款的调整因素包括：

① 法律、行政法规和国家有关政策变化影响合同价款；

② 工程造价管理部门公布的价格调整；

③ 一周内非承包人原因停水、停电、停气造成停工累计超过 8 小时；

④ 双方约定的其他因素。

承包人应当在合同价款的调整因素发生后 14 天内，将调整原因、金额以书面形式通知工程师，工程师确认调整金额后作为追加合同价款，与工程款同期支付。工程师收到承包人通知后 14 天内不予确认也不提出修改意见，视为已经同意该项调整。

2. 工程预付款

实行工程预付款的施工合同，双方应当在专用条款内约定发包人向承包人预付工程款的时间和数额，开工后按约定的时间和比例逐次扣回。预付时间应不迟于约定的开工日期前 7 天。发包人不按约定预付工程款，承包人在约定预付时间 7 天后向发包人发出要求预付的通知，发包人收到通知后仍不能按要求预付，承包人可在发出通知后 7 天停止施工，发包人应从约定应付之日起向承包人支付应付款的同期银行贷款利息，并承担违约责任。

3. 工程量的确认

工程款支付的前提是对承包人已完成工程量的核实确认。

承包人应按专用条款约定的时间，向工程师提交已完成工程量的报告。报告应当包括完成工程量报审表以及作为其附件的完成工程量统计报表、项目的名称和简要说明。工程师接到报告后 7 天内按设计图纸核实已完工程量（以下简称计量），并在计量前 24 小时通知承包人，承包人应为计量提供便利条件并派人参加。承包人收到通知后不参加计量，工程师的计量结果有效，并作为工程价款支付的依据。

工程师收到承包人报告后 7 天内未进行计量，从第 8 天起，承包人报告中开列的工程量即视为被确认，并作为工程价款支付的依据。工程师不按约定时间通知承包人，致使承包人未能参加计量，计量结果无效。

对承包人超出设计图纸范围和因承包人原因造成返工的工程量，工程师不予计量。

4. 工程款（进度款）支付

（1）工程款（进度款）的支付方式

① 按月结算。即实行旬末或月中预支，月末结算，竣工后清算的方式，适合于各类工程项目。

② 竣工后一次结算。即实行工程价款每月月中预支，竣工后一次结算的方式，适合于施工期较短或施工合同价格较低的工程项目。

③ 分段结算。即实行按照工程项目进度，划分不同阶段进行结算的方式，适合于当年开工，当年不能竣工的单项工程或单位工程。

④ 其他结算方式。即发包人和承包人也可通过协商约定采用其他结算方式，但必须征得开户银行的同意。

（2）工程款（进度款）支付的程序和责任

在确认计量结果后 14 天内，发包人应向承包人支付工程款（进度款）。按约定时间发包人应扣回的预付款，与工程款（进度款）同期结算。

可调价格合同中调整的合同价款和设计变更调整的合同价款及其他合同条款中约定在施工过程中的追加合同价款，也应与工程款（进度款）同期调整支付。

发包人超过约定的支付时间不支付工程款（进度款），承包人可向发包人发出要求付款的通知，发包人收到承包人通知后仍不能按要求付款，可与承包人协商签订延期付款协议，经承包人同意后可延期支付。协商应明确延期支付的时间和从计量结果确认后第 15 天起计算应付款的贷款利息。发包人不按合同约定支付工程款（进度款），双方又未达成延期付款协议，导致施工无法进行，承包人可停止施工，由发包人承担违约责任。

7.3.5 材料设备供应

建设工程施工过程中的材料设备供应的质量控制，是整个工程质量控制的基础，所以材料设备的供应不仅应符合建设工程施工合同的约定，而且还须与国家或现行行业有关材料设备的技术标准一致，从看样、订货、包装、储存、运输到核验，都必须严格把关。无论发包人供应的材料设备，还是承包人采购的材料设备，都必须是具备相应法定条件的正规生产厂家生产的建筑材料、构配件和设备。

1. 发包人供应材料设备

（1）发包人供应材料设备一览表

《建设工程施工合同（示范文本）》的附件 2，就是发包人供应材料设备一览表。施工合同约定实行发包人供应材料设备的，双方应当约定发包人供应材料设备一览表。一览表包括发包人供应材料设备的品种、规格、型号、数量、单价、质量等级、提供的时间和地点等内容。

（2）发包人供应材料设备的验收和保管

发包人应当严格按照一览表约定的内容提供材料设备，并向承包人提供产品的合格证明，对提供的材料设备质量负责。发包人在所供材料设备到货前 24 小时，以书面形式通知承包人，由承包人派人与发包人共同清点。经双方共同验收后由承包人负责妥善保管，发包人支付相应的保管费用。因承包人原因发生丢失损坏，由承包人负责赔偿。但是，如果发包人未通知承包人清点，承包人不负责材料设备的保管，丢失损坏由发包人负责。

（3）发包人供应的材料设备与一览表不符时的责任

发包人供应的材料设备与一览表不符时，发包人承担有关责任。发包人应承担有关责任的具体内容，双方根据下列情况在专用条款内约定：

①材料设备单价与一览表不符，由发包人承担所有价差；

②材料设备的品种、规格、型号、质量等级与一览表不符，承包人可拒绝接受保管，由发包人运出施工场地并重新采购；

③发包人供应的材料规格、型号与一览表不符，经发包人同意，承包人可代为调剂串换，由发包人承担相应费用；

④到货地点与一览表不符，由发包人负责运至一览表指定地点；

⑤供应数量少于一览表约定的数量时，由发包人补齐，多余一览表约定数量时，发包人负责将多出部分运出施工场地；

⑥到货时间早于一览表约定时间，由发包人承担因此发生的保管费用；到货时间迟于一览表约定的供应时间，发包人赔偿由此造成的承包人损失，造成工期延误的，相应顺延

工期。

（4）发包人供应的材料设备使用前的检验和试验

发包人供应的材料设备使用前，由承包人负责检验或试验，不合格的不得使用，检验或试验费用由发包人承担。如果材料设备在检验或试验合格后已经使用，而后又发现材料设备有质量问题，仍然由发包人承担重新采购及拆除重建的追加合同价款，并相应顺延因此延误的工期。

2. 承包人采购材料设备

（1）承包人采购材料设备的验收与保管

建设工程施工合同应在专用条款内约定哪些材料设备由承包人负责采购。承包人负责采购的材料设备，应当由承包人选择生产厂家或者供应商，发包人无权指定生产厂家或者供应商。

承包人负责采购材料设备的，应按专用条款约定及设计和有关标准要求采购，并提供产品合格证明，对材料设备质量负责。承包人在材料设备到货前 24 小时通知工程师清点，清点验收后由承包人负责妥善保管，保管费由承包人承担。承包人采购材料设备与设计标准不符时，承包人应按工程师要求的时间运出施工场地，重新采购符合要求的产品，承担由此发生的费用，由此延误的工期不予顺延。

（2）承包人采购材料设备使用前的验收或试验

承包人采购的材料设备使用前，承包人应按工程师的要求进行检验或试验，不合格的不得使用，检验或试验费用由承包人承担。工程师发现承包人采购并使用不符合设计或标准要求的材料设备时，应要求承包人负责修复、拆除或重新采购，并承担发生的费用，由此延误的工期不予顺延。

（3）承包人使用代用材料的规定

原则上承包人在工程施工中是不得随意使用代用材料的，承包人认为确实需要使用代用材料时，应经工程师认可后才能使用，由此增减的合同价款由双方当事人以书面形式议定。

7.3.6　工程变更

建设工程在施工期间，工程发生变更也是经常发生的，工程师应尽可能采取相应措施减少工程变更的发生，因为工程变更往往对施工进度会有很大影响，如果确有必要进行工程变更，也应当按照国家的有关规定和双方当事人合同约定的程序进行。

1. 工程设计变更

（1）发包人对原工程设计的变更

施工过程中发包人需要对原工程设计进行变更，应提前 14 天以书面形式向承包人发出变更通知。变更超过原工程设计标准或批准的建设规模时，发包人应报规划管理部门或其他有关部门重新审查批准，并由原设计单位提供变更的相应图纸和说明。承包人按照工程师发出的变更通知及有关要求进行工程变更，并继续组织施工。因变更导致合同价款的增减及造成的承包人损失，由发包人承担，延误的工期相应顺延。

（2）承包人要求对原工程设计的变更

施工过程中承包人不得对原工程设计进行变更。因承包人擅自变更设计，发生的费用和由此导致发包人的直接损失，由承包人承担，延误的工期不予顺延。

承包人在施工过程中提出的合理化建议涉及对设计图纸或施工组织设计的更改及对材

料、设备的换用，须经工程师同意。工程师同意后还要报请发包人，由发包人报规划部门或其他有关部门重新审查批准，再由原工程设计单位提供变更的相应图纸和说明之后，承包人可按变更后的设计和说明继续组织施工。因变更导致的合同价款的增减及造成承包人的损失，由发包人承担，延误的工期相应顺延。如果未经工程师同意，承包人擅自更改设计或换用材料设备时，承包人承担由此发生的费用，并赔偿发包人的有关损失，延误的工期不予顺延。

（3）工程设计变更事项

工程设计变更事项主要包括：

① 更改工程有关部分的标高、基线、位置和尺寸；

② 增减合同中约定的工程量；

③ 改变有关工程的施工时间和顺序；

④ 其他有关工程变更需要的附加工作。

2. 其他变更

在施工合同履行过程中，发包人要求变更工程质量标准及发生其他实质性的变更，由发包人与承包人协商解决，并达成书面补充协议，作为施工合同协议书的组成部分。如果发包人对工程质量标准有特殊要求的，必须增加合同价款和延长工期。

3. 确定变更价款

（1）确定变更价款的程序

承包人在工程变更确定后14天内提出变更工程价款的报告，经工程师同意后调整合同价款。承包人在双方确定变更后14天内不向工程师提出变更工程价款报告时，视为该项变更不涉及合同价款的变更。

工程师应在收到变更工程价款报告之日起14天内予以确认，工程师无正当理由不确认时，自变更工程价款报告送达之日起14天后，视为变更工程价款报告已被确认。

工程师确认增加的工程变更价款作为追加合同价款，与工程款（进度款）同期支付。工程师不同意承包人提出的变更价款，按照施工合同约定的争议解决方法处理。因承包人自身原因导致的工程变更，承包人无权提出变更工程价款报告，并无权要求追加合同价款。

（2）确定变更价款的方法

① 合同中已有适用于变更工程的价格，按合同已有的价格变更合同价款；

② 合同中只有类似于变更工程的价格，可以参照类似的价格变更合同价款；

③ 合同中没有适用或类似于变更工程的价格，由承包人提出适当的变更价格，经工程师确认后执行。

7.3.7　竣工验收与结算

承包人必须按照协议书约定的竣工日期或工程师同意顺延的工期竣工。因承包人原因不能按照协议书约定的竣工日期或工程师同意顺延的工期竣工的，承包人承担违约责任。

1. 工程竣工验收程序和发包人不按时组织验收的后果

工程具备竣工验收条件，承包人按国家工程竣工验收有关规定，向发包人提供完整竣工资料及竣工验收报告。双方当事人约定由承包人提供竣工图的，应当在专用条款内约定提供的日期和份数。

发包人收到承包人提供的竣工验收报告后28天内组织有关单位验收，并在验收后14天内给予认可或提出修改意见。承包人按要求修改，并承担由自身原因造成修改的费用。

发包人收到由承包人送交的竣工验收报告后 28 天内不组织验收，或验收后 14 天内不提出修改意见，视为竣工验收报告已被认可。

工程竣工验收通过，承包人送交竣工验收报告的日期为实际竣工日期。工程按发包人要求修改后通过竣工验收的，实际竣工日期为承包人修改后提请发包人验收的日期。

发包人收到承包人竣工验收后 28 天内不组织验收，从第 29 天起承担工程保管及一切意外责任。

中间交工工程的范围和竣工时间，双方当事人应在专用条款内约定，其验收程序也按照以上工程竣工验收程序办理。

工程未经竣工验收或竣工验收未通过的，发包人不得使用。发包人强行使用时，由此发生的质量问题及其他问题，由发包人承担责任。

2. 发包人要求承包人提前竣工

工程项目施工过程中，发包人如果要求承包人提前竣工，应当与承包人进行协商，协商一致后双方签订提前竣工的协议，作为施工合同文件的组成部分。发包人应为承包人赶工提供方便条件，并增加赶工措施费，作为追加合同价款。

提前竣工协议应包括的内容有：

① 提前的时间；

② 承包人采取的赶工措施；

③ 发包人为赶工提供的条件；

④ 承包人为保证工程质量采取的措施；

⑤ 提前竣工所需的追加合同价款等；

3. 甩项工程竣工

因特殊原因，发包人要求部分单位工程或工程部位甩项竣工的，双方当事人应当另行签订甩项竣工协议，明确双方当事人的责任和工程价款的支付方法。

4. 竣工结算

（1）竣工结算的程序

工程竣工验收报告经发包人认可后 28 天内，承包人向发包人递交竣工结算报告及完整的结算资料，双方当事人按照协议书约定的合同价款及专用条款约定的合同价款调整内容，进行工程竣工结算。

发包人收到承包人递交的竣工结算报告及结算资料后 28 天内进行核实，给予确认或者提出修改意见。发包人确认竣工结算报告后通知经办银行向承包人支付工程竣工结算价款。承包人收到竣工结算价款后 14 天内将竣工工程交付发包人。

（2）发包人不支付工程结算价款的违约责任

发包人收到竣工结算报告和结算资料后 28 天内无正当理由不支付工程竣工结算价款，从第 29 天起按承包人同期向银行贷款利率支付拖欠工程价款的利息，并承担违约责任。

发包人收到竣工结算报告及结算资料后 28 天内不支付工程竣工结算价款，承包人可以催告发包人支付结算价款。发包人在收到竣工结算报告及结算资料后 56 天内仍不支付的，承包人可以与发包人协议将该工程折价，也可以由承包人申请人民法院将该工程依法拍卖，承包人就该工程折价或者拍卖的价款优先受偿。

（3）承包人未能及时递交竣工结算报告及资料的责任

工程竣工验收报告经发包人认可后28天内，承包人未能向发包人递交竣工结算报告及完整的结算资料，造成工程竣工结算不能正常进行或工程竣工结算价款不能及时支付，发包人要求交付工程的，承包人应当交付；发包人不要求交付工程的，承包人承担保管责任。

发包人和承包人对工程竣工结算价款发生争议时，如果当事人有仲裁协议的，可以向合同中约定的仲裁机构申请仲裁，没有仲裁协议的，任何一方当事人可以向人民法院起诉，由法院做出判决。

7.3.8 建设工程质量保修

承包人在建设工程办理交工验收手续后，应按照有关法律、法规、规章的管理规定和双方当事人在施工合同附件3中的约定，承担其施工工程的质量保修责任，在规定的保修期内，负责建设工程项目质量缺陷的维修。

1. 工程质量保修书的主要内容

根据《建设工程施工合同（示范文本）》附件3的规定，承包人应当在工程竣工验收之前，与发包人签订房屋建筑工程质量保修书，其主要内容包括：

（1）工程质量保修范围和内容；

（2）质量保修期；

（3）质量保修责任；

（4）质量保修金的支付方法；

（5）双方需要约定的其他事项。

2. 工程质量保修范围和内容

工程质量保修范围包括地基基础工程、主体结构工程、屋面防水工程和有防水要求的卫生间、房间和外墙面的防渗漏、供热供冷系统、电器管线、给排水管道、设备安装和装修工程以及双方约定的其他项目。工程质量保修范围是国家强制性规定的，施工合同当事人在约定工程质量保修范围时只能增加，不能减少。工程质量保修的具体内容，双方当事人在合同中可以协商约定。

3. 工程质量保修期

工程质量保修期从工程竣工验收合格之日计算。

施工合同双方当事人应当根据国家法律、法规的规定，结合具体工程项目的性质和特点，约定工程质量保修期，但不能低于国家规定的最低质量保修期限。《建设工程质量管理条例》和《房屋建筑工程质量保修办法》以及其他有关规定，对正常使用条件下的建设工程的最低质量保修期限的规定如下：

（1）地基基础工程和主体结构工程为设计文件规定的该工程合理使用年限；

（2）屋面防水工程、有防水要求的卫生间、房间和外墙面的防渗漏为5年；

（3）供热与供冷系统，为2个采暖期和供冷期；

（4）电气管线、给排水管道、设备安装和装修工程为2年。

当事人双方还可以约定其他项目的质量保修期限。

4. 工程质量保修责任

（1）工程质量保修工作程序

建设工程在保修范围和保修期限内发生问题时，发包或房屋建筑所有人向施工承包人发出保修通知。承包人接到保修通知后，应在 7 天内及时到现场核查情况，履行保修义务。发生涉及结构安全或严重影响使用功能的紧急抢修事故时，应在接到保修通知后立即到达现场抢修。

若发生涉及结构、安全的质量缺陷，发包人或房屋建筑所有人应当按照《房屋建筑工程质量保修办法》的规定，立即向当地建设行政主管部门报告，并采取相应的安全防范措施。原设计单位或具有相应资质等级的设计单位提出保修方案后，施工承包人实施保修，由原工程质量监督机构负责对保修的监督。

保修完成后，发包人或房屋建筑所有人组织验收。涉及结构安全的质量保修，还应当报当地建设行政主管部门备案。

(2) 工程质量保修责任

① 在工程质量保修书中应当明确建设工程的保修范围、保修期限和保修责任。如果因使用不当或者第三方造成的质量缺陷，以及不可抗力造成的质量缺陷，则不属于保修范围。保修费用由质量缺陷的责任方承担。

② 若承包人不按工程质量保修书约定履行保修义务或拖延履行保修义务，经发包人申报后，由建设行政主管部门责令改正，并处以 10 万元以上 20 万元以下的罚款。发包人也有权另行委托其他单位保修，由承包人承担相应责任。

③ 保修期内因工程质量缺陷造成工程所有人、使用人或第三方人身、财产损害时，受损害方可向发包人提出赔偿要求。发包人赔偿后向造成工程质量缺陷的责任方追偿。

④ 因保修不及时造成新的人身、财产损害，由造成拖延的责任方承担赔偿责任。

⑤ 建设工程超过合理使用年限后，承包人不再承担保修的义务和责任。若要继续使用时，产权所有人应当委托具有相应资质等级的勘察、设计单位进行鉴定。根据鉴定结果采取相应的加固、维修等措施，重新鉴定使用期限。

7.4 建设工程施工合同的其他条款

建设工程施工合同除了具有进度控制、质量控制和控制投资的条款规定外，还有其他一些相关的条款规定，比如合同管理、信息管理、安全管理等方面的条款。尤其是施工合同的监督管理，既会影响到合同的签订和履行，也会涉及各方当事人的权益，因此，施工合同的监督管理，不仅包括各级工商行政管理机关、建设行政主管部门、金融机构的监督，还包括发包单位、监理单位、承包单位各自对施工合同的管理。

7.4.1 工程的转包与分包

建设工程施工合同的签订，基本上都是发包人对承包人进行了全面考察、审查、投标、评标等一系列活动之后选中的，这就意味着发包人对承包人的信任。因此，发包人与承包人一旦签订了施工合同，发包人就希望承包人以自身的力量和能力完成发包人委托的施工任务，决不允许将工程任务转包，也尽可能地不要将一些工程任务分包。

1. 工程转包

工程转包是指承包人不行使其管理职能，不承担技术经济责任，将所承包的工程倒手转给他人承包的行为。我国的《建筑法》和《招标投标法》以及其他建设工程法律法规中，都明确指出工程转包属于违法行为，决不允许承包人将其承包的全部工程转包给他人，也不允许将其承包的全部工程肢解后以分包的名义分别转包给他人。具体的转包行为有：

（1）承包人将承包的工程全部包给其他施工单位，从中提取回扣的；

（2）承包人将工程的主要部分转包给其他单位的；

（3）承包人将群体工程中半数以上的单位工程包给其他施工单位的；

（4）分包单位将承包的工程再次分包给其他单位的。

2. 工程分包

工程分包是指施工合同有约定或经发包人认可，工程承包人将承包的工程中的部分工程包给其他人的行为。我国的建设工程法律、法规中明确规定工程分包是允许的，但不能违反有关规定和当事人约定的分包范围。承包人必须自行完成建设工程项目的主要部分，只能将工程的非主要部分或专业性较强的工程分包给具备相应资质和经营条件、符合工程技术要求的施工单位。

在工程分包时，承包人必须依照施工合同专用条款的约定或发包人的许可，与分包人签订书面的分包合同。分包人应对承包人负责，承包人对发包人负责，发包人与分包人之间没有直接的合同关系。

承包人应在分包场地派驻相应的监督管理人员，保证分包合同的履行，因为分包人的任何违约行为、安全事故或疏忽导致工程损害或给发包人造成其他损失，承包人要承担责任。分包人的工程价款在承包人和分包人之间估算，发包人不得向分包人支付任何工程价款。

7.4.2 施工中专利技术及特殊工艺、文物和地下障碍物涉及的费用

1. 施工中专利技术及特殊工艺涉及的费用

建设工程施工中，有时会使用一些专利技术或特殊工艺，这样就要涉及专利技术或特殊工艺的费用承担问题。

发包人要求使用专利技术或特殊工艺，应负责办理相应的申报手续，并承担申报、试验、使用等费用；承包人提出使用专利技术或特殊工艺，应取得工程师认可，承包人负责办理申报手续并承担有关费用。

擅自使用专利技术侵犯他人专利权的责任者应依法承担相应责任。

2. 施工中发现文物和地下障碍物涉及的费用

在建设工程施工中发现古墓、古建筑遗址等文物及化石或其他有考古、地质研究等价值的物品时，承包人应立即保护好现场，并在4小时内以书面形式通知工程师，工程师应于收到书面通知后24小时内报告当地文物管理部门，发包人和承包人应当按照文物管理部门的要求采取妥善保护措施。发包人承担由此发生的费用，顺延延误的工期。如果发现后隐瞒不报，致使文物遭受破坏，责任人依法承担相应责任。

在建设工程施工中发现影响施工的地下障碍物时，承包人应于8小时内以书面形式通知工程师，同时提出处置方案，工程师收到处置方案后24小时内予以认可或提出修正方案。发包人承担由此发生的费用，顺延延误的工期。所发现的地下障碍物有归属单位时，发包人应报请有关部门协同处置。

7.4.3 不可抗力、保险和担保的规定

1. 不可抗力

不可抗力是指合同当事人不能预见、不能避免并不能克服的客观情况。建设工程施工合同中不可抗力主要包括战争、动乱、空中飞行物坠落或其他非发包人和承包人责任造成的爆

炸、火灾，以及专用条款约定的风、雨、雷、雪、洪、震等自然灾害。

不可抗力事件发生后，承包人应立即通知工程师，并在力所能及的条件下迅速采取措施，尽力减少损失，发包人应协助承包人采取措施。工程师认为应当暂停施工的，承包人应暂停施工。

不可抗力事件结束后 48 小时内承包人向工程师通报受害情况和损失情况，及预计清理和修复的费用。不可抗力事件持续发生，承包人应每隔 7 天向工程师报告一次受害情况。不可抗力事件结束后 14 天内，承包人向工程师提交清理和修复费用的正式报告及有关资料。

因不可抗力事件导致的费用及延误的工期由双方按以下方法分别承担：

（1）工程本身的损害、因工程损害导致第三方人员伤亡和财产损失以及运至施工场地用于施工的材料和待安装的设备的损害，由发包方承担；

（2）发包人、承包人人员伤亡由其所在单位负责，并承担相应后果；

（3）承包人机械设备损坏及停工损失，由承包人承担；

（4）停工期间，承包人应工程师要求留在施工场地的必要的管理人员及保卫人员的费用由发包人承担；

（5）工程所需清理、修复费用，由发包人承担；

（6）延误的工期相应顺延。

因合同一方延迟履行合同后发生不可抗力的，不能免除延迟履行方的相应责任。

2. 工程保险

在我国的保险制度中，对建设工程保险有专门的规定，当事人可以根据工程需要，办理财产保险和人身保险。虽然我国对工程保险没有强制性规定，但是随着建设工程项目管理逐步趋于国际化的进程，再加上各方当事人为了避免和减少不可抗力风险带来的损失，参加工程保险的越来越多。施工合同双方当事人应在专用条款中约定具体投保的内容和相关责任。

（1）工程开工前，发包人为建设工程和施工场地内的自有人员及第三方人员生命财产办理保险，支付保险费用；

（2）运至施工场地内用于工程材料和待安装设备，由发包方办理保险，并支付保险费用；

（3）发包人可以将有关保险事项委托承包人办理，费用由发包人承担；

（4）承包人必须为从事危险作业的职工办理意外伤害保险，并为施工场地内自有人员生命财产和施工机械设备办理保险，支付保险费用；

（5）保险事故发生时，发包人和承包人有责任尽力采取必要的措施，防止或减少损失。

3. 履约担保

发包人和承包人为了保证全面履行施工合同，可以互相提供以下担保：

（1）发包人向承包人提供履行担保，按合同约定支付工程价款及履行合同约定的其他义务。

（2）承包人向发包人提供履约担保，按合同约定履行自己的各项义务，保质、保量、保工期地完成工程项目的建设。

发包人或承包人提供履约担保的内容、方式和相互责任，双方除了在施工合同专用条款中约定外，被担保方与担保方还应签订书面担保合同，作为施工合同附件。目前在建设工程领域中，履约担保采用的方式主要是履约保证和履约保证书，保证人主要是银行或保证公司。一方当事人违约后，另一方可要求提供担保的保证人（第三人）承担相应责任。保证人向发包人开具的、担保承包人履约的保证书比较常见，具体格式如下：

履约担保书格式

根据本担保书，投标单位_____作为委托人和_____（担保单位名称）作为担保人共同向债权人_____（下称"建设单位"）承担支付人民币_____元的责任，承包单位和担保人均受本履约担保书的约束。

鉴于承包单位已于____年____月____日向建设单位递交了_____工程的投标文件，愿为投标单位在中标后（下称"承包单位"）同建设单位签署的工程承发包合同担保。下文中的合同包括合同中规定的合同协议书、合同文件、图纸、技术规范等。

本担保书的条件是：如果承包单位在履行上述合同中，由于资金、技术、质量或非不可抗力等原因给建设单位造成经济损失时，当建设单位以书面形式提出要求得到上述金额内的任何付款时，担保人将迅速予以支付。

本担保人不承担大于本担保书限额的责任。

除了建设单位以外，任何人都无权对本担保书的责任提出履行要求。

本担保书直至保修责任证书发出后 28 天内一直有效。

承包单位和担保人的法定代表人在此签字盖公章，以资证明。

担保单位（盖章）

法定代表人：（签字、盖章）　　　　　　　　　　　　日期：____年____月____日

投标单位（盖章）

法定代表人：（签字、盖章）　　　　　　　　　　　　日期：____年____月____日

7.4.4　施工合同解除

我国《合同法》规定，依法成立的合同，对当事人具有法律约束力。当事人应当按照约定履行自己的义务，不得擅自变更或解除合同。但是在合同订立后或在履行过程中，由于一些主观或客观的原因，合同没有履行或没有完全履行，当事人也可以解除合同。

1. 可以解除施工合同的原因

（1）发包人与承包人双方协商一致，可以解除施工合同。

（2）发包人不按合同约定支付工程款（进度款），双方又未达成延期付款协议，导致施工无法进行，承包人停止施工超过 56 天，发包人仍不支付工程款（进度款），承包人有权解除合同。

（3）未经发包人同意，承包人将其承包的全部工程转包给他人或者将承包的全部工程肢解以后以分包的名义分别转包给他人，发包人有权解除合同。

（4）因不可抗力致使合同无法履行，双方可以解除合同。

（5）因发包人原因造成工程停建或缓建，双方可以解除合同。

（6）因一方当事人违约致使合同无法履行，双方可以解除合同。

2. 施工合同解除的程序

合同解除有两种情况，一种是双方协议解除合同，另一种是一方当事人主张解除合同。

如果是双方协商解除合同，则发包人和承包人经过协商，意思表示一致，达成书面协议，施工合同就可以解除。

如果是一方当事人主张解除合同，应当以书面形式向对方发出解除合同的通知，并在通知发出的前 7 天告知对方，通知到达对方时合同解除，对解除合同有争议的，按照施工合同约定的争议解决方式和程序处理。

3. 施工合同解除后的善后处理

合同解除后，承包人应妥善做好已完工程和以购材料、设备的保护和移交工作，按发包人要求将自有机械设备和人员撤出施工场地。发包人应为承包人撤出提供必要条件，支持以上所发生的费用，并按合同约定支付已完工程价款。已经订货的材料、设备由订货方负责退货或解除退货合同，不能退还的货物和因退货、解除订货合同发生的费用，由发包人承担，因未及时退货造成的损失由责任方承担。除此之外，有过错的一方应当赔偿因合同解除给对方造成的损失。

施工合同解除后，不影响双方当事人在合同中约定的结算和清理条款的效力。

7.4.5　施工合同违约、索赔和争议的解决

1. 施工合同的违约责任

施工合同一经订立，就具有法律约束力，发包人和承包人应当按合同约定，履行各自的义务。如果发现发包人或承包人不履行合同义务或不按合同约定履行义务，就构成了违约行为，应承但相应的违约责任。

（1）发包人的违约行为

发包人的违约行为主要包括：

① 发包人不按时支付工程预付款；

② 发包人不按合同约定支付工程款（进度款），导致施工无法进行；

③ 发包人无正当理由不支付工程竣工结算价款；

④ 发包人不履行合同义务或不按合同约定履行义务的其他行为；

⑤ 合同约定应当由工程师完成的工作，工程师没有完成或者没有按照约定完成，给承包人造成损失的，也属于发包人的违约行为，因为工程师是受发包人委托代表发包人进行监理的。

（2）发包人承担违约责任的方式

① 赔偿损失。发包人和承包人应在施工合同专用条款中约定赔偿损失的计算方法。所以当发包人违约时，应当按约定赔偿因其违约给承包人造成的经济损失。

② 顺延工期。因发包人违约给承包人造成工期延误的，应当顺延延误的工期。

③ 支付违约金。违约金是具有补偿性和惩罚性双重属性的违约责任形式。双方当事人应在施工合同专用条款中约定违约金的支付比例和计算方法。

④继续履行合同。发包人承担了违约责任后，承包人要求继续履行施工合同，发包人应当继续履行。

（3）承包人的违约行为

承包人的违约行为主要包括：

① 因承包人原因不按照协议书约定的竣工日期或工程师同意顺延的工期竣工；

② 因承包人原因工程质量达不到协议书约定的质量标准；

③ 承包人不履行合同义务或不按合同约定履行义务的其他行为；

（4）承包人承担违约责任的方式

① 赔偿损失。按照施工合同专用条款中约定的赔偿损失计算方法，承包人赔偿因其违约给发包人造成的损失。

② 支付违约金。按照施工合同专用条款中约定，承包人应当支付相应的违约金。

③ 采取补救措施。当施工质量达不到约定的质量标准时，发包人也可以有权要求承包人采取一些合理的补救措施或方法，对工程进行返工、修理、更换等。

④ 继续履行合同。承包人承担了违约责任后，发包人要求继续履行施工合同，承包人应当继续履行。

2. 施工合同索赔

在施工合同履行中，一方当事人根据法律规定和双方约定，对并非由于自己的过错，而是由于应由合同对方承担的责任的情况造成的，而且实际发生了损失，可以向另一方当事人提出给予补偿的要求，这就是索赔。当一方向另一方提出索赔时要有正当索赔理由，并且有索赔事件发生的有效证据。否则索赔不能成立。

（1）承包人向发包人提出索赔

发包人未能按合同约定履行自己的各项义务或发生错误以及应由发包人承担责任的其他情况，造成工期延误和（或）承包人不能及时得到合同价款及承包人的其他经济损失，承包人可按下列程序以书面形式向发包人索赔：

① 索赔事件发生后 28 天内，向工程师发出索赔意向通知；

② 发出索赔意向通知后 28 天内，向工程师提出延长工期和（或）补偿经济损失的索赔报告及有关资料；

③ 工程师在收到承包人送交的索赔报告和有关资料后，于 28 天内给予答复，或要求承包人进一步补充索赔理由和证据；

④ 工程师在收到承包人送交的索赔报告和有关资料后 28 天内未予答复或未对承包人作进一步要求，视为该项索赔已经认可；

⑤ 当该索赔事件持续进行时，承包人应当阶段性向工程师发出索赔意向，在索赔事件终了后 28 天内，向工程师送交索赔的有关资料和最终索赔报告。工程师收到承包人送交的索赔报告和有关资料后，于 28 天内给予答复，或要求承包人进一步补充索赔理由和证据，工程师在 28 天未予答复或未对承包人作进一步要求视为该项索赔已经认可。

（2）发包人向承包人提出索赔

承包人未能按合同规定履行自己的各项义务或发生错误，给发包人造成经济损失，发包人也可在上面索赔程序规定的时限内向承包人提出索赔。

3. 施工合同争议的解决

发包人和承包人在履行合同时发生争议，可以和解或者要求有关主管部门调解。当事人不愿意和解、调解，或者和解、调解不成的，双方可以在专用条款内约定以下一种方式解决争议：

第一种解决方式：双方达成仲裁协议，向约定的仲裁委员会申请仲裁；

第二种解决方式：向有管辖权的人民法院起诉。

施工合同当事人发生争议后和在解决争议过程中，原则上施工合用应当继续履行，保持施工连续，保护好已完工程，无权将施工停止。只有出现下列情况时，当事人才可停止履行施工合同：

（1）单方违约导致合同确已无法履行，双方协议停止施工；

（2）调解要求停止施工，且为双方接受；

（3）仲裁机构要求停止施工；

（4）法院要求停止施工。

7.5　本章案例

【案例 7-1】

某港口码头工程，在签订施工合同前，业主即委托一家监理公司协助业主完善和签订施工合同，以及进行施工阶段的监理，监理工程师查看了业主（甲方）和施工单位（乙方）草拟的施工合同条件后，注意到有以下一些条款。

1. 乙方按监理工程师批准的施工组织设计（或施工方案）组织施工，乙方不应承担因此引起的工期延误和费用增加的责任。

2. 监理工程师应当对乙方提交的施工组织设计进行审批或提出修改意见。

3. 无论监理工程师是否参加隐蔽工程的验收，当其提出对已经隐蔽的工程重新检验的要求时，乙方应按要求进行剥露，并在检验合格后重新进行覆盖或者修复。检验如果合格，甲方承担由此发生的经济支出，赔偿乙方的损失并相应顺延工期。检验如果不合格，乙方则应承担发生的费用，工期应予顺延。

4. 乙方应按协议条款约定时间向监理工程师提交实际完成工程量的报告。监理工程师接到报告 7 天内按乙方提供的实际完成的工程量报告核实工程量（计量），并在计量 24 小时前通知乙方。

问题：

请逐条指出以上条款中的不妥之处，并提出应如何改正。

案例评析：

1. "乙方不应承担因此引起的工期延误和费用增加的责任"不妥。

改正：乙方按监理工程师批准的施工组织设计（或施工方案）组织施工，不应承担非自身原因引起的工期延误和费用增加的责任。

2. "监理工程师职责出现在施工合同中"不妥。

改正：乙方应向监理工程师提交施工组织设计，供其审批或提出修改意见。

3. "检验如果不合格，工期应予顺延"不妥。

改正：工期不予顺延。

4. "监理工程师按乙方提供的实际完成的工程量报告核实工程量（计量）"不妥。

改正：监理工程师应按设计图纸对已完工程量进行计算。

【案例 7-2】

某单位为解决职工住房，新建一座住宅楼，地上 20 层地下 2 层，钢筋混凝土剪力墙结构，业主与施工单位、监理单位分别签订了施工合同、监理合同。施工单位（总包单位）

将土方开挖、外墙涂料与防水工程分别分包给专业性公司，并签订了分包合同。

施工合同中说明：建筑面积25586m²，建设工期450天，2000年9月1日开工，2001年12月26日竣工，工程造价3165万元。

专用条款约定的结算方法：合同价款调整范围为业主认定的工程量增减、设计变更和洽商；外墙涂料、防水工程的材料费。调整依据为本地区工程造价管理部门公布的价格调整文件。

合同履行过程中发生了下述几种情况，请按要求回答。

1. 总包单位于8月25日进场，进行开工前的准备工作。原定9月1日开工，因业主办理伐树手续而延误至9月6日才开工。总包单位要求工期顺延5天。此项要求是否成立？根据是什么？

2. 土方公司在基础开挖中遇有地下文物，采取了必要的保护措施。为此，总包单位请他们向业主要求索赔，这种做法对否？为什么？

3. 在基础回填过程中，总包单位已按规定取土样，试验合格。监理工程师对填土质量表示异议，责成总包单位再次取样复验，结果合格。总包单位要求监理单位支付试验费，这种做法对否，为什么？

4. 总包单位对混凝土搅拌设备的加水计量器进行改进研究，在本公司试验室内进行试验，改进成功并用于本工程。总包单位要求此项试验费由业主支付。监理工程师是否应该批准？为什么？

5. 结构施工期间，总包单位经总监理工程师同意更换了项目经理，但现场组织管理一度失调，导致封顶时间延误8天。总包单位以总监理工程师同意为由，要求给予适当工期补偿。总监理工程师是否应该批准？为什么？

6. 监理工程师检查厕浴间防水工程，发现有漏水房间，遂一一记录并要求防水公司整改。防水公司整改后向监理工程师进行了口头汇报，监理工程师即签证认可。事后发现仍有部分房间漏水，需进行返工。返修的经济损失应由谁承担？监理工程师有什么错误？

7. 在做屋面防水时，经中间检查发现施工不符合设计要求，防水公司也认为难以达到合同规定的质量要求，就向监理工程师提出终止合同的书面申请，此时监理工程师应如何协调处理？

8. 在进行结算时，总包单位根据投标书要求外墙涂料费用按发票价计取，业主认为应按合同条件中的约定计取，为此发生争议。监理工程师应支持哪种意见？为什么？

案例评析：

1. 成立。因发包人原因不能按协议约定的开工日期开工，工程师应以书面形式通知承包人，推迟开工日期。发包人赔偿承包人因延期开工造成的损失，并相应顺延工期。业主办理伐树手续未及时提供施工场地，属于业主责任，所以总包单位要求工期顺延5天是成立的。

2. 不对。因为土方公司为分包，与业主无合同关系，不应向业主要求索赔，应是总包单位向业主要求索赔，再付给土方公司。

3. 不对。因按规定，此项费用不应由监理单位支付，应由业主支付。

4. 不批准。因为此项支出已包含在工程合同价中，应由总承包单位承担。

5. 不批准。虽然总监理工程师同意更换，但其只起监督管理的作用，总包方管理不当不应由总监理工程师负责，更不能免除总包单位应负的责任。

6. 返修费用应由防水公司承担。监理工程师的错误有：（1）不应就防水公司的口头汇报鉴证认可，应到现场复查。（2）不能直接要求防水公司整改，应该要求总包单位整改。（3）不能根据分包单位的要求进行签证，应该根据总包单位的申请进行复验、签证。

7. 应该按如下方式处理：（1）监理工程师拒绝接受分包单位终止合同申请；（2）应要求总包单位与分包单位双方协商，达成一致后解除合同；（3）要求总包单位对不合格工程返工处理。

8. 应支持总包单位意见。因为按规定，合同文件的解释顺序为：（1）本合同协议书；（2）中标通知书；（3）投标书及其附件；（4）本合同专用条款。

思　考　题

1. 什么是施工合同？

2. 施工合同的发包人与承包人应具备什么资格？

3. 写出《建设工程施工合同（示范文本）》的编号和组成部分。

4. 对发包人和承包人具有约束力的施工合同文件有哪些？

5. 简述工程师的委派和职权。

6. 简述项目经理的委派和职权。

7. 施工合同中关于进度计划有哪些规定？

8. 施工合同中工期可以顺延的理由和程序有哪些规定？

9. 施工合同中隐蔽工程和中间验收如何进行？

10. 隐蔽工程重新检验的责任和费用由哪一方当事人承担？

11. 简述施工合同中试车的规定。

12. 施工合同中主要约定哪些合同价款？

13. 简述工程款（进度款）的支付方式和程序。

14. 简述施工合同中发包人供应材料设备的规定。

15. 简述施工合同中工程设计变更的审批程序和确定变更价款的程序及方法。

16. 简述施工合同中竣工结算的程序和责任。

17. 简述施工合同中工程转包与分包的规定。

18. 施工合同中当事人主要有哪些违约行为和责任？

第8章 建设工程物资采购合同及其他合同管理

8.1 建设工程物资采购合同

建筑材料和设备按时、按质、按量供应是工程施工顺利的、按计划进行的前提。通过合同形式实现建设物资的采购，使得买卖双方的经济关系成为合同法律关系，是市场发展规律在法律上的反映，也是国家运用法律手段对建设工程市场实现有效管理和监督的意志体现。工程材料和设备买卖合同的依法订立和履行，在工程项目建设中具有重要作用。

在《合同法》规定的建设项目合同中没有建设项目物资采购合同，而是将它归入买卖合同的范畴。由于建设项目的物资采购合同同建设项目关系密切，同施工合同、设计合同都有密切的联系，所以通常把它列入建设项目合同管理的范畴。建设项目物资采购在工程建设中具有重要的地位，是决定工程项目建设成败的关键因素之一，所以对建设项目物资采购合同的管理也应给予高度的重视。

8.1.1 建设工程物资采购合同及其分类

1. 建设工程物资采购合同的概念

建设工程物资采购合同，是指具有平等主体的自然人、法人、其他组织之间为实现建设工程物资买卖，设立、变更、终止相互权利义务关系的协议。依照协议，出卖人（简称卖方）转移建设工程物资的所有权于买受人（简称买方），买受人接受该项建设工程物资并支付价款。

2. 建设工程物资采购合同的分类

建设工程物资采购合同一般分为材料采购合同和设备采购合同。两者的区别主要在于标的不同。

材料采购合同是指平等主体的自然人、法人、其他组织之间，以工程项目所需材料为标的、以材料买卖为目的，出卖人（简称卖方）转移材料的所有权于买受人（简称买方），买受人支付材料价款的合同。

设备采购合同是指平等主体的自然人、法人、其他组织之间，以工程项目所需设备为标的、以设备买卖为目的，出卖人（简称卖方）转移设备的所有权于买受人（简称买方），买受人支付设备价款的合同。

8.1.2 建设工程物资采购合同的特征

1. 买卖合同的特征

建设工程物资采购合同属于买卖合同，它具有买卖合同的一般特点。

（1）买卖合同以转移财产的所有权为目的。出卖人与买受人之所以订立买卖合同，是为了实现财产所有权的转移。

（2）买卖合同中的买受人取得财产所有权，必须支付相应的价款；出卖人转移财产所有权，必须以买受人支付价款为代价。

（3）买卖合同是双务、有偿合同。所谓双务、有偿，是指买卖双方互负一定义务，卖方必须向买方转移财产所有权，买方必须向卖方支付价款，买方不能无偿取得财产的所有权。

（4）买卖合同是诺成合同。除法律有特别规定外，当事人之间意思表示一致买卖合同即可成立，并不以实物的交付为成立条件。

（5）买卖合同是不要式合同。当事人对买卖合同的形式享有很大的自由，除法律有特别规定外，买卖合同的成立和生效并不需要具备特别的形式或履行审批手续。

2. 建设工程物资采购合同的特征

建设工程物资采购合同除具有买卖合同的一般特征外，由于其自身的特点，还具有如下特征：

（1）建设工程物资采购合同应依据施工合同订立

施工合同中确立了关于物资采购的协商条款，无论是发包人供应材料和设备，还是承包人供应材料和设备，都应依据施工合同采购物资。根据施工合同的工程量来确定所需物资的数量，以及根据施工合同的类别来确定物资的质量要求。因此，施工合同一般是订立建设工程物资采购合同的前提。

（2）建设工程物资采购合同以转移财物和支付价款为基本内容

建设工程物资采购合同内容繁多，条款复杂，涉及物资的数量和质量条款、包装条款、运输方式、结算方式等。但最为根本的是双方应尽的义务，即卖方按质、按量、按时地将建设物资的所有权转归买方；买方按时、按量地支付货款，这两项主要义务构成了建设工程物资采购合同的最主要内容。

（3）建设工程物资采购合同的标的品种繁多，供货条件复杂

建设工程物资采购合同的标的是建筑材料和设备，它包括钢材、木材、水泥和其他辅助材料及机电成套设备。这些建设物资的特点在于品种、质量、数量和价格差异较大，根据建设工程的需要，有的数量庞大，有的要求技术条件较高。因此，在合同中必须对各种所需物资逐一明确，以确保工程施工的需要。

（4）建设工程物资采购合同应实际履行

由于物资采购合同是根据施工合同订立的，物资采购合同的履行直接影响到施工合同的履行，因此，建设工程物资采购合同一旦订立，卖方义务一般不能解除，不允许卖方以支付违约金和赔偿金的方式代替合同的履行，除非合同的迟延履行对买方成为不必要。

（5）建设工程物资采购合同采用书面形式

根据《合同法》的规定，订立合同依照法律、行政法规或当事人约定采用书面形式的应当采用书面形式。建设工程物资采购合同的标的物用量大、质量要求复杂，且根据工程进度计划分期分批均衡履行，同时，还涉及售后维修服务工作。因此，合同履行周期长，应当采用书面形式。

8.1.3　材料采购合同的订立和履行

1. 材料采购合同的订立方式

材料采购合同的订立可采用以下几种方式。

（1）公开招标。即由招标单位通过新闻媒介公开发布招标广告，以邀请不特定的法人或者其他组织投标，按照法定程序在所有符合条件的材料供应商、建材厂家或建材经营公司

中择优选择中标单位的一种招标方式。大宗材料采购通常采用公开招标方式进行材料采购。

（2）邀请招标。即招标人以投标邀请书的方式邀请特定的法人或者其他组织投标，只有接到投标邀请书的法人或其他组织才能参加投标的一种招标方式，其他潜在的投标人则被排除在投标竞争之外。一般地，邀请招标必须向3个以上的潜在投标人发出邀请。

（3）询价、报价、签订合同。物资买方向若干建材厂商或建材经营公司发出询价函，要求他们在规定的期限内作出报价，在收到厂商的报价后，经过比较，选定报价合理的厂商或公司并与其签订合同。

（4）直接订购。由材料买方直接向材料生产厂商或材料经营公司报价，生产厂商或材料经营公司接受报价、签订合同。

2. 材料采购合同的主要条款

依据《合同法》规定，材料采购合同的主要条款如下：

（1）双方当事人的名称、地址，法定代表人的姓名；委托代订合同的，应有授权委托书并注明委托代理人的姓名、职务等。

（2）合同标的。它是供应合同的主要条款。其主要包括购销材料的名称（注明牌号、商标）、品种、型号、规格、等级、花色、技术标准等，这些内容应符合施工合同的规定。

（3）技术标准和质量要求。质量条款应明确各类材料的技术要求、试验项目、试验方法、试验频率，以及国家法律规定的国家强制性标准和行业强制性标准。

（4）材料数量及计量方法。材料数量的确定由当事人协商，应以材料清单为依据，并规定交货数量的正负尾差、合理磅差和在途自然减（增）量及计量方法。计量单位采用国家规定的度量标准。计量方法按国家的有关规定执行，没有规定的，可由当事人协商执行。一般建筑材料数量的计量方法有理论换算计量、检斤计量和计件计量，具体采用何种方式应在合同中注明，并明确规定相应的计量单位。

（5）材料的包装。材料的包装是保护材料在储运过程中免受损坏不可缺少的环节。材料的包装条款包括包装的标准和包装物的供应及回收。包装标准是指材料包装的类型、规格、容量及印刷标记等。材料的包装标准可按国家和有关部门规定的标准签订，当事人有特殊要求的，可由双方商定标准，但应保证材料包装适合材料的运输方式，并根据材料特点采取防潮、防雨、防锈、防振、防腐蚀等保护措施。同时，在合同中应规定提供包装物的当事人及包装品的回收等。除国家明确规定由买方供应外，包装物应由建筑材料的卖方负责供应。包装费用一般不得向需方另外收取，如买方有特殊要求，双方应当在合同中商定。如果包装超过原定的标准，超过部分由买方负担费用；低于原定标准的，应相应降低产品价格。

（6）材料交付方式。材料交付可采取送货、自提和代运3种不同方式。由于工程用料数量大、体积大、品种繁杂、时间性较强，当事人应采取合理的交付方式，明确交货地点，以便及时、准确、安全、经济地履行合同。

（7）材料的交货期限。材料的交货期限应在合同中明确约定。

（8）材料的价格。材料的价格应在订立合同时明确，可以是约定价格，也可以是政府指定价或指导价。

（9）结算。结算指买卖双方对材料货款、实际交付的运杂费和其他费用进行货币清算和了结的一种形式。我国现行结算方式分为转账结算和现金结算两种。转账结算在异地之间进行，可分为托收承付、委托收款、信用证、汇兑或限额结算等方法；现金结算在同城进行，有支票、付款委托书、托收无承付和同城托收承付等方式。

（10）**违约责任**。在合同中，当事人应对违反合同所负的经济责任作出明确规定。

（11）**特殊条款**。如果双方当事人对一些特殊条件或要求达成一致意见，也可在合同中明确规定，成为合同的条款。当事人对以上条款达成一致意见形成书面协议后，经当事人签名盖章即产生法律效力，若当事人要求鉴证或公证的，则经鉴证机关或公证机关盖章后方可生效。

（12）**争议的解决方式**。

3. 材料采购合同的履行

材料采购合同订立后，应依《合同法》的规定予以全面地、实际地履行。

（1）**按约定的标的履行**

卖方交付的货物必须与合同规定的名称、品种、规格、型号相一致，除非买方同意，不允许以其他货物代替合同中规定的货物，也不允许以支付违约金或赔偿金的方式代替履行合同。

（2）**按合同规定的期限、地点交付货物**

交付货物的日期应在合同规定的交付期限内，实际交付的日期早于或迟于合同规定的交付期限，即视为同意提前或延期交货。提前交付，买方可拒绝接受。逾期交付的，应当承担逾期交付的责任。如果逾期交货，买方不再需要，应在接到卖方交货通知后 15 日内通知卖方，逾期不答复的，视为同意延期交货。

交付的地点应在合同指定的地点。合同双方当事人应当约定交付标的物的地点，如果当事人没有约定交付地点或者约定不明确，事后没有达成补充协议，也无法按照合同有关条款或者交易习惯确定，则适用下列规定：标的物需要运输的，卖方应当将标的物交付给第一承运人以运交给买方；标的物不需要运输的，买卖双方在订立合同时知道标的物在某一地点的，卖方应当在该地点交付标的物；不知道标的物在某一地点的，应当在卖方合同订立时的营业地交付标的物。

（3）**按合同规定的数量和质量交付货物**

对于交付货物的数量应当当场检验，清点账目后，由双方当事人签字。对质量的检验，外在质量可当场检验，对内在质量，需做物理或化学试验的，试验的结果为验收的依据。卖方在交货时，应将产品合格证随同产品交买方据以验收。

材料的检验，对买方来说既是一项权利，也是一项义务，买方在收到标的物时，应当在约定的检验期间内检验，没有约定检验期间的，应当及时检验。

当事人约定检验期间的，买方应当在检验期间内将标的物的数量或者质量不符合约定的情形通知卖方。买方怠于通知的，视为标的物的数量或者质量符合约定。当事人没有约定检验期间的，买方应当在发现或者应当发现标的物的数量或者质量不符合约定的合理期间内通知卖方。买方在合理期间内未通知或者自标的物收到之日起两年内未通知卖方的，视为标的物的数量或者质量符合约定，但对标的物有质量保证期的，适用质量保证期，不适用该两年的规定。卖方知道或者应当知道提供的标的物不符合约定的，买方不受前两款规定的通知时间的限制。

（4）**买方的义务**

买方在验收材料后，应按合同规定履行支付义务，否则承担法律责任。

（5）违约责任

① 卖方的违约责任。卖方不能交货的，应向买方支付违约金；卖方所交货物与合同规定不符的，应根据情况由卖方负责包换、包退，包赔由此造成的买方损失；卖方承担不能按合同规定期限交货的责任或提前交货的责任。

② 买方违约责任。买方中途退货，应向卖方偿付违约金；逾期付款，应按中国人民银行关于延期付款的规定向卖方偿付逾期付款违约金。

4. 标的物的风险承担

所谓风险，是指标的物因不可归责于任何一方当事人的事由而遭受的意外损失。一般情况下，标的物损毁、灭失的风险，在标的物交付之前由卖方承担，交付之后由买方承担。

因买方的原因致使标的物不能按约定的期限交付的，买方应当自违反约定之日起承担其标的物损毁、灭失的风险。卖方出卖交由承运人运输的在途标的物，除当事人另有约定的以外，损毁、灭失风险自合同成立时起由卖方承担。卖方按照约定未交付有关标的物的单证和资料的，不影响标的物损毁、灭失风险的转移。

5. 不当履行合同的处理

卖方多交标的物的，买方可以接收或者拒绝接收多交部分。买方接收多交部分的，按照合同的价格支付价款；买方拒绝接收多交部分的，应当及时通知卖方。

标的物在交付之前产生的孳息，归卖方所有，交付之后产生的孳息，归买方所有。

因标的物的主物不符合约定而解除合同的，解除合同的效力及于从物。因标的物的从物不符合约定被解除的，解除的效力不及于主物。

6. 监理工程师对材料采购合同的管理

（1）对材料采购合同及时进行统一编号管理。

（2）监督材料采购合同的订立。工程师虽然不参加材料采购合同的订立工作，但应监督材料采购合同符合项目施工合同中的描述，指令合同中标的质量等级及技术要求，并对采购合同的履行期限进行控制。

（3）检查材料采购合同的履行。工程师应对进场材料做全面检查和检验，对检查或检验的材料认为有缺陷或不符合合同要求，工程师可拒收这些材料，并指示在规定的时间内将材料运出现场；工程师也可指示用合格适用的材料取代原来的材料。

（4）分析合同的执行。对材料采购合同执行情况的分析，应从投资控制、进度控制和质量控制的角度对执行中可能出现的问题和风险进行全面分析，防止由于材料采购合同的执行原因造成施工合同不能全面履行。

8.1.4 设备采购合同的订立和履行

1. 建设工程中的设备供应方式

建设工程中的设备供应方式主要有 3 种。

（1）委托承包。由设备成套公司根据发包单位提供的成套设备清单进行承包供应，并收取一定的成套业务费。其费率由双方根据设备供应的时间、供应的难度，以及需要进行技术咨询和开展现场服务范围等情况商定。

（2）按设备包干。根据发包单位提出的设备清单及双方核定的设备预算总价，由设备成套公司承包供应。

（3）招标投标。发包单位对需要的成套设备进行招标，设备成套公司参加投标，按照中标价格承包供应。

2. 设备采购合同的内容

设备采购合同通常采用标准合同格式，其内容可分为三部分。

（1）约首。即合同的开头部分，包括项目名称、合同号、签约日期、签约地点、双方当事人名称或姓名和地址等条款。

（2）正文。即合同的主要内容，包括合同文件、合同范围和条件、货物及数量、合同金额、付款条件、交货时间和交货地点、验收方法、现场服务及保修内容及合同生效等条款。其中合同文件包括合同条款、投标格式和投标人提交的投标报价表、要求一览表（含设备名称、品种、型号、规格、等级等）、技术规范、履约保证金、规格响应表、买方授权通知书等；货物及数量（含计量单位）、交货时间和交货地点等均在要求一览表中明确；合同金额指合同的总价，分项价格则在投标报价表中确定。

（3）约尾。即合同的结尾部分，规定本合同生效条件，具体包括双方的名称、签字盖章及签字时间、地点等。

3. 设备采购合同的条款

（1）定义

定义对合同中的术语做统一解释，主要有以下几个方面：

①"合同"系指买卖双方签署的，合同格式中载明的买卖双方所达成的协议，包括所有的附件、附录和构成合同的所有文件。

②"合同价格"系指根据合同规定，卖方在完全履行合同义务后买方应付给的价款。

③"货物"系指卖方根据合同规定须向买方提供的一切设备、机械、仪表、备件、工具、手册和其他技术资料及其他资料。

④"服务"系指根据合同规定，卖方承担与供货有关的辅助服务，如运输、保险及其他服务，如安装、调试、提供技术援助、培训和其他类似服务。

⑤"买方"系指根据合同规定支付货款的需方的单位。

⑥"卖方"系指根据合同提供货物和服务的具有法人资格的公司或其他组织。

（2）技术规范

技术规范除应注明成套设备系统的主要技术性能外，还要在合同后附各部分设备的主要技术标准和技术性能的文件。提供和交付的货物和技术规范应与合同文件的规定相一致。

（3）专利权

若合同中的设备涉及某些专利权的使用问题，卖方应保证买方在使用该货物或其他任何一部分时不受第三方提出侵犯其专利权、商标权和工业设计权的起诉。

（4）包装要求

卖方提供货物的包装应适应于运输、装卸、仓储的要求，确保货物安全无损运抵现场，并在每份包装箱内附一份详细装箱单和质量合格证，在包装箱表面做醒目的标志。

（5）装运条件及装运通知

卖方应在合同规定的交货期前 30 天以电报或电传形式将合同号、货物名称、数量、包装箱号、总毛重、总体积和备妥交货日期通知买方。同时，应用挂号信将详细交货清单，以及对货物运输、仓储的特殊要求和注意事项通知买方。如果卖方交货超过合同的数量或重量，产生的一切法律后果由卖方负责。卖方在货物装完 24 小时内以电报或电传的方式通知买方。

（6）保险

根据合同采用的不同价格，由不同当事人办理保险业务。出厂价合同，货物装运后由买方办理保险。目的地交货价合同，由卖方办理保险。

（7）支付

合同中应规定卖方交付设备的期限、地点、方式，并规定买方支付货款的时间、数额、方式。卖方按合同规定履行义务后，卖方可按买方提供的单据，将资料一套寄给买方，并在发货时另行随货物发运一套。

（8）质量保证

卖方须保证货物是全新的、未使用过的，并完全符合合同规定的质量、规格和性能的要求，在货物最终验收后的质量保证期内，卖方应对由于设计、工艺或材料的缺陷而发生的任何不足或故障负责，费用由卖方负担。

（9）检验与保修

在发货前，卖方应对货物的质量、规格、性能、数量和重量等进行准确而全面的检验，并出具证书，但检验结果不能视为最终检验。成套设备的安装是一项复杂的系统工程，安装成功后，试车是关键。因此，合同中应详细注明成套设备的验收办法。买方应在项目成套设备安装后才能验收。某些必须安装运转后才能发现内在质量缺陷的成套设备，除另有规定或当事人另行商定提出的异议的期限外，一般可在运转之日起 6 个月内提出异议。成套设备是否保修、保修期限、费用负担者都应在合同中明确规定。

（10）违约罚款

在履行合同过程中，如果卖方遇到不能按时交货或提供服务的情况，应及时以书面形式通知买方，并说明不能交货的理由及延误时间。买方在收到通知后，经分析可通过修改合同，酌情延长交货时间。如果卖方毫无理由地拖延交货，买方可没收履约保证金，加收罚款或终止合同。

（11）不可抗力

发生不可抗力事件后，受事故影响一方应及时书面通知另一方，双方协商延长合同履行期限或解除合同。

（12）履约保证金

卖方应在收到中标通知书 30 天内，通知银行向买方提供相当于合同总价 10% 的履约保证金，其有效期到货物保证期满为止。

（13）争议解决

执行合同中发生的争议，双方应通过友好的协商解决，如协商不能解决时，当事人应采取仲裁解决或诉讼解决，具体解决方式应在合同中明确规定。

（14）破产终止合同

卖方破产或无清偿能力时，买方可以书面形式通知卖方终止合同，并有权请求卖方赔偿有关损失。

（15）转让或分包

双方应就卖方能否完全或部分转让其应履行的合同义务达成一致意见。

（16）其他

包括合同生效时间，合同正副本份数，修改或补充合同的程序等。

4. 设备采购合同的履行

（1）交付货物

卖方应按合同规定，按时、按质、按量地履行供货义务，并做好现场服务工作，及时解决有关设备的技术质量、缺损件等问题。

（2）验收交货

买方对卖方交货应及时进行验收，依据合同规定，对设备的质量及数量进行核实检验，如有异议，应及时与卖方协商解决。

（3）结算

买方对卖方交付的货物检验没有发现问题，应按合同的规定及时付款；如果发现问题，在卖方及时处理达到合同要求后，也应及时履行付款义务。

（4）违约责任

在合同履行过程中，任何一方都不应借故延迟履约或拒绝履行合同义务，否则，应追究违约当事人的法律责任。

① 由于卖方交货不符合合同规定，如交付的设备不符合合同标的，或交付设备未达到质量技术要求，或数量、交货日期等与合同规定不符时，卖方应承担违约责任。

② 由于卖方中途解除合同，买方可采取合理的补救措施，并要求卖方赔偿损失。

③ 买方在验收货物后，不能按期付款的，应按中国人民银行有关延期付款的规定交付违约金。

④ 买方中途退货，卖方可采取合理的补救措施，并要求买方赔偿损失。

5. 监理工程师对设备采购合同的管理

（1）对设备采购合同及时编号，统一管理。

（2）参与设备采购合同的订立。工程师可参与设备采购的招标工作，参加招标文件的编写，提出对设备的技术要求及交货期限的要求。

（3）监督设备采购合同的履行。在设备制造期间，工程师有权对根据合同提供的全部工程设备的材料和工艺进行检查、研究和检验，同时检查其制造进度。根据合同规定或取得承包人的同意，工程师可将工程设备的检查和检验授权给一个独立的检验单位。

工程师认为检查、研究或检验的结果是设备有缺陷或不符合合同规定时，可拒收此类工程设备，并就此立即通知承包人。任何工程设备必须得到工程师的书面许可后方可运至现场。

8.1.5　国际货物采购合同的订立及履行

8.1.5.1　国际货物采购合同的订立方式

1. 国际货物采购竞争性招标

国际货物采购中，大型复杂设备的采购一般通过竞争性招标方式进行。其具体程序为：准备招标文件—刊登招标广告—发放招标文件—投标准备和投标—开标—评标与授标—签订合同。详细内容参见有关货物采购招投标相关章节。

2. 国际货物采购的贸易方式

国际货物采购中，小宗设备器材及材料的采购一般依国际贸易程序进行。其具体程序可归纳为询盘、发盘、还盘、接受、签订合同等5个步骤。

（1）询盘

询盘是指采购合同的一方向另一方询问买卖该项商品的各项交易条件，寻盘可以是口头的，也可以是书面的，询盘没有法律效力。

（2）发盘

国家贸易进出口业务中的发盘，是订立合同的意思表示。发盘分为虚盘和实盘两种。如果发盘是肯定的、明确的，条件是完备的、无保留的，则构成法律上的要约。这样的要约对要约人有约束力，在发盘有效期内，要约人不得撤回发盘，也不得拒绝对方接受，除非在对方发生"接受"之前发出撤回发盘的通知，否则应负法律责任。虚盘对发盘人没有约束力，它只是一项要约邀请。

（3）还盘

还盘是指受盘人向发盘人作出不同意或不完全同意发盘人提出的各项条件，并提出自己的修改意见或条件的答复。还盘还可以看作是对发盘的拒绝。实际上它是一种反要约或新要约。

（4）接受

接受是指受盘人无条件地同意发盘人所提出的交易条件，并且愿意按此条件订立合同的表示。接受实际上是一种承诺，它必须符合以下 3 个条件才发生法律效力：

① 接受必须由受盘人作出；

② 接受必须是无条件地完全同意发盘人所提出的全部交易条件；

③ 接受的时间符合发盘所规定的有效期限。

（5）签订合同

在交易双方达成协议后，应签订书面合同。合同适用于合同签订地所在国的法律规定。

8.1.5.2　国际货物采购合同的主要条款

1. 货物的名称、品质、数量

（1）货物的名称

在合同中规定合同标的物的名称关系到买卖双方在货物交接方面的权利和义务，是合同的主要交易条件，也是交易赖以进行的物质基础和前提条件。规定品名条款应做到内容确切具体，实事求是，要使用国际上通行的名称，确定品名时还要考虑其与运费的关系，以及有关国家海关税则和进出口限制的有关规定。对于译成英文的名称要正确无误，符合专业术语的习惯要求。

（2）货物的品质

在国际货物采购合同中，品质条款是重要条款之一，是由货物品质的重要性决定的。它既是构成商品说明的重要组成部分，也是买卖双方交易货物时对货物品质进行评定的主要依据。根据《联合国国际货物销售合同公约》规定，卖方交付的货物必须与合同规定的数量、质量和规格相符，如卖方违反合同规定，交付与合同品质条款不符的货物时，买方可根据违约的程度，提出损害赔偿，要求修理、交付替代货物，或拒收货物，宣告合同无效。

在国际工程货物采购合同中，货物的品质一般是以技术规格等方法表示的。货物的技术规格按其性质通常包括三方面的内容：①性能规格，说明买方对货物的具体要求；②设计规格；③化学性能和物理特性。总的来说，其表述方法各异，有的仅写明国际标准代号即可，有些较为复杂的设备、材料则需要专门的附件详细说明其技术性能要求和检测标准。但无论是采取哪种形式，都要求对货物的质量作出具体规定。

（3）货物的数量

合同的数量条件是买卖双方交接货物的依据，也是制定单价和计算合同总金额的依据。同时，又是其他交易条件的重要因素。按照《联合国国际货物销售合同公约》的规定，卖方所交货物的数量如果多于合同规定的数量，买方可以收取也可以拒绝收取全部多交货物或部分多交货物，但如果卖方短交，可允许卖方在规定交货期届满之前补齐，但不得使买方遭受不合理的不便或承担不合理的开支，即使如此，买方仍保留要求损害赔偿的权利。

此外，在合同的数量条款中，必须首先约定货物的数量，因此，要准确使用计量单位。由于各国度量衡制度不同，所使用的计量单位也各异，要了解不同度量衡制度之间的折算方法。目前，国际贸易中通常使用的有公制、英制、美制，以及在公制基础上发展起来的国际单位制。签约时，应明确规定采用何种度量衡制度，以免引起纠纷。

2. 国际贸易货物交货与运输

货物的交货条件包括交货时间、批次、装运港（地）、目的港（地）、交货计划、大件货物或特殊货物的发货要求，装运通知等内容。

（1）交货时间

在 CIF（成本加保险费加运费）条件下，卖方在装运港将货物装上开往约定目的港船只上即完成交货义务，海运提交单日期即为卖方的实际交货日期。

在 FOB（离岸价）条件下，卖方也是在装运港将货物装入买方指派船只上即完成交货义务，海运提交单的签发日期为卖方交货日期。

（2）装运批次、装运港（地）、目的港（地）

买卖双方在合同中应对是否允许分批、分几批装运及装运港（地）、目的港（地）名称作出明确规定。

分批装运是指一笔成交的货物分若干批次装运而言。但一笔成交的货物，在不同时间和地点分别装在同一航次、同一条船上，即使分别签发了若干不同内容的提单，也不能按分批装运论处，因为该货物是同时到达目的港的。装运港和目的港由双方商定。在通常情况下，只规定一个装运港和一个目的港，并列明其港口名称。在大宗货物交易条件下，可酌情规定两个或两个以上装运港或目的港，并分别列明其港口名称。在磋商合同时，如明确规定一个或几个装运港或目的港有困难，可以采用选择港的方法，即从两个或两个以上列明的港口中任选一个，或从某一航区的港口中任选一个，如中国主要港口。在规定装运港和目的港时，应注意考虑国外装运港和目的港的作业条件，以 CIF 或 FOB 条件成交，不能接受内陆城市作为装运港或目的港的条件。此外还应注意国外港口是否有重名。

（3）交货计划

买卖双方应在合同中规定每批货物装运前卖方应向买方发出装运通知。一般情况下，在 CIF 条件下，实际装运前 60 天，卖方应将合同号、货物名称、装运日期、装运港口、总毛重、总体积、包装和数量、货物备妥待运日期，以及承运船的名称、国籍等有关货物装运情况以电传、电报方式通知买方。同时，卖方应以空邮方式向买方提交货物详细清单，注明合同号、货物名称、技术规格简述、数量、每件毛重、总毛重、总体积和每包的尺寸（长 ×

宽×高)、单价、总价、装运港、目的港、货物备妥待运日期、承运船预计到港口日期，以及货物对运输、保管的特别要求和注意事项。

（4）大件及特殊货物的发货要求

关于大件货物（即重量 30t 以上，或尺寸长 9m 以上的货物），卖方应在装运前 30 天将该货物包装草图（注明重心、起吊点）一式两份邮寄至买方，并随船将此草图一式两份提交给目的港运输公司，作为货到目的港后安排装卸、运输、保管的依据。对于特大件货物（重 60t 以上或者长 15m 以上，或宽 3.4m 以上，或高 3m 以上的货物），卖方应将外形包装草图、吊挂位置、重心等，最迟随初步交货计划提交买方，经买方同意后才能安排制造。关于货物中的易燃品，卖方至少在装运前 30 天将注明货物名称、性能、预防措施及方法的文件一式两份提交买方。

（5）装运通知

在货物（包括技术资料）装运前 10 天，卖方应将承运工具，预计装运日期，预计到达目的地日期，合同号，货物名称、数量、重量、体积及其他事项以电报或电传方式通知买方，在每批货物（包括技术资料）发货后 48 小时内，卖方应将合同号，提单，空运单日期，货物名称、数量、重量、体积，商业发票金额，承运工具名称以电报或电传方式通知买方及目的地运输公司。对于装运单据，卖方应将装运单据（包括提单、发票、质量证书、装箱单）一式三份随承运工具提交目的地运输公司。同时，在每批货物（包括技术资料）发运后 48 小时内将装运单据一式两份邮寄买方。

（6）运输方式

国际贸易中有多种运输方式，如海洋运输、内河运输、铁路运输、公路运输、航空运输、管道运输及联合运输。其中以海洋运输为主要运输方式。

① 海洋运输。海洋运输主要有班轮运输、租船运输两类。在海运条件下，由承运人签发提单。海运提单是承运人或其代理人在收到货物后签发给托运人的一种证据。它既是承运人或其代理人出具的证明货物已经收到的收据，也是代表货物所有权的凭证，同时又是承运人和托运人之间的运输契约的证明。提单可以从不同角度分类，货物采购中经常使用的提单有：按签发提单时货物是否已装船划分，可分已装船提单和备运提单；按提单有无不良批注，可分清洁提单和不清洁提单；按收货人抬头分类，可分记名提单、不记名提单和指示提单。

② 国际多式联运。国际多式联运是指利用各种不同的运输方式来完成各项运输任务，如陆海联运、陆空联运和海空联运等。在国际贸易中，主要是以集装箱为主的国际多式联运，这有利于简化货运手续，加快货运速度，降低运输成本和节省运杂费。在货物采购中，如果采用多式联运，应考虑货物性质是否适宜装箱，注意装运港和目的港有无集装箱航线，有无装卸及搬运集装箱的机械设备，铁路、公路、沿途桥梁、隧洞的负荷能力。多式联运条件下使用的单据是多式联运单据，这种单据与海运中使用的联运单据有相似之处，但其他性质与联运单据有区别。多式联运单据可根据托运人的选择，做成可转让或不可转让的单据。在可转让条件下，单据可做成指示性抬头或空白抬头。在不可转让条件下，则应做成记名抬头。

③ 航空运输。航空运输与海运、铁路运输相比，具有运输速度快，货运质量高，不受地面条件限制等特点。采用航空运输需要办理一定的货运手续，航空公司办理货运在始发机

场的揽货、接货、报关、订舱，以及在目的地机场接货或运货上门的业务。航空运单是承运人与托运人之间签订的运输契约，也是承运人或其代理人签发的货物收据，同时可作为承运人核收运费的依据和海关查验放行的基本依据，但航空运单不是代表货物所有权的凭证，不能背书转让。收货人不能凭航空运单提货，而是凭航空公司的通知单提货。航空运单收货人抬头不能做成指示性抬头，必须详细填写收货人全称和地址。

3. 国际货物采购中的运输保险

国际货物采购中，货物往往要经过长距离运输，在此期间，由于遭遇各种风险而导致货物损坏或灭失的情况是经常发生的。为了补偿国际货物在运输过程中遭到损害或灭失所造成的经济损失，买方或卖方都要向保险公司投保货物运输保险。

保险条款的规定方法与合同所采用的价格有着直接的联系。按 FOB 和 C&F 条件成交时，在保险条款中只需规定："保险由买方负责办理"。但如果按照 CIF 条件成交时，除了说明保险由卖方办理外，还需规定保险金额和保险险别，以及所依据的保险公司的保险条款。

（1）保险险别

保险险别是保险人与被保险人履行权利和义务的依据，也是确定保险人所承保责任范围的依据，又是被保险人缴纳保险费数额的依据。在办理货物运输保险时，当事人应依据货物的性质、包装情况、运输方式、运输路线及自然气候等因素全面考虑，选择合理的险别，做到既使货物得到充分的保险保障，又节约保险费开支。

货物运输保险种类很多，有海运保险、陆运保险和空运保险等。其中海运保险主要有平安险、水渍险、一切险等；陆运保险主要有陆运一切险；空运保险主要有空运一切险等。依据国际惯例，卖方的责任一般仅限于按平安保险条款办理投保。除买卖双方另有约定外，买方需加保其他特种险或战争险，卖方可以协助办理，但费用由买方自行负担。

（2）保险金额

在进出口货运保险业务中，通常都采用定值保险的做法。这就要求在合同的保险条款中规定保险金额。按照货运保险的习惯做法，投保人为了取得充分的保险保障，一般都把货值、运费、保险费，以及转售货物的预期利润和费用的综合作为保险金额。因此，保险金额一般都高于合同的 CIF 价值。国际上习惯按 CIF 价值的 110% 办理投保。同时，国际货物运输保险必须逐笔投保，且保险单的签发日期不得晚于装运单据的签发日期。

在 CIF 合同中，卖方是为了买方的利益保险的，卖方在取得保险单后，应把保险单转让给买方。如果货物在运输途中遇到了承保范围内的风险而遭受损害或灭失，买方依据卖方转让给他的保险单，以自己的名义要求保险公司给予赔偿。

4. 价格条款和价格调整条款

（1）价格条款

价格条款是国际货物采购合同的核心条款，其内容对合同中的其他条款会产生重大影响。国际货物采购合同价格条款包括单价、总价及与价格有关的运费、保险费、仓储费、各种捐税、手续费、风险责任的转移等内容。由于价格的构成不同，价格证（价格条件）也各不相同。一般情况下，国际货物采购合同常用的价格条件有离岸价（FOB）、到岸价（CIF）、成本加运费价格（C&F）。单价必须写明计量单位，包括价格条件在内的单位价格金额、计价货币。

（2）价格调整条款

合同中的定价方法一般有固定价格、非固定价格两种。国际货物采购合同主要采用固定价格的定价方法，即在执行合同期间，合同价格不允许调整。如果所采购的货物或设备不能在一年内交付，则可考虑使用调整价格，即在合同中规定价格调整公式，以补偿在合同执行期间因物价变动成本增加而给卖方带来的损失。其调整公式如下：

$$P = P_0(A + B \times M/M_0 + C \times W/W_0)$$

式中　P——调整后价格；

　　　P_0——合同价；

　　　M——合同执行期间相应原料价格指数；

　　　M_0——签订合同时引用的有关物价指数；

　　　W_0——特定行业工资指数；

　　　W——合同执行期间有关工资指数；

A、B、C——签订合同时确定的有关价格中各要素所占百分比。其中：A 为合同价格中承包商的管理费和利润百分比，这部分价格一般不予调整；B 为合同价格中原材料的百分比；C 为工资百分比。

在上式中，固定部分 A 的权值取决于货物的性质。由于在大多数情况下价格指数趋于上涨的趋势，卖方一般希望 A 的数值越小越好。B 部分通常根据主要材料的价格指数进行调整，虽然货物在生产过程中需要多种材料，但在价格调整时通常以主要材料的价格指数为代表，如果有两三种原材料的价格对于产品的总成本影响较大，则可以分别采用这些原材料的价格指数作为材料部分的分项。工资指数的调整只选择一种行业，但为使调整更精确，也可同时选用两个或两个以上有关行业的劳动力成本指数。有时，买方在合同的价格调整条款中规定价格调整的起点和上限，或规定价格调整不得超过原合同价的一定百分比。

5. 国际货物采购合同的支付条款

在国际工程货物采购合同中，当事人双方除一部分货款需要通过政府间采用记账方式结算外，大部分需要通过银行以现汇结算。因此，合同中的支付条款主要包括支付工具、支付时间、支付地点和支付方式。

（1）支付工具

支付工具主要包括货币和票据。

① 货币。国际工程货物采购合同中使用的货币主要有买方所在国货币、卖方所在国货币或第三国货币，或若干种货币同时使用。总之，一般情况下使用国际贸易中广泛使用的货币，并且通常由买方选择优先使用哪一种货币。如果合同中规定使用一种以上的货币，则应在合同中同时规定折算方法和汇率，以及每种货币在合同价格中所占的百分比。同时，为减少汇率变动给当事人带来的风险，亦可在合同中明确计价货币与另一种货币的汇率，付款时若汇率有变动，则按比例调整合同价格。

② 票据。国际货物采购合同中使用的票据主要有汇票、本票和支票。其中，以使用汇票为主。汇票是卖方履行交货义务后向买方签发的，要求其即期或定期或在将来可以确定的时间，对其指定人或持票人支付一定金额的无条件的书面支付命令。本票是出口方在履行交货义务后，由买方向其签发的，保证即期或定期或在将来可以确定的时间，对卖方或其指定

人或持票人支付一定金额的无条件的书面承诺。

（2）支付方式

支付方式因合同买卖的内容、合同价格、交货期、市场条件的不同而不同。对于初级产品合同，常用 CIF 及 FOB 形式，卖方希望交单时取得全部货款，买方在货物装船前对货物实施检验。这类合同使用不可撤销跟单信用证方式。如果合同中规定了货物的保证期，则买方可要求卖方提供银行担保，以保证卖方在保用期内履行合同义务。对于制成品合同，买方希望卖方交单时先付款 90%，余下货款待货到检验后支付。买方也可要求卖方为履行保用期内的合同义务而提供银行担保。对于大型设备采购合同，由于其交货期较长，而卖方在执行合同时亦需大量资金周转，一般在签订合同时，买方向卖方支付合同金额 10% ~ 15% 的预付定金，以后买方可按货物生产的进度付款，一般为合同款的50%。卖方交单时，支付合同金额 10%。货到目的地后，买方验收合格并安装调试完毕后，买方再支付合同金额的 10%。余下金额待保用期期满时，卖方履行全部合同义务后支付。

为保证向卖方付款并确保卖方履行合同义务，国际货物采购合同一般都规定采用信用证方式进行支付或由卖方提供银行担保。

6. 国际货物采购合同中的检验条款

商品检验条款是国际货物采购合同中的重要条款。商品检验是指对卖方交付或拟予交付的合同货物的品质、数量、包装进行检验和鉴定。商品检验机构出具的商品检验证明是买卖双方交付货物、支付价款和索赔、解决纠纷的依据。

商品检验的条款主要包括检验权、检验机关、检验时间及地点、检验证明、检验方法和检验依据等。国际货物采购合同的通常做法主要有出口国检验和进口国检验。我国在建设工程物资国际采购合同中的商检条款是："双方同意某公证行出具的品质或质量检验证明作为信用证的一部分。但货到目的港××天内经中国商品检验局复检，如发现品质或质量与本合同不符，除属于保险公司或船舶公司负责者外，买方凭中国商品检验局出具的品质或质量检验证书，向卖方提出索赔。所有因索赔引起的费用，包括复检费及损失，均由卖方负责。"

7. 国际货物采购合同中的保证及索赔条款

（1）保证条款

合同中保证条款的基本要点：卖方应保证其所提供的货物质量优良，设计、材料和工艺均无缺陷，符合合同规定的技术规范和性能，并能满足正常、安全运行的要求，否则，买方有权提出索赔。卖方的保证期应为货物检验后，即检验证书签发后 12 个月。在保证期内，由于卖方责任需要更换、修理有缺陷的货物，而使买方停止生产或使用时，货物保证期应相应延长。新更换或修复货物的保证期应为这些货物投入使用后 12 个月。但在有些合同中，12 个月的保证期不足以保护买方免受因设计或生产缺陷而可能产生的损失，因此，如有必要，买方亦可要求卖方继续对设计缺陷造成的损失负责。此外，有些采购合同中，卖方实际交货与货物安装使用之间间隔时间较长，这种情况下可考虑货物的保证期应从实际投入使用时算起 12 个月。

卖方应保证在对货物进行性能考核检验时，货物的全部技术指标和保证值都能达到合同规定的要求。经检验，由于卖方的原因，有一项或若干项技术指标和保证值未达到要求，卖方应向买方支付罚款，其金额应为合同金额的若干百分比。卖方的另一项保证是按合同规定时间交货。否则，卖方应向买方支付迟交罚款。

卖方应在合同中保证其提供的技术资料正确、完整和清晰，符合货物设计、检验、安装、调试、考核、操作和维修的要求。如卖方提供的技术资料不能满足要求时，必须在收到买方通知后规定时间内，免费向买方重新提供正确、完整和清晰的技术资料。技术资料运抵目的地机场前的一切费用和风险由卖方承担。

（2）索赔条款

索赔条款主要包括索赔依据、索赔手续、索赔期限、索赔方式等。索赔依据必须与商检条款、保证条款及法律事实等相一致。货物索赔期一般为货物到达目的地后 30 天或 40 天，机电设备可以更长一些，一般为货物到达目的地 60 天或 60 天以上。通常索赔方式分两种：一种是签订索赔条款，另一种是违约金。由当事人双方在合同中约定，如果发生合同所规定的违约事件时，受害方可按合同规定索取违约金或罚金。至于罚金的数额，应视违约情况，由当事人商定，但最多不得超过全部货价。

8. 不可抗力条款

不可抗力是指当事人在订立合同时不能预见、人的力量不可抗拒、对其发生的后果不能克服和无法避免的人的主观意志以外的客观意外事件。不可抗力条款主要包括：免责规定；不可抗力事故范围；不可抗力事故的通知和证明；受不可抗力影响的当事人延迟履行合同的最长期限。

合同当事人任何一方，由于发生不可抗力事故而影响履行合同时，应根据不可抗力事故影响的时间相应延长履行合同的期限。不可抗力事故的范围一般有两种规定方法：一是列明不可抗力事故，如战争、火灾、水灾、风灾、地震等；另一种方法是除明确列明某些不可抗力事故外，还加上"以及双方同意的其他不可抗力事故"。当不可抗力事故发生后，遭受到不可抗力事故影响的一方应尽快将发生的不可抗力事故情况以电报或电传方式通知另一方，并在 14 天内向另一方提交有关当局出具的书面证明，供另一方确认。在不可抗力事故终止或清除后，遭受事故影响的一方应尽快以电报或电传方式通知另一方，并以航空挂号函方式予以确认。遭受不可抗力事故影响的一方延迟履行合同的最长期限一般规定为 90 天，最长不超过 120 天，如逾期，双方应尽快通过友好协商解决合同的执行问题。

应当注意的是，合同中订立不可抗力条款是一般的商业惯例，但在不可抗力事故范围问题上凡自然力量事故，各国认识比较一致，而社会异常事故，则解释上经常产生分歧。因此，双方应慎重对待不可抗力条款，特别是对一些含义不清或没有确定标准的概念，不应作为不可抗力对待。对于一些属于政治性的事件，可由买卖双方于事件发生时根据具体情况，另行协商解决。

9. 仲裁条款

仲裁是国际贸易中解决争议的一种习惯做法。仲裁是由双方当事人在自愿基础上把他们之间的争议提交给中立的第三者进行裁决。

在国际货物采购合同中，通常订有仲裁条款，其内容包括仲裁地点、仲裁机构、仲裁程序、仲裁裁决的效力等。其中，仲裁地点和仲裁机构的选择是关键。通常在我国与外商签订仲裁条款时，仲裁地点首先力争选择在我国，由我国涉外仲裁机构仲裁；其次，也可以选择第三国的常设仲裁机构或选择某个程序规则，依照该仲裁程序规则仲裁。无论选择哪一种仲裁机构或仲裁地点，仲裁裁决都是终局的，对双方当事人都有约束力。

10. 法律适用条款

合同的法律适用条款就是"合同的准据"问题，即当事人双方发生争议后，就实体法部分适用何国法律的问题。

依据国际惯例，允许当事人通过协议指明合同争议适用何国法律，在国际司法上称为"意思自治"原则。根据这一原则，双方当事人可以选择所适用的法律。当事人在选择适用法律时，只允许在"与合同有实际联系的国家的法律"中选择，否则，被选择的法律将视为无效。

8.1.5.3　监理工程师对工程项目国际货物采购合同的管理

监理工程师对工程项目国际货物采购合同的管理，除应像国内物资采购合同管理外，还应做到以下两条。

1. 监理工程师有权要求买方提供合理证明，证明其已履行付款义务。否则，除买方有理由扣留或拒绝支付并已书面通知卖方外，监理工程师应出具证书，由业主直接向卖方付款。

2. 监理工程师应及时审批买方进口物资申请书，并向业主出具支持信，督促业主及时向海关发出有关公函。

8.2　建设工程施工分包合同

施工企业的施工力量、技术力量、人员素质、信誉等好坏，对工程质量、投资控制、进度控制等有直接影响。发包人是在经过了一系列考察，以及资格预审、投标和评标等活动之后选中承包人的，签订合同不仅意味着对方对报价、工期等定量因素的认可，也意味着发包人对承包人的信任。因此，在一般情况下，承包人应当以自己的力量来完成任何或者主要施工任务。但是，法律也允许承包人合法地进行工程分包。

8.2.1　工程分包的概念

工程分包，是相对总承包而言的。所谓工程分包，是指经合同约定和发包单位认可，从工程承包人承担的工程中承包部分工程的行为。工程分包合同指承包人和分包人之间签订的分包合同。分包工程是指由承包人和分包人在合同协议书中约定的分包范围内的工程。分包人是指在分包合同协议书中约定的，被承包人接受的具有分包该工程资格的当事人，以及取得该当事人资格的合法继承人。

根据分包合同的签订方式可以将分包合同划分为发包人指定的分包合同、总承包人协议发包的分包合同、总承包人招标发包的分包合同。

另外，根据分包合同专业可以将分包合同划分为勘察分包合同、设计分包合同、施工分包合同。其中，施工分包合同更为常见，又可分为施工专业分包合同和施工劳务分包合同。

1. 分包资质管理

《建筑法》第 29 条和《合同法》第 272 条同时规定，禁止（总）承包人将工程分包给不具备相应资质条件的单位，这是维护建设市场秩序和保证建设工程质量的需要。

（1）专业承包资质

专业承包序列企业资质设 2～3 个等级，60 个资质类别。其中常用类别有：地基与基础、建筑装饰装修、建筑幕墙、钢结构、机电设备安装、电梯安装、消防设施、建筑防水、防腐保温、园林古建筑、爆破与拆除、电信工程、管道工程等。

（2）劳务分包资质

劳务分包序列企业资质设 1~2 个等级，13 个资质类别。其中常用类别有：木工作业、砌筑作业、抹灰作业、油漆作业、钢筋作业、混凝土作业、脚手架作业、模板作业、焊接作业、水暖电安装作业等。如同时发生多类作业，可划分为结构劳务作业、装修劳务作业、综合劳务作业。

2. 关于分包的法律禁止性规定

《建设工程质量管理条例》第 25 条明确规定，施工单位不得转包或违法分包工程。

（1）违法分包

根据《建设工程质量管理条例》的规定，违法分包指下列行为：总承包单位将建设工程分包给不具备相应资质条件的单位，这里包括不具备资质条件和超越自身资质等级承揽业务两类情况；建设工程总承包合同中未有约定，又未经发包人认可，承包单位将其承包的部分建设工程交由其他单位完成的；施工总承包单位将建设工程主体结构的施工分包给其他单位的；分包单位将其承包的建设工程再分包的。

（2）转包

转包是指承包单位承包建设工程后，不履行合同约定的责任和义务，将其承包的全部建设工程转给他人，或者将其承包的全部工程肢解后以分包的名义分别转给他人承包的行为。

（3）挂靠

挂靠是与违法分包和转包密切相关的另一种违法行为。具体表现形式有：转让、出借资质证书或者以其他方式允许他人以本企业名义承揽工程的；项目管理机构的项目经理、技术负责人、项目核算负责人、质量管理人员、安全管理人员等不是本单位人员，与本单位无合法的人事或者劳动合同、工资福利及社会保险关系的；发包人的工程款直接进入项目管理机构财务的。

8.2.2　分包合同的概念及特征

1. 分包合同的概念

分包合同是承包人将主合同内对发包人承担义务的部分工作交给分包人实施，双方约定相互之间的权利义务的合同。分包合同既是总承包合同的一部分，又是承包人与分包人签订合同的标的物，但分包人完成这部分工作的过程中仅对承包商承担责任。由于承包人居于两个合同当事人的特殊地位，因此承包人会将总承包合同中对分包工程承担的风险合理地转移给分包人。

2. 总、分包的连带责任

建筑工程总承包人按照总承包合同的约定对发包人负责；分包人按照分包合同的约定对总承包人负责。总承包人和分包人就分包工程对发包人承担连带责任。

分包人经承包人同意，可以将劳务作业再分包给具有相应劳务分包资质的劳务分包企业。除此之外，分包人不得将其承包的分包工程转包给他人，也不得将其承包的分包工程的全部或部分再分包给他人。如分包人将其承包的分包工程转包或再分包，将被视为违约，并承担违约责任。分包人应对再分包的劳务作业的质量等相关事宜进行督促和检查，并承担相关连带责任。

3. 分包合同的管理关系

（1）发包人对分包合同的管理

发包人不是分包合同的当事人，对分包合同权利义务如何约定也不参与意见，与分包人没有任何合同关系。但作为工程项目的投资方和总承包合同的当事人，发包人对分包合同的管理主要表现为对分包工作的批准。

（2）工程师对分包合同的管理

工程师仅与承包人建立监理与被监理的关系，对分包人在现场的施工不承担协调管理义务。工程师只是依据总承包合同对分包工作内容及分包人的资质进行审查，行使确认权或否认权；对分包人使用的材料、施工工艺、工程质量进行监督管理。为了准确区分合同责任，工程师就分包工作发布的任何指示均应发给承包人。分包合同内明确规定，分包人接到工程师的指示后不能立即执行，需要得到承包人同意才可实施。

（3）承包人对分包合同的管理

承包人作为两个合同的当事人，不仅对发包人承担整个合同按预期目标实现的义务，而且对分包工作的实施负有全面管理责任。承包人需委派对分包人的施工进行监督、管理和协调，承担如同总承包合同履行过程中工程师的职责。承包人的管理工作主要通过发布一系列指示来实现。接到工程师就分包工作发布的指示后，应就其要求列入自己的管理工作内容，并及时以书面确认的形式转发给分包人令其遵照执行。

8.2.3　《建设工程施工专业分包合同（示范文本）》

为进一步规范施工分包活动，加强分包合同管理，原建设部和国家工商行政管理总局于2003 年分别发布了《建设工程施工专业分包合同（示范文本）》（GF—2003—0213）（以下简称专业分包合同）、《建设工程施工劳务分包合同（示范文本）》（GF—2003—0214）（以下简称劳务分包合同）。本章以上述两个示范文本为例加以介绍。

1. 文本的主要框架

专业分包合同文本由协议书、通用条款、专用条款三部分组成。

（1）协议书。

协议书的内容包括分包工程概况、分包合同价款、工期、工程质量标准、组成合同的文件、双方的承诺及合同的生效等。协议书中有关词语含义与通用条款中分别赋予它们的定义相同。其中合同文件的组成及解释顺序为：

① 合同协议书；

② 中标通知书（如有时）；

③ 分包人的投标函及报价书；

④ 除总包合同工程价款之外的总包合同文件；

⑤ 合同专用条款；

⑥ 合同通用条款；

⑦ 合同工程建设标准、图纸；

⑧ 合同履行过程中，承包人和分包人协商一致的其他书面文件。

（2）通用条款

通用条款共由 10 个部分 38 条组成。这 10 个部分的内容是：

① 词语定义及合同文件，包括词语定义，合同文件及解释顺序，语言文字和适用法律、

行政法规及工程建设标准，图纸；

② 双方一般权利和义务，包括承包人的工作和分包人的工作；

③ 工期；

④ 质量与安全，包括质量检查与验收和安全施工；

⑤ 合同价款与支付，包括合同价款及调整、工程量的确认和合同价款的支付；

⑥ 工程变更；

⑦ 竣工验收与结算；

⑧ 违约、索赔及争议；

⑨ 保障、保险及担保；

⑩ 其他，包括材料设备供应、文件、不可抗力、分包合同解除、合同生效与终止、合同份数和补充条款等规定。

（3）专用条款

专用条款与通用条款是相对应的，专用条款具体内容是承包人与分包人协商将工程的具体要求填写在合同文本中，建设工程专业分包合同专用条款的解释优于通用条款。

2. 双方的一般权利和义务

（1）承包人的工作

承包人应按合同专用条款约定的内容和时间，一次或分阶段完成下列工作：

① 向分包人提供根据总包合同由发包人办理的与分包工程相关的各种证件、批件、各种相关资料，向分包人提供具备施工条件的施工场地；

② 合同专用条款约定的时间，组织分包人参加发包人组织的图纸会审，向分包人进行设计图纸交底；

③ 提供合同专用条款中约定的设备和设施，并承担因此发生的费用；

④ 随时为分包人提供确保分包工程的施工所要求的施工场地和通道等，满足施工运输的需要，保证施工期间的畅通；

⑤ 负责整个施工场地的管理工作，协调分包人与同一施工场地的其他分包人之间的交叉配合，确保分包人按照经批准的施工组织设计进行施工；

⑥ 承包人应做的其他工作，双方在合同专用条款内约定。

承包人未履行上述各项义务，导致工期延误或给分包人造成损失的，承包人赔偿分包人的相应损失，顺延延误的工期。

（2）分包人的工作

分包人应按合同专用条款约定的内容和时间，完成下列工作。

① 分包人应按照分包合同的约定，对分包工程进行设计（分包合同有约定时）、施工、竣工和保修。分包人在审阅分包合同和（或）总包合同时，或在分包合同的施工中，如发现分包工程的设计或工程建设标准、技术要求存在错误、遗漏、失误或其他缺陷，应立即通知承包人。

② 按照合同专用条款约定的时间，完成规定的设计内容，报承包人确认后在分包工程中使用。承包人承担由此发生的费用。

③ 在合同专用条款约定的时间内，向承包人提供年、季、月度工程进度计划及相应进度统计报表。分包人不能按承包人批准的进度计划施工时，应根据承包人的要求提交一份修

订的进度计划，以保证分包工程如期竣工。

④ 分包人应在专用条款约定的时间内，向承包人提交一份详细施工组织设计，承包人应在专用条款约定的时间内批准，分包人方可执行。

⑤ 遵守政府有关主管部门对施工场地交通、施工噪声，以及环境保护和安全文明生产等的管理规定，按规定办理有关手续，并以书面形式通知承包人，承包人承担由此发生的费用，因分包人责任造成的罚款除外。

⑥ 分包人应允许承包人、发包人、工程师及其三方中任何一方授权的人员在工作时间内，合理进入分包工程施工场地或材料存放的地点，以及施工场地以外与分包合同有关的分包人的任何工作或准备的地点，分包人应提供方便。

⑦ 已竣工程未交付承包人之前，分包人应负责已完分包工程的成品保护工作，保护期间发生损坏，分包人自费予以修复；承包人要求分包人采取特殊措施保护的工程部位和相应的追加合同价款，双方在合同专用条款内约定。

⑧ 分包人应做的其他工作，双方在合同专用条款内约定。

分包人未履行上述各项义务，造成承包人损失的，分包人赔偿承包人有关损失。

3. 工期

（1）开工与延期开工

① 分包人应当按照合同协议书约定的开工日期开工。分包人不能按时开工，应当不迟于合同协议书约定的开工日期前 5 天，以书面形式向承包人提出延期开工的理由。承包人应当在接到延期开工申请后的 48 小时内以书面形式答复分包人。承包人在接到延期开工申请后 48 小时内不答复，视为同意分包人要求，工期相应顺延。承包人不同意延期要求或分包人未在规定时间内提出延期开工要求，工期不予顺延。

② 因承包人原因不能按照合同协议书约定的开工日期开工，项目经理应以书面形式通知分包人，推迟开工日期。承包人赔偿分包人因延期开工造成的损失，并相应顺延工期。

（2）工期延误

因下列原因之一造成分包工程工期延误，经项目经理确认，工期相应顺延：

① 承包人根据总包合同从工程师处获得与分包合同相关的竣工时间延长；

② 承包人未按合同专用条款的约定提供图纸、开工条件、设备设施、施工场地；

③ 承包人未按约定日期支付工程预付款、进度款，致使分包工程施工不能正常进行；

④ 项目经理未按分包合同约定提供所需的指令、批准或所发出的指令错误，致使分包工程施工不能正常进行；

⑤ 非分包人原因的分包工程范围内的工程变更及工程量增加；

⑥ 不可抗力的原因；

⑦ 合同专用条款中约定的或项目经理同意工期顺延的其他情况。

分包人应在上述情况发生后 14 天内，就延误的工期以书面形式向承包人提出报告。承包人在收到报告后 14 天内予以确认，逾期不予确认也不提出修改意见，视为同意顺延工期。

（3）暂停施工

发包人或工程师认为确有必要暂停施工时，应以书面形式通过承包人向分包人发出暂停施工指令，并在提出要求后 48 小时内提出书面处理意见。分包人停工和复工程序，以及暂停施工所发生的费用，按总包合同相应条款履行。

（4）工程竣工

分包人应按照合同协议书约定的竣工日期或承包人同意顺延的工期竣工。

因分包人原因不能按照合同协议书约定的竣工日期或承包人同意顺延的工期竣工的，分包人承担违约责任。

提前竣工程序按总包合同相应条款履行。

（5）质量与安全

① 分包工程质量应达到合同协议书和合同专用条款约定的工程质量标准，质量评定标准按照总包合同相应条款履行。因分包人原因工程质量达不到约定的质量标准，分包人应承担违约责任，违约金计算方法或额度在合同专用条款内约定。

② 双方对工程质量的争议，按照总包合同相应的条款履行。

③ 分包工程的检查、验收及工程试车等，按照总包合同相应的条款履行。分包人应就分包工程向承包人承担总包合同约定的承包人应承担的义务，但并不免除承包人根据总包合同应承担的总包质量管理的责任。

④ 分包人应允许并配合承包人或工程师进入分包人施工场地检查工程质量。

⑤ 分包人应遵守工程建设安全生产有关管理规定，严格按照安全标准组织施工，承担由于自身安全措施不力造成事故的责任和因此发生的费用。

⑥ 在施工场地涉及危险地区或需要安全防护措施施工时，分包人应提出安全防护措施，经承包人批准后实施，发生的相应费用由承包人承担。

⑦ 发生安全事故，按照总包合同相应条款处理。

4. 合同的价款与支付

（1）合同价款及调整

① 招标工程的合同价款由承包人与分包人依据中标通知书中的中标价格在合同协议书内约定；非招标工程的合同价款由承包人与分包人依据工程报价书在合同协议书内约定。

② 分包工程合同价款在合同协议书内约定后，任何一方不得擅自改变。合同价款的方式应与总包合同约定的方式一致。

③ 可调价格计价方式中合同价款的调整因素与施工合同规定一致。

④ 分包人应当在上述情况发生后10天内，将调整原因、金额以书面形式通知承包人，承包人确认调整金额后作为追加合同价款，与工程价款同期支付。承包人收到通知后10天内不予确认也不提出修改意见，视为已经同意该项调整。

⑤分包合同价款与总包合同相应部分价款无任何连带关系。

（2）工程量的确认

①分包人应按合同专用条款约定的时间向承包人提交已完工程量报告，承包人接到报告后7天内自行按设计图纸计量或报经工程师计量。承包人在自行计量或由工程师计量前24小时应通知分包人，分包人为计量提供便利条件并派人参加。分包人收到通知后不参加计量，计量结果有效，作为工程价款支付的依据；承包人不按约定时间通知分包人，致使分包人未能参加计量，计量结果无效。

②承包人在收到分包人报告后7天内未进行计量或因工程师的原因未计量的，从第8天起，分包人报告中开列的工程量即视为被确认，作为工程价款支付的依据。

③分包人未按合同专用条款约定的时间向承包人提交已完工程量报告，或其所提交的报告不符合承包人要求且未做整改的，承包人不予计量。

④对分包人自行超出设计图纸范围和因分包人原因造成返工的工程量，承包人不予计量。

（3）合同价款的支付

①实行工程预付款的，双方应在合同专用条款内约定承包人向分包人预付工程款的时间和数额，开工后按约定的时间和比例逐次扣回。

②在确认计量结果后10天内，承包人应按专用条款约定的时间和方式，向分包人支付工程款（进度款）。按约定时间承包人应扣回的预付款，与工程款（进度款）同期结算。

③分包合同约定的工程变更调整的合同价款，合同价款的调整、索赔的价款或费用，以及其他约定的追加合同价款，应与工程进度款同期调整支付。

④承包人超过约定的支付时间不支付工程款（预付款、进度款），分包人可向承包人发出要求付款的通知。

⑤承包人不按分包合同约定支付工程款（预付款、进度款），导致施工无法进行，分包人可停止施工，由承包人承担违约责任。

5. 工程变更

（1）分包人应根据以下指令，以更改、增补或省略的方式对分包工程进行变更：

①工程师根据总包合同作出的变更指令，该变更指令由工程师作出并经承包人确认后通知分包人；

②除上述①项内容以外的承包人作出的变更指令。

（2）分包人不执行从发包人或工程师处直接收到的未经承包人确认的有关分包工程变更的指令。如分包人直接收到此类变更指令，应立即通知项目经理并向项目经理提供一份该直接指令的复印件。项目经理应在24小时内提出关于对该指令的处理意见。

（3）分包工程变更价款的确定应按照总包合同的相应条款履行。分包人应在工程变更确定后11天内向承包人提出变更分包工程价款的报告，经承包人确认后调整合同价款。

（4）分包人在双方确定变更后11天内不向承包人提出变更分包工程价款的报告，视为该项变更不涉及合同价款的变更。

（5）承包人在收到变更分包工程价款报告之日起17天内予以确认，无正当理由逾期未予确认时，视为该报告已被确认。

6. 竣工验收及结算

（1）竣工验收

①分包工程具备竣工验收条件的，分包人应向承包人提供完整的竣工资料及竣工验收报告。双方约定由分包人提供竣工图的，应在专用条款内约定提交日期和份数。

②承包人应在收到分包人提供的竣工验收报告之日起3日内通知发包人进行验收，分包人应配合承包人进行验收。根据总包合同无需由发包人验收的部分，承包人应按照总包合同约定的验收程序自行验收。发包人未能按照总包合同及时组织验收的，承包人应按照总包合同规定的发包人验收的期限及程序自行组织验收，并视为分包工程竣工验收通过。

③分包工程竣工验收未能通过且属于分包人原因的，分包人负责修复相应缺陷并承担相应的质量责任。

④分包工程竣工日期为分包人提供竣工验收报告之日。报告需要修复的，竣工日期为提供修复后竣工报告之日。

（2）竣工结算及移交

①分包工程竣工验收报告经承包人认可后14天内，分包人向承包人递交分包工程竣工结算报告及完整的结算资料，双方按照合同协议书约定的合同价款及合同专用条款约定的合同价款调整内容，进行工程竣工结算。

②承包人收到分包人递交的分包工程竣工结算报告及结算资料后28天内进行核实，给予确认或者提出明确的修改意见。承包人确认竣工结算报告后7天内向分包人支付分包工程竣工结算价款。分包人收到竣工结算价款之日起7天内，将竣工工程交付承包人。

③承包人收到分包工程竣工结算报告及结算资料后28天内无正当理由不支付工程竣工结算价款，从第29天起按分包人同期向银行贷款利率支付拖欠工程价款的利息，并承担违约责任。

（3）质量保修

在包括分包工程的总包工程竣工交付使用后，分包人应按国家有关规定对分包工程出现的缺陷进行保修，具体保修责任按照分包人与承包人在工程竣工验收之前签订的质量保修书执行。

7. 违约、索赔及争议

（1）违约

当发生下列情况之一时，视为承包人违约：

①承包人不按分包合同的约定支付工程预付款、工程进度款，导致施工无法进行；

②承包人不按分包合同的约定支付工程竣工结算价款；

③承包人不履行分包合同义务或不按分包合同约定履行义务的其他情况。

承包人承担违约责任，赔偿因其违约给分包人造成的经济损失，顺延延误的工期。双方在合同专用条款内约定承包人赔偿分包人损失的计算方法或承包人应当支付违约金的数额。

当发生下列情况之一时，视为分包人违约：

①分包人与发包人或工程师发生直接工作联系；

②分包人将其承包的分包工程转包或再分包；

③因分包人原因不能按照合同协议书约定的竣工日期或承包人同意顺延的工期竣工；

④因分包人原因工程质量达不到约定的质量标准；

⑤其他情况。

分包人承担违约责任，赔偿因其违约给承包人造成的经济损失。双方在合同专用条款内约定分包人赔偿承包人损失的计算方法或分包人应当支付违约金的数额。

分包人违反合同可能产生的后果。如分包人有违反分包合同的行为，分包人应保障承包人免予承担因此违约造成的工期延误、经济损失及根据总包合同承包人将负责的任何赔偿费，在此情况下，承包人可从应支付分包人的任何价款中扣除此笔经济损失及赔偿费，并且不排除采用其他补救方法的可能。

（2）索赔

①当一方向另一方提出索赔时，要有正当的索赔理由，且有索赔事件发生时的有效证据。

②承包人未能按分包合同的约定履行自己的各项义务或发生错误，以及应由承包人承担责任的其他情况，造成工期延误和（或）分包人不能及时得到合同价款或分包人的其他经济损失，分包人可按总包合同约定的程序以书面形式向承包人索赔。

③在分包工程施工过程中，如分包人遇到不利外部条件等根据总包合同可以索赔的情况，分包人可按照总包合同约定的索赔程序通过承包人提出索赔要求。在承包人收到分包人索赔报告后21天内给予分包人明确的答复，或要求进一步补充索赔理由和证据。索赔成功后，承包人应将相应部分索赔款转交分包人。

分包人应按照总包合同的规定及时向承包人提交分包工程的索赔报告，以保证承包人可以及时向发包人进行索赔。承包人在35天内未能对分包人的索赔报告给予答复，视为分包人的索赔报告已经得到批准。

④承包人根据总包合同的约定向工程师递交任何索赔意向通知或其他资料，要求分包人协助时，分包人应就分包工程方面的情况，以书面形式向承包人发出相关通知或其他资料，以及保持并出示同期施工记录，以便承包人能遵守总包合同有关索赔的约定。

分包人积极配合，使得承包人涉及分包工程的索赔未获成功，则承包人可在按分包合同约定应支付给分包人的金额中扣除上述应获得的索赔款项中适当比例的部分。

（3）争议

争议的方式与施工合同中相关争议的规定一致，发生争议后，除非出现下列情况，双方应继续履行合同，保持分包工程施工连续，保护好已完工程：

①单方违约导致合同确已无法履行，双方协议停止施工；

②调解要求停止施工，且为双方接受；

③仲裁机构要求停止施工；

④法院要求停止施工。

8. 保障、保险及担保

（1）除应由承包人承担的风险外，分包人应保障承包人免予承受在分包工程施工过程中及修补缺陷引起的下列损失、索赔及与此有关的索赔、诉讼、损害赔偿：

①人员的伤亡；

②分包工程以外的任何财产的损失或损害。

上列损失应由造成损失的责任方承担。

（2）承包人应保障分包人免予承担与下列事宜有关的索赔、诉讼、损害赔偿费、诉讼费、指控费和其他开支：

①按分包合同约定，在实施和完成分包合同，以及保修过程当中所导致的无法避免的对财产的损害；

②由于发包人、承包人或其他分包商的行为或疏忽造成的人员伤亡或财产损失或损害，或与此相关的索赔、诉讼等。

上列损失应由造成损失的责任方承担。

（3）保险

①承包人应为运至施工场地内用于分包工程的材料和待安装设备办理保险。发包人已经办理的保险，视为承包人办理的保险。

②分包人必须为从事危险作业的职工办理意外伤害保险，并为施工场地内自有人员生命

财产和施工机械设备办理保险，支付保险费用。

③保险事故发生时，承包人和分包人均有责任尽力采取必要的措施，防止或者减少损失。

④具体投保内容和相关责任，承包人、分包人在合同专用条款内约定。

（4）担保

①如分包合同要求承包人向分包人提供支付担保时，承包人应与分包人协商担保方式和担保额度，在合同专用条款内约定。

②如分包合同要求分包人向承包人提供履约担保时，分包人应与承包人协商担保方式和担保额度，在合同专用条款内约定。

③分包人提供的履约担保，不应超过总包合同中承包人向发包人提供的履约担保的额度。

9. 分包合同的解除

（1）解除合同的主要形式

①承包人和分包人协商一致，可以解除分包合同。

②承包人不按分包合同约定支付工程款（预付款、进度款），导致施工无法进行，分包人可停止施工，停止施工超过 28 天，承包人仍不支付工程款（预付款、进度款），分包人有权解除合同。

③分包人再分包或转包其承包的工程，承包人有权解除合同。

④因不可抗力导致合同无法履行，承包人、分包人可以解除合同。

⑤因一方违约（包括因发包人原因造成工程停建或缓建）导致合同无法履行，另一方可以解除合同。

（2）总包合同解除

如在分包人没有全面履行分包合同义务之前，总包合同解除，则承包人应及时通知分包人解除分包合同，分包人接到通知后应尽快撤离现场。

分包人可以得到已完工程价款、分包人员工的遣散费、二次搬运费等补偿。如总包合同终止是因为分包人的严重违约，则分包人只能得到已完工程价款补偿。

分包人经承包人同意为分包工程已采购或已运至施工场地的材料设备，应全部移交给承包人，由承包人按合同专用条款约定的价格支付给分包人。

（3）分包合同解除程序，以及善后处理均按总包合同相应条款履行。分包合同解除后，不影响双方在合同中约定的结算条款的效力。

8.2.4 《建设工程施工劳务分包合同（示范文本）》

1. 文本的主要框架

不同于专业分包合同，劳务分包合同仅由一部分组成，没有再细分为协议书、通用条件和专用条件。

劳务分包合同共有 35 款，主要包括：劳务分包人资质情况；劳务分包工作对象及提供劳务内容；分包工作期限；质量标准；合同文件及解释顺序；标准规范；总（分）包合同；图纸；项目经理；工程承包人义务；劳务分包人义务；安全施工与检查；安全防护；事故处理；保险；材料、设备供应；劳务报酬；工量及工程量的确认；劳务报酬的中间支付；施工机具、周转材料供应；施工变更；施工验收；施工配合；劳务报酬最终支付；违约责任；索赔；争议；禁止转包或再分包；不可抗力；文物和地下障碍物；合同解除；合同终止；合同份数；补充条款；合同生效。

2. 双方的义务

（1）工程承包人的义务

①组建与工程相适应的项目管理班子，全面履行总（分）包合同，组织实施施工管理的各项工作，对工程的工期和质量向发包人负责。

②除非合同另有约定，工程承包人完成劳务分包人施工前期的下列工作并承担相应费用：向劳务分包人交付具备合同项下劳务作业开工条件的施工场地；完成水、电、热、电信等施工管线和施工道路，并满足完成合同劳务作业所需的能源供应、通信及施工道路畅通的时间和质量要求；向劳务分包人提供相应的工程地质和地下管网线路资料；办理下列工作手续：各种证件、批件、规费，但涉及劳务分包人自身的手续除外；向劳务分包人提供相应的水准点与坐标控制点位置；向劳务分包人提供生产、生活临时设施。

③负责编制施工组织设计，统一制定各项管理目标，组织编制年、季、月施工计划，物资需用量计划表，实施对工程质量、工期，安全生产，文明施工，计量分析和实验化验的控制、监督、检查和验收。

④负责工程测量定位，沉降观测、技术交底，组织图纸会审，统一安排技术档案资料的收集整理及交工验收。

⑤统筹安排、协调解决非劳务分包人独立使用的生产、生活临时设施，工作用水、用电及施工场地。

⑥按时提供图纸，及时交付应供材料、设备，提供施工机械设备、周转材料、安全设施，保证施工需要。

⑦按合同约定，向劳务分包人支付劳动报酬。

⑧负责与发包人、监理、设计及有关部门联系，协调现场工作关系。

（2）劳务分包人义务

①对合同劳务分包范围内的工程质量向工程承包人负责，组织具有相应资格证书的熟练工人投入工作；未经工程承包人授权或允许，不得擅自与发包人及有关部门建立工作联系；自觉遵守法律法规及有关规章制度。

②劳务分包人根据施工组织设计总进度计划的要求，按约定的日期（一般为每月底前若干天）提交下月施工计划，有阶段工期要求的提交阶段施工计划，必要时按工程承包人要求提交旬、周施工计划，以及与完成上述阶段、时段施工计划相应的劳动力安排计划，经工程承包人批准后严格实施。

③严格按照设计图纸、施工验收规范、有关技术要求及施工组织设计精心组织施工，确保工程质量达到约定的标准；科学安排作业计划，投入足够的人力、物力，保证工期；加强安全教育，认真执行安全技术规范，严格遵守安全制度，落实安全措施，确保施工安全；加强现场管理，严格执行建设主管部门及环保、消防、环卫等有关部门对施工现场的管理规定，做到文明施工；承担由于自身责任造成的质量修改、返工、工期拖延、安全事故、现场脏乱而导致的损失及各种罚款。

④自觉接受工程承包人及有关部门的管理、监督和检查；接受工程承包人随时检查其设备、材料保管和使用情况，及其操作人员的有效证件、持证上岗情况；与现场其他单位协调

配合，照顾全局。

⑤按工程承包人统一规划堆放材料、机具，按工程承包人标准化工地要求设置标牌，搞好生活区的管理，做好自身责任区的治安保卫工作。

⑥按时提交报表完整的原始技术经济资料，配合工程承包人办理交工验收。

⑦做好施工场地周围建筑物、构筑物和地下管线和已完工程部分的成品保护工作，因劳务分包人责任发生损坏，劳务分包人自行承担由此引起的一切经济损失及各种罚款。

⑧妥善保管、合理使用工程承包人提供或租赁给劳务分包人使用的机具、周转材料及其他设施。

劳务分包人须服从工程承包人转发的发包人及工程师的指令。

⑨除非合同另有约定，劳务分包人应对其作业内容的实施、完工负责，劳务分包人应承担并履行总（分）包合同约定的、与劳务作业有关的所有义务及工作程序。

3. 安全防护及保险

（1）安全防护

①劳务分包人在动力设备、输电线路、地下管道、密封防震车间、易燃易爆地段，以及临街交通要道附近施工时，施工开始前应向工程承包人提出安全防护措施，经工程承包人认可后实施，防护措施费用由工程承包人承担。

②实施爆破作业，在放射、毒害性环境中工作（含储存、运输、使用）及使用毒害性、腐蚀性物品施工时，劳务分包人应在施工前 10 天以书面形式通知工程承包人，并提出相应的安全防护措施，经工程承包人认可后实施，由工程承包人承担安全防护措施费用。

③劳务分包人在施工现场内使用的安全保护用品（如安全帽、安全带及其他保护用品），由劳务分包人提供使用计划，经工程承包人批准后，由工程承包人负责供应。

（2）保险

①劳务分包人施工开始前，工程承包人应获得发包人为施工场地内的自有人员及第三方人员生命财产办理的保险，且不需劳务分包人支付保险费用。

②运至施工场地用于劳务施工的材料和待安装设备，由工程承包人办理或获得保险，且不需劳务分包人支付保险费用。

③工程承包人必须为租赁或提供给劳务分包人使用的施工机械设备办理保险，并支付保险费用。

④劳务分包人必须为从事危险作业的职工办理意外伤害保险，并为施工场地内自有人员生命财产和施工机械设备办理保险，支付保险费用。

⑤保险事故发生时，劳务分包人和工程承包人有责任采取必要的措施，防止或减少损失。

4. 劳务报酬

（1）劳务报酬采用以下方式：

①固定劳务报酬（含管理费）；

②约定不同工种劳务的计时单价（含管理费），按确认的工时计算；

③约定不同工作成果的计件单价（含管理费），按确认的工程量计算。

（2）劳务报酬，除合同约定或法律政策变化，导致劳务价格变化的，均为一次包死，不再调整。

（3）劳务报酬最终支付

①全部工作完成，经工程承包人认可后 14 天内，劳务分包人向工程承包人递交完整的结算资料，双方按照合同约定的计价方式，进行劳务报酬的最终支付。

②工程承包人收到劳务分包人递交的结算资料后 14 天内进行核实，给予确认或者提出修改意见。工程承包人确认结算资料后 14 天内向劳务分包人支付劳务报酬尾款。

③劳务分包人和工程承包人对劳务报酬结算价款发生争议时，按合同关于争议的约定处理。

5. 违约责任

（1）当发生下列情况之一时，工程承包人应承担违约责任：

①工程承包人不按约定核实劳务分包人完成的工程量或不按约定支付劳务报酬或劳务报酬尾款时，应按劳务分包人同期向银行贷款利率向劳务分包人支付拖欠劳务报酬的利息，并按拖欠金额向劳务分包人支付违约金。

②工程承包人不履行或不按约定履行合同的其他义务时，应向劳务分包人支付违约金，工程承包人尚应赔偿因其违约给劳务分包人造成的经济损失，顺延延误的劳务分包人工作时间。

（2）当发生下列情况之一时，劳务分包人应承担违约责任：

①劳务分包人因自身原因延期交工的，应支付违约金；

②劳务分包人施工质量不符合合同约定的质量标准，但能够达到国家规定的最低标准时，应支付违约金；

③劳务分包人不履行或不按约定履行合同的其他义务时，劳务分包人除支付违约金外，尚应赔偿因其违约给工程承包人造成的经济损失，延误的劳务分包人工作时间不予顺延。

（3）一方违约后，另一方要求违约方继续履行合同时，违约方承担上述违约责任后仍应继续履行合同。

8.2.5　建设工程施工分包合同的订立

承包人可以采用招标或直接发包的形式与分包人订立合同。

1. 分包工程的合同价格

承包人选择分包人时，通常要求分包人就分包工程进行报价，然后与其协商而形成合同。由于总承包人在分包合同履行过程中负有对分包人的施工进行监督、管理、协调责任，应收取相应的分包管理费，因此，分包合同价格不一定等于总承包合同中所约定的该部分工程价格。

2. 分包人应充分了解总承包合同对分包工程规定的义务

签订合同过程中，为了能让分包人合理预计分包工程施工中可能承担的风险，以及分包工程的施工能够满足总承包合同要求而顺利进行，应使分包人充分了解在分包合同中应承担的义务。承包人除了提供分包工程范围内的合同条件、图纸、技术规范和工程量清单外，还应提供总承包合同的投标书附录、专用条件的副本及通用条件中任何不同于标准化范本条款规定的细节。承包人应允许分包人查阅总承包合同内容（价格条款除外），或应分包人要求提供一份总承包合同副本。

3. 划分分包合同责任的基本原则

为了保护当事人双方的合法权益，分包合同通用条件中明确规定了双方履行合同中应遵循的基本原则。

（1）保护承包人的合法权益不受损害

①分包人应承担并履行与分包工程有关的总承包合同规定承包人的所有义务和责任，保障承包人免予承担由于分包人的违约行为，发包人根据总承包合同要求承包人负责的损害赔偿或任何第三方的索赔。如果发生此类情况，承包人可以从应付给分包人的款项中扣除这笔金额，且不排除采用其他方法弥补所受到的损失。

②分包人须服从承包人转发的发包人或工程师与分包工程有关的指令。未经承包人允许，分包人不得以任何理由与发包人或工程师发生直接工作联系，分包人不得直接致函发包人或工程师，也不得直接接受发包人或工程师的指令。如分包人与发包人或工程师发生直接工作联系，将被视为违约，并承担违约责任。

（2）保护分包人的合法权益不受损害

①任何不应由分包人承担责任的事件导致竣工工期延长、施工成本的增加和修复缺陷的费用，均应由承包人给予补偿。

②承包人应保障分包人免予承担非分包人责任引起的索赔、诉讼或损害赔偿，保障程度应与发包人按总承包合同保障承包人的程度相类似（但不超过此程度）。

8.2.6 建设工程施工分包合同的履行

1. 支付管理

分包合同履行过程中的施工进度和质量管理的内容与施工合同管理基本一致，但支付管理由于涉及两个合同的管理，与施工合同不尽相同。

（1）分包合同的支付程序

分包人在合同约定的日期，向承包人报送该阶段施工的支付报表。承包人经过审核后，将其列入总承包合同的支付报表内一并提交工程师批准。承包人应在分包合同约定的时间内支付分包工程款，逾期支付要计算拖期利息。

（2）承包人代表对支付报表的审查

接到分包人的支付报表后，承包人首先对照分包合同有关规定复核取费的合理性和计算的正确性，并依据分包合同的约定扣除预付款、分包管理费等后，核准该阶段应付给分包人的金额，然后将分包工程完成工作的项目内容及工程量，按总承包合同中的取费标准进行计算，并填入到向工程师报送的支付报表中。

（3）承包人不承担逾期付款责任的情况

如果属于工程师不认可分包人报表中的某些款项、发包人拖延支付给承包人经过工程师签证后的应付款、分包人与承包人或与发包人之间因涉及工程量或报表中某些支付要求发生争议这三种情况，承包人代表在应付款日之前及时将扣发或缓发分包工程款的理由通知分包人，则不承担逾期付款责任。

2. 变更管理

承包人接到工程师依据总承包合同发布的涉及分包工程变更指令后，以书面确认方式通知分包人，也有权根据工程的实际进展情况自主发布有关变更指令。

分包人执行了工程师发布的变更指令，工程师进行变更工程量计量及对变更工程进行估价时应请分包人参加，以便合理确定分包人应获得的补偿款额和工期延长时间。承包人依据分包合同单独发布的指令大多与总承包合同没有关系，通常属于增加或减少分包合同规定的部分工作内容。若变更指令的起因不属于分包人的责任，承包人应给分包人相应的费用补偿和分包合同工期顺延。如果工期不能顺延，则要考虑赶工措施费。进行变更工程估价时，应参考分包工程量表中相同或类似工作的费率来核定。如果没有可参考项目或表中的价格不适用于变更工程时，应通过协商确定一个公平合理的费用加到分包合同价格内。

3. 索赔管理

分包合同履行过程中，当分包人认为自己的合法权益受到损害，不论事件起因于发包人、工程师或承包人，均只能向承包人提出索赔要求，并保持影响事件发生后的现场同期记录。

（1）应由发包人承担责任的索赔事件

分包人向承包人提出索赔要求后，承包人应首先分析事件的起因和影响，并依据两个合同判明责任。如果认为分包人的索赔要求合理，且原因属于总承包合同约定应由发包人承担风险责任或行为责任的事件，要及时按照总承包合同规定的索赔程序，以承包人的名义就该事件向工程师递交索赔报告。承包人应定期就该阶段为此项索赔所采取的步骤和进展情况通报分包人。这类事件可能是：

①应由发包人承担的风险事件，如施工中遇到了不利等外界障碍、施工图纸有错误等；

②发包人的违约行为，如拖延支付工程款等；

③工程师的失职行为，如发布错误的指令、协调管理不力导致对分包工程施工的干扰等；

④执行工程师指令后对补偿不满意，如对变更工程的估价认为过少等。

当事件的影响仅使分包人受到损害时，承包人的行为属于代为索赔。若承包人就同一事件也受到了损害，分包人的索赔就作为承包人索赔要求的一部分，索赔获得批准顺延的工期加到分包合同工期上去，得到支付的索赔款按照公平合理的原则转交给分包人。

承包人处理这类分包人索赔时应注意两个基本原则：一是从发包人处获得批准的索赔款为承包人就该索赔对分包人承担责任的先决条件；二是分包人没有按照规定的程序及时提出索赔，导致承包人不能按照总承包合同规定的程序提出索赔，承包人不仅不承担责任，而且为了减少事件影响，承包人为分包人采取的任何补救措施费用由分包人承担。

（2）应由承包人承担责任的事件

此类索赔产生于承包人与分包人之间，工程师不参与索赔的处理，双方通过协商解决。原因往往由于承包人的违约行为或分包人执行承包人代表指令导致。分包人按照规定程序提出索赔后，承包人代表要客观地分析事件的起因和产生的实际损害，然后依据分包合同分清责任。

8.2.7　施工专业分包合同管理中应注意的问题

1. 签订分包合同应注意的问题

（1）分包合同签订前应得到业主的批准，否则不得将承包工程的任何部分进行分包。分包虽经业主批准，但并不能免除总承包方相对于业主的任何责任及义务。

（2）分包单位资格应与分包工程相符。总承包商应审核分包单位的营业执照、业绩、拟分包工程的内容和范围以及分包单位专职管理人员和特种作业人员的资格证、上岗证。

（3）下列行为属于违法行为：总承包商不行使承包人的管理职能，不承担技术经济责任，将所承包的工程转包给他人。

（4）分包合同的签订原则：与总承包合同条款一致原则；平等互利原则。

（5）分包合同应条款清晰、责权明确、内容齐全严密，价格、安全、质量和工期目标明确。

（6）分包合同的签订人应为法人或法人代表委托人，合同内容合法，否则合同无效。

（7）分包合同应采用书面形式。

（8）为保障合同目标的实现，合同条款对分包法提出了较多约束，但总承包方要为分包方提供服务与指导，尽量为分包方创造施工条件，帮助分包方降低成本，实现预期效益，以有利于顺利实现合同目标。

2. 总承包人审核分包合同应注意的问题

（1）风险转嫁。对于发包人在总承包合同中提出的强制性要求，应将其对应逐条写入分包合同，从而转嫁风险，以避免发生承包人必须对业主承担责任却无法相应追究分包人责任的情况。

（2）工期。可以在分包合同中明确不因任何原因调整分包工程工期。

（3）工程造价。可以在分包合同中约定闭口价或单价包干，从而固定分包工程价格，避免工程分包价款波动风险或者失控。

（4）诉讼管辖。建议在合同中约定，一旦发生诉讼，由承包人住所地法院或仲裁机构管辖。

（5）合同的约定。签订分包合同时，约定的越详细越好，以避免发生纠纷。

3. 分包合同履行中应注意的问题

（1）及时做好合同变更。在合同签订完后，在履行过程中需要根据工程实际情况的变化，及时签订补充协议或者变更原合同。

（2）关于分包工程中施工机械租赁和材料供应的问题。在分包工程中，机械设备和工程材料的供应一般有两种情况：发包人提供或总承包人提供；分包人自行采购或租赁。如果由总承包人提供，则总承包方一定要督促分包方办理签收手续；如果由发包人提供，则要求分包人在由其使用的材料上与总承包人共同签字确认，同时要妥善保管这些签收凭证。这些凭证说明了分包人使用的材料和设备，在决算时可以从向其应付款中抵扣。

（3）关于分包方的工程量签证问题。目前，由于建筑工程造价普遍偏低，分包人上报签证量时，往往会采用抬高签证量的做法，因此，应对分包方的签证进行审核，以避免纠纷。

（4）注意保留合同履行过程中的文件资料等凭证。合同履行中的书面签证、来往文件、文书、传真等都是合同的组成部分，如果以后发生争议，这些都是事实依据。

8.3 建设工程咨询合同

8.3.1 工程咨询合同概述

1. 工程咨询的概念

工程咨询是在工程建设全过程中，由咨询人提供智力劳动的过程。智力劳动成果是人类脑力劳动所创造的劳动对象，与工程材料、设备等实体成果相区别。

咨询人以自己的专业知识、技能和经验为委托人提供咨询意见、培训人员或进行其他创造性劳动。工程咨询是一种知识性商品，咨询服务水平高低直接影响工程建设效益，对工程的成本、工期、质量等有重要影响。但是由于工程咨询产品的特殊性，工程咨询属于无形产品，其质量高低与咨询工程师个人能力和经验等密切相关，因此，工程咨询合同与工程施工承包合同存在着较大的差别。

2. 工程咨询合同的分类

工程咨询合同是工程合同的一个重要组成部分，国内外工程管理的不同制度导致对工程咨询合同的分类不同。FIDIC 将除工程施工承包以外的所有工程合同都归类于工程咨询合同，是咨询工程师可以提供服务的领域；我国对工程咨询的认识一直处于发展变化的过程中，除工程施工承包和设计以外的其他工程管理工作日益受到我国工程建设主管部门和行业协会的重视。目前我国将工程建设管理的所有工作按专业分类，实施专业化的资质管理，而没有使用统一的咨询工程师资质。这里借鉴 FIDIC 的分类方法，根据合同内容对我国工程咨询合同进行分类。

根据合同内容，工程咨询合同主要分为以下几类：

（1）规划咨询合同，是指为编制国家、部门、地区、专业、企业的经济社会发展规划，提供咨询建议报告或专题研究报告。

（2）项目建议书咨询合同，是指为具体工程编制项目建议书（或预可行性研究报告）。

（3）项目可行性研究咨询合同，是指为具体工程编制可行性研究报告。

（4）评估咨询合同，是指对具体工程的项目建议书（或可行性研究报告）进行评估，提出评估报告。

（5）工程勘察设计合同，是指为具体工程进行工程勘察、完成设计，提交相应报告。当承担设计服务的工程咨询人同时受聘承担工程监理任务时，对此类设计修改和补充，可根据合同自行决定授权给其驻地代表。

（6）工程招标咨询合同，是指为具体工程或设备材料采购提供招标服务。

（7）合同管理或工程监理合同，是指为项目业主与合同的施工承包人提供合同管理咨询服务。

（8）投产后咨询合同，是指业主委托工程咨询人提供项目投产后的运行、维护和培训服务的合同。

目前主要的咨询合同示范文本包括 FIDIC 的《业主/咨询工程师标准服务协议》，世界银行的《世界银行借款人选择和聘用咨询顾问指南》，原建设部和国家工商管理总局联合制定的系列示范合同文本，如《建设工程勘察合同（示范文本）》、《建设工程设计合同（示范文本）》、《建设工程委托监理合同（示范文本）》、《建设工程招标代理合同（示范文本）》、《建设工程造价咨询合同（示范文本）》，中国工程咨询协会编制的《工程咨询服务协议书》等。

8.3.2　建设项目造价咨询合同管理

1. 建设项目造价咨询合同管理概述

工程造价工程师是我国针对工程计量、工程计价、工程价款支付、工程价款审查、工程造价管理和控制等提出的一项制度。为了加强建设工程造价咨询市场管理，规范市场行为，原建设部和国家工商行政管理总局联合制订了《建设工程造价咨询合同（示范文本）》。

签订建设项目造价咨询合同的委托人应当是法人或自然人，咨询人必须具有法人资格，并应持有建设行政主管部门颁发的工程造价咨询资质证书和工商行政管理部门颁发的企业法人营业执照。

《建设工程造价咨询合同（示范文本）》由 3 部分组成：建设工程造价咨询合同、建设工程造价咨询标准条件、建设工程造价咨询专用条件。

标准条件适用于各类建设项目造价咨询委托，委托人和咨询人都应当遵守。专用条件是根据建设工程项目的实际情况，由委托人和咨询人协商一致后进行填写。双方如果认为需要，还可在其中增加约定的补充条款和修正条款。

2. 建设工程造价咨询合同

首先委托人与咨询人填写名称，经过双方协商一致，签订本合同。

合同的具体条款如下：

（1）委托人委托咨询人为以下项目提供建设工程造价咨询服务：

①项目名称；

②服务类别。

（2）本合同的措词和用语与所属建设工程造价咨询合同条件及有关附件同义。

（3）下列文件均为本合同的组成部分：

①建设工程造价咨询合同标准条件；

②建设工程造价咨询合同专用条件；

③建设工程造价咨询合同执行中共同签署的补充与修正文件。

（4）咨询人同意按照本合同的规定，承担本合同专用条件中议定范围内的建设工程造价咨询业务。

（5）委托人同意按照本合同规定的期限、方式、币种、额度向咨询人支付酬金。

（6）本合同的建设工程造价咨询业务自约定日期开始实施，至约定日期终结。

（7）本合同一式四份，具有同等法律效力，双方各执两份。

最后，委托人和咨询人签字盖章。

3. 建设工程造价咨询合同标准条件

（1）词语定义、适用语言和法律、法规

下列名词和用语，除上下文另有规定外具有如下含义。

①"委托人"是指委托建设工程造价咨询业务和聘用工程造价咨询单位的一方，以及其合法继承人。

②"咨询人"是指承担建设工程造价咨询业务和工程造价咨询责任的一方，以及其合法继承人。

③"第三人"是指除委托人、咨询人以外与本咨询业务有关的当事人。

建设工程造价咨询合同适用的是中国的法律、法规，以及专用条件中议定的部门规章、工程造价有关计价办法和规定或项目所在地的地方法规、地方规章。建设工程造价咨询合同的书写、解释和说明，以汉语为主导语言。当不同语言文本发生不同解释时，以汉语合同文本为准。

（2）咨询人的义务

向委托人提供与工程造价咨询业务有关的资料，包括工程造价咨询的资质证书及承担本合同业务的专业人员名单、咨询工作计划等，并按合同专用条件中约定的范围实施咨询业务。

咨询人在履行本合同期间，向委托人提供的服务包括正常服务、附加服务和额外服务。

① "正常服务" 是指双方在专用条件中约定的工程造价咨询工作；

② "附加服务" 是指在 "正常服务" 以外，经双方书面协议确定的附加服务；

③ "额外服务" 是指不属于 "正常服务" 和 "附加服务"，咨询人应增加的额外工作量。

在履行合同期间或合同规定期限内，不得泄露与本合同规定业务活动有关的保密资料。

（3）委托人的义务

①委托人应负责与本建设工程造价咨询业务有关的第三人的协调，为咨询人工作提供外部条件。

②委托人应当在约定的时间内，免费向咨询人提供与本项目咨询业务有关的资料。

③委托人应当在约定的时间内就咨询人书面提交并要求做出答复的事宜做出书面答复。咨询人要求第三人提供有关资料时，委托人应负责转达及资料转送。

④委托人应当授权胜任本咨询业务的代表，负责与咨询人联系。

（4）咨询人的权利

委托人在委托的建设工程造价咨询业务范围内，授予咨询人以下权利：

①咨询人在咨询过程中，如委托人提供的资料不明确时可向委托人提出书面报告。

②咨询人在咨询过程中，有权对第三人提出的与本咨询业务有关的问题进行核对或查问。

③咨询人在咨询过程中，有到工程现场勘察的权利。

（5）委托人的权利

委托人有下列权利：

①委托人有权向咨询人询问工作进展情况及相关的内容。

②委托人有权阐述对具体问题的意见和建议。

③当委托人认定咨询专业人员不按咨询合同履行其职责，或与第三人串通给委托人造成经济损失的，委托人有权要求更换咨询专业人员，直至终止合同并要求咨询人承担相应的赔偿责任。

（6）咨询人的责任

①咨询人的责任期即建设工程造价咨询合同有效期。如因非咨询人的责任造成进度的推迟或延误而超过约定的日期，双方应进一步约定相应延长合同有效期。

②咨询人责任期内，应当履行建设工程造价咨询合同中约定的义务，因咨询人的单方过失造成的经济损失，应当向委托人进行赔偿。累计赔偿总额不应超过建设工程造价咨询酬金总额（除去税金）。

③咨询人对委托人或第三人所提出的问题不能及时核对或答复，导致合同不能全部或部分履行，咨询人应承担责任。

④咨询人向委托人提出赔偿要求不能成立时，则应补偿由于该赔偿或其他要求所导致的委托人的各种费用的支出。

（7）委托人的责任

①委托人应当履行建设工程造价咨询合同约定的义务，如有违反则应当承担违约责任，赔偿给咨询人造成的损失。

②委托人如果向咨询人提出赔偿或其他要求不能成立时，则应补偿由于该赔偿或其他要求所导致的咨询人的各种费用的支出。

（8）合同生效，变更与终止

①本合同自双方签字盖章之日起生效。

②由于委托人或第三人的原因使咨询人工作受到阻碍或延误以致增加了工作量或持续时间，则咨询人应当将此情况与可能产生的影响及时书面通知委托人。由此增加的工作量视为额外服务，完成建设工程造价咨询工作的时间应当相应延长，并得到额外的酬金。

③当事人一方要求变更或解除合同时，则应当在14日前通知对方；因变更或解除合同使一方遭受损失的，应由责任方负责赔偿。

④咨询人由于非自身原因暂停或终止执行建设工程造价咨询业务，由此而增加的恢复执行建设工程造价咨询业务的工作，应视为额外服务，有权得到额外的时间和酬金。

⑤变更或解除合同的通知或协议应当采取书面形式，新的协议未达成之前，原合同仍然有效。

（9）咨询业务的酬金

①正常的建设工程造价咨询业务，附加工作和额外工作的酬金，按照建设工程造价咨询合同专用条件约定的方法计取，并按约定的时间和数额支付。

②如果委托人在规定的支付期限内未支付建设工程造价咨询酬金，自规定支付之日起，应当向咨询人补偿应支付的酬金利息。利息额按规定支付期限最后一日银行活期贷款乘以拖欠酬金时间计算。

③如果委托人对咨询人提交的支付通知书中酬金或部分酬金项目提出异议，应当在收到支付通知书两日内向咨询人发出异议的通知，但委托人不得拖延其无异议酬金项目的支付。

④支付建设工程造价咨询酬金所采取的货币币种、汇率由合同专用条件约定。

（10）其他

①因建设工程造价咨询业务的需要，咨询人在合同约定外的外出考察，经委托人同意，其所需费用由委托人负责。

②咨询人如需外聘专家协助，在委托的建设工程造价咨询业务范围内其费用由咨询人承担；在委托的建设工程造价咨询业务范围以外经委托人认可其费用由委托人承担。

③未经对方的书面同意，各方均不得转让合同约定的权利和义务。

④除委托人书面同意外，咨询人及咨询专业人员不应接受建设工程造价咨询合同约定以外的与工程造价咨询项目有关的任何报酬。

咨询人不得参与可能与合同规定的与委托人利益相冲突的任何活动。

（11）合同争议的解决

因违约或终止合同而引起的损失和损害的赔偿，委托人与咨询人之间应当协商解决；如未能达成一致，可提交有关主管部门调解；协商或调解不成的，根据双方约定提交仲裁机关仲裁，或向人民法院提起诉讼。

8.4　本章案例

【案例8-1】　合同案例

背景资料：

某村民甲与乙签订了一买卖合同。合同约定，甲卖给乙4头牛，款项为8000元。先支付 3000 元货款，其余款项在半年内付清。在付清剩余款项之前，甲保留对牛的所有权。签订合同的第二天，乙将牛牵走。

问题：

（1）假如在牛款付清之前，牛 1 被水淹死，损失由谁负责？为什么？

（2）假如在牛款付清之前，牛 2 生下一头小牛，该小牛的所有权归谁？为什么？

（3）假如在牛款付清之前，牛 3 踢伤一个人，该损害赔偿责任由谁承担？为什么？

（4）假如在牛款付清之前，村民乙将牛 4 卖给了丙，该合同是否有效？为什么？

（5）当事人在合同中约定，合同成立后，牛款在未付清之前，牛的所有权并不转移，是否具有法律效力？为什么？

案例评析：

（1）该损失由乙承担。《合同法》第 142 条规定，标的物毁损、灭失的风险，在标的物交付之前由出卖人承担，交付之后由买受人承担，但法律另有规定或者当事人另有约定的除外。甲、乙双方当事人并没有特别约定风险问题，法律对此也无另外的规定，因此，乙将牛牵走，该风险已经转移给了乙，所以，牛 1 被水淹死，损失由乙承担。

（2）小牛的所有权归乙。《合同法》第 163 条规定，标的物在交付之前产生的孳息，归出卖人所有，交付之后产生的孳息，归买受人所有。牛 2 已经交付，其所生产的小牛归乙所有。

（3）由乙承担。《民法通则》第 127 条规定，饲养的动物造成他人损害的，动物饲养人或者管理人，应当承担民事责任。牛 3 已经归乙管理，因此，乙应当负责。

（4）合同无效。牛的所有权没有转移，乙对没有所有权的标的物无权进行处分。《合同法》第 51 条规定，无处分权的人处分他人财产，经权利人追认或者无处分权的人订立合同后取得处分权的，该合同有效。乙一方没有取得处分权，另一方面也没有得到甲的追认，因此，该转让行为不具有法律效力。

（5）具有法律效力。《合同法》第 134 条规定，当事人可以在买卖合同中约定买受人未履行支付价款或者其他义务的，标的物的所有权属于出卖人。

【案例 8-2】　工程分包案例

某大型综合体育馆工程发包方（简称甲方）通过邀请招标的方式确定承包商乙中标，双方签订了工程总承包合同。在征得甲方书面同意的情况下，承包商乙将桩基础工程分包给具有相应资质的专业分包商丙，并签订了专业分包合同。在桩基础施工期间，由于分包商丙自身管理不善，造成甲方现场周围的建筑物受损，给甲方造成了一定的经济损失，甲方就此事件向承包商乙提出了赔偿要求。

另外，考虑到体育馆主体工程施工难度高、自身技术力量和经验不足等情况，在甲方不知情的情况下，承包商乙又与另一家具有施工总承包资质的某知名承包商丁签订了主体工程分包合同，合同约定承包商丁以承包商乙的名义进行施工，双方按约定的方式进行结算。

问题：

（1）什么是工程分包？什么是工程转包？

（2）承包商乙与分包商丙签订的桩基础工程分包合同是否有效？简述理由。

（3）对分包商丙给甲方造成的损失，承包商乙要承担什么责任？简述理由。

（4）承包商乙将主体工程分包给承包商丁在法律上属于何种行为？简述理由。

案例评析：

（1）工程分包，是指经合同约定和发包单位认可，从工程承包人承担的工程中承包部分工程的行为。

工程转包，是指不行使承包人的管理职能，不承担技术经济责任，将所承包的工程倒手转给他人承包的行为。

（2）有效。根据有关规定，在征得建设单位书面同意的情况下，施工总承包单位可以将非主体工程或者劳务作业分包给具有相应专业承包资质或者劳务分包资质的其他施工单位。

（3）对分包商丙给甲方造成的损失，承包商乙要承担连带责任。根据《建筑法》第29条的规定，建筑工程总承包单位按照总承包合同的约定对建设单位负责；分包单位按照分包合同的约定对总承包单位负责；总承包单位和分包单位就分包工程对建设单位承担连带责任。

（4）该主体工程的分包在法律上属于违法行为。根据《建设工程质量管理条例》第78条的规定，下列行为均为违法分包：①总承包单位将建设工程分包给不具备相应资质条件的单位的；②建设工程总承包合同中未有约定，又未经建设的单位认可，承包单位将其承包的部分建设工程交由其他单位完成的；③施工总承包单位将建设工程主体结构的施工分包给其他单位的；④分包单位将其承包的建设工程再次分包的。所以本案例中，在甲方不知情的情况下，承包商乙又与另一家具有施工总承包资质的某知名承包商丁签订了主体工程分包合同。在法律上属于违法行为。

思 考 题

1. 简述建设工程材料、设备采购合同的概念及分类。
2. 简述建设工程材料、设备采购合同的特征。
3. 简述材料采购合同的订立方式及主要合同内容。
4. 如何履行材料采购合同？
5. 试述建设工程中的设备供应方式。
6. 简述设备采购合同的内容及条款。
7. 如何履行设备采购合同？
8. 简述国际货物采购合同的概念及种类。
9. 简述国际货物采购合同的主要内容。
10. 监理工程师如何管理国际货物采购合同？
11. 简述分包合同的特点及主要合同关系。
12. 专业分包合同中双方当事人的主要工作有哪些？
13. 简述工程咨询合同的概念及分类。

第 9 章　建设工程施工索赔

9.1　建设工程施工索赔概述

当前，建筑工程施工中的索赔与反索赔问题，已经引起工程管理者们的高度重视。如何看待索赔，不同的管理者可能会从不同的角度作出不同的定义。如：索赔是合同履行中的调节器；索赔用于求解合同双方责任、权利和利益，使合同在内外客观情况变化的条件下仍符合平等互利、等价有偿原则等。下面我们将就索赔的一些基本问题进行介绍。

9.1.1　索赔的概念、性质和作用

1. 索赔的概念

索赔是指在合同的实施过程中，合同一方因对方不履行或未能正确履行合同所规定的义务或未能保证承诺的合同条件实现而遭受损失后，向另一方提出赔偿要求的行为。我国《建设工程施工合同（示范文本）》中的索赔既包括承包人向发包人的索赔（施工索赔），也包括发包人向承包人的索赔（反索赔）。因此，索赔是双向的。在实际工作中，承包人可以向发包人索赔，发包人也可以向承包人提出索赔。但在工程实践中，发包人索赔数量较小，而且发包人在向承包商索赔的过程中占有主动地位，可以通过冲账、扣拨工程款、没收预约保函、扣保证金等实现对承包人的索赔；而承包人对发包人索赔就比较困难一些，所以人们通常将它作为索赔管理的重点和主要对象。通常所讲的索赔，如未特别指明，是指承包人对发包人的索赔。

对施工合同双方来说，索赔是维护双方合法利益的权利，它同合同条件中双方的合同责任一样，构成严密的合同制约关系。一般讲，索赔主要有如下三个方面的含义：

（1）一方违约使另一方蒙受损失，受损方向对方提出赔偿损失的要求。

（2）发生应由业主（建设单位、甲方）承担责任的特殊风险事件或遇到不利的自然条件情况，使承包商（承建单位、乙方）蒙受较大损失而向业主提出补偿损失要求。

（3）承包商本应获得的正当利益，由于没能及时得到监理工程师（或甲方代表）的确认和业主应给予的支付，而以正式函件向业主索要。

上述的后两条中，实际上双方都没有违约，但同样也会出现索赔事件。从这一点看，索赔是一种正当的权益要求，同守约并不矛盾。恪守合同是业主和承包商共同的义务，只有坚持守约才能保证合同的正常执行。大部分索赔都可以通过协商和调解得到解决，即使诉诸仲裁或法院解决，也应当看成是遵法守约的行为，是将守约和维护合同权利置于法律的保护之下。从另一方面来看，承包商提出索赔要求有它的必然性。因为在国外，几乎每项工程在承包过程中采取哪种形式的合同是由业主决定，每个合同的具体条文是站在业主的立场上编写的，承包商即使在决标前的谈判中也只能在个别条款上使业主作出某种让步。我国目前的工程承发包合同，按照国家规定原则上工程承发包都必须实行招投标，合同也都必须采用国家

工商局、原建设部制订的合同标准文本，似乎合同条文不是站在业主立场上。但实际上，在投标须知和投标要求、工期要求、质量要求以及最后合同中的补充协议条款方面，业主（甲方）都将许多前提和条件贯穿其中，占据着许多的优势。况且，由于我国目前建筑与装饰工程施工已从计划经济进入到市场经济，工程施工承包任务成为买方市场并存在着僧多粥少的情况，因而在工程招投标以及工程承发包中承建单位为了承揽到施工业务，在激烈的投标竞争中以较低价格得标，对于难度大、质量要求高、时间要求紧的工程，在实施过程中稍遇条件变化即会处在亏损的威胁之下，承建单位必然要寻找一切可能的索赔机会来减少自己的风险。因此，可以这样理解，索赔是承包商（承建单位）和业主（建设单位）之间承担风险比例的合理再分摊。

2. 索赔的性质

索赔属于经济补偿行为，而不是惩罚。索赔方所受到的损害，与被索赔方的行为并不一定存在法律上的因果关系。索赔工作是承发包双方之间经常发生的管理业务，是双方合作的方式，而不是对立的手段。对合同的双方来说，索赔是维护双方合法利益的权利。它同合同条件中双方的合同责任一样，构成严密的合同制约关系。承包商可以向业主提出索赔，业主也可以向承包商提出索赔。

3. 索赔的作用

经过实践证明，索赔的健康开展对于培养和发展社会主义建设市场，促进建筑业的发展，提高工程建设的效益，起着非常重要的作用。

（1）索赔可以保证合同的正确实施

建设工程施工合同一经签订，合同双方即产生权利义务关系，这种权益受法律保护，这种义务受法律制约。索赔是合同法律效力的具体表现，并且由合同的性质决定。如果没有索赔和关于索赔的法律规定，则合同形同虚设，对双方都难以形成约束，这样合同的实施就得不到保证，也不会有正常的社会经济秩序。索赔能对违约者起警戒作用，使他考虑到违约的后果，以尽力避免违约事件发生。所以，索赔有助于工程双方更紧密的合作，有助于合同目标的实现。

（2）索赔是落实和调整施工合同当事人双方权利义务关系的有效手段

在施工合同履行过程中，由于未履行或不适当履行合同规定的义务而侵害对方权利的，应根据对方的索赔要求，承担相应的经济责任。离开索赔，施工合同当事人双方的权利义务关系便难以平衡和维系。

（3）索赔是施工合同及有关法律赋予施工合同当事人的权利

对于施工合同当事人来说，索赔是一种保护自己、维护自己正当权益、避免损失、增加利润的手段。事实证明，不精通索赔业务往往要蒙受很大的损失，直至不能进行正常的生产经营，甚至导致破产。索赔管理是施工合同管理的一部分，广义的索赔管理包括索赔和反索赔两方面内容。作为一名出色的甲方代表（监理工程师）或承包方的代理人，应该在工程建设项目实施过程中发现索赔机会，提出正当的索赔要求，维护各自正当的权益，找出不应归己方负责的某种原因造成合同义务以外的费用开支并通过一定合法途径和程序得到补偿。

（4）索赔促使工程造价更合理

施工索赔的正常开展，把原来打入工程报价的一些不可预见费用改为按实际发生的损失支付，有助于降低工程报价，使工程造价更合理。

（5）索赔有助于双方更快地熟悉国际惯例，熟练掌握索赔和处理索赔的方法与技巧，有助于对外开放和对外工程承包的开展。

（6）索赔有助于政府转变职能，使双方依据合同和实际情况实事求是地协商工程造价和工期，从而使政府从繁琐的调整概算和协调双方关系等微观管理工作中解脱出来。

9.1.2　施工索赔的概念和特点

在工程建设的各个阶段都有可能发生索赔，但在施工阶段索赔发生最多。基于索赔的双向性，承包商可以向业主提出索赔，业主也可以向承包商提出索赔。在国内外一些合同条件中，建设单位（业主）和承包商所分担的风险是不一样的，也就是说，承包商承担的风险较大，业主承担的风险相对较小。对于这种风险分担不均的现实，承包商可以从多方面采取措施防范，其中最有效的措施之一就是善于进行施工索赔。

施工索赔是指施工合同的一方当事人，对在施工合同履行过程中发生的并非由于自己责任的额外工作、额外支出或损失，依据合同和法律的规定要求对方当事人给予费用或工期补偿的合同管理行为。

实际工作中的施工索赔具有以下特点：

1. 实际工作中的施工索赔是指承包商向业主提出的索赔

工程发包、承包中，业主处于主导地位，往往把风险转移给承包商，将自己可能提出的索赔作为承包商的违约责任纳入合同条款，并作为承包商承包工程项目的前提条件，因此施工合同履行过程中业主主动提出索赔的较少，只是在承包商提出索赔后，作为讨价还价的策略而提出索赔。而承包商在工程承包中除了必须承担合同约定的风险责任外，还有可能承担业主的转移风险、第三方失误的风险和其他风险。因此，承包商的索赔贯穿施工合同履行的全过程。

2. 施工索赔成败的关联因素较多

索赔是一种追回权利的管理行为，对其具有约束力的关联因素主要有：

（1）承包商进行施工索赔，应以合同条款为第一依据，有合同作依据的索赔一般情况下都能获得成功。当找不出合同内容作索赔的依据时，可以法律法规的有关规定作依据，此时的索赔成功与否与下列因素有关：第一，索赔事件必须居于所引用的法律法规的调整对象；第二，法律法规的规定具体明确；第三，索赔事件当事人依据法律法规所作的论证充分。

（2）施工索赔必须有额外损失或额外支出的证据。索赔以补偿权利人的额外损失或额外支出为原则，没有证据的索赔同没有合同或法律法规作依据的索赔一样，都不可能成立。

（3）把握好索赔的时机和遵守索赔的程序规定。承包商的施工索赔，必须遵守合同对索赔程序的约定，在约定的时效期内提出，否则就会失去索赔的权利。一般来说，承包商在投标时就有可能发现索赔的机会，至工程建成一半，就会有很多的索赔机会。权利人应力争发现一项解决一项，争取在工程建成前基本解决已发现的索赔事项，最迟应在工程竣工或移交前解决。

（4）不断提高合同管理人员的素质。索赔涉及技术、管理、法律、经济等多个专业的知识，合同管理人员或专门索赔人员要有深厚的工程技术等专业知识和丰富的实践经验，要不断提高他们的素质，通晓法律，熟悉合同内容，使索赔有充分的合同或法律依据；能提出科学合理、符合工程实际情况的索赔；具有一定的公关能力和社交艺术，争取索赔谈判成功。

（5）工程师处理索赔的公正性。施工合同管理中，工程师是处理和解决索赔事项的第三方，工程师处事公正，有利于索赔问题顺利解决。

由以上特征可知，施工索赔最主要的特点在于，这类索赔往往是由于业主或其他非承包商方面原因，致使承包商在项目施工中付出了额外的费用或造成了损失，承包商通过合法途径和程序，运用谈判、仲裁或诉讼等手段，要求业主偿付其在施工中的费用损失或延长工期。

9.1.3 施工索赔的内容及原因

引起施工索赔的原因是多种多样的。

1. 不利的自然条件与人为障碍引起的索赔

不利的自然条件是指施工中遇到的实际自然条件比招标文件中所描述的更为困难和恶劣，这些不利的自然条件或人为障碍增加了施工的难度，导致承包方必须花费更多的时间和费用，在这种情况下，承包方可提出索赔要求。

（1）地质条件发生变化引起的索赔。一般情况下，招标文件中的现场描述都会介绍地质情况，有的还附有简单的地质钻孔资料。有些合同条件中，往往写明承包方在投标前已确认现场的环境和性质，包括地表以下条件、水文和气候条件等，即要求承包方承认已检查和考察了现场及周围环境，承包方不得因误解或误释这些资料而提出索赔。如果在施工期间，承包方遇到不利的自然条件或人为障碍，而这些条件与障碍又是有经验的承包方也不能预见到的，承包方可提出索赔。

（2）工程中人为障碍引起的索赔。在挖方工程中，承包方发现地下构筑物或文物，只要是图纸上并未说明的，如果这种处理方案导致工程费用增加，承包方即可提出索赔，由于地下构筑物和文物等，确属是有经验的承包人难以合理预见的人为障碍，这种索赔通常较易成立。

2. 工期延长和延误的索赔

通常包括两方面：一是承包方要求延长工期，二是承包方要求偿付由于非承包方原因导致工程延误而造成的损失。一般，这两方面的索赔报告要求分别编写，因为工期和费用的索赔并不一定同时成立。例如，由于特殊恶劣气候等原因，承包方可以要求延长工期，但不能要求赔偿；也有些延误时间并不影响关键工序线路的施工，承包方可能得不到延长工期的承诺，但是，如果承包方能提出证明其延误造成的损失，就可能有权获得这些损失的赔偿。有时两种索赔可能混在一起，既可以要求延长工期，又可以获得对其损失的赔偿。

（1）关于延长工期的索赔，通常是由于下述原因造成：

①业主未能按时提交可进行施工的现场；

②有记录可查的特殊反常的恶劣天气；

③工程师在规定的时间内未能提供所需的图纸或指示；

④有关放线的资料不准确；

⑤现场发现化石、古钱币或文物；

⑥工程变更或工程量增加引起施工程序的变动；

⑦业主和工程师要求暂停工程；

⑧不可抗力引起的工程损坏和修复；

⑨业主违约；

⑩工程师对合格工程要求拆除或剥露部分工程予以检查，造成工程进度被打乱，影响后

续工程的开展；

⑪工程现场中其他承包商的干扰；

⑫合同文件中某些内容的错误或互相矛盾。

因以上这些原因承包商要求延长工期，只要提出合理的证据，一般可以获得工程师及业主的同意，有的还可索赔费用损失。但在某些延误工期的事件中，也会出现多种原因相互重叠造成的状况。例如，恶劣天气条件下不能施工，又恰好运输的道路中断使水泥、砂石不能送入现场等，进而影响施工进度。在这时需要实事求是地认真加以调查分析，力求给以合理的解决。

（2）关于延误造成的费用的索赔，需特别注意两点：一是凡纯属业主和工程师方面的原因造成的工期的拖延，不仅应给承包商适当延长工期，还应给予相应的费用补偿。二是凡属于客观原因（既不是业主原因、也并非承包商原因）造成的拖期，如特殊反常的天气、工人罢工、政府间经济制裁等，承包商可得到延长工期，但得不到费用补偿。

3. 加速施工的索赔

当工程项目的施工计划进度受到干扰，导致项目不能按时竣工，业主的经济效益受到影响时，有时业主和工程师会发布加速施工指令，要求承包商投入更多资源、加班赶工来完成工程项目，这可能会导致工程成本的增加，引起承包商的索赔。当然，这里所说的加速施工并不是由于承包商的任何责任和原因。按照 FIDIC 合同专用条件中的规定，可采用奖励方法解决加速施工的费用补偿，激励承包商克服困难、按时完工。规定当某一部分工程或分部工程每提前完工一天，发给承包人奖金若干。这种支付方式的优点是，不仅促使承包商早日建成工程，早日投入运行，而且计价方式简单，避免了计算加速施工、延长工期、调整单价等许多容易扯皮的繁琐计算和争论。

4. 因施工中断和工效降低提出的施工索赔

由于业主和建筑师原因引起施工中断和工效降低，特别是根据业主不合理的指令压缩合同规定的工作进度，使工程比合同规定日期提前竣工，从而导致工程费用的增加，承包方可提出以下索赔：

（1）人工费用的增加；

（2）设备费用的增加；

（3）材料费用的增加。

5. 因工程终止或放弃提出的索赔

由于业主不正当地终止或非承包方原因而使工程终止，承包方有权提出以下施工索赔：

（1）盈利损失。其数额是该项工程合同价款与完成遗留工程所需花费的差额。

（2）补偿损失。包括承包方在被终止工程上的人工材料设备的全部支出，以及监督费、债券、保险费、各项管理费用的支出（减去已结算的工程款）。

6. 关于支付方面的索赔

工程付款涉及价格、货币和支付方式三个方面的问题，由此引起的索赔也很常见。

（1）关于价格调整方面的索赔。FIDIC 合同条件中规定：从投标的截止日期前 30 天起，由于任何法律、规定等变动导致承包商的成本上升，则对于已施工的工程，经工程师审批认可，业主应予付款，价格应作相应的调整。在国际承包工程中，增价的计算方法有两种：一种是按承包商报送的实际成本的增加数加上一定比例的管理费和利润进行补偿；另一种是采用调值公式自动调整，如在动态结算中介绍的计算方法。根据我国的实际情况，目前可根据各省市定额站颁发的材料预算价格调整系数及材料价差对合同价款进行调整，待材料价格指数逐步完善后，可采用动态结算中的公式进行自动调整。

（2）关于货币贬值导致的索赔。在一些外资或中外合资项目中，承包商不可能使用一种货币，而需使用两种、三种甚至更多种货币从不同国家进口材料、设备和支付第三国雇员部分工资及补偿费用，因此，合同中一般有货币贬值补偿的条款。索赔数额按一般官方正式公布的汇率计算。

（3）拖延支付工程款的索赔。一般在合同中都有支付工程款的时间限制，如果业主不按时支付中期工程款，承包方可按合同条款向业主索赔利息。业主严重拖欠工程款，可能导致承包方资金周转困难，产生中止合同的严重后果。

7. 因业主风险和特殊风险引起的索赔

由于业主承担的风险而导致承包商的费用损失增大时，承包商可据此提出索赔。

另外，某些特殊风险，如战争、敌对行动、外敌入侵，工程所在国的叛乱、暴动、军事政变或篡夺权位，内战、核燃料或核燃料燃烧后的核废物、放射性毒气爆炸等所产生的后果也是非常严重的。许多合同规定，承包商不仅对由此而造成工程、业主或第三方的财产的破坏和损失及人身伤亡不承担责任，而且业主应保护和保障承包商不受上述特殊风险后果的损害，并免于承担由此而引起的与之有关的一切索赔、诉讼及其费用。相反，承包商还应当可以得到由此损害引起的任何永久性工程及其材料的付款及合理的利润，以及一切修复费用、重建费用及上述特殊风险而导致的费用增加。如果由于特殊风险而导致合同终止，承包商除可以获得应付的一切工程款和损失费用外，还可以获得施工机械设备的撤离费用和人员遣返费用等。

8. 因合同缺陷引起的索赔

合同缺陷常常表现为合同文件规定不严谨，甚至矛盾，合同中有遗漏或错误。合同缺陷不仅包括商务条款中的缺陷，也包括技术规范和图纸中的缺陷。在这种情况下，工程师有权做出解释。但如果承包商执行监理程师的解释后引起成本增加或工期延长，则承包商可以为此提出索赔，工程师应给以证明，业主应给予补偿。一般情况下，业主作为合同起草人，应对合同中的缺陷负责，除非其中有非常明显的含糊内容或其他缺陷，根据法律可以推定承包商有义务在投标前发现并及时向业主指出。

在合同签订中，对合同条款审查不认真，有的措词不够严密，各处含义不一致，也可能导致索赔的发生。例如，日本大成公司承揽的鲁布革水电站隧洞开挖工程在施工过程中，因中方合同条款拟定文字疏忽，石方量计算合同条款有的地方用"to the line"（到开挖设计轮廓线），有的地方又用"from the line"（从开挖设计轮廓线），按前者可以理解"自然方"计量，按后者则解释为按开挖后的"松方"计量，虽然只一字之差，但对于长达9km的隧洞开挖来说，两种计量法总工程量相差5% ~ 10%（相当于2.5 ~ 5万 m^3），作为承包方的日本大成公司抓住合同文字漏洞，成功索赔。

9.1.4 索赔的分类

1. 按索赔的合同依据分类

按索赔的合同依据可以将工程索赔分为合同中明示的索赔、默示的索赔和道义索赔。

（1）明示的索赔

合同中明示的索赔是指承包人所提出的索赔要求，在该工程项目的合同文件中有文字依据，承包人可以据此提出索赔要求，并取得经济补偿。这些在合同文件中有文字规定的合同条款，称为明示条款。

（2）默示的索赔

合同中默示的索赔即承包人的该项索赔要求，虽然在工程项目的合同条款中没有专门的文字叙述，但可以根据该合同的某些条款的含义，推论出承包人有索赔权。这种索赔要求，同样有法律效力，有权得到相应的经济补偿。这种有经济补偿含义的条款，在合同管理工作中被称为"默示条款"或称为"隐含条款"。默示条款是一个广泛的合同概念，它包含合同明示条款没有写入，但符合双方签订合同时的设想和当时环境条件的一切条款。这些默示条款，或者从明示条款所表述的设想中引申出来，或者从合同双方在法律上的合同关系引申出来，经合同双方协商一致，或被法律和法规所指明，都成为合同文件的有效条款，要求合同双方遵照执行。

（3）道义索赔

承包商索赔没有合同理由，如对干扰事件业主没有违约，或业主不应承担责任。可能是由于承包商失误（如报价失误、环境调查失误等），或发生承包商应负责的风险，造成承包商重大的损失。这将极大地影响承包商的财务能力、履约积极性、履约能力，甚至危及承包企业的生存。承包商提出要求，希望业主从道义，或从工程整体利益的角度给予一定的补偿。或者可以说，道义索赔是指通情达理的业主看到承包商为完成某项困难的施工，承受了额外费用损失，甚至承受重大亏损，出于善良意愿给承包商以适当的经济补偿，因在合同条款中没有此项索赔的规定，所以也称为"额外支付"，这往往是合同双方友好信任的表现，但较为罕见。

2. 按索赔目的分类

（1）工期索赔

由于非承包人责任的原因而导致施工进程延误，要求工程师批准顺延合同工期的索赔，称之为工期索赔。工期索赔形式上是对权利的要求，以避免在原定合同竣工日不能完工时，受到发包人追究延期违约责任。一旦获得批准合同工期顺延后，承包人不仅免除了承担延期违约赔偿费的严重风险，而且可得到提前工期的奖励，最终仍反映在经济收益上。

（2）费用索赔

费用索赔的目的是要求经济补偿。当施工的客观条件改变导致承包人增加开支，承包人要求对超出计划成本的附加开支给予补偿．以挽回不应由承包人承担的经济损失。

3. 按索赔事件的性质分类

（1）工程延误索赔

因发包人未按合同要求提供施工条件，如未及时交付设计图纸、施工现场、道路等，或因发包人（或工程师）指令工程暂停施工或不可抗力事件等原因造成工期拖延的，承包人对此提出索赔。这是工程建设中常见的一类索赔。

（2）工程变更索赔

由于发包人或工程师指令增加或减少工程量或增加附加工程、修改设计、变更工程顺序等，造成工期延长和费用增加，承包人对此提出索赔。

（3）合同被迫终止的索赔

由于发包人或承包人违约以及不可抗力事件等原因造成合同非正常终止，一方因其蒙受经济损失而向对方提出索赔。

（4）工程加速索赔

由于发包人或工程师指令承包人加快施工速度，缩短工期，导致承包人人力、物力、财力的额外开支而提出的索赔。

（5）意外风险和不可预见因素索赔

在工程实施过程中，因不可抗拒的自然灾害、特殊风险以及一个有经验的承包人通常无法合理预见的不利施工条件或外界障碍，如地下水、地质断层、地下降碍物等引起的索赔。

（6）其他索赔

其他索赔是指因货币贬值、物价上涨、工资上调、政策法令变化等原因引起的索赔。

4. 按索赔的有关当事人分类

（1）承包商同业主之间的索赔；

（2）总承包商同分包商之间的索赔；

（3）承包商同供货商之间的索赔；

（4）承包商向保险公司、运输公司索赔等。

5. 按索赔的处理方式分类

（1）单项索赔就是采取一事一索赔的方式，即在每一件索赔事项发生后，报送索赔通知书，编报索赔报告，要求单项解决支付，不与其他的索赔事项混在一起。这是工程索赔通常采用的方式，它避免了多项索赔的相互影响和制约，解决起来较容易。

（2）总索赔，又称综合索赔或一揽子索赔，即对整个工程（或某项工程）中所发生的数起索赔事项，综合在一起进行索赔。采取这种方式进行索赔，是在特定的情况下采用的一种索赔方法，应尽量避免采用，因为它涉及的因素十分复杂，纵横交错，不太容易索赔成功。

9.2 建设工程施工索赔的程序及其规定

在工程项目施工阶段，每出现一个索赔事件，都应按照国家有关规定、国际惯例和工程项目合同条件的规定，认真及时地协商解决，一般索赔程序如图9-1所示。

9.2.1 索赔意向通知

索赔事件发生后，承包人应在索赔事件发生后的28天内向工程师递交索赔意向通知，声明将对此事提出索赔。该意向通知是承包人就具体的索赔事件向工程师和发包人表示的索赔愿望和要求。超过这个期限，工程师和发包人有权拒绝承包人的索赔要求。索赔事件发生后，承包人有义务做好现场施工的同期记录，工程师有权随时检查和调阅，以判断索赔事件造成的实际损害。

1. 索赔意向通知的作用

对于延续时间比较长，涉及工程内容比较多的工程事件来说，索赔意向通知对过后的索赔处理起着较好的促进作用，具体表现在以下方面：

（1）对工程师和业主起提醒作用，使工程师和业主意识到所通知事件会引起事后索赔。

（2）对工程师和业主起督促作用，使工程师和业主要特别注意该事件持续过程中所产

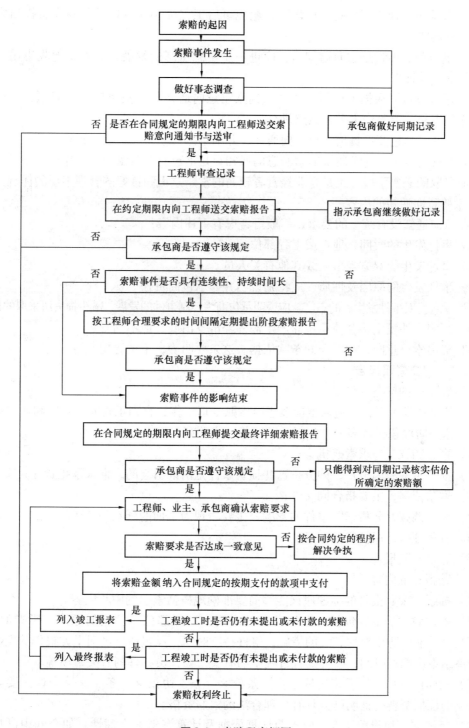

图9-1　索赔程序框图

生的各种影响。

（3）给工程师和业主创造挽救机会，即工程师和业主接到索赔意向通知后，可以尽量采取必要措施减少事件的不利影响，降低额外费用的产生。

（4）对承包商合法利益起保护作用，避免事后工程师和业主以承包商没有提出索赔要求而使索赔落空。

（5）承包商提出索赔意向通知后，应进一步留意事态的发展，有意识地收集用于后期索赔报告的有关证据。

（6）承包商可以根据工程师和业主收到索赔意向通知的反映及提出的问题，有针对性地准备索赔资料，避免失去重大索赔机会。

必须说明，承包商不提出索赔意向通知，并不意味着今后就不能得到索赔的补偿。这和具体合同的规定有关。这里所说的索赔意向通知，是承包商在索赔管理工作中为维护自身合法权益而采取的必要手段，也是企业经营者较高的索赔意识和良好的管理素质的体现。

2. 索赔意向通知的内容

索赔意向通知没有统一的要求，一般可考虑有下述内容：

（1）事件发生的时间、地点或工程部位。

（2）事件发生的双方当事人或其他有关人员。

（3）事件发生的原因及性质，应特别说明并非承包商责任。

（4）承包商对事件发生后的态度。应说明承包商为控制事件的发展、减少损失所采取的行动。

（5）写明事件发生将会使承包商产生额外经济支出或其他不利影响。

（6）提出索赔意向，注明合同条款依据。这条要明确，不得含糊不清。

9.2.2　提交索赔报告

1. 索赔报告的准备

当索赔事件发生后，承包商就应该进行索赔处理工作，直到正式向工程师和业主提交索赔报告。这一阶段包括许多具体的复杂的工作，主要有：

（1）事态调查，寻求索赔机会；

（2）损害事件原因分析，即分析这些损害事件是由谁引起的，谁来承担责任；

（3）索赔依据，主要指合同文件；

（4）损失调查，分析索赔事件的影响，主要表现为工期的延长和费用的增加；

（5）收集证据，保持完整记录；

（6）起草索赔报告。

2. 索赔报告的内容

（1）标题。索赔报告的标题应该能够简要准确地概括索赔的中心内容。

（2）事件叙述。主要包括：事件发生的时间、工程部位、发生的原因、影响的范围，承包商当时采取的防止事件扩大的措施，事件持续时间，承包商已经向甲方报告的次数及日期，最终结束影响的时间，事件处置过程中的有关主要人员办理的有关事项等。

（3）索赔的理由。明确指出依据合同条款××条、协议××条、××会谈纪要等对其权益影响的证据资料，证明己方具有合理合法的索赔资格。

（4）经济支出和费用计算。应指明计算依据及计算资料的合理性。如合同中已规定的计算原则，工程师和业主已经认可的计算资料。除必须明确计算结果的汇总额（天）外，应在正文后附上详细的计算过程和证明材料，以及平常很少用到的政府及有关部门的法规性文件复印件，作为对正文的补充和支持。

（5）附注及本报告时间。当编写索赔报告人员对某些问题的处理或计算具有商讨性质时，表示有商量余地，应在附注中写明。本报告时间也不可忽视，因为合同条件中明确规定了索赔提出的时间限制，如若不注明提出日期或所注日期超出规定，对索赔的处理会带来新的麻烦。

3. 编写索赔报告应注意的问题

索赔报告一般是在综合索赔或比较复杂的单项索赔解决中才显示其重要性。正因如此，编写报告时应特别注意以下几点：

（1）事实叙述要准确，不应有主观随意性。

（2）用词要明确，不能用"大概"、"大约"、"可能"等模棱两可的词。

（3）选用合同规定不能断章取义，牵强附会。

（4）不宜夸大事实。

（5）编写完后应认真审查，避免错误。在索赔报告中，无论是基础数据使用的错误，还是计算过程中的错误，除了错误本身以外，还会降低整个索赔报告的可信度。

4. 索赔报告的递交

索赔意向通知提交后的28天内，或工程师可能同意的其他合理时间内，承包人应递送正式索赔报告。如果索赔事件的影响持续存在，28天内还不能算出索赔额和工期展延天数，承包人应按工程师合理要求的时间间隔（一般为28天），定期陆续报出每个时间段内的索赔证据资料和索赔要求。在该项索赔事件的影响结束后的28天内，报出最终详细报告，提出索赔论证资料和累计索赔额。承包人发出索赔意向通知后，可以在工程师指示的其他合理时间内再报送正式索赔报告，也就是说，工程师在索赔事件发生后有权不马上处理该项索赔。如果事件发生时，现场施工非常紧张，工程师不希望立即处理索赔而分散各方抓施工管理的精力，可通知承包人将索赔的处理留待施工不太紧张时再去解决。但承包人的索赔意向通知必须在事件发生后的28天内提出，包括双方因对变更估价不能取得一致意见、而先按工程师单方面决定的单价或价格执行时，承包人提出的保留索赔权利的意向通知。如果承包人未能按规定时间提出索赔意向和索赔报告，就失去了就该项事件请求补偿的索赔权利。此时承包人所受到损害的补偿，将不超过工程师认为应主动给予的补偿额。

9.2.3 工程师审查索赔报告

1. 工程师审核承包人的索赔申请

接到承包人的索赔意向通知后，工程师应建立自己的索赔档案，密切关注事件的影响，检查承包人的同期记录时，随时就记录内容提出不同意见或希望予以增加的记录项目。

在接到正式索赔报告以后，工程师应认真研究承包人报送的索赔资料。首先在不确认责任归属的情况下，客观分析事件发生的原因，重温合同的有关条款，研究承包人的索赔证据，并检查他的同期记录。其次通过对事件的分析，依据合同条款划清责任界限，必要时还可以要求承包人进一步提供补充资料。尤其是承包人与发包人或工程师都负有一定责任的事件，更应划出各方应该承担合同责任的比例。最后再审查承包人提出的索赔补偿要求，剔除其中的不合理部分，拟定自己计算的合理索赔款额和工期顺延天数。

2. 判定索赔成立的原则

工程师判定承包人索赔成立的条件为：

（1）与合同相对照，事件已造成了承包人施工成本的额外支出，或总工期延误；

（2）造成费用增加或工期延误的原因，按合同约定不属于承包人应承担的责任，包括行为责任或风险责任；

（3）承包人按合同规定的程序提交了索赔意向通知和索赔报告。

上述三个条件没有先后主次之分，应当同时具备。只有工程师认定索赔成立，才处理应给予承包人的补偿额。

3. 工程师审查承包商索赔报告应注意的问题

对承包商所提出的索赔要求进行评审，首先是审定承包商的这项索赔要求有无合同依据，即有没有该项索赔权。审定过程中要全面参阅合同文件中的所有有关合同条款，客观评价、实事求是、慎重对待。对承包商的索赔要求不符合合同文件规定的，即被认为没有索赔权，而使该项索赔要求落空。但要防止有意地轻率否定的倾向，避免合同争端升级。工程师根据施工索赔的经验，判断承包商是否有索赔的权利时，主要依据以下几方面：

（1）此项索赔是否具有合同依据。凡是工程项目合同文件中有明文规定的索赔事项，承包商均有索赔权，即有权得到合理的费用补偿或工期延长；否则，业主可以拒绝这项索赔要求。

（2）索赔报告中引用索赔理由不充分，论证索赔权漏洞较多，缺乏说服力。主要依据合同文件判明索赔事件是否由未履行合同规定义务或未正确履行合同义务导致，是否在合同规定的赔偿范围之内。只有符合合同规定的索赔要求才在合法性范围内、才能成立。例如，某合同规定，工程量变更属于承包人承担的风险，若发包人指令增加工程量在这个范围内，承包人不能提出索赔。同时还要分析证据资料的有效性、合理性、正确性，这也是索赔要求有效的前提条件。如果在索赔报告中不能提出证明其索赔理由、索赔事件的影响、索赔值的计算等方面的详细资料，索赔要求是不能成立的。如果工程师认为承包人提出的证据不足以说明其要求的合理性，在这种情况下，工程师可以要求承包人进一步提交索赔的证据资料，或者否决该项索赔要求。

（3）索赔事项的发生是否为承包商的责任。凡是属于承包商方面原因造成的索赔事项，业主都应予以反驳拒绝，采取反索赔措施。凡是属于双方都有一定责任的情况，则要分清谁是主要责任者，或按各方责任的后果，确定承担责任的比例。

（4）在索赔事项初发时，承包商是否采取了控制措施。根据国际惯例，凡是遇到偶然事故影响工程施工时，承包商有责任采取力所能及的一切措施，防止事态扩大，尽力挽回损失。如确有事实证明承包商在当时未采取任何措施，业主可拒绝承包商要求的损失补偿。

（5）此项索赔是否属于承包商的风险范畴。在工程承包合同中，业主和承包商都承担着风险，甚至承包商的风险更大些。凡属于承包商合同风险的内容，如一般性天旱或多雨、一定范围内的物价上涨等，业主一般不会接受这些索赔要求。

（6）承包商没有在合同规定的时限内（一般为发生索赔事件后的 28 天内）向业主和工程师报送索赔意向通知。

（7）认真核定索赔款额，肯定其合理的索赔要求，反驳或修正不合理的索赔要求。在肯定承包商具有索赔权前提下，业主和工程师要对承包商提出的索赔报告进行详细审核，对索赔款组成的各个部分逐项审核、查对单据和证明文件，确定哪些不能列入索赔款额，哪些款额偏高，哪些在计算上有错误和重复。通过这些检查，可以削减一些承包商提出的索赔款额，使其更加可靠和准确。

9.2.4　工程师与承包商协商补偿及作出索赔处理决定

1. 工程师与承包人协商补偿

工程师核查后初步确定应予以补偿的额度往往与承包人的索赔报告中要求的额度不一

致，甚至差额较大。其主要原因大多是对事件损害责任的界限划分不一致，索赔证据不充分，索赔计算的依据和方法分歧较大等，因此双方应就索赔的处理进行协商。对于持续影响时间超过 28 天以上的工期延误事件，当工期索赔条件成立时，工程师对承包人每隔 28 天报送的阶段索赔临时报告审查后，每次均应作出批准临时延长工期的决定，并于事件影响结束后 28 天内收到承包人提出的最终的索赔报告后，批准顺延工期总天数。应当注意的是，最终批准的总顺延天数，不应少于以前各阶段已同意顺延天数之和。规定承包人在事件影响期间必须每隔 28 天提出一次阶段索赔报告，可以使工程师及时根据同期记录批准该阶段应予顺延工期的天数，避免因事件影响时间太长而不能准确确定索赔值。

2. 工程师提出索赔处理决定

在经过认真分析研究，与承包人、发包人广泛讨论后，工程师应该向发包人和承包人提出自己的"索赔处理决定"。工程师收到承包人送交的索赔报告和有关资料后，28 天内给予答复或要求承包人进一步补充索赔理由和证据。《建设工程施工合同（示范文本）》规定，工程师收到承包人递交的索赔报告和有关资料后，如果在 28 天内既未予答复，也未对承包人作进一步要求，则视为承包人提出的该项索赔要求已经被认可。

工程师在"工程延期审批表"和"费用索赔审批表"中应该简明地叙述索赔事项、理由、建议给予补偿的金额及延长的工期，论述承包人索赔的合理方面及不合理方面。通过协商未能达成共识时，承包人仅有权得到所提供的证据满足工程师认为索赔成立那部分的付款和工期顺延。不论工程师与承包人协商达成一致，还是工程师单方面作出处理决定，批准给予补偿的款额和顺延工期的天数只要在授权范围之内，工程师就可将此结果通知承包人，并抄送发包人。补偿款将计入下月支付工程进度款的支付证书内，顺延的工期加到原合同工期中去。如果批准的额度超过工程师权限，则应报请发包人批准。

9.2.5　索赔的最终解决

通常，工程师的处理决定不是终局性的，对业主和承包商都不具有强制性的约束力。在收到工程师的索赔处理决定后，无论业主还是承包商，如果认为该处理决定不公正，都可以在合同规定的时间内提请工程师重新考虑。如果工程师仍然坚持原来的决定，或业主或承包商对工程师的新决定仍不满，则可以按合同中的仲裁条款提交仲裁机构仲裁。

1. 发包人审查索赔处理决定

当工程师确定的索赔额超过其权限范围时，必须报请发包人批准。发包人首先根据事件发生的原因、责任范围、合同条款审核承包人的索赔申请和工程师的处理报告，再依据工程建设的目的、投资控制、竣工投产日期要求、承包人在施工中的缺陷或违反合同规定等有关情况，决定是否同意工程师的处理意见。例如，承包人的某项索赔理由成立，工程师根据相应条款规定，既同意给予一定的费用补偿，也批准顺延相应的工期，但发包人权衡了施工的实际情况和外部条件的要求后，可能不同意顺延工期，而宁可给承包人增加费用补偿额，要求承包人采取赶工措施，按期或提前完工，这样的决定只有发包人才有权作出。索赔报告经发包人同意后，工程师即可签发有关证书。

2. 承包人对最终索赔处理的回应

如果承包人接受最终的索赔处理决定，索赔事件的处理即告结束。如果承包人不同意，就会导致合同争议。通过协商，双方达成互谅互让的解决方案，这是处理争议的最理想方式。如达不成谅解，承包人有权提交仲裁或通过诉讼解决。

9.3 建设工程施工索赔的计算

9.3.1 费用索赔计算

费用索赔是整个合同索赔的重点和最终目标。工期索赔在很大程度上也是为了费用索赔。因此，计算方法应按照赔偿实际损失、合同原则、符合规定的或通用的会计核算原则及工程惯例计算原则进行，必须能够为业主、工程师、调解人或仲裁人接受。

费用索赔的计算方法有总费用法、分项费用法等。

1. 总费用法

把固定总价合同转化为成本加酬金合同，以承包商的额外成本为基点加上管理费和利润等附加费作为索赔值，这是总费用法。总费用法又称总成本法，采用这种方法计算索赔值比较简单。

（1）索赔值计算公式

索赔额＝该项工程的总费用－投标报价

但采用总费用法计算索赔值有严格的适用条件。

（2）适用条件

① 已开支的实际总费用经审核认为是合理的；

② 承包商的原始报价是比较合理的；

③ 费用的增加是由于业主的原因造成的；

④ 由于现场记录不足等原因，难以采用更精确的计算方法。

（3）当费用索赔只涉及某些分部分项工程时，可采用修正总费用法

修正总费用法是在总费用计算的原则上，去掉一些不确定的可能因素，对总费用法进行相应的修改和调整，使其更加合理。修正总费用法与总费用法的原理相同，只是把计算的范围缩小，使索赔值的计算更容易、更准确。

可索赔的费用一般包括以下几个部分：①人工费，包括增加工作内容的人工费、停工损失费和工作效率降低的损失费等累计，但不能简单地用计日工费计算。②设备费，可采用机械台班费、机械折旧费、设备租赁费等几种形式。③材料费。④保函手续费。⑤贷款利息。⑥保险费。⑦利润。⑧管理费（包括现场管理费和公司管理费两部分，由于两者的计算方法不一样，所以在审核过程中应区别对待）。

修正总费用法计算索赔值的方法如下：

费用索赔额＝索赔事件相关单项工程的实际总费用－该单项工程的投标报价

2. 分项费用法

这种方法是对每项索赔事件所引起损失的费用项目分别进行分析，计算出其索赔值，然后将各费用项目的索赔值汇总，即可得到总索赔费用值。这种方法以承包商为某项索赔工作所支付的实际开支为依据，但又仅限于由于索赔事项引起的、超过原计划的费用。在这种计算方法中，需要注意的是不要遗漏费用项目，否则承包商将遭受损失。分项费用法计算不但包括直接成本，而且还包括附加的成本，如人员在现场延长停滞时间所产生的附加费（如差旅费、工地住宿补贴、平均工资的上涨、由于推迟支付而造成的财务损失等）。

费用索赔值计算的分项费用法，首先应确定每次索赔可以索赔的费用项目，然后计算每个项目的索赔值，各项目的索赔额之和即为本次索赔的补偿总额。

（1）人工费索赔。人工费索赔包括额外增加工人和加班的索赔、人员闲置费用索赔、工资上涨索赔和劳动生产率降低导致的人工费索赔等，根据实际情况择项计算。

① 额外增加工人和加班时，索赔额计算如下：

$$索赔额 = 增加的工时（日）× 人工单价 \tag{9-1}$$

② 人员闲置费用索赔时，索赔额计算如下：

$$索赔额 = 闲置工时（日）× 人工单价 × 折算系数 \tag{9-2}$$

③ 工资上涨索赔。由于工程变更，延期期间工资水平上调而进行的索赔计算如下：

$$工资上涨索赔额 = 相关工种计划工时 × 相关工种工资上调幅度 \tag{9-3}$$

④ 劳动生产率降低导致的人工费索赔。根据实际情况，分别选用实际成本和预算成本比较法计算索赔值：

$$索赔额 = 实际人工成本 - 合同中的预算人工成本 \tag{9-4}$$

适用条件：有正确合理的估价体系和详细的施工记录；预算成本和实际成本计算合理。

（2）材料费索赔。材料费的额外支出或损失，包括消耗量增加和单位成本增加两个方面。

① 材料消耗量增加的索赔。追加额外工作、变更工程性质、改变施工方法等，都将导致材料用量增加，其索赔值的计算公式如下：

$$索赔额 = 新增的工程量 × 某种材料的预算消耗定额 × 该种材料单价 \tag{9-5}$$

② 材料单位成本增加的索赔。由于业主原因的延期期间材料价格（包括买价、手续费、运输费、保管费等）上涨，以及可调价格合同规定的调价因素发生时或需变更材料品种、规格、型号等，都将导致材料单位成本增加。其索赔值的计算公式如下：

$$索赔额 = 材料用量 × （实际材料单位成本 - 投标材料单位成本） \tag{9-6}$$

（3）施工机械费索赔。施工机械费索赔的费用项目有增加机械台班使用数量索赔、机械闲置索赔、台班费上涨索赔和工作效率降低的索赔等，索赔时根据额外支出或额外损失的实际情况择项。

① 增加机械台班使用数量的索赔值计算公式如下：

$$索赔额 = 增加的某种机械台班的数量 × 该机械的台班费 \tag{9-7}$$

②机械闲置费的索赔值计算公式如下：

$$索赔额 = 某种机械闲置台班数 × 该种机械行业标准台班费 × 折减系数 \tag{9-8}$$

或　　　　$$索赔额 = 某种机械闲置台班数 × 该种机械定额标准台班费 \tag{9-10}$$

③ 台班费上涨索赔。对于非承包商原因的工期顺延期间，如果遇上机械台班费上涨或采用可调价格合同时，承包商可以提出台班费上涨索赔。其计算公式如下：

$$索赔额 = 相关机械计划台班数 × 相关机械台班费上调幅度 \tag{9-11}$$

④ 机械效率降低的索赔。机械效率降低索赔的索赔值计算有两种方法，可根据掌握的以下适用条件来选择：有正确合理的估价体系和详细的施工记录；预算成本和实际成本计算合理；是业主的原因增加了成本。

对于施工机械降效，如非承包商原因导致的施工效率降低，造成工期拖后的会增加相应的施工机械费用，确定机械降低效率导致的机械费的增加。

施工机械降效可通过以下列公式计算：

实际台班数量＝计划台班数量×［1＋（原定效率－实际效率）/原定效率］　　（9-12）

增加的机械台班数量＝实际台班数量－计划台班数量　　（9-13）

机械降效增加的机械费＝机械台班单价×增加的机构台班数量　　（9-14）

关于正常施工期与受影响施工期比较法，其计算方法为：

机械效率降低率＝正常施工期机械效率－受影响施工期机械效率　　（9-15）

（4）现场管理费索赔。这里的现场管理费是指施工项目成本中除人工费、材料费和施工机械使用费外的各费用项目之和，包括项目经理部额外支出或额外损失的现场经费和其他直接费。其计算公式为：

现场管理费索赔额＝直接成本费用索赔额×现场管理费率　　（9-16）

式中　　直接成本费用索赔额＝人工费索赔额＋材料费索赔额＋机械费索赔额　　（9-17）

当事人双方通过协商选用下列方法之一确定现场管理费率：

① 合同百分比法，按签订合同时约定的现场管理费率计算。

② 行业平均水平法，执行公认的行业标准费率，例如工程造价管理部门制定颁发的取费标准。

③ 原始估价法，按投标报价时确定的费率计算。

④ 历史数据法，采用历史上类似工程的费率。

（5）总部管理费索赔。索赔款中的总部管理费主要指的是工程延误期间所增加的管理费。这项索赔款的计算，目前没有统一的办法，在国际工程施工索赔中，总部管理费索赔值的计算有以下几种：

① 按照投标书中总部管理费的比例（3%～8%）计算：

总部管理费＝合同中总部管理费比率（%）×（直接费索赔款额＋工地管理费索赔款额等）　　（9-18）

② 按照公司总部统一规定的管理费比率计算：

总部管理费＝公司管理费比率（%）×（直接费索赔款额＋工地管理费索赔款额等）　　（9-19）

③ 以工程延期的总天数为基础，计算总部管理费的索赔额，计算步骤如下：

$$对某一工程提取的管理费＝同期内公司的总管理费×\frac{该工程的合同额}{同期内公司的总合同额}　　（9-20）$$

$$该工程的每日管理费＝\frac{该工程向总部上缴的管理费}{合同实施天数}　　（9-21）$$

索赔的总部管理费＝该工程的每日管理费×工程延期的天数　　（9-22）

（6）融资成本索赔。

融资成本是指为取得和使用资金所需付出的代价支付的资金的利息。

其中最主要的是由于承包商只能在索赔事件处理完毕后的一段时间得到索赔费用，索赔事件所需的支出，承包商不得不从银行贷款或用自己的资金垫支，这就构成了融资成本。融资成本索赔额的计算公式如下：

融资成本索赔额＝（施工项目成本索赔额＋总部管理费索赔额）×利率　　（9-23）

式中利率可参照金融机构的利率标准或预期的平均投资收益率（机会利润率）确定。

（7）利息的索赔。在索赔款额的计算中，经常包括利息。利息的索赔通常发生于下列情况：①拖期付款的利息；②由于工程变更和工程延误增加投资的利息；③索赔款的利息；错误扣款的利息。至于这些利息的具体利率应是多少，在实践中可采用不同的标准，主要有这样几种规定：①按当时的银行贷款利率；②按当时的银行透支利率；③按合同双方协议的利率。

（8）利润损失的索赔。一般来说，由于工程范围的变更和施工条件变化引起的索赔，承包商是可以列入利润的。但对于工程延误的索赔，由于利润通常包括在每项实施的工程内容的价格之内，而延误工期并未影响某些项目的实施，从而导致利润减少，所以，一般工程师很难同意在延误的费用索赔中加进利润损失索赔。

索赔利润的款额计算通常是与原报价单中的利润百分率保持一致，即在直接工程费的基础上，增加原报价单中的利润率作为该项索赔款的利润。

国际工程施工索赔实践中，承包商有时也会列入一项"机会利润损失"，要求业主予以补偿。这种机会利润损失是由于非承包商责任致使工程延误，承包商不得不继续在本项工程中保留相当数量的人员、设备和流动资金，而不能按原计划把这些资源转到另一个工程项目上去，因而使该承包商失去了一个创造利润的机会。这种利润损失索赔，往往由于缺乏有力而切实的证明，比较难以成功。

另外还需注意的是，施工索赔中，以下几项费用是不允许索赔的：

（1）承包商对索赔事项的发生原因负有责任的有关费用；

（2）承包商对索赔事项未采取减轻措施因而扩大的损失费用；

（3）承包商进行索赔工作的准备费用；

（4）索赔款在索赔处理期间的利息；

（5）工程有关的保险费用。

9.3.2 工期索赔计算

1. 工期索赔成立的条件

（1）发生了非承包商自身原因造成的索赔事件；

（2）索赔事件造成了总工期的延误。

2. 不同类型工程拖期的处理原则

在施工过程中，由于各种因素的影响，使承包商不能在合同规定的工期内完成工程，造成工程拖期。工程拖期可以分为两种情况，即可原谅的拖期和不可原谅的拖期。可原谅的拖期是由于非承包商原因造成的工程拖期。不可原谅的拖期一般是承包商的原因而造成的工程拖期。这两类工程拖期的索赔处理原则及结果均不相同，见表9-1。

表9-1 工程拖期索赔处理原则

索赔原因	是否可原谅	拖期原因	责任者	处理原则	索赔结果
工程进度拖延	可原谅的拖期	1. 修改设计 2. 施工条件变化 3. 业主原因拖期 4. 工程师原因拖期	业主/工程师	可给予工期延长，可补偿经济损失	工期+经济补偿
		1. 异常恶劣气候 2. 工人罢工 3. 天灾	客观原因	可给予工期延长，不给予经济补偿	工期
	不可原谅的拖期	1. 工效不高 2. 施工组织不好 3. 设备材料供应不及时	承包商	不延长工期，不补偿经济损失，向业主支付误期损失赔偿费	索赔失败，无权索赔

3. 共同延误下的工期索赔的处理原则

在实际施工过程中，工程拖期很少是只由一方面（承包商、业主或某一方面客观原因）造成的，往往是两、三种原因同时发生（或相互作用）而形成的，这就称为共同延误。在共同延误的情况下，要具体分析哪一种情况延误是有效的，即承包商可以得到工期延长，或既可得到工期延长，又可得到费用补偿。在确定拖期索赔的有效期时，应依据下列原则：

（1）首先判别造成拖期的哪一种原因是最先发生的，即确定"初始延误"者，它应对工程拖期负责。在初始延误发生作用期间，其他并发的延误者不承担拖期责任。

（2）如果初始延误者是业主，则在业主造成的延误期内，承包商既可得到工期延长，又可得到经济补偿。

（3）如果初始延误者是客观因素，则在客观因素发生影响的时间段内，承包商可以得到工期延长，但很难得到费用补偿。

4. 工期索赔的计算方法

工期索赔的计算主要有网络图分析法和比例计算法两种。

（1）网络图分析法

网络分析方法通过分析延误发生前后网络计划，对比两种工期计算结果，计算索赔值。分析的基本思路为：假设工程施工一直按原网络计划确定的施工顺序和工期进行，现发生了一个或多个延误，使网络中的某个或某些活动受到影响，如延长持续时间，或活动之间逻辑关系变化，或增加新的活动。将这些活动受影响后的持续时间代入网络中，重新进行网络分析，得到一新工期。则新工期与原工期之差即为延误对总工期的影响，即为工期索赔值。通常，如果延误在关键线路上，则该延误引起的持续时间的延长即为总工期的延长值。如果该延误在非关键线路，受影响后仍在非关键线路上，则该延误对工期无影响，故不能提出工期索赔。

这种考虑延误影响后的网络计划又作为新的实施计划，如果有新的延误发生，则在此基础上可进行新一轮分析，提出新的工期索赔。这样在工程实施过程中进度计划就是动态的，不断地被调整，而延误引起的工期索赔也可以随之同步进行。

网络图分析法计算方法如下：

① 由于非承包商自身原因的事件造成关键线路上的工序暂停施工时，工期索赔天数为关键线路上的工序暂停施工的日历天数。

② 由于非承包商自身原因的事件造成非关键线路上的工序暂停施工时，计算公式如下：

工期索赔天数＝工序暂停施工的日历天数－该工序的总时差天数

注意：当差值为零或负数时，工期不能索赔。

（2）比例计算法

在实际工程中，延误事件常常仅影响某些单项工程、单位工程，或分部分项工程的工期，要分析它们对总工期的影响，可以采用更为简单的比例方法。但这种方法只是一种粗略的估算，在不能采用其他计算方法时使用。

比例计算法的具体计算方法如下：

第一，以合同价所占比例计算，按引起误期的事件选用。

① 对于已知部分工程的延期的时间：

工期索赔值＝（受干扰部分工程的合同价/原合同价）×该受干扰部分工期拖延时间

② 对于已知额外增加工程量的价格：

工期索赔值 =（额外增加的工程量的价格/原合同总价）×原合同总工期。

【例 9-1】　某合同总价 400 万元，总工期 20 个月，发包人指令附加工程的价格为 80 万元，则承包人提出：

总工期索赔值 = 80 万/400 万 × 20 个月 = 4 个月

第二，按单项工程工期拖延的平均值计算。

比例计算法简单方便，但有时不尽符合实际情况。比例计算法不适用于变更施工顺序、加速施工、删减工程量等事件的索赔。

（3）其他方法

在实际工程中，工期补偿天数的确定方法是多样的，例如在延误发生前由双方商讨，在变更协议或其他附加协议中直接确定补偿天数，或按实际工期延长记录确定补偿天数等。

【例 9-2】　我国某水电站工程的施工支洞，全长 303m，地质条件比较复杂，承包商在开挖中遇到了断层软弱带和一些溶洞。断层带宽约 60m，给施工造成极为困难的条件。承包商因此改变投标报价文件中的施工方法，并经工程师同意，采用了边开挖、边衬砌的"新奥法"工艺施工，从而导致实际施工进度比原计划拖后了 4.5 个月。为此，承包商决定调整钢管斜井的施工进度，利用原计划中的浮动工期，可挽回 1.5 个月的延误工期；同时，请求工程师批准另外 3 个月的拖期。

工程师经过核实后，评价认为：

（1）施工支洞开挖过程中出现的不良地质条件，超出了招标时所预期的断层软弱带的宽度，属于有经验的承包商也不能够合理预见和控制的不利施工条件，并非承包商的失误或疏忽所致，故确认属于可原谅的延误。

（2）这一不利的施工条件，以及它所导致的工期延误，也不是业主及工程师所能预见和控制的，不是业主方面的错误。因此，此种工期延误是属于可原谅，但不予做经济补偿的延误。

（3）根据以上分析，业主批准给承包商延长工期 90 天，但不进行经济补偿，即按投标文件中的施工单价和实际的开挖工程量向承包商进行施工进度款支付。

9.4　本章案例

【案例 9-1】　索赔费用计算举例：某单机容量为 20 万 kW 的火力发电站工程，建设单位与承包单位签订了单价合同，并委托了监理。在施工过程中承包单位向监理工程师提出如下费用应由建设单位支付：

1. 职工教育经费：因该项目的汽轮机是国外进口的设备，在安装前，需要对安装的职工进行培训。培训经费为 2 万元。

2. 研究试验经费：本项目中铁路专用线的一座跨公路预应力拱桥的模型破坏性试验费 8 万元，改进混凝土泵送工艺试验费 3 万元，合计 11 万元。

3. 临时设施费：为修变电站搭建的民工临时用房 5 间和为建设单位搭建的临时办公室 3 间，分别为 2 万元和 1 万元，合计 3 万元。

4. 施工机械迁移费：施工吊装机械从一工地调入另一工地的费用 1 万元。

5. 施工降效费：（1）根据施工组织设计，部分项目安排在雨季施工，由于采取防雨措施，增加费用 2 万元。（2）由于建设单位委托的另一家单位进行场区道路施工，影响了本承包单位正常的混凝土浇筑施工作业，监理工程师已审批了原计划和降效增加的工日及机械台班的数量，资料如下：受影响部分的工程原计划用工艺 2200 工日，计划支出 40 元/工日，原计划机械台班 360 台班，综合台班单价为 180 元/台班，受施工干扰后完成该部分工程实际用工 2800 工日，实际支出 45 元/工日，实际用机械台班 410 台班，实际支出 200 元/台班。

问题：

1. 试分析以上各项费用应不应支付？为什么？

2. 第 5 条（2）中提出的降效支付要求，工费和机械费用各应补偿多少？

案例评析：

1.（1）职工教育经费不应支付，该费用已包括在合同价中（或该费用已计入建筑安装工程费用中的间接费或管理费中）。（2）模型破坏性试验费用应支付，该费用未包括在合同价中（或该费用属建设单位应支付的研究试验费或建设单位的费用）。混凝土泵送工艺改进试验费不应支付，该费用已包括在合同价中（或该费用已计入建安工程费中的其他直接费）。（3）为民工搭建的临时用房费用不应支付，该费用已包括在合同价中（或该费用已计入建安工程费中的现场经费）。为建设单位搭建的用房费用应支付，该费用未包括在合同价中（或该费用属建设单位应支付的临时设施费用）。（4）施工机械迁移费不应支付，该费用已包括在合同价中（或该费用属建安工程费用中的机械使用费）。（5）第一种施工降效费不应支付，属承包单位责任（或该费用已计入建安工程费中的其他直接费）。第二种降效费应支付，该费用属建设单位应补偿的费用。

2. 工费补偿额：$(2800-2200) \times 40 = 24000$ 元；机械台班费补偿额：$(410-360) \times 180 = 9000$ 元。

【案例 9-2】 1. 承建商向监理公司报告，因气候影响属不可抗力因素（非合同约定的不可抗力因素范围），基础工程分部要求延长工期 30 天。监理方可否同意，为什么？监理方建议承建商改变施工方案，采取相应措施的指令性文件（监理工程师通知或称监理通知）的内容应该怎样写？

2. 承建商称"由于贵方提供的钢结构施工图设计深度不够，我们主动找设计院 3 次都没有提出施工详图，现我方自行绘制能施工的详图 60 张，影响钢结构工期 2 个月，要求延长工期 2 个月"。承建商这一要求符合规定吗？为什么？

3. 对承建商以技术资料设计深度不够，直接找设计单位而拖延工期，提出关于 60 天工期索赔的报告，监理方应如何答复承建商？

案例评析：

1. 问题 1，监理方不能同意承建商关于因气候影响要求延长工期 30 天的申报，因为在安排计划时应该考虑到气候的影响。监理通知内容如下：贵单位报来关于因气候影响，要求基础工程延长 30 天的申报，本公司不能接受，基础工程时间已过 2/3，而只完成 1/2 的工程量，天气影响是个不可排除的因素，但监理方曾几次提出你们在施工方案实施上存在一些问题，特别是基础施工正值雨季，你们在连续施工上做得不够，工序间隔时间长，在作业面上也不够合理，现建议你们在流水作业面上采取连续作业的施工方案。鉴于时间只有 30 天，而工程量尚有 1/2，要求你们接受监理方的建议，增加设备、劳力，另开一个施工面，采取平行作业的方案，同时采取一定的经济措施，以确保基础工程在 90 天内完成。

2. 问题 2，不符合规定。因为业主方及监理方没有要求承建商出图，故承建商出图是不符合规定的。

3. 问题 3，监理通知内容如下：贵单位以钢结构详图设计深度不够找设计院不能及时解决，贵单位自行设计，拖延工期要求索赔工期的预告，本公司不能接受。作为国家一级企业，施工图有问题应该向监理方报告，在各种会议上，你方从未提出钢结构存在技术问题，现你方代设计院出图属非法行为，为了解决好这一问题，你们可将修改图交设计院，由设计院签证后交业主，再由监理公司签发给你们。由于贵单位违背了设计变更程序，延误的工期应自行设法赶回来。

【案例 9-3】　某施工单位承接了某建设项目中的一个单项工程，8 月 5 日（星期一）工程师收到承包方提交的已完工程的报告，同时承包方还就下列 3 个问题提交了另一份资料请工程师处理：

1. 某沟槽深 2.5m，设计规定的放坡系数为 0.3，但承包商为防止下雨造成塌方，开挖时加大了放坡系数，造成土方工程量增加。承包方要求增加这部分土方量并支付其费用。

2. 7 月 25 日至 27 日，由于非承包方原因造成累计停电 16h，造成关键线路的施工中断。承包方要求给予工期延长与费用的索赔。

3. 7 月 30 日下雨，从承包商工地涌出一股水流淹没了该建设项目的另一单项工程的工地（但不影响承包方的施工）。为保证整个建设项目的施工进度，工程师指令承包商排除积水，承包商提出对由此发生的额外设备费及排水费给予补偿的索赔。

问题：

1. 监理工程师应在接到已完工程的报告后（　　）内核实已完工程量，并按时通知承包方。

A. 2 天　B. 3 天　C. 4 天　D. 1 周

2. 若在规定时间内，又无特殊情况发生，但工程师未进行计量，从接到报告后（　　）起，承包方报告中开列的工程量即视为已被认可。

A. 第 3 天　B. 第 4 天　C. 第 5 天　D. 第 28 天

3. 工程师一般应在接到索赔报告资料后（　　）提出自己的意见，连同承包方的索赔报告一并报业主审定。

A. 28 天内　B. 15 个月　C. 3 个月　D. 6 个月内

4. 监理工程师应如何处理承包方提出的上述三项要求？

案例评析：

1. B　2. B　3. A

4. 对三项要求的处理如下：（1）监理工程师必须根据设计图纸计算出的工程数量计量，对承包方超出设计图纸要求增加的工程量不予计量。因此加大放坡系数造成的土方量增加的工程量不能加以计量。（2）按规定一周内非承包方原因造成停电、停水，停气累计超过 8 小时，承包方可进行索赔。根据工期延长和延误的索赔原则，承包方索赔成立，应同意延长被耽误的工期并给予费用补偿。（3）此工作量是根据工程师的指令完成的额外工作，应予以认可。工程师可通过详细计算或比照类似工程的单价提出其认为合理的单价或价格，并与承包商共同商定。

【**案例 9-4**】　　某建设工程系外资贷款项目，业主与承包商按照 FIDIC《土木工程施工合同条件》签订了施工合同。施工合同专用条件规定：钢材、木材、水泥由业主供货到现场仓库，其他材料由承包商自行采购。

当工程施工至第五层框架柱钢筋绑扎时，因业主提供的钢筋未到，使该项作业从 10 月 3 日至 10 月 16 日停工（该项作业的总时差为零）。

10 月 7 日至 10 月 9 日因停电、停水使第三层的砌砖停工（该项作业的总时差为 4 天）。

10 月 14 日至 10 月 17 日因砂浆搅拌机发生故障使第一层抹灰迟开工（该项作业的总时差为 4 天）。

为此，承包商于 10 月 20 日向工程师提交了一份索赔意向书，并于 10 月 25 日送交了一份工期、费用索赔计算书和索赔依据的详细材料。其计算书如下：

1. 工期索赔：

a. 框架柱扎筋	10 月 3 日至 10 月 16 日停工，	计 14 天
b. 砌砖	10 月 7 日至 10 月 9 日停工，	计 3 天
c. 抹灰	10 月 14 日至 10 月 17 日迟开工，	计 4 天

总计请求展延工期：　　　　　　　　　　　　　　　　　　21 天

2. 费用索赔：

a. 窝工机械设备费：

一台塔吊	$14 \times 234 = 3276$ 元
一台混凝土搅拌机	$14 \times 55 = 770$ 元
一台砂浆搅拌机	$7 \times 24 = 168$ 元
小计：	4214 元

b. 窝工人工费：

扎筋	$35 \times 20.15 \times 14 = 9873.50$ 元
砌砖	$30 \times 20.15 \times 3 = 1813.50$ 元
抹灰	$35 \times 20.15 \times 4 = 2821.00$ 元
小计：	14508.00 元

c. 保函费延期补偿：　　$(1500 \times 10\% \times 6‰ \div 365) \times 21 = 517.81$ 元

d. 管理费增加：　　$(4214 + 14508.00 + 517.81) \times 15\% = 2885.97$ 元

e. 利润损失：　$(4214 + 14508.00 + 517.81 + 2885.97) \times 5\% = 1106.29$ 元

经济索赔合计：　　　　　　　　　　　　　　　　　　23232.07 元

经双方协商一致，窝工机械设备费索赔按台班单价的 65% 计；考虑对窝工人工应合理安排工人从事其他作业后的降效损失，窝工人工费索赔按每工日 10 元计；保函费计算方式合理；管理费、利润损失不予补偿。

经工程师审查，对问题索赔意向书提出以下意见：

1. 承包商提出的工期索赔不正确。

（1）框架柱绑扎钢筋停工 14 天，应予工期补偿。这是由于业主原因造成的，且该项作业位于关键路线上；

（2）砌砖停工，不予工期补偿。因为该项停工虽属于业主原因造成的，但该项作业不在关键路线上，且未超过工作总时差。

（3）抹灰停工，不予工期补偿，因为该项停工属于承包商自身原因造成的。

同意工期补偿：$14 + 0 + 0 = 14$ 天。

2. 经济索赔审定：

（1）窝工机械费：

塔吊 1 台：$14 × 234 × 65\% = 2129.4$ 元（按惯例闲置机械只应计取折旧费）；

混凝土搅拌机 1 台：$14 × 55 × 65\% = 500.5$ 元（按惯例闲置机械只应计取折旧费）；

砂浆搅拌机 1 台：$3 × 24 × 65\% = 46.8$ 元（因停电闲置可按折旧计取）。

因故障砂浆搅拌机停机 4 天应由承包商自行负责损失，故不给补偿。

小计：$2129.4 + 500.5 + 46.8 = 2676.7$ 元。

（2）窝工人工费：

扎筋窝工：$35 × 10 × 14 = 4900$ 元（业主原因造成，但窝工工人已做其他工作，所以只补偿工效差）；

砌砖窝工：$30 × 10 × 3 = 900$ 元（业主原因造成，只考虑降效费用）；

抹灰窝工：不应给补偿，因系承包商责任。

小计：$4900 + 900 = 5800$ 元。

（3）保函费补偿：

$1500 × 10\% × 6‰ ÷ 365 × 14 = 350$ 元。

经济补偿合计：$2676.7 + 5800 + 350 = 8826.70$ 元。

思　考　题

1. 试述索赔的概念及性质。

2. 索赔的作用有哪些？

3. 施工索赔有什么特征？

4. 引起施工索赔的原因有哪些？

5. 按索赔的目的可将索赔分为哪几类？它们的概念分别是什么？

6. 按索赔的对象分，索赔可分为哪几类？它们的概念分别是什么？

7. 用图示说明建设工程施工索赔的程序。

8. 索赔意向通知的作用有哪些？

9. 编写索赔报告应注意的问题有哪些？

10. 索赔审查的目的和索赔审查的作用分别是什么？

11. 索赔的最终解决方式有哪些？

12. 简述索赔费用的组成及包含的费用项目。

13. 索赔费用的计算方法有哪些？

14. 工期索赔的计算方法有哪些？

第 10 章　FIDIC《施工合同条件》简介

10.1　FIDIC《施工合同条件》概述

随着我国加入 WTO，适应国际惯例、参与国际市场竞争是我国建筑业非常重要的任务。FIDIC 施工合同条件，作为工程承包业的国际惯例，具有成熟、规范、严格和公正等特点。学习 FIDIC 条款，不仅能使我们熟悉国际惯例、便于进行国际竞争，还能提高我们的施工管理水平。因此，在本章中，我们简要介绍一下有关 FIDIC 施工合同条件的内容。

10.1.1　FIDIC 合同条件简介

FIDIC 组织下设五个专业委员会：业主与咨询工程师关系委员会（CCRC）、合同委员会（CC）、风险管理委员会（RMC）、质量管理委员会（QMC）和环境委员会（ENVC）。

FIDIC 的专业委员会编制了许多规范性文件，形成了一个系列合同条件，其中 1999 年前实行的有：

1. FIDIC《土木工程施工合同条件》（由于封面为红色俗称"红皮书"）。该合同条件是基本的合同条件，适用于土木工程施工的单价合同形式，也是 FIDIC 系列合同条件中影响最大、最常采用的合同条件。

2. FIDIC《电气与机械工程合同条件》（由于封面为黄色俗称"黄皮书"）。该合同条件是 FIDIC 为机械与设备采购供应和安装而专门编写的，它是用于业主和承包商机械与设备的供应和安装的电气与机械工程的标准合同条件格式，该合同条件在国际上也得到广泛采用。

3. FIDIC《业主/咨询工程师标准服务协议》（由于封面为白色俗称"白皮书"）。该条款用于业主与咨询工程师之间就工程项目的咨询服务签订的协议书，适用于投资前研究、可行性研究、设计及施工管理、项目管理等服务。

4. FIDIC《设计—建造和交钥匙工程合同条件》（俗称"橘皮书"）。该合同条件是为了适应国际工程项目管理方法的新发展而最新出版的，适用于设计—建造与交钥匙工程（在我们国内一般称为总承包工程项目）。该条件适用于总包价合同。

5. FIDIC《土木工程分包合同条件》。该合同条件适用于国际工程项目中的工程分包，与《土木工程施工合同条件》配合使用。

1999 年 9 月，FIDIC 又出版了新版的文件，共有四种，统称为 1999 年第一版：

1.《施工合同条件》（简称"新红皮书"）；

2.《工程设备与设计—建造合同条件》（简称"新黄皮书"）；

3.《EPC 交钥匙合同条件》（简称"银皮书"）；

4.《合同简短格式》（简称"绿皮书"）。

这些合同条件不是在以往 FIDIC 合同版本的基础上修改的，而是进行了重新编写。它继承了原有合同条件的优点，并根据多年来在实践中取得的经验以及专家、学者和相关各方的意见和建议，对原有合同作出了重大的调整。这些合同条件的文本不仅适用于国际工程，而且稍加修改后同样适用于国内工程。新版 FIDIC 合同的适用条件为：

1.《施工合同条件》适用在：

（1）各类大型或复杂工程；

（2）主要工作为施工；

（3）业主负责大部分设计工作；

（4）由工程师来监理施工和签发支付证书；

（5）风险分担均衡。

2.《工程设备与设计—建造合同条件》适用在：

（1）机电设备项目、其他基础设施项目以及其他类型的项目；

（2）业主只负责编制项目纲要（即"业主的要求"）和永久设备性能要求，承包商负责大部分设计工作和全部施工安装工作；

（3）工程师来监督设备的制造、安装和施工，以及签发支付证书；

（4）在包干价格下实施里程碑支付方式，在个别情况下，也可能采用单价支付；

（5）风险分担均衡。

3.《EPC 交钥匙合同条件》适用在：

（1）私人投资项目，如 BOT 项目（地下工程太多的工程除外）；

（2）固定总价不变的交钥匙合同并按里程碑方式支付；

（3）业主代表直接管理项目实施过程，采用较松的管理方式，但严格竣工检验和竣工后检验，以保证完工项目的质量；

（4）项目风险大部分由承包商承担，但业主愿意为此多付出一定的费用。

4.《合同简短格式》适用在：

（1）施工合同金额较小（如低于 50 万美元）、施工期较短（如低于 6 个月）；

（2）既可以是土木工程，也可以是机电工程；

（3）设计工作既可以是业主负责，也可以是承包商负责；

（4）合同可以是单价合同，也可以是总价合同，在编制具体合同时，可以在协议书中给出具体规定。

可以说，FIDIC 合同条件是集工业发达国家土木建筑业上百年经验，把工程技术、法律、经济和管理等因素有机结合起来的一个合同条件，被称为国际承包工程的"圣经"，FIDIC 系列合同条件具有如下特点：

1. 具有国际性、广泛的适用性、权威性的特点

FIDIC 编制的合同条件是在总结国际工程合同管理各方面经验教训的基础上制定的，是在总结各个国家和地区的业主、咨询工程师和承包商各方经验的基础上编制出来的，并且不断地修改完善，是国际上最具权威性的合同文件，也是世界上国际招标的工程项目中使用最多的合同条件。我国有关部委编制的合同条件或协议书范本也都把 FIDIC 编制的合同条件作为重要的参考文本。世界银行、亚洲开发银行、非洲开发银行等国际金融组织的贷款项目，也都采用 FIDIC 编制的合同条件。FIDIC 条件有广泛的适用范围，它的通用条件和专用条件将工程合同的一般性与特殊性结合起来，其通用条件表述的是通用性、普遍性的惯例。

2. 具有公正合理性的特点

FIDIC 合同条件较为公正地考虑了合同双方的利益风险，为双方合理确定价格奠定了良好的基础。

3. 具有程序严谨、易于操作的特点

合同条件中对处理各种问题的步骤都有严格的规定，强调要及时处理解决问题，避免由于拖拉而产生不良后果，此外还特别强调各种书面文件及证据的重要性，这些规定使各方均有章可循，易于操作和实施。

4. 工程师的特殊作用

在 1995 年 FIDIC 的橘皮书编制前，FIDIC 合同条件有一个显著的特点，就是在合同的执行过程中设置了具有相对独立性的第三方即"工程师"。这里的工程师受业主聘用，负责合同管理和工程监督，有权根据合同规定作出决定、开具证明、发布命令。但在工程实践的许多场合，FIDIC 发现在某些国家工程师的独立地位得不到实现，所以新版 FIDIC 编制时，取消了工程师的独立地位，把工程师视为属于业主的人员，但仍要求工程师做出决定时应持公正的态度。

10.1.2 FIDIC《施工合同条件》简介

FIDIC《土木工程施工合同条件》（1988 年第四版）是国际上使用最为广泛的 FIDIC 合同文本。《土木工程施工合同条件》分为专用条件和通用条件。通用条件包括 25 大项，内含 72 条、194 款，几乎适用于各种类型的土木工程，如房建、桥梁、公路、铁路、水利、港口以及工业建设的土木工程。FIDIC 合同专用条件一般是由工程项目招标委员会根据工程项目所在国的情况，或者项目自身的特性，对照第一部分通用条件，一条一条再编写出来的条件。如果感到通用条件哪些条款不适合的，就可以在专用条件中指出并删除，换上适合本项目的内容。还有通用条件中哪一条写得不够具体细致的，专用条件的对应条款可以进行补充。为了明确起见，专用条件的条款采取与通用条件条款相同的序号，与通用条件一起构成了合同条款，规定和制约着双方的权利和义务。

FIDIC 在 1999 年出版的新范本《施工合同条件》在维持《土木工程施工合同条件》（1988 年第四版）基本原则的基础上，对合同结构和条款内容作了较大修订。新的版本有以下几方面的重大改动：

1. 合同的适用条件更为广泛，适用法律更广

FIDIC 在《土木工程施工合同条件》基础上编制的《施工合同条件》不仅适用于建筑工程施工，也可以适用于安装工程施工；新版《施工合同条件》不仅在习惯法系（即英美法系）下能够适用，在大陆法系下也同样适用。为此，FIDIC 在合同小组中专设了一名律师，保证合同中的措词适用于大陆法系和习惯法系。

2. 条款结构改变

以前的 FIDIC 合同条件版本主要以工程类型和工作范围来划分，在新版的 FIDIC 合同条件中，主要从工程类型的划分、工作范围的划分、工程复杂程度及风险分摊大小等方面着眼，分别编制了能满足各方面要求的合同版本。在新版的 FIDIC《施工合同条件》中，通用条件条款的标题分别为：一般规定；业主；工程师；承包商；指定分包商；职员和劳工；永久设备、材料和工艺；开工、延误和暂停；竣工检验；业主的接收；缺陷责任；测量和估价；变更和调整；合同价格和支付；业主提出终止；承包商提出暂停和终止；风险和责任；

保险；不可抗力；索赔、争端和仲裁等，一共 20 条 247 款，比《土木工程施工合同条件》的 25 条条目数少，但条款数多，尽可能将相关内容归列在同一主题下，克服了以往合同履行过程中发生的某一事件往往涉及排列序号不在一起的很多条款，使得编写合同、履行管理都感到很繁琐的缺点。

3. 对业主、承包商双方的权利和义务作了更严格明确的规定。

4. 对工程师的职权规定得更为明确

通用条款内明确规定，工程师应履行施工合同中赋予他的职责，行使合同中明确规定的或必然隐含的权力。如果要求工程师在行使施工合同中某些规定权力之前需先获得业主的批准，则应在业主与承包商签订合同的专用条件的相应条款内注明。合同履行过程中业主或承包商的各类要求均应提交工程师，由其作出"决定"；除非按照解决合同争议的条款将该事件提交争端裁决委员会或仲裁机构解决外，对工程师作出的每一项决定各方均应遵守。业主与承包商协商达成一致以前，不得对工程师的权力加以进一步限制。通用条件的相关条款同时规定，每当工程师需要对某一事项作出商定或决定时，应首先与合同双方协商并尽力达成一致，如果不能达成一致，则应按照合同规定并适当考虑所有有关情况后再作出公正的决定。但在新版合同条件中，淡化了工程师的独立地位，将工程师视为业主的人员。

5. 补充了部分新内容

随着工程项目管理的规范化发展，增加了一些《土木工程施工合同条件》没有包括的内容，如业主的资金安排、业主的索赔、承包商要求的变更、质量管理体系、知识产权、争端裁决委员会等，条款涵盖的范围更为全面合理。

6. 通用条件的条款更具备操作性

通用条件条款数目的增加不仅表现为涵盖内容的宽泛，而且条款约定更为细致和便于操作。如将预付款支付与扣还、调价公式等编入了通用条件的条款。

我国的建筑工程施工合同条件采用了很多 FIDIC《土木工程施工合同条件》的条款，与新版 FIDIC《施工合同条件》部分条款也相近，本章以下各节内容仅就新版 FIDIC《施工合同条件》的部分内容作简单介绍。

10.2　FIDIC《施工合同条件》的主要内容

10.2.1　合同中部分重要词语的含义

1. 合同（Contract）

这里的合同实际是全部合同文件的总称。通用条件的条款规定，构成对业主和承包商有约束力的合同文件包括以下几方面的内容：

（1）合同协议书（Contract Agreement）。合同协议书是业主发出中标函的 28 天内，接到承包商提交的有效履约保证后，双方签署的法律性标准化格式文件。协议书格式按专用条件中所附格式，在专用条件指南中最好注明接受的合同价格、基准日期和开工日期。从合同协议书的内容上看，它主要规定三个方面的内容：第一，整个合同协议书中包含的全部文件中的术语具有合同条件中所定义的含义；第二，构成整个工程合同的全部文件的清单；第三，说明合同的约因，即承包商保证按合同实施工程，业主按合同约定支付承包商工程款。这一文件实际上是对整个合同全部文件的一个汇总，以及表达当事人履行合同义务的承诺。

（2）中标函（Letter of Acceptance）。中标函是业主签署的对投标书的正式接受函。这个词语有两个方面的含义：一是它指业主对承包商投标函的正式接受函，而且必须经过签字；另一个是，它还包括双方商定的其他内容，这些内容必须有双方的签字，并作为备忘录附在中标函的后面。

（3）投标函（Letter of Tender）。这是 FIDIC 新定义的一个术语，指的是承包商的报价函。通常这封报价函是一封简单的信函，信中有承包商承诺和承包商根据招标文件的内容提出为业主承建工程而索取的合同价格。投标函是投标书的核心部分，业主方一般将投标函的格式事先拟订好，包括在招标文件中，由承包商填写作为其正式报价函。

（4）合同专用条件（Particular Conditions）。

（5）合同通用条件（General Conditions）。

（6）规范（Specification）。指承包商履行合同义务期间应遵循的准则，也是工程师进行合同管理的依据，也即合同管理中通常所称的技术条款。它的功能是对业主招标的项目从技术方面进行详细的描述，提出执行中的技术标准、程序等。承包商的费用工程师在计算投标价格时需要研究规范；承包商的采购人员在为项目采购材料、设备前也需要了解规范中的技术要求；承包商的项目经理和负责施工的技术人员更需要仔细研究规范。业主方的管理人员也应该熟悉规范，作为管理承包商现场工作的基础，从而保证竣工的项目达到业主的既定目的。规范除了工程各主要部位施工应达到的技术标准和规范以外，还可以包括以下方面的内容：

①对承包商文件的要求；

②应由业主获得的许可；

③对基础、结构、工程设备、通行手段的阶段性占有；

④承包商的设计；

⑤放线的基准点、基准线和参考标高；

⑥合同涉及的第三方；

⑦环境限制；

⑧电、水、气和其他现场供应的设施；

⑨业主的设备和免费提供的材料；

⑩指定分包商；

⑪合同内规定的承包商应为业主提供的人员和设施；

⑫承包商负责采购材料和设备需提供的样本；

⑬制造和施工过程中的检验；

⑭竣工检验；

⑮暂列金额等。

（7）图纸（Drawings）。凡提到图纸，均为合同中规定的图纸，或在工程实施过程中业主方对图纸的修改和补充。有时工程师可以按合同规定要求承包商设计小量的工作内容。图纸也是合同的一个组成部分，涉及的是技术内容。

（8）明细表（Schedules）。这是为了合同行文方便而定义的一个术语，从英文可以看出，它包括合同中常出现的若干类以列表形式表示的文件。在招标文件中通常包含有这些表的空白格式，由投标者在投标时填写，这类文件主要有：工程量表、数据表、单价分析表、计日工表等。

（9）投标书（Tender）。这是投标者投标时应提交给业主的且构成合同文件的全部文件的总称。按此定义，可分为两部分，一是核心部分，即投标函；另一部分为投标者填写完的各类明细表、投标保函等。

（10）投标函附录（Appendix to Tender）。是在投标函后面构成投标函一部分的一个附录，其中的内容大部分由业主在招标时已经规定，小部分由承包商填写。有经验的承包商从业主规定的数据中基本上可以看出业主方提出的条件是否苛刻、资金是否充裕。

（11）工程量表（Bill of Quantities）和计日工表（Daywork Schedule）。它们包括在明细表中。有时，在某些具体工程中，可能没有计日工表。

构成合同的这些文件应该是相互说明、相互补充的，但这些文件有时会产生冲突或含义不清。此时应由工程师进行解释，其解释应遵循构成合同文件的优先次序来优先选取，即按合同协议书、中标函、投标函、专用条件、通用条件、规范、图纸、明细表、合同协议书或中标函中列出的那些文件的顺序选择。

2. 合同担保

（1）承包商提供的履约保证（Performance Security）

国际工程中，业主方往往要求承包商提供履约保证，保证承包商按照合同履行其合同义务和职责。合同条款规定，承包商签订合同时应提供履约担保，接受预付款前应提供预付款担保。在范本中给出了担保书的格式，分为企业法人提供的保证书和金融机构提供的保函两类格式。保函均为不需承包商确认违约的无条件担保形式。

①履约担保的保证期限。承包商应保证，在工程全部竣工和修复缺陷之前，履约保证应保持一直有效并能被执行；如果履约保证中的条款规定有有效期，如果承包商在有效期届满之前的 28 天前仍拿不到履约证书，他应将履约保证的有效期相应延长到工程完工和缺陷修复为止。履约保函应担保承包商圆满完成施工和保修的义务，而非到工程师颁发工程接收证书为止。

②业主凭保函索赔。由于无条件保函对承包商的风险较大，因此通用条件中明确规定业主只有下列情况下才能依据履约保证提出索赔，其他情况则按合同约定的违约责任条款对待，这些情况包括：

ⓐ承包商没有按上面的规定延长履约保证的有效期，此时业主可将该履约保证全部没收；

ⓑ在双方商定或工程师决定后的 42 天内，承包商没有支付已商定或工程师决定的业主的索赔款；

ⓒ在收到业主方发出的补救违约的通知之后 42 天内，承包商仍没有补救；

ⓓ由于承包商的严重违约行为业主终止合同。

③业主错误索赔。如果业主无权提出履约保证下的索赔，但他仍这样做，由此导致承包商的一切损失均由业主承担，还包括法律方面的费用。

④履约保证的退还。业主在收到工程师签发的履约证书 21 天内将履约保证退还给承包商。

（2）业主提供的担保

建设资金的融资可能包括从某些国际援助机构、开发银行等筹集的款项，这些机构往往要求业主应保证履行给承包商付款的义务，保证对承包商的公平性。通用条件的条款中未明确规定业主必须向承包商提供支付保函，因此在专用条件范例中，增加了业主应向承包商提交"支付保函"的可选择使用的条款，并附有保函格式。业主提供的支付保函担保金额可以按总价或分项合同价的某一百分比计算，担保期限至缺陷通知期满后 6 个月，并且为无条件担保，使合同双方的担保义务对等。

3. 合同中几个期限概念

（1）合同工期。合同工期是所签合同内注明的完成全部工程或分部移交工程的时间，加上合同履行过程中因非承包商应负责的原因导致变更和索赔事件发生后，经工程师批准顺延工期之和。合同内约定的工期指承包商在投标书附录中承诺的竣工时间，合同工期的日历天数是作为衡量承包商是否按合同约定期限履行施工义务的标准。

（2）施工期。从工程师按合同约定发布的开工令中指明的应开工之日起，至工程移交证书注明的竣工日止的日历天数为承包商的施工期。用施工期与合同工期比较，判定承包商的施工是提前竣工，还是延误竣工。

（3）缺陷通知期。缺陷通知期即国内施工文本所指的工程保修期，是自工程接收证书中写明的竣工日开始，至工程师颁发解除缺陷责任证书为止的日历天数。尽管工程移交前进行了竣工检验，但这只是证明承包商的施工工艺达到了合同规定的标准，设置缺陷通知期的目的是为了考验工程在动态运行条件下是否达到了合同中技术规范的要求。因此，从开工之日起至颁发解除缺陷责任证书日止，承包商要对工程的施工质量负责。合同工程的缺陷通知期及分阶段移交工程的缺陷通知期，应在专用条件内具体约定。次要部位通常为半年；主要工程及设备大多为一年；个别重要设备可约定为一年半。

（4）合同有效期。合同有效期是指自合同签字日起至承包商提交给业主的"结清单"生效日止，施工承包合同对业主和承包商均具有法律约束力。颁发解除缺陷责任证书只是表示承包商的施工义务终止，合同约定的权利义务并未完全结束，还剩有管理和结算等手续。结清单生效指业主已按工程师签发的最终支付证书中的金额付款，并退还承包商的履约保函。结清单一经生效，承包商在合同内享有的索赔权利也自行终止。

4. 合同价格（Contract Price）

在新版《施工合同条件》中，出现了两个描述工程款的专门术语：中标合同款额（Accepted Contract Amount）和合同价格（Contract Price），前者指承包商投标报价，经过评标和合同谈判之后而确定下来的一个暂时虚拟工程价格，而后者指的是按照合同各条款的约定，承包商完成建造和保修任务后，对所有合格工程有权获得的全部工程款。可以说，这种做法标志着工程合同在描述工程款方面措辞的进步，避免了以前版本在使用"合同价格"一词时的不确定性以及由此带来概念上的不清晰。本定义还需注意两点：一是，承包商的合同价格中是含各类税费的；二是，工程量表中的工程量是估算工程量，而实际支付采用的工程量应是实际测得的工程量。因为合同条件内很多条款都规定，工程师根据现场情况发布非承包商应负责原因的变更指令后，如果导致承包商施工中发生额外费用所应给予的补偿，以及批准承包商索赔给予补偿的费用，都应增加到合同价格上去，所以签约时原定的合同价格在实施过程中会有所变化。大多数情况下，承包商完成合同规定的施工义务后，累计获得的工程款也不等于原定合同价格与批准的变更和索赔补偿款之和，可能比其多，也可能比其少。究其原因，涉及以下几方面的因素：

（1）合同类型特点。FIDIC《施工合同条件》适用于大型复杂工程采用单价合同的承包方式。为了缩短建设周期，通常在初步设计完成后就开始施工招标，在不影响施工进度的前提下陆续发放施工图，因此承包商据以报价的工程量清单中各项工作内容项下的工程量一般为概算工程量。合同履行过程中，承包商实际完成的工程量可能多于或少于清单中的估计量。单价合同的支付原则是，按承包商实际完成工程量乘以清单中相应工作内容的单价，结算该部分工作的工程款。

（2）可调价合同。大型复杂工程的工期较长，通用条件中包括合同工期内因物价变化对施工成本产生影响后计算调价费用的条款，每次支付工程进度款时均要考虑约定可调价范围内项目当地市场价格的变化。而这笔调价款没有包含在中标价格内，仅在合同条款中约定了调价原则和调价费用的计算方法。

（3）发生应由业主承担责任的事件。合同履行过程中，可能因业主的行为或他应承担风险责任的事件发生后，导致承包商增加施工成本，合同相应条款都规定应对承包商受到的实际损害给予补偿。

（4）承包商的质量责任。合同履行过程中，如果承包商没有完全地或正确地履行合同义务，业主可凭工程师出具的证明，从承包商应得工程款内扣减该部分给业主带来损失的款额。合同条件内明确规定的情况包括：

①不合格材料和工程的重复检验费用由承包商承担。工程师对承包商采购的材料和施工的工程通过检验后发现质量没达到合同规定的标准，承包商应自费改正并在相同条件下进行重复检验，重复检验所发生的额外费用由承包商承担。

②承包商没有改正忽视质量的错误行为。当承包商不能在工程师限定的时间内将不合格的材料或设备移出施工现场，以及在限定时间内没有或无力修复缺陷工程，业主可以雇用其他工程队来完成，该项费用应从承包商处扣回。

③折价接收部分有缺陷工程。某项处于非关键部位的工程施工质量未达到合同规定的标准，如果业主和工程师经过适当考虑后，确定该部分的质量缺陷不会影响总体工程的运行安全，为了保证工程按期发挥效益，可以与承包商协商后折价接收。

（5）承包商延误工期或提前竣工。签订合同时双方即需约定竣工拖期日赔偿额和最高赔偿限额。如果因承包商应负责原因竣工时间迟于合同工期，将按日拖期赔偿额乘以延误天数计算拖期违约赔偿金，但以约定的最高赔偿限额为赔偿业主延迟发挥工程效益的最高款额，一般不超过合同价的10%。如果合同内规定有分阶段移交的工程，在整个合同竣工日期以前，工程师已对部分分阶段移交的工程颁发了工程移交证书，且证书中注明的该部分工程竣工日期未超过约定的分阶段竣工时间，则全部工程剩余部分的日拖期违约赔偿额应相应折减。折减的原则是，将拖延竣工部分的合同金额除以整个合同的总金额所得的比例乘以拖期赔偿额，但不影响约定的最高赔偿限额。

如果承包商通过自己的努力使工程提前竣工是否应得到奖励，在建设工程施工合同条件中应予以明确。提前竣工时承包商是否应得到奖励，业主要看提前竣工的工程或区段是否能得到提前使用的收益。如果招标工作内容仅为整体工程中的部分工程且这部分工程的提前不能单独发挥效益，则没有必要鼓励承包商提前竣工，可以不设奖励条款。若选用奖励条款，就需在专用条件中具体约定奖金的计算办法。FIDIC 编制奖励办法时，为了使业主能够在完成全部工程之前占有并启用工程的某些区段提前发挥效益，约定的区段完工日期应固定不变。也就是说，不因该区段施工过程中出现非承包商应负责原因工程师批准顺延合同工期而对计算奖励竣工时间予以调整（除非合同中另有规定）。

（6）包含在合同价格之内的暂定金额。某些项目的工程量清单中包括暂定金额款项，尽管这笔款额计入合同价格内，但其使用却归工程师控制。暂定金额实际上是一笔业主方的备用金，工程师有权依据工程进展的实际需要，用于施工或提供物资、设备以及技术服务等内容的开支，也可以作为供意外用途的开支。工程师有权全部、部分使用或完全不用暂定金额。工程师可以发布指示，要求承包商或其他人完成暂定金额项内开支的工作，因此只有当承包商按工程师的指示完成暂定金额项内开支的工作任务后，才能从其中获得相应支付。由于暂定金额是用于招标文件规定承包商必须完成的承包工作之外的费用，所以未获得暂定金额内的支付并不损害其利益。承包商按工程师的指示完成暂定金额项内开支的工作任务后，应提供有关凭证。

5. 指定分包商（Nominated Subcontractor）

指定分包商是由业主（或工程师）指定、选定，完成某项特定工作内容并与承包商签订分包合同的特殊分包商。一般来说，对于大型的工程，承包商都要在工程师的同意之下雇用分包商，分包出去一些工作。但对于工程中的一些属于特别专业的关键部位或永久设备，业主希望让一个有经验、有专长，自己熟悉和信赖的专业公司来承揽，以确保工程质量以及业主的其他特殊要求。基于这一原因，在国际工程中出现了"指定分包商"这一角色。

为避免各独立合同的干扰，业主一般让指定分包商与承包商签订分包合同。正是因为指定分包商是与承包商签订的分包合同，所以在合同关系和管理关系方面指定分包商与一般分包商处于同等地位，对其施工过程中的监督协调工作也纳入承包商的管理之中。指定分包工作内容包括部分工程的施工，供应工程所需的货物、材料、设备，设计，提供技术服务等。

虽然指定分包商与一般分包商处于相同的合同地位，但两者并不完全一样，主要差异体现在以下几个方面：

（1）选择分包单位的权利不同。承担指定分包工程任务的分包商单位由业主或工程师选定；而一般分包商则由承包商选择。

（2）分包合同的工作内容不同。指定分包工作属于承包商无力完成，不在合同约定应由承包商必须完成范围之内的工作，即承包商投标报价时没有摊入间接费、管理费、利润、税金的工作，因此不损害承包商的合法权益；而一般分包商的工作则为承包商承包工作范围的一部分。

（3）工程款的支付开支项目不同。为了不损害承包商的利益，给指定分包商的付款应从暂定金额内开支；而对一般分包商的付款，则从工程量清单中相应工作内容项内支付。由于业主选定的指定分包商要与承包商签订分包合同，并需指派专职人员负责施工过程中的监督、协调、管理工作，因此也应在分包合同内具体约定双方的权利和义务，明确收取分包管理费的标准和方法。

（4）业主对分包商利益的保护不同。尽管指定分包商与承包商签订分包合同后，按照权利义务关系直接对承包商负责，但由于指定分包商终究是业主选定的，而且其工程款的支付从暂定金额内开支，因此在合同条件内列有保护指定分包商的条款。业主方或工程师为了保证承包商按时支付指定分包商，对承包商向指定分包商的支付情况有知情权，并且在承包商若无正当理由扣发指定分包商的款项的情况下，业主可以直接支付给指定分包商，并有权从承包商处收回。对于一般分包商则无此类规定，业主和工程师不介入一般分包合同履行的监督。

（5）承包商对分包商违约行为承担责任的范围不同。一般情况下，承包商作为责任人应向业主负责，尤其是指定分包商的施工工艺或提供的材料出现问题时，但承包商可以根据指定分包合同从指定分包商那里得到赔偿。如果在承包商反对雇用指定分包商的情况下，业主方坚持用该分包商，并保证承包商免遭由此带来的损失，那么除非由于承包商向指定分包商发布了错误的指示要承担责任外，承包商在指定分包商的工作出现问题时是不向业主承担任何责任的。如果一般分包商有违约行为，业主将其视为承包商的违约行为，按照主合同的规定追究承包商的责任。

6. 争端（Disputes）的解决

在工程承包中，经常发生各种争端，一些争端可以按照合同约定来解决，另一些争端可能在合同中没有详细的预先规定或是虽有规定而双方理解不一致，这种争端是不可避免的。争端的解决方式有谈判、调解、仲裁、诉讼等。在旧版 FIDIC《木土工程施工合同条件》中，争端调节的承担者是业主聘用的工程师，即出现争端而双方又不能友好解决时，均是通过工程师来调解，调解不能成功时再诉诸仲裁；在 1999 年新版 FIDIC《施工合同条件》中，已摒弃工程师担任准仲裁者制度，代之以与合同无任何关系的第三人争端裁定委员会（Dispute Adjudication Board，简写为 DAB）来担任准仲裁者这一角色，而将工程师仅仅限定在业主的代理人这一角色。

（1）DAB 成员组成。DAB 可以由一人组成，也可以由三人组成，如果数量没有在投标函附录中规定或双方没有一致意见，则为三人；若为三人委员会，则每方提名一位，供对方批准，双方成员磋商后商定第三位，作为主席，若合同附有委员会成员候选人名单，则应从该名单中选取愿意承担此责任的人员；若双方同意，他们可随时任命合适人员取代委员会的任何成员，除非另有商定，否则，新成员的任命在原成员拒绝或不能履行其职责时即时生效；在原成员拒绝或不能履行其职责，而又没有现成的替代人选，则应按原成员选择程序来选择新成员；只要合同双方都同意，可以随时解聘委员会任何成员；若合同双方无另外商定，当结清单规定的结清单生效后，委员会的任期届满。

（2）争端裁决委员会的性质。争端裁决属于非强制性但具有法律效力的行为，相当于我国法律中解决合同争议的调解，但其性质则属于个人委托。争端裁决委员会成员应满足以下要求：

①对承包合同的履行有经验；

②在合同的解释方面有经验；

③能流利地使用合同中规定的交流语言。

（3）争端裁决委员会的工作。由于裁决委员会的主要任务是解决合同争议，因此不同于工程师需要常驻工地。

①平时工作。裁决委员会的成员对工程的实施定期进行考察现场，了解施工进度和实际潜在的问题。一般在关键施工作业期间到现场考察，但两次考察的间隔时间不少于 140 天，离开现场前，应向业主和承包商提交考察报告。

②解决合同争议的工作。若双方同意，他们可以随时就某事宜提交该委员会，征求其意见，接到申请后，裁决委员会可在工地或其他选定的地点处理争议的有关问题。

（4）争端裁决委员会的报酬。付给委员的酬金分为月聘请费和日酬金两部分，由业主与承包商平均负担。裁决委员会到现场考察和处理合同争议的时间按日酬金计算，相当于咨询费。争端裁定委员会成员以及该委员会聘请的咨询专家的报酬条件应在商定任命条件时由各方共同商定，合同双方各支付此类报酬的一半。

（5）争端裁决委员会成员的义务。保证公正处理合同争议是其最基本义务，虽然当事人双方各提名一位成员，但他不能代表任何一方的单方利益，因此合同规定：

①在业主与承包商双方同意的任何时候，他们可以共同将事宜提交给争端裁决委员会，请他们提出意见。没有另一方的同意，任一方不得就任何事宜向争端裁决委员会征求建议；

②裁决委员会或其中的任何成员不应从业主、承包商或工程师处单方获得任何经济利益或其他利益；

③不得在业主、承包商或工程师处担任咨询顾问或其他职务；

④合同争议提交仲裁时，不能被任命为仲裁人，只能作为证人向仲裁提供争端证据。

（6）引入 DAB 机制后争执的解决程序。

①如果工程实施过程中合同双方出现争端，合同任何一方可将合同实施过程中产生的争执以书面形式提交 DAB，并将副本送交另一方和工程师，并说明是按规定提交的。若争端裁定委员会由三人组成，当委员会主席收到申请后，即认为争端裁定委员会收到了申请。

②合同双方在此之后应立即向 DAB 提供裁决争执所需的所有附加资料、现场进入、有关设施等。

③DAB 在收到上述文件后 84 天内或在其他合理时间内应作出决定，向业主和承包商发出决定通知，并给出支持决定的理由。如果某一方对此决定不满，可在收到决定后 28 天内，将其不满的意见通知另一方，如果任何一方在收到 DAB 的决定通知后 28 天内没有向另一方发出对该决定不满意的通知，则 DAB 的决定就成为最终的决定，对业主和承包商具有约束力。合同双方应立即执行 DAB 作出的每项决定。

④如果 DAB 在收到提交的争执后 84 天内未能作出决定，在 84 天届满后的 28 天内，一方也可向另一方发出不满意的通知。通知应说明争执事宜及不满意的理由，并声明将争执提交仲裁。

⑤在上述不满意的通知发出后，在开始进行仲裁前，合同双方应尝试通过友好协商解决该争执。除双方另有协议外，即使双方都放弃友好协商的努力，仲裁也只有在发出不满意通知后第 56 天或之后的时间才能开始。

⑥当 DAB 的决定不能成为最终的和有约束力的决定以及通过友好协商对该争执不能达成协议时，除合同另有规定外，应根据国际商会的调解和仲裁规则进行裁决。仲裁可以在工程完工前或完工后进行。合同双方、工程师和 DAB 在施工过程中不能由于进行仲裁的原因而改变其各自的义务。在由 DAB 调解争端的过程中，承包商也应继续按合同施工。

10.2.2　风险责任的划分

工程建设时间跨度长，技术难度大，外部环境不稳定。因此，工程实施过程中充满了变数，也就产生了风险。风险分担是合同中一项十分重要的内容，对承包商的投标报价和工程实施都会产生很大影响。清晰的风险分担条款是优秀合同范本特点的一个具体体现。

10.2.2.1　业主应承担的风险

合同履行过程中可能发生的某些风险是有经验的承包商在准备投标时无法合理预见的，就业主利益而言，不应要求承包商在其报价中计入这些不可合理预见风险的损害补偿费，以取得有竞争性的合理报价。合同履行过程中发生此类风险事件后，应按承包商受到的实际影响给予补偿。

1. 合同条件规定的业主风险（Employer's Risks）

通用条件规定，属于业主的风险包括：

（1）战争以及敌对行为等；

（2）工程所在国内部起义、恐怖活动、革命等内部战争或动乱；

（3）非承包商（包括其分包商）人员造成的骚乱和混乱等；

（4）军火和其他爆炸性材料，放射性造成的离子辐射或污染等造成的威胁，但承包商使用此类物质导致的情况除外；

（5）飞机以及其他飞行器造成的压力波；

（6）业主占有或使用部分永久工程（合同明文规定的除外）；

（7）业主方负责的工程设计不当造成的损失；

（8）一个有经验的承包商也无法合理预见并采取措施来防范的自然力的作用。

本款规定了 8 项业主的风险，可以大致分为：政治风险（1，2）；社会风险（3）；污染及外力风险（4，5，8）；业主行为风险（6，7）。上述前 5 种风险都是业主或承包商无法预测、防范和控制的事件，损害的后果又很严重，因此合同条件又进一步将它们定义为"特殊风险"。因特殊风险事件发生导致合同的履行被迫终止时，业主应对承包商受到的实际损失（不包括利润损失）给予补偿。

严格地说，业主与承包商各自承担的风险划分贯穿在整个合同的规定之中，此处只是集中列出了业主负责的基本风险，我们还可以从其他条款中概括出业主负担的其他风险。

2. 不可预见的物质条件

不可预见物质条件的范围包括承包商施工过程中遇到不利于施工的外界自然条件、人为干扰、招标文件和图纸均未说明的外界障碍物、污染物的影响、招标文件未提供或与提供资料不一致的地表以下的地质和水文条件，但不包括气候条件。在遇到上述情况时，应该注意的问题有：

（1）承包商及时发出通知。遇到上述情况后，承包商递交给工程师的通知中应具体描述该外界条件，说明为什么承包商认为是不可预见的原因。发生这类情况后承包商应继续实施工程，采用在此外界条件下合适的以及合理的措施，并且应该遵守工程师给予的任何指示。

（2）工程师与承包商进行协商并作出决定。判定原则是：

①承包商在多大程度上对该外界条件不可预见。

②不属于承包商责任的事件影响程度，评定损害或损失的额度。

③与业主和承包商协商或决定补偿之前，还应审查是否在工程类似部分（如有时）上出现过其他外界条件比承包商在提交投标书时合理预见的物质条件更为有利的情况。如果在一定程度上承包商遇到过此类更为有利的条件，工程师还应确定补偿时对因此有利条件而应支付费用的扣除与承包商作出商定或决定，并且加入合同价格和支付证书中（作为扣除）。

④如果承包商不依据"不可预见的物质条件"提出索赔时，不考虑类似情况下有利条件承包商所得到的好处，另外对有利部分的扣减不应超过对不利补偿的金额。

3. 其他不能合理预见的风险

这些情况可能包括：

（1）外币支付部分由于汇率变化的影响。若合同内规定按支付日当天中央银行公布的汇率为标准，则支付时需随汇率的市场浮动进行换算。由于合同期内汇率的浮动变化是双方签约时无法预计的情况，不论采用何种方式，业主均应承担汇率实际变化对工程总造价影响的风险，可能对其有利，也可能不利。

（2）法令、政策变化对工程成本的影响。在基准日期之后，如果工程所在国的法律发生变动，引入了新法律，或废止修改了原有法律，或者对原法律的司法解释或政府官方解释发生变动，从而影响了承包商履行合同义务，则应根据此类变动引起工程费用增加或减少的具体情况，对合同价格进行相应的调整，若导致施工成本的减少，也由业主获得其中的好处，如施工期内国家或地方对税收的调整等。如果因立法变动致使承包商延误了工程进度，招致了额外费用，承包商可以根据索赔条款索赔工期和费用，因为这常常是承包商无法预见的。因此承包商根据影响的程度对合同价格以及工期做出调整是公平合理的。

4. 业主风险的后果（Consequences of Employer's Risks）

如果发生业主的风险，导致工程、物品或承包商的文件受到损害，承包商应立即通知工程师，并按工程师的要求予以修复和补救；若承包商因此遭受损失，可以按索赔条款提出费用和工期索赔；若是由于业主的行为风险（合同条件规定的业主风险第6和第7项）造成的，承包商还可以索赔利润。

10.2.2.2　承包商的责任

1. 承包商的一般义务（Contractor's General Obligations）

承包商是工程的具体实施者。一项工程十分复杂，要想让承包商完成该工程，在合同条件中，一般先简练但比较笼统地规定出承包商的基本义务，而具体的工程范围和执行工程的标准和规范等在合同其他相应的文件中规定。我们来看一看承包商的基本义务包括的内容：

（1）承包商应根据合同和工程师的指令来施工和修复缺陷；

（2）承包商应提供合同规定的永久设备和承包商的文件；

（3）承包商应提供其实施工程期间所需的一切人员和物品；

（4）承包商应为其现场作业以及施工方法的安全性和可靠性负责；

（5）承包商为其文件、临时工程以及永久设备和材料的设计负责，但不对永久工程的设计或规范负责，除非有明确规定；

（6）工程师随时可以要求承包商提供施工方法和安排等内容，如果承包商随后需要修改，应事先通知工程师；

（7）如果合同要求承包商负责设计某部分永久工程，承包商执行该设计的程序简述如下：

①承包商应按合同规定的程序向工程师提交有关设计的承包商的文件；

②这些文件应符合规范和图纸并用合同规定的语言书写，这些文件还应包括工程师为了协调所需要的附加资料；

③承包商应为其设计的部分负责，并在完成后，该部分设计应符合合同规定这部分应达到的目的；

④在竣工检验开始之前，承包商应向工程师提交竣工文件和操作维护手册，以便业主使用；不提交这些文件，该部分工程不能认为完工和验收。

2. 承包商的保障（Indemnities）条款

工程建设过程中，无论业主方还是承包商方，都可能出现人身伤亡与财产损失，承包商出现了此类情况的处理规定有：

（1）在承包商的设计和施工过程中，如果出现了任何人员伤亡或疾病，承包商应保证不让业主及其一切相关人员承担这类事件导致的索赔、损失以及相关开支；但如果此类事件是业主及其人员的渎职、恶意行为或违约行为造成的，则承包商对他们不予保障；

（2）在承包商的设计和施工过程中，若由于承包商及其人员的渎职、恶意行为或违约行为致使任何不动产和私人财产（工程本身除外）遭受损害，则承包商应保证，不让业主及其一切相关人员承担这类事件导致的索赔、损失以及相关开支；

（3）相应地，若业主及其人员的渎职、恶意行为或违约行为导致了人员伤亡和发生疾病，以及发生了"人身伤亡和财产损害保险"条款中规定的例外责任事件，则业主应保证，不让承包商及其一切相关人员承担这类事件导致的索赔、损失以及相关开支。

本款的规定很明确，如果属于承包商方的错误，承包商负一切责任，并保证业主方不会遭到任何损失；反之亦然。本款实际上是一个责任划分问题，上面提到的大部分风险都属于合同要求承包商投保的，因此，此类事件发生后，一般可以从保险公司获得赔偿。

3. 保险没有覆盖或覆盖不足的情况

非在施工现场属于不包括在保险范围内的，由于承包商的施工、管理等失误或违约行为，导致工程、业主人员的伤害及财产损失，承包商应承担责任。依据合同通用条款的规定，承包商对业主的全部责任不应超过专用条款约定的赔偿最高限额，若没有约定，则不应超过中标的合同金额。但对于因欺骗、有意违约或轻率的不当行为造成的损失，赔偿的责任限度不受限额的限制。

4. 承包商对工程的照管（Contractor's Care for the Works）

工程项目建设中，需要对工程进行照管，以防工程及其附属物品发生损失，包括人为破坏、偷盗等。由于承包商是工程的具体执行者，因此在工程实施过程中，由承包商照管工程是比较合理和经济的。本款的具体规定为：

（1）从开工到接收证书的签发，承包商应对工程的照管负全部责任；

（2）接收证书签发后，照管责任转移给业主方，但承包商仍需负责扫尾工作的照管；

（3）承包商照管工程期间，若工程、物品以及承包商的文件发生了损失，除业主风险导致的原因外，一律由承包商自行承担；

（4）若在签发接收证书之后，承包商的行为导致了损失，承包商应为该损失负责；

（5）对于签发了接收证书后发生的损失，若该损失是接收证书签发之前承包商负责的原因所致，则承包商仍须对该损失负责。

10.2.2.3　工程师（Engineer）的职责

国际承包工程合约的宗旨是"承包商工作得到报酬，业主付款获得工程。"这也是 FIDIC 合同中业主雇用工程师的目的。FIDIC 合同的使用条件是业主必须雇用工程师作为中间人，负责管理合同，所以 FIDIC 合同在执行中时刻离不开工程师。

1. 工程师的性质

工程师是在投标函附录中指定的人员，或者业主任命的人员。他受雇于业主来管理工程项目；他属于业主的人员，不是独立的第三方；他按照业主与承包商签订的合同中授予他的权力来履行其职责；他是业主方管理工程的具体执行者。工程师是一个比较特殊的角色，虽然在此中被称为"人员"，但在多数情况下指的是一个咨询公司，此处的"人员"可以理解为自然人，也可以理解为法人，当然也就包括公司。在我国现时的工程环境下，工程师为监理公司，我国习惯将监理公司委派的全权代表称为总监理工程师（简称"总监"）。我国有关书籍和文件中，也将承担监理工作的监理公司称为监理单位，将监理公司派往项目现场具体执行监理工作的队伍称为"项目监理机构"。工程师是工程的实际管理者，是参与工程中众多角色中最核心的角色之一。无论是业主，承包商，还是工程师自己都应清楚地了解工程师的权力和职责范围。

2. 工程师的权力和职责范围（Engineer's Duties and Authority）

工程师是业主方管理合同的具体执行者，作为一个管理者，合同中必须规定清楚他有哪些职责及为履行这些职责所赋予他的权力。工程师的权力和职责范围主要内容可归纳如下：

（1）业主应任命工程师来管理合同，工程师应履行合同中规定的职责。根据 FIDIC 合同条件，工程师的职责是解释书面合同，检查合同的执行情况，包括工程进展中向承包商发出与合同管理有关的指示、评估承包商提出的各类建议、保证施工材料和工艺符合合同规定、监测已完工程数量并代表业主校核批复验工计价等，以控制整个项目的顺利实施。

（2）工程师的职员应是有能力履行这些职责的合格技术人员和其他专业人员。

（3）工程师无权更改合同。

（4）工程师可以行使合同明文规定和必然隐含的赋予他的权力。FIDIC 合同条件中工程师的主要作用是监督管理承包商，宏观控制承包商在施工中履行合同的情况，以及在可能的条件下对业主与承包商进行必要的调解工作，是主动的安全、费用、进度和质量跟踪，而并非只是施工中的被动检查，属于一种动态目标管理，对承包商有约束和激励作用。如果承包商对于施工监理的指示不能做出有效反应，则工程师有权根据合同提出警告、强迫执行，甚至动用 FIDIC 合同条件进行制裁。

（5）如果业主方对工程师某些权力有限制的话，应在专用条件中列明。

（6）除了列明的限制之外，在签订合同后，没有承包商的同意，业主不得再进一步限制工程师的权力。

（7）即使按照专用条件，工程师行使的某项权力需要得到业主的批准，一旦工程师行使了该权力，不管他是否获得了业主的批准，从承包商角度来看，都应被认为已经获得了业主的批准。

（8）无论是工程师行使其权力，还是履行其职责，都应看做是为业主做的工作（合同条件中另有规定除外）。

（9）工程师无权解除业主和承包商的义务和责任（合同条件中另有规定除外）。

（10）工程师的任何批准、检查、证书、同意、通知、建议、检验、指令和要求等不解除承包商在合同中的责任（合同条件中另有规定除外）。因为工程是一个特殊的"产品"，工程师只是这个"产品"制造过程中的监督和管理者，他的批准等只是允许承包商进行下一道工序或临时认可完成的工作量，只是保证这个"产品"的制造过程符合合同规定的方式以及良好的惯例，而承包商是承诺向业主方最终提供合格工程的一方。就工程项目这个特殊的"产品"而言，业主购买的是符合合同规定的最终"产品"，他聘用工程师来管理工程只是为了保证"产品合格"的一个手段。但有一点需要注意，如果工程师的有关要求或指令超出了合同规定的范围，上面的规定并不影响承包商依据合同条件的其他条款进行索赔。

3. 工程师的指令（Instructions of the Engineers）

签发指令是工程师的主要工作内容之一，也是管理承包商的一个重要手段。工程师签发指令的要点如下：

（1）如果是为了实施工程所需，工程师可以根据合同随时向承包商签发指令和有关图纸。

（2）承包商只能从工程师或工程师的授权代表处接收指令。

（3）如果工程师的指令构成了变更，则按"变更与调整"条款来处理。

（4）工程师关于合同事宜签发的任何指令，承包商应遵照执行。但承包商应特别注意，工程师签发的指令是否超越了合同规定的范围。如果指令涉及的内容超过了合同规定的工作范围，工程师应主动以变更命令的形式发出，这样既体现出工程师的公平，又提高了双方的工作效率。但在实践中，工程师在签发指令时常常只是指示承包商去做某项工作，并不提及该指令是否超过承包商的工作范围，是否按变更对待。工程师这样做的原因很多，可能为了保护自己和业主的利益；也可能合同中的工作范围的界限本身不十分清楚等。在此情况下，承包商应认清自己的合同义务，如果认为工程师的指令超越合同规定的工作范围，应及时向工程师提出，并提出有关证据，证明自己的权利，保护自己的利益。此外，任何他方（如政府部门、业主等）对工程项目发出的指示都应通过工程师下达给承包商，承包商才能接受此任务，并分清是合同内的工作，还是变更内容。

（5）工程师一般应以书面形式签发指令。必要时，工程师也可以发出口头指令。在这种情况下，承包商应在接到口头指令后的两个工作日内，主动将自己记录的口头指令以书面形式报告给工程师，要求工程师确认，如果工程师两个工作日内不答复，则承包商记录的口头指令即被认为是工程师的书面指令。

4. 决定（Determinations）

在工程的实施过程中，有许多地方都要进行决定。合同双方对某一问题可能有不同看法，所以，工程师还兼有"临时裁判"的特殊角色，这也是合同赋予给他的权力之一。

（1）当合同中要求工程师根据本款决定某事宜时，他应与各方商量，力争使双方达成一致意见；

（2）若达不成一致意见，他应根据合同，结合实际情况，公平处理；

（3）工程师应将自己的决定通知双方，并说明如此决定的理由；

（4）如果一方对此决定有异议，可按"索赔，争端与仲裁"条款来解决，但在最终解决之前，双方应遵照执行工程师的指令。

10.2.3　工程进度控制

"时间就是金钱"，对工程建设的各方来说再恰当不过了。进度管理是项目管理的主要内容之一，无论是业主，还是承包商，通常将工期、费用和质量三个指标作为判断项目是否成功的标准。从工程实施进程来看，与工期管理密切关联的内容有：开工、进度控制、停工、复工、工程延期以及追赶施工进度。

1. 开工（Commencement of Work）及进度计划（Programme）

（1）开工。开工是实施工程的重要的里程碑。承包商在收到中标函后，最关心的问题之一就是什么日期开工。有关开工的具体规定有：

①工程师至少应提前 7 天将开工日期通知承包商。这样保证承包商有足够的时间进行开工准备。

②如果专用条件中没有其他规定，开工日期应在承包商收到中标函后 42 天内。因为承包商在中标之后，就会全力投入施工准备，如果因为业主的原因，迟迟不签发开工通知，承包商就无法做出合理的开工安排，可能导致设备和人员的闲置，招致无效费用。所以，开工日期必须在承包商收到中标函之后的 42 天期间内，结合第一条规定，工程师最迟必须在承包商收到中标函后的第 35 天签发开工通知。但应注意，本规定允许业主在专用条件中对"42 天"这一期限加以修改，但无论将此期限延长或缩短，承包商至少能得到明确的信息，以便能做出合理的安排。

③承包商在开工日期后应"尽可能合理快"地开始实施工程，之后应以恰当的速度施工，不得拖延。此规定明显是约束承包商的，虽然这一规定比较模糊，但如果承包商由于自己的原因，迟迟不能开工，业主方可以参照"进展速度"和"业主提出的终止"等条款处置承包商。

无论业主，还是承包商，都需要一定的时间准备开工，因此，工程师在签发开工通知时，应考虑双方的准备情况。

（2）进度计划。合同履行过程中，一个准确的施工进度计划对合同涉及的有关各方都有重要的作用，不仅要求承包商按计划施工，而且要求工程师也应按计划做好保证施工顺利进行的协调管理工作，同时也是判定业主是否延误移交施工现场、迟发图纸以及其他应提供的材料、设备，成为影响施工应承担责任的依据。因此，国际工程合同常规定承包商向业主递交一份详细的进度计划。关于进度计划的提交时间和编制有以下规定：

①进度计划的提交时间。承包商收到开工通知后的 28 天内，按工程师要求的格式和详细程度提交施工进度计划。

②进度计划应包括下列内容：

a. 实施工程的进度计划。视承包工程的任务范围不同，可能还涉及设计进度（如果包括部分工程的施工图设计的话）；材料采购计划；永久工程设备的制造、运到现场、施工、安装、调试和检验各个阶段的预期时间（永久工程设备包括在承包范围内的话）。

b. 涉及指定分包商各个阶段的工作安排。

c. 合同中规定的重要检查、检验的次序和时间。

d. 一份支持报告，包括承包商的施工方法和主要施工阶段，以及各阶段现场所需的各类人员和施工设备的数量。

③进度计划的确认。承包商有权按照他认为最合理的方法进行施工组织，工程师不应干预。工程师对承包商提交的施工计划的审查主要涉及以下几个方面：

a. 计划的总工期和重要阶段的里程碑工期是否与合同的约定一致；

b. 承包商各阶段准备投入的机械和人力资源计划能否保证计划的实现；

c. 承包商拟采用的施工方案与同时实施的其他合同是否有冲突或干扰等。

如果收到承包商的进度计划后，工程师认为某些方面不符合合同的规定，他可以在收到后的 21 天内通知承包商，否则，承包商可以依据该进度计划进行工作，但同时不得违反其他合同义务。承包商将计划提交的 21 天内，工程师未提出需修改计划的通知，即认为该计划已被工程师认可。

2. 工程师对进展速度（Rate of Progress）的控制

（1）工程师对施工进度的监督。为了便于工程师对合同的履行进行有效的监督和管理，承包商每月都应向工程师提交月进度报告，说明前一阶段的进度情况和施工中存在的问题，以及下一阶段的实施计划和准备采取的相应措施。月进度报告的内容包括：

①设计、承包商的文件、采购、制造、货物运达现场、施工、安装和调试的每一阶段以及指定分包商实施工程的这些阶段进展情况的图表与详细说明。

②表明进展状况的照片。

③制造商名称、制造地点、进度百分比，以及开始制造、承包商的检查、检验、运输和到达现场的实际或预期日期。

④说明承包商在现场的施工人员和施工设备数量。

⑤安全统计。包括涉及环境和公共关系方面的任何危险事件与活动的详情。

⑥质量保证文件、材料的检验结果及证书。

⑦实际进度与计划进度的对比，包括可能影响按照合同完工的事件和情况的详情，以及为消除延误而采取的措施等。

（2）工程师对施工进度的干预。在新红皮书模式下，工程师受聘于业主，就是来管理工程的，工程进度是工程师管理的主要内容之一。当工程师发现实际进度与计划进度严重偏离时，不论实际进度是超前还是滞后于计划进度，为了使进度计划有实际指导意义，工程师可以行使以下权利对工程进度进行干预：

①如果实际进度太慢，不能在合同工期内完成工程，或者进度已经或将落后于现有的进度计划，而承包商又无权索赔工期，在此类情况下，工程师可以要求承包商递交一份新的进度计划，同时附有赶工方法说明。

②若工程师没有另外通知，承包商应按新的赶工计划实施工程，这可能要求延长工作时间和增加人员和设备的投入，赶工的风险和费用也由承包商承担，承包商无权对修改进度计划的工作要求额外支付；工程师对修改后进度计划的批准，并不意味着承包商可以摆脱合同规定应承担的责任，承包商仍要承担合同规定的延期违约赔偿责任。

③如果新的赶工计划导致了业主支付了额外费用，业主可以根据"业主的索赔"条款向承包商索赔，承包商应将此类费用支付给业主。

④如果承包商仍没有按期完工，除了上述费用之外，还应支付拖期赔偿费。

3. 暂停工作（Suspension of Work）

工程暂停条款也是工程合同的传统条款之一，原因是工程执行过程中出现不能持续实施工程的情况常常发生，对工程进度有重大影响。工程师有权视工程进展的实际情况，针对整个工程或部分工程的施工发布暂停施工指示。施工的中断必然会影响承包商按计划组织的施工工作，但并非工程师发布暂停施工令后承包商就可以此指令作为索赔的合理依据，而要根据指令发布的原因划分合同责任。

（1）合同条件规定，除了以下四种情况外，暂停施工令发布后均应给承包商以补偿。这四种情况是：

①在合同中有规定；

②因承包商的违约行为或应由其承担风险事件影响的必要停工；

③由于现场不利气候条件而导致的必要停工；

④为了使工程合理施工以及为了整体工程或部分工程安全所必要的停工。

（2）如果暂停的责任属于业主方，承包商能获得补偿，具体规定如下：

①如果承包商因暂停工作以及复工招致了费用损失和工期延误，他可以按索赔程序通知工程师，提出索赔；

②工程师收到承包商的通知之后按有关条款决定或商定应给予承包商费用和工期的补偿；

③但如果因为承包商的设计、工艺、材料等有缺陷或没有尽到暂停期间的保护、存放和保安等职责，则承包商没有权利就补救由此带来的后果获得费用和工期补偿。

（3）持续的暂停。虽然前面规定，如果暂停，承包商可以索赔费用和工期，但如果暂停的时间太长，承包商还有以下权利：

①如果工作暂停超过 84 天，承包商可以要求工程师允许他复工；

②如果工程师在承包商提出复工要求后 28 天内没有给予复工许可，承包商可以将暂停的工作看做该工作被删减，不再承担继续施工义务，但需要通知工程师；

③若是整个合同工程被暂停，此项停工可视为业主违约终止合同，承包商可以向业主发出终止通知，宣布解除合同关系。如果承包商还愿意继续实施这部分工程，也可以不发这一通知而等待复工指示。

本款的规定限制了业主方的暂停行为，对承包商是一种保护。原因是，如果暂停的时间太长，虽然可以索赔，但会打乱承包商整个公司的整体业务安排，不一定对承包商有利，如果承包商觉得从合同范围删减掉暂停的工作，或终止整个合同对其有利的话，他有权做出自己的选择。

4. 复工（Resumption of Work）

如果没有出现删减暂停的工作或终止整个合同的情况，那么，工程在开始复工时有以下具体的程序：

（1）在工程师同意或下达复工令后，承包商与工程师应联合对受到影响的工程、永久设备和材料进行检查；

（2）如果暂停期间，工程、设备或材料出现了问题，承包商应进行补救。

5. 竣工时间的延长（Extension of Time for Completion）

大部分国际工程合同都赋予承包商在某些情况下索赔工期的权利。这些情况包括两个方面：一是由于业主方的过错导致工期的延误；二是外部情况导致工期延误。这种规定主要来自于工程建设的独特性质以及风险分担理论。通用条件的条款中规定可以给承包商合理延长合同工期的条件通常可能包括以下几种情况：

（1）发生合同变更或某些工作量有大量变化；

（2）本合同条件中提到的赋予承包商索赔权的原因。如延误发放图纸、延误移交施工现场、承包商依据工程师提供的错误数据导致放线错误、施工中遇到文物和古迹而对施工进度的干扰、非承包商原因检验导致施工的延误、业主提前占用工程导致对后续施工的延误、非承包商原因使竣工检验不能按计划正常进行、施工涉及有关公共部门原因引起的延误、后续法规调整引起的延误、发生不可抗力事件的影响等；

（3）施工中遇到有经验的承包商也不能合理预见的异常不利气候条件影响；

（4）由于流行病或政府当局的原因导致的无法预见的人员或物品的短缺；

（5）业主方或他的在现场的其他承包商造成的延误，妨碍或阻止。

发生以上情况时，承包商应根据"承包商的索赔"条款向工程师发出索赔通知；工程师在决定是否给予延期时，应考虑以前已经给予的延期，但只能增加工期，不能减少在此索赔事件之前已经给予的总的延期时间。

6. 追赶施工进度

工程师认为整个工程或部分工程的施工进度滞后于合同内竣工要求的时间时可以下达赶工指示。承包商应立即采取经工程师同意的必要措施加快施工进度。发生这种情况时，还要根据赶工指令的发布原因，决定承包商的赶工措施是否应该给予补偿。承包商在没有合理理由延长工期的情况下，其不仅无权要求补偿赶工费用，而且在其赶工措施中若包括夜间或当地公认的休息日加班工作时，还应承担工程师因增加附加工作所需补偿的监理费用。虽然这笔费用按责任划分应由承包商负担，但不能由其直接支付给工程师，而应由业主支付后从承包商应得款内扣回。

10. 2. 4　工程质量控制

质量是工程的生命。在国际工程中，业主对工程质量管理和控制主要体现在规范、图纸以及合同条件的规定中。承包商根据合同的各项规定，编制自己的内部质量控制程序，在工程实施中执行，保证工程质量。

1. 承包商的质量保证（Quality Assurance）

工程师管理承包商依据的是合同文件，就质量方面而言，依据的是规范和图纸之类的技术文件。但要使工程质量得到保证，最终还是通过承包商内部的管理来实现。通用条件规定，承包商应按照合同的要求建立一套质量管理体系，以保证施工符合合同要求。这方面的规定主要有如下内容：

（1）承包商应编制一套质量保证体系，表明其遵守合同的各项要求，该质量保证体系应依据合同规定的各项内容来编制；

（2）工程师有权审查质量体系的任何方面，包括月进度报告中包含的质量文件，对不完善之处可以提出改进要求；

（3）在每一设计和实施阶段开始之前，所有具体工作程序和执行文件应提交给工程师，供其参考；

（4）在向工程师提交任何技术文件时，该文件上面应有承包商自己内部已经批准的明确标识；

（5）由于保证工程的质量是承包商的基本义务，当其遵守工程师认可的质量体系施工，承包商并不能解除依据合同应承担的任何职责、义务和责任。

2. 现场数据（Site Data）

由于在工程实施之前，无论承包商还是业主，都不可能十分准确地获得现场的具体条件。因此，现场条件的这一"变数"成为工程实施过程中一个很大的风险。如何在业主与承包商之间分担这一风险，是每个合同中应明确规定的一个核心问题。业主应将自己掌握的现场水文地质以及环境情况的一切相关数据在基准日期（提交投标书截止日期之前的第 28 天当天）之前提供给承包商，供其参考；业主在基准日期之后获得的一切此类数据也应同样提供给承包商；承包商负责解释上述数据；在时间和费用允许的条件下，承包商应在投标前调查清楚影响投标的各风险因素和意外事件等；同样，承包商还应对现场及其周围环境进行调查，同时对业主提供的有关数据和其他资料等进行查阅和核实。不论是招标阶段提供的资料还是后续提供的资料，业主应对资料和数据的真实性和正确性负责，但对承包商依据资料的理解、解释或推论导致的错误不承担责任。

承包商了解现场条件的具体内容包括以下主要方面：

（1）现场地形条件与地质条件，包括资料提供的地表以下条件；

（2）水文和气候条件；

（3）为实施和完成工程及修复工程缺陷约定的工程范围以及为完成相应工作量而需要的各类物资；

（4）工程所在地的法律、法规及行业惯例，包括雇用当地工人的习惯作法；

（5）承包商要求的通行道路、食宿、设施、人员、电力、交通、供水及其他服务。

3. 检查（Inspection）和检验（Testing）

（1）检查。业主方在施工期间对承包商工作的检查是控制工程质量的手段之一，为此，合同中应规定工程师在这方面的权力以及承包商应给予的配合。这部分主要规定了两部分内容：第一部分为业主方的人员进入现场或有关场所检查工程的权力，同时规定承包商有义务协助业主的人员进行此类检查；第二部分为检查隐蔽工程的程序，包括工程构件包装储存或运输前的检查程序。

（2）检验。检验可以说是深层次的检查，需要专门仪器和装置来进行。承包商应为检验提供必要的服务；若准备对永久设备、材料以及工程的其他部分检验，承包商应与工程师提前商定检验的时间和地点；工程师有权根据变更条款的规定，来变更检验的地点以及其他方面的内容，也可下指令进行附加检验；若工程师打算参加检验，他至少应提前 24 小时通知承包商；如果工程师在商定的时间不到场，承包商可以自行检验，检验结果有效，等同于工程师在场；在开始检验之前，工程师可以通知承包商，更改已经商定好的时间和地点，但如果工程师的此类变动影响了承包商的工作，承包商可以提出工期和经济索赔（包括费用和利润）；工程师收到承包商的索赔通知之后，按条款规定来处理；承包商应立即将其正式检验报告提交工程师，如果检验通过了，工程师应在上面背书认可，但也可另签发一份检验证书，证明该检验结果；如果工程师没有参加检验，他应认可承包商的检验结果。

（3）检查、检验不合格的处理。进行合同没有规定的额外检查检验属于承包商投标阶段不能合理预见的事件，如果合格，应根据具体情况给承包商以相应的费用和工期损失补偿；若检验不合格，承包商必须修复缺陷后在相同条件下进行重复检验，直到合格为止，并由其承担额外检验费用。但对于承包商未通知工程师检查而自行隐蔽的任何工程部位，工程师要求进行剥露或穿孔检查时，不论检验结果表明质量是否合格，均由承包商承担全部费用。

4. 对承包商设备的控制

工程质量的好坏和施工进度的快慢，很大程度上取决于投入施工的机械设备数量和型号上的满足程度。鉴于承包商投标书报送的设备计划是业主决标考虑的主要因素之一，因此合同条件规定承包商自有的施工机械、设备、临时工程和材料，一经运抵施工现场后就被视为专门为本合同工程施工所用。虽然承包商拥有所有权和使用权，但未经工程师批准不能将其中的任何一部分运出施工现场。此项规定的目的是保证本工程的施工，并非在施工期内绝对不允许承包商将自有设备运出工地。某些使用台班数较少的施工机械在现场闲置期间，如果承包商的其他工程需要使用时，可以向工程师申请暂时运出。当工程师依据施工计划考虑该部分机械暂时不用并同意运出时，应同时指示何时必须运回以保证本工程施工之用，要求承包商遵照执行。对后期不再使用的设备，经工程师批准后承包商可以提前撤出工地。

5. 环境保护（Protection of the Environment）

环境保护已成为一个全球关注的问题，越来越引起世界各国的重视。由于施工过程本身很容易对环境造成污染，因此，近年来国际工程合同对施工过程的环保要求很严格。具体规定如下：

（1）承包商采取一切合理措施保护现场内外的环境，并控制好其施工作业产生的噪声、污染等，以减少对公众人身财产造成损害；

（2）承包商应保证其施工活动向空气中排放的散发物，地面排污等既不能超过规范中规定的指标，也不能超过相关法律规定的指标。

许多国家，特别是一些以旅游为主要收入的国家，对环境极为重视，其环境保护法律也是十分严格。作为有现代管理意识的承包商，应在工程施工中注意环保问题，这不但是自身的合同义务和法律义务，而且也涉及公司在当地的形象问题。

6. 竣工检验（Tests on Completion）

工程竣工检验是体现工程已经基本完成的一个里程碑，也是业主控制质量的一个十分关键的手段。对于竣工检验，合同通常规定的内容包括：进行竣工检验的前提条件；双方各自的义务；检验过程中出了问题怎么办，如检验被延误、检验结果不合格等。这些也都是本条涉及的内容。现在我们一起看本条的具体规定。

（1）承包商的义务（Contractor's Obligations）。承包商完成工程并准备好竣工报告所需报送的资料后，应提前 21 天将某一确定的日期通知工程师，说明此日后已准备好进行竣工检验。工程师应指示在该日期后 14 天内的某日进行，具体到在哪一天进行，则按工程师的指令。此项规定同样适用于按合同规定分部移交的工程。如果业主在竣工检验前使用了工程，那么在评定竣工检验结果时，工程师应考虑业主的使用对工程的性能造成的影响；一旦通过竣工检验，承包商应尽快将一份正式的检验报告提交给工程师。

（2）延误的检验（Delayed Tests）。对于一项工作，计划往往被变化所打乱，竣工检验亦如此。如果出现竣工检验被某一方延误，没有按双方事先商定的进行则需注意以下规定：

①如果竣工检验被业主方延误，承包商有权向业主方提出费用和工期索赔；

②如果竣工检验被承包商无故延误，工程师可以发出通知，要求承包商在收到通知后的21 天内进行检验，承包商可以确定在这一期间内的某日期进行检验，但应将确定的检验日期通知工程师；

③如果承包商没有在上述的 21 天内进行检验，业主的人员可以自行检验，检验的费用和风险由承包商承担，并且承包商应接受检验结果的正确性。

（3）重新检验（Retesting）。如果工程没有通过竣工检验，业主可以按"拒收"条款的有关规定处理。工程师和承包商双方任一方都可以要求对没有通过检验的工作按相同的检验条件重新进行检验。

（4）未能通过竣工检验（Failure to Pass Tests on Completion）。当整个工程或某区段未能通过按重新检验条款规定所进行的重复竣工检验时，工程师应有权选择以下任何一种处理方法：

①下达指令，再进行一次重复的竣工检验；

②如果由于该工程缺陷致使业主基本上无法享用该工程或区段所带来的全部利益，拒收整个工程或区段（视情况而定），在此情况下，业主有权获得承包商的赔偿。赔偿可以包括业主为整个工程或该部分工程（视情况而定）所支付的全部费用以及融资费用；拆除工程、清理现场和将永久设备和材料退还给承包商所支付的费用。

③如果业主要求工程师签发接收证书，则工程师可以照办，但合同价格应按照可以适当弥补由于此类失误而给业主造成的减少的价值数额予以扣减。

7. 完成扫尾工作和修复缺陷（Completion of Outstanding work and Remedying Defects）

随着业主接收了工程，工程实施进入"收官"阶段。建设工程与其他产品类似，它也有质量保证期，新版中被称为"缺陷通知期"。工程被接受后，缺陷通知期就开始了，在该期间内，与工程质量控制有关的还有以下内容：

（1）承包商应在工程师指示的合理时间内完成签发接受证书时还剩下的扫尾工作，并修复业主方在缺陷通知期期满之日或之前通知的缺陷，使工程达到合同要求；

（2）如果发现了缺陷或发生了损害，业主应相应地通知承包商；

（3）承包商承担前面所述的责任的目的是保证在缺陷通知期期满之日或之后尽可能快地保证工程和承包商的文件到达合同要求的状态，即完成全部合同义务。

（4）对于有缺陷的工程部分，尤其是缺陷涉及永久设备时，在修复之后还需通过进一步的检验（Further Tests）才能保证其性能能够达到要求。所以，如果对工程的修复影响到了工程的性能，工程师可以要求重复合同中规定的任何检验；工程师应在维修工作结束后的28天内将此要求通知承包商；进行检验的条件应与以前进行检验时一致。

10.2.5 工程投资控制

工程项目的特点决定工程款的支付方式也与一般的商业付款方式不同。这主要表现在工程完成之前合同价格的不确定性与支付程序的复杂性。因此，合理的支付规定，清晰而完整的支付程序，是工程投资控制的体现，也是承包商顺利获得工程款的一项重要保证。建设工程施工合同条件规定的支付结算程序，包括每个月月末（或按合同约定）支付工程进度款、竣工移交时办理竣工结算和解除缺陷责任后进行最终决算三大类型。支付结算过程中涉及的费用又可以分为两大类：一类是工程量清单中列明的费用；另一类属于工程量清单内虽未注明，但条款有明确规定的费用，如变更工程款、物价浮动调整款、预付款、保留金、逾期付款利息、索赔款、违约赔偿款等。

10.2.5.1 工程进度款的支付控制

1. 工程预付款（Advance Payment）

合同条件将签订合同后正式开工前业主预先支付给承包商的备料款分为预付款（或称为动员预付款）和材料款预付两部分，是业主为了帮助承包商解决施工前期开展工作时的资金短缺，从未来的工程款中提前支付的一笔款项。合同工程是否有预付款，以及预付款的金额多少、支付（分期支付的次数及时间）和扣还方式等均要在专用条款内约定。通用条件内针对预付款金额不少于合同价22%的情况规定了管理程序。

（1）预付款的支付。预付款的数额由承包商在投标书内确认。承包商需首先将银行出具的履约保函和预付款保函及报表交给业主并通知工程师，工程师在21天内签发"预付款支付证书"，业主按合同约定的数额和外币比例支付预付款。预付款保函金额始终保持与预付款等额，即随着承包商对预付款的偿还逐渐递减保函金额。如果保函条款中规定了期满日期，而在期满日期前 28 天预付款还未还清时，承包商应将预付款保函有效期延长至预付款还清为止。

（2）预付款的扣还。预付款在分期支付工程进度款的支付中按百分比扣减的方式偿还。

①起扣点。预付款的扣还是自承包商获得工程进度款（不包括预付款、保留金及其他扣减额）累计总额达到合同总价 10% 的那个月开始，从中期支付的工程进度款内分次扣回。

②每次支付的扣减额度。每一次扣减应按工程进度款扣减预付款、保留金及其他扣减额之后的 25% 的返还比例扣回，直到预付款还清为止。在此期间，每个月按等额从应得工程进度款内扣留。若某月承包商应得工程进度款较少，不足以扣除应扣预付款时，其余额计入下月应扣款内。

（3）设备和材料款预付的支付及扣还。在合同条件中的单价是综合单价，单价中包含工程中材料和设备，只有当这些材料和设备用于永久工程后，才能将这部分费用计入工程进度款内支付。但业主为了帮助承包商解决订购大宗主要材料和设备的资金周转，按照合同约定，业主支付材料预付款。支付程序是，当订购物资运抵施工现场经工程师确认合格后，按发票价值乘以合同约定预付款的百分比（60%～90%）作为材料款预付，包括在当月应支付的工程进度款内。

对预付材料款的扣还方式 FIDIC 没有明确规定。通常在专用条件中约定的扣还方式有：在约定的后续月内每月按平均值扣还或从已计量支付的工程量内扣除其中的材料费等方法；工程完工时，累计支付的预付材料款应与逐月扣还的总额相等。

2. 保留金的支付（Payment of Retention Money）

保留金是按合同约定从承包商应得工程款中相应扣减的一笔金额，保留在业主手中，作为约束承包商严格履行合同义务的保证措施之一，当承包商有一般违约行为使业主受到损失时，可从该项金额内直接扣除损害赔偿费。例如，承包商未能在工程师规定的时间内修复缺陷工程部位，业主雇用其他人完成后，这笔费用可从保留金内扣除。

（1）保留金的扣留。保留金的扣留是自首次支付工程进度款开始，用该月承包商有权获得的所有款项中减去调价款后的金额，乘以合同约定保留金的百分比作为本次支付时应扣留的保留金（通常为 5%～10%），逐月累计扣到合同约定的保留金最高限额为止（通常为合同总价的 2.5%～5%）。需注意，保留金的限额指的是中标合同款额的百分比，并不是最终合同价格的百分比。

（2）保留金的返还。承包商保留金的返还程序为：如果工程没有进行区段划分，则所有保留金分两次退还，签发接收证书后先退还一半，另一半在缺陷通知期结束后退还；如果涉及的工程区段（部分），则分三次退还，区段接收证书签发之后返回 40%，该区段缺陷通知期到期之后返回 40%，剩余 20% 待最后的缺陷通知期结束后退还；但如果某区段的缺陷通知期是最迟的一个，那么该区段保留金归还应为接收证书签发后返回 40%，缺陷通知期结束之后返回剩余的 60%。

3. 计日工（Daywork）费

计日工费是指承包商在工程量清单的附件中，按工种或设备填报单价的日工劳务费和机械台班费，一般用于工程量清单中没有合适项目且不能安排大批量的流水施工的零星附加工作。只有当工程师根据施工进展的实际情况，指示承包商实施以日工计价的工作时，承包商才有权获得用日工计价的付款。实施计日工工作过程中，承包商每天应向工程师送交一式两份计日工表，表中应列明承包商所有参加计日工作的人员姓名、职务、工种和工时的确切清单；列明用于计日工的材料和承包商所用设备的种类及数量的报表。工程师经过核实批准后在报表上签字，并将其中一份退还承包商。如果承包商需要为完成计日工作购买材料，应先向工程师提交订货报价单请求批准，采购后还要提供证实所付款的收据或其他凭证。

每个月的月末，承包商应提交一份除日报表以外所涉及日工计价工作的所有劳务、材料和使用承包商设备的报表，作为申请支付的依据。如果承包商未能按时申请，能否取得这笔款项取决于未申请的原因和工程师的态度。

4. 因物价浮动的调价款

由于物价浮动而对合同价格调整对于施工期较长的合同很有必要，长期合同订有调价条款时，每次支付工程进度款均应按合同约定的方法计算价格调整费用。如果工程施工因承包商责任而延误工期，则在合同约定的全部工程应竣工日后的施工期间，不再考虑价格调整，各项指数采用应竣工日当月所采用值；对不属于承包商责任的施工延期，在工程师批准的展延期限内仍应考虑价格调整。

5. 基准日后法规变化引起的价格调整

在投标截止日期前的第28天以后，国家的法律、行政法规或国务院有关部门的规章，以及工程所在地的省、自治区、直辖市的地方法规或规章发生变更，导致施工所需的工程费用发生增减变化，工程师与当事人双方协商后可以调整合同金额。如果导致变化的费用包括在调价公式中，则不再予以考虑。较多的情况发生于工程建设承包商需交纳的税费变化，这是当事人双方在签订合同时不可能合理预见的情况，因此可以调整相应的费用。

6. 支付工程进度款

（1）工程计量（Work to be Measured）。工程量清单中所列的工程量仅是对工程的估算量，不能作为承包商完成合同规定施工义务的结算依据。每次支付工程月进度款前，均需通过测量来核实实际完成的工程量，以计量值作为支付依据。计量有两种方法，采用单价合同的施工工作内容应以现场实测的数量作为支付进度款的依据，由双方共同完成；而总价合同或单价包干混合式合同中按总价承包的部分可以按图纸工程量作为支付依据，仅对变更部分予以计量。

（2）承包商申请期中支付证书（Application for Interim Payment Certificate）。每个月的月末（或按合同约定），承包商应按工程师规定的格式提交一式六份本月支付报表。内容包括提出本月已完成合格工程的应付款要求和对应扣款的确认，一般包括以下几个方面：

①截止该月底完成的工程价值（包括变更）的应付金额；

②法规变化引起的调整应增加和减扣的任何款额；

③保留金的扣除，额度为投标函附录中的百分率乘以前两项款额之和，一直扣到投标函附录规定的保留金限额为止；

④预付款的支付（分期支付的预付款）和扣还应增加和减扣的任何款额；

⑤"拟用于工程的永久设备和材料"规定的材料设备预支款或减扣款；

⑥根据合同或其他规定（包括索赔、争端裁决和仲裁），应付的任何其他应增加和扣减的款额；

⑦对所有以前的支付证书中证明的款额的扣除或减少（对已付款支付证书的修正）。

（3）工程师期中支付证书的签发（Issue of Interim Payment Certificates）。工程师接到报

表后，要审查款项内容的合理性和计算的正确性，若有疑问时，可要求承包商共同复核工程量。在核实承包商本月应得款的基础上，再扣除保留金、动员预付款、预付材料款，以及所有承包商责任而应扣减的款项后，据此签发中期支付证书。

（4）业主支付（Payment）。在本合同条件中，工程师只负责开具支付证书，业主才是最终的付款人，业主应在接到证书后及时给承包商付款。业主应在签发中标函后的 42 天内，或者在承包商提交了履约保证和预付款保函以及提交了预付款报表后的 21 天内，向承包商支付第一笔预付款，这两个时间以较晚者为准；业主应在工程师收到承包商的报表和证明文件后 56 天内，将期中支付证书中证明的款额支付承包商；业主应在从工程师那里收到最终支付证书后 56 天内，将该支付证书中证明的款额支付承包商；每种货币的到期支付金额应汇入承包商指定的账户，该账户应设在合同规定的支付国。如果业主逾期支付，将承担延期付款的违约责任，延期付款的利息按银行贷款利率加 3% 计算。

10.2.5.2　竣工结算的支付控制

1. 承包商报送竣工报表（Statement of Completion）

在工程进行期间，承包商每月提交报表，申请工程进度款。在工程基本竣工，颁发工程接收证书后的 84 天内，承包商应按工程师规定的格式报送竣工报表，一式六份。报表内容包括：

（1）到工程接收证书中指明的竣工日止，根据合同完成全部工作的最终价值；

（2）承包商认为应该支付给他的其他款项，如要求的索赔款、应退还的部分保留金等；

（3）承包商认为根据合同应支付给他的估算总额。所谓"估算总额"是这笔金额还未经过工程师审核同意。估算总额应在竣工结算报表中单独列出，以便工程师签发支付证书。

2. 对竣工结算总金额的调整

一般情况下，承包商在整个施工期内完成的工程量乘以工程量清单中的相应单价后，再加上其他有权获得费用总和，即为工程竣工结算总额。但在颁发工程移交证书后，发现由于施工期内累计变更的影响和实际完成工程量与清单内估计工程量的差异，导致承包商按合同约定方式计算的实际结算款总额比原定合同价格增加或减少过多时，均应对结算价款总额予以相应调整。

3. 支付

工程师接到竣工报表后，应对照竣工图进行工程量详细核算，对其他支付要求进行审查，然后再依据检查结果签署竣工结算的支付证书。此项工作工程师应在收到竣工报表后 28 天内完成。然后业主依据工程师的签证支付工程款。

10.2.5.3　最终结算支付控制

缺陷通知期过后，工程师应签发解除缺陷责任证书，最终结算是指颁发解除缺陷责任证书后，对承包商完成全部工作价值的详细结算，以及根据合同条件对应付给承包商的其他费用进行核实，确定合同的最终价格。

颁发解除缺陷责任证书后的 56 天内，承包商应向工程师提交最终报表草案，以及工程师要求提交的有关资料。最终报表草案要详细说明根据合同完成的全部工程价值和承包商依据合同认为业主还应支付给承包商的任何进一步款项，如剩余的保留金及缺陷责任期内发生的索赔费用等。

工程师审核后与承包商协商，对最终报表草案进行适当的补充或修改后形成最终报表。

承包商将最终报表送交工程师的同时，还需向业主提交一份结清单，以进一步证实最终报表中的支付总额，作为同意与业主终止合同关系的书面文件。工程师在接到最终报表和结清单附件后的 28 天内签发最终支付证书，业主应在收到证书后的 56 天内支付。只有当业主按照最终支付证书的金额予以支付并退还履约保函后，结清单才生效，承包商的索赔权也即行终止。

10.3　本章案例

【案例 10-1】　　国外某承包工程，使用 FIDIC 合同条件，工作内容为修建一条公路和跨越公路的人行天桥。合同总价 400 万美元，合同工期 20 个月。工程施工中发生了以下情况：

1. 由于图纸出现错误，监理工程师通知一部分工程暂停，待图纸修改后再继续施工（拖期 1.5 个月）；

2. 由于高压线需要电力部门同意迁移后才能施工，造成工程延误 2 个月；

3. 由于增加了额外工程，经监理批准工期顺延 1.5 个月，并且对该额外工程按工程量增加处理，即同意按同类型工程原来所报单价以新增工程量给予补偿。承包商对此 3 项延误除要求展延工期外，还申请索赔延误造成的损失费用（计算中所用管理费费率均为合同中事先约定的）。

承包商经济索赔的计算为：

（1）图纸错误的延误，使 3 台设备停工损失 5 个月。

汽车吊：45 美元/台班 ×2 台班/日 ×37 工作日 =3330（美元）

空压机：30 美元/台班 ×2 台班/日 ×37 工作日 =2220（美元）

辅助设备：10 美元/台班 ×2 台班/日 ×37 工作日 =740（美元）

小计：3330 +2220 +740 =6290（美元）

现场管理费（12%）：754.8 美元

公司管理费（7%）：440.3 美元

利润（5%）：314.5 美元

合计 6290 +754.8 +440.3 +314.5 =7799.6（美元）。

（2）高压线迁移延误损失 2 个月的管理费和利润，因合同总价为 400 万美元，合同工期 20 个月，则每月管理费为：400 ÷20 ×12% =24000（美元/月）；两个月损失现场管理费为 24000 ×2 =48000（美元）

另加公司管理费和利润损失 48000 ×12% =5760（美元）

本项合计损失费用为 48000 +5760 =53760（美元）。

（3）新增工程使工期延长 1.5 个月，要求补偿现场管理费为：24000 ×1.5 =36000（美元）。

以上 3 项总计索赔损失 97559.6 美元。

经过监理工程师的检查和核算，原则上同意 3 项索赔，但在计算上提出以下问题：

1. 对于索赔（1），承包商计算的因窝工而造成的机械损失是否正确？为什么？若错误，应如何计算？

2. 对于索赔（2），承包商计算的现场管理费索赔额是否正确？为什么？若错误，应如何计算？

3. 对于索赔（3），监理是否该批准补偿全部 1.5 个月的现场管理费？为什么？若错误，应如何计算？

案例评析：

1. 问题 1，计算机械费索赔错误。因为该费不能按台班费计算，而应按折旧费率或租费计算。

2. 问题 2，现场管理费计算错误。因为该费不能用合同总价为基数乘以管理费率，而应用直接成本价为基数乘以管理费率计算。

3. 问题 3，监理不该批准补偿全部 1.5 个月的现场管理费。因为监理已同意按单价乘以新增工程量作为对新增工程的补偿，而所用单价中已包含有现场管理费。批准的补偿时间应该首先比照合同中相同（或相似）工程报价时的工期，折算出新增工程的工期，再将其从 1.5 个月中减去。

【案例 10-2】　某国际工程承包方在施工过程中，发现其开挖土方的工作量超出原标书里规定的工作数量，对此，承包商要求索赔顺延工期和经济赔偿。

问题：

1. 承包方应在何时提出索赔要求？

2. 监理工程师应如何处理该项索赔？

3. 如果承包方对监理的决定不服，可采取什么措施维护权利？

4. 当该项工程增加到合同总价的 15% 时，承包方有何权利？可否有重新确定单价权？为什么？

案例评析：

1. 问题 1，事故发生后的 28 天内以正式函的形式向工程师提出索赔申请，并于提出申请后 28 天内报出索赔数额。

2. 问题 2，监理工程师应对承包方的索赔申请进行审核，分清责任归属，剔除不合理要求，拟算出合理赔款额和工期顺延天数。此后，与承包方谈判，得出一个合理的单价作为最终处理意见，并报送业主。

3. 问题 3，如果承包方不同意监理的决定，就会导致合同纠纷，可通过协商或仲裁的方式主张权利。

4. 问题 4，承包方没有任何权利。因为重新确认单价，只有在竣工与验收时才可提出，在施工过程中不可行使此权利，且超过 15% 是对整个工程而言，而非单位工程或单项工程。

思　考　题

1. 1999 年 9 月，新版 FIDIC 合同条件文件共有几种？分别在什么条件下适用？

2. FIDIC 系列合同条件具有哪些特点？

3. FIDIC 新版本《施工合同条件》与《土木工程施工合同条件》（1988 年第四版）相比，有哪些重大改动？

4. 合同文件包括哪些方面的内容？

5. 分别解释合同工期、施工期、缺陷通知期、合同有效期对应的期限。

6. 指定分包商与一般分包商的主要差异体现在哪些方面？

7. 争端裁决委员会的性质及成员组成是怎样的？

8. 通用条件规定，属于业主的风险包括哪些内容？

9. 承包商的基本义务包括哪些内容？

10. 工程师的权力和职责范围的主要内容有哪些？

11. 当工程师发现实际进度与计划进度严重偏离时，工程师可以行使哪些权利对工程进度进行干预？

12. 可以给承包商合理延长合同工期的条件包括哪些情况？

13. 进行合同没有规定的额外检查检验时，工程质量检查、检验不合格应如何处理？

14. 工程师在签发期中支付证书的过程中应遵循的原则有哪些？

附录1 招标文件案例

封　　面

招　标　文　件

招标编号：CSEMC－×××××－1A/B

项目名称：××改造建设一期工程（一标段）

建设单位：××有限责任公司

招标代理：××招标代理有限公司

二〇一二年七月

目　录

第一章　投标邀请书（代资格预审通过通知书）

×× 有限责任公司 ×× 社区改造建设一期工程（一标段/二标段）项目投标邀请书

_____（被邀请单位名称）：

你单位已通过资格预审，现邀请你单位按招标文件规定的内容，参加 ×× 有限责任公司 ×× 社区改造建设一期工程（一标段/二标段）项目投标。

请你单位于 2012 年 7 月 6 日（下午 15 时至 18 时）至 2012 年 7 月 7 日（上午 9 时至下午 12 时，北京时间，下同，含法定公休日、法定节假日），在 ×× 有限责任公司或者 ×× 招标代理有限公司持本投标邀请书购买招标文件。

招标文件每套售价为 1000 元，售后不退。图纸押金 6000 元，在退还图纸时退还（不计利息）。邮购招标文件的，需另加手续费（含邮费）50 元。招标人在收到邮购款（含手续费）后 2 日内寄送。

递交投标文件的截止时间（投标截止时间，下同）为 2012 年 7 月 26 日 9 时 00 分，地点为 ×× 市 ×× 区 ×× 街 × 号办公楼会议室。

逾期送达的或者未送达指定地点的投标文件，招标人不予受理。

你单位收到本投标邀请书后，请于 2 日内以传真或快递方式予以确认。

招标人：　×× 有限责任公司　　　　　招标代理机构：×× 招标代理有限公司

地　址：　×× 省 ×× 市 ×× 区　　　　地　　　址：×× 市 ×× 区 ×× 街 × 号

邮　编：_____　　　　　　　　邮　　　编：_____

联系人：　×× 先生　　　　　　　　　联　系　人：　×× 女士

电　话：_____　　　　　　　　电　　　话：_____

传　真：_____　　　　　　　　传　　　真：_____

电子邮件：_____　　　　　　　电 子 邮 件：_____

2012 年 7 月 5 日

第二章　投标须知及投标须知前附表

一、投标须知前附表

本表是对投标须知的具体补充和修改，如有矛盾，应以本须知前附表为准。

项号	条款号	内　容	说明与要求
1	1.1	工程名称	×× 社区改造建设一期工程（一标段/二标段）
2	1.1	项目地点	×× 省 ×× 市 ×× 区
3	1.1	建设规模	本工程分为两个标段招标，总建筑面积：76588.36m²； 一标段：×× 社区改造建设一期工程 1#、2#、6# 号楼及附属商业建筑、地下室（车库），范围包括地下车库平面图中 1/U 轴线以及以北区域内的所有单体建筑的土建、给排水、消防、暖通、电气工程；地下室（车库）内公共设施、线路只含土建，不包括安装工程。建筑面积约：36332m²。 二标段：×× 社区改造建设一期工程 3#、4#、5# 号楼及附属商业建筑、地下室（车库），范围包括地下车库平面图中 1/U 轴线以南区域内的所有单体建筑的土建、给排水、消防、暖通、电气工程；地下室（车库）内公共设施、线路只含土建，不包括安装工程。建筑面积约：40255m²

项号	条款号	内　　容	说明与要求
4	1.1	承包方式	固定总价合同
5	1.1	质量标准	合格
6	1.2	招标方式	国内公开招标
7	2.1	招标范围	施工图纸和工程量清单所描述所有内容
8	2.2	工期要求	一标段施工总工期：570 日历天内； 二标段施工总工期：570 日历天内
9	3.1	资金来源	职工集资
10	4.1	投标人资质等级要求	1. 投标人必须具有以下资质： 各标段投标人都具备房屋建筑工程施工总承包壹级及以上资质； 2. 相应适用范围内的"质量体系认证证书"； 3. 相应范围内的"安全生产许可证"； 4. 拟在本工程担任项目经理的均需具有建设部颁发的一级注册建造师证书； 注意：拟在本工程担任项目经理不得在目前在建的工程中担任职务。
11	4.2	资格审查方式	资格预审
12	15.1	投标有效期	6 个月（从投标截止之日算起）
13	16.1	投标保证金金额	投标保证金为 50 万元人民币；投标保证金以提前 7 天到招标文件指定账户为有效
14	17.1	投标人的替代方案	不适用
15	18.1	投标文件份数	1 份正本，3 份副本，2 份电子文件
16	21.1	投标截止时间及递交投标文件地点	时间：2012 年 7 月 26 日 9 时 00 分 地点：××市××区××街办公楼会议室
17	24.1	开标时间和地点	同投标截止时间和递交投标文件地点
18	31.3	评标方法及标准	综合评分法
19	37.1	履约担保金额	中标通知书发出后，合同签订前，投标人提供的履约担保金额为合同价款的 10%
20		招标控制价	本工程设置招标控制价，本招标控制价于开标前 7 日公布

二、投标须知

1　总　　则

1.1　工程说明

1.1.1　本招标工程项目说明详见本须知前附表第 1 项~第 5 项。

1.1.2　本招标工程项目按照《中华人民共和国招标投标法》等有关法律、法规和规章，通过本须知前附表第 6 项所述招标方式招标选定承包人。

1.2　招标范围及工期

1.2.1　本招标工程项目的范围详见本须知前附表第 7 项。

1.2.2　本招标工程项目的工期要求详见本须知前附表第 8 项。

1.3   资金来源

3.1   本招标工程项目资金来源详见投标须知前附表<u>第9项</u>，其中部分资金用于本工程项目施工合同项下的合格支付。

1.4   合格的投标人

1.4.1   投标人资质等级要求详见本须知前附表<u>第10项</u>。

1.4.2   投标人合格条件详见本招标工程施工招标公告或招标邀请。

1.4.3   本招标工程项目采用本须知前附表<u>第11项</u>所述的资格审查方式确定合格投标人。

1.5   踏勘现场和标前会

1.5.1   本项目不集中组织现场踏勘，各投标人领取招标文件后自行前往现场踏勘，再根据现场的情况编制有针对性的投标文件。投标人承担踏勘现场所发生的自身费用。

1.5.2   招标人向投标人提供的有关现场的数据和资料，是招标人现有的能被投标人利用的资料，招标人对投标人做出的任何推论、理解和结论均不负责任。

1.5.3   经招标人允许，投标人可因为踏勘目的进入招标人的项目现场，但投标人不得因此使招标人承担有关的责任和蒙受损失。投标人应承担踏勘现场的责任和风险。

1.5.4   本项目不集中组织答疑，各投标人应将有关答疑问题在规定时间内以书面形式传真到招标代理机构，并将电子版发到××××××@163.com；招标人将按照规定时间以书面形式回复答疑文件，目的是澄清并解答投标人在查阅招标文件和进行现场踏勘后可能提出的关于投标和合同方面的问题。

1.6   投标费用

1.6.1   投标人应承担其参加本招标活动自身所发生的费用。

2   招标文件

2.1   招标文件的组成

2.1.1   招标文件包括下列内容：

　　第一章   投标邀请书

　　第二章   投标须知及投标须知前附表

　　第三章   合同条款

　　第四章   投标文件格式

　　第五章   技术规格书及图纸

　　第六章   报价要求

　　第七章   评标标准及方法

　　地质勘探资料及其他资料

　　工程量清单

2.1.2   除2.1.1内容外，招标人在提交投标文件截止时间<u>15个日历天前</u>，以书面形式发出的对招标文件的澄清或修改内容，均为招标文件的组成部分，对招标人和投标人起约束作用。

2.1.3   投标人获取招标文件后，应仔细检查招标文件的所有内容，如有残缺等问题应在获得招标文件2个日历天内向招标人提出，否则，由此引起的损失、责任和风险由投标人自己承担。投标人同时应认真审阅招标文件中所有的事项、格式、条款和规范要求等，若投标人的投标文件没有按招标文件要求提交全部资料，或投标文件没有对招标文件做出实质性响应，其风险由投标人自行承担，并根据有关条款规定，该投标有可能被拒绝。

2.1.4 当投标人退回图纸经查无缺失保存完整完好后，图纸押金将同时退还给投标人（不计利息），若图纸有丢失则酌情扣图纸押金。

2.2 招标文件的澄清

2.2.1 投标人若对招标文件有任何疑问，应于投标截止日期 16 个日历天前以书面形式向招标人提出澄清要求，送至招标文件所述地点。无论是招标人根据需要主动对招标文件进行必要的澄清，或是根据投标人的要求对招标文件做出澄清，招标人都将于投标截止时间 15 个日历日前以书面形式予以澄清，同时将书面澄清文件向所有投标人发送。投标人在收到该澄清文件后应于当日内，以书面形式给予确认，该澄清作为招标文件的组成部分，具有约束作用。

2.3 招标文件的修改

2.3.1 招标文件发出后，在提交投标文件截止时间15 个日历日前，招标人可对招标文件进行必要的澄清或修改。

2.3.2 招标文件的修改将以书面形式发送给所有投标人，投标人应于收到该修改文件后当日内以书面形式给予确认。招标文件的修改内容作为招标文件的组成部分，具有约束作用。

2.3.3 招标文件的澄清、修改、补充等内容均以书面形式明确的内容为准。当招标文件、招标文件的澄清、修改、补充等在同一内容的表述上不一致时，以最后发出的书面文件为准。

2.3.4 为使投标人在编制投标文件时有充分的时间对招标文件的澄清、修改、补充等内容进行研究，招标人将酌情延长提交投标文件的截止时间，具体时间将在招标文件的修改、补充通知中予以明确。

3 投标文件的编制

3.1 投标文件的语言及度量衡单位

3.1.1 投标文件和与投标有关的所有文件均应使用中文。

3.1.2 除工程规范另有规定外，投标文件使用的度量衡单位，均采用中华人民共和国法定计量单位。

3.2 投标文件的组成

3.2.1 投标文件由"投标函部分"、"商务部分"和"技术部分"三部分组成。以上三部分投标文件应分册装订。

3.2.2 投标函部分的组成：

（1）法定代表人身份证明书；

（2）法定代表人授权书（另需一份，递交投标文件时单独递交）；

（3）投标函；

（4）投标人情况一览表；

（5）近三年完成类似工程情况表及相关证明资料；

（6）投标人提交的建筑企业资质资料（包括分包单位资质资料）；

①企业简介；

②企业营业执照副本（复印件）；

③建筑企业资质证书副本（复印件）；

④质量管理体系认证证书（复印件）；

⑤环境管理体系认证证书（复印件）；

⑥职业安全健康管理体系认证证书（复印件）；

⑦安全生产资格证（复印件）；

⑧银行出具的资信证明（银行资信证明资料）；

⑨近三年经审计事务所审计的财务报告及相关资料；

⑩投标人认为对其投标有利的其他资料。

（7）对本工程"合同条款"的认同说明（如有异议必须事先声明，否则视为认同）。

（8）投标文件的电子文档二套（可不含图纸及复印资料）（单独封装，递交投标文件时单独递交）。

（9）投标保证金（单独封装，递交投标文件时单独递交汇款证明复印件）。

3.2.3 商务部分主要包括下列内容：

（1）"投标报价信"（单独封装，递交投标文件时单独递交）；

（2）投标报价说明；

（3）工程量清单报价表；

详见《工程量清单》报价格式

以上各表须按给定的格式填报，未按规定填报将导致废标。

（4）投标报价需要的其他资料。

3.2.4 技术部分主要包括下列内容：

（1）施工组织设计（包括但不局限于以下内容）：

①工程概况；

②施工部署；

③主要施工方法；

④主要技术措施，包括质量、文明施工、安全、消防、环保、工期保证等措施；

⑤拟投入的主要施工机械设备表、劳动力计划表；

⑥计划开、竣工日期和施工进度网络图；

⑦施工总平面图；

⑧临时用地表；

⑨对施工主要工序安排的阐述，对解决施工难点、重点所采取的措施；

⑩对违约责任的认定及愿意承担的相应违约责任。

（2）项目管理机构配备情况：

①项目管理机构配备情况表；

②项目经理简历表、相关证明资料及业绩证明资料；

③项目技术负责人简历表、相关证明资料及相关业绩证明资料；

④项目管理机构配备情况辅助说明资料。

（3）对现场施工条件的要求（如临时用电、用水、场地、通讯、交通等）。

（4）投标人其他说明的内容。

（5）分包。

若投标人拟对部分工程进行分包，应在投标文件中予以说明。必须在投标文件中明确分包项目具体内容，并明确分包单位资质，同时在投标文件的施工组织设计中详细说明对分包单位的管理体系措施和其他的基本要求，并提供双方针对本项目的合作协议。

（1）本招标文件未做要求的，国家有关规定有要求的，分包单位均应当具备规定的相应资格条件；

（2）所有工程分包须经监理及建设单位认可后，施工方方可与分包方签订分包合同；

（3）凡投标文件中未载明的分包工程，建设方均认为在工程施工过程中施工方不需分包，同时建设单位和监理也不予审查施工方的分包要求；

（4）中标人不得将中标工程转包给其他施工单位。

3.3 投标文件格式

3.3.1 投标文件包括本须知第3.2条中规定的内容，投标人提交的投标文件应当使用招标文件所提供的投标文件全部格式（表格可以按同样格式扩展）。

3.3.2 招标文件并未提供的有关投标内容的格式，由投标人自行编写，但应简洁、明了，详略得当。

3.3.3 投标所附的证明文件（营业执照、资质证书等）应复印清晰并加盖法人公章。

3.4 投标报价

详见第六章投标报价要求。

3.5 投标货币

3.5.1 本工程投标报价采用的币种为人民币。

3.6 投标有效期

3.6.1 投标有效期见本须知前附表第12项所规定的期限，在此期限内，凡符合本招标文件要求的投标文件均保持有效。

3.6.2 在特殊情况下，招标人在原定投标有效期内，可以根据需要以书面形式向投标人提出延长投标有效期的要求，对此要求投标人须以书面形式予以答复。投标人可以拒绝招标人这种要求，而不被没收投标保证金。同意延长投标有效期的投标人既不能要求也不允许修改其投标文件，但需要相应地延长投标保证金的有效期，在延长的投标有效期内本须知第3.7条关于投标保证金的退还与没收的规定仍然适用。

3.7 投标保证金

3.7.1 投标人应在提交投标文件的同时，按有关规定提交本须知前附表第13项所规定数额的投标保证金，并作为其投标文件的一部分。

3.7.2 投标人应按要求提交投标保证金，并采用下列形式：

投标保证金应为银行电汇形式，并注明用途"投标保证金"。投标保证金的有效期应为在投标有效期满后28天内继续有效，以开标前7日投标保证金付到下列账户为保证金有效。

3.7.3 接受投标保证金的银行及账号：

开户行：××银行××路支行

户　名：××招标代理有限公司

帐　号：×××××　××××　××××　××××　×××

联系人：××

电话：×××-××××××××

3.7.4　对于未能按要求提交投标保证金的投标，招标人将视为不响应招标文件而予以拒绝。

3.7.5　未中标的投标人的投标保证金将在招标人与中标人签订了工程承包合同后 5 个工作日内予以退还（不计利息）。

3.7.6　中标人的投标保证金，在中标人按本须知第 36 条规定签订合同并按本须知第 37 条规定提交履约担保后 5 个工作日内予以退还（不计利息）。

3.7.7　如投标人发生下列情况之一时，投标保证金将被没收：

（1）投标人拒绝按本须知第 6.6 条规定修正标价。

（2）中标人未能在规定期限内提交履约担保或签订合同协议。

（3）投标人在开标后投标有效期满之前撤回投标。

（4）投标人投标过程中有违法、违纪并被国家或地方行政主管部门查处的。

3.8　投标人的替代方案

3.8.1　投标人所提交的投标文件应满足招标文件的要求，除非本须知前附表第 14 项中允许投标人提交替代方案，否则替代方案将不予考虑。如果允许投标人提交替代方案，则执行本须知第 17.2 款的规定。

3.8.2　如果本投标须知前附表第 14 项中允许投标人提交替代方案，则投标人除提交正式投标文件外，还应按照招标文件要求提交替代方案。替代方案应包括设计计算书、技术规范、单价分析表、替代方案报价书、所建议的施工方案等满足评审需要的全部资料。

3.9　投标文件的份数和签署

3.9.1　投标人应按本须知前附表第 15 项规定的份数提交投标文件。

3.9.2　投标文件的正本和副本均需打印或使用不褪色的蓝、黑墨水笔书写，字迹应清晰易于辨认，并应在投标文件封面的右上角清楚地注明"正本"或"副本"。正本和副本如有不一致之处，以正本为准。电子文档和纸质文件如有不一致之处，以纸质文件为准。

3.9.3　投标文件封面、投标函均应加盖投标人印章并经法定代表人或其委托代理人签字或盖章。由委托代理人签字或盖章的需在投标文件中同时提交投标文件法定代表人委托书。法定代表人委托书格式、签字、盖章及内容均应符合要求，否则法定代表人委托书无效。

3.9.4　除投标人对错误处须修改外，全套投标文件应无涂改或行间插字和增删。如有修改，修改处应由投标人加盖投标人的印章或由投标文件签字人签字或盖章。

4　投标文件的提交

4.1　投标文件的装订、密封和标记

4.1.1　投标文件（包括正本、副本、投标报价信、投标保证金、投标文件电子版）的装订、密封。

（1）投标文件（包括"投标函部分"、"商务部分"和"技术部分"的正本和副本）：投标人应将投标文件的全套"正本"和全套"副本"文件分别单独密封包装。

（2）"投标报价信"和"投标保证金"：投标人应将"投标报价信"和"投标保证金"分别单独密封在各自的信封内（不得封装在投标文件的包装中），与投标文件同时递交招标人。

（3）"投标文件电子版"：投标人在投递投标文件的同时应递交备份有投标文件（投标

文件的所有内容）的光盘贰份，此光盘用信封单独密封，与投标文件分装（不得封装在投标文件的包装中），并同时递交招标人。

4.1.2 投标文件（包括正本、副本、投标报价信、投标保证金、投标文件电子版）的标记。

（1）投标文件的"正本"和所有"副本"包装的右上角须清楚地标明"正本"或"副本"字样；

（2）在所有包装密封袋上均应注明以下标记：

①招标工程项目名称；

②招标工程项目招标编号；

③投标人名称；

④每一密封信封或包装上注明"于_____年_____月_____日上午 9：00（开标时间）之前不准启封"的字样，注明日期即为开标时间。

4.1.3 所有投标文件的密封袋（箱）的封口处应加盖密封章或投标人印章。

4.1.4 如果投标文件没有按本投标须知第 4.1.1 款、第 4.1.2 款和第 4.1.3 款的规定装订和加写标记及密封，招标人将不承担投标文件提前开封的责任。

4.1.5 投标文件的编制必须按照本招标文件规定的有关格式及要求填报。

4.2 投标文件的提交

4.2.1 投标人应按本投标须知前附表第 16 项所规定的地点，于投标截止时间前提交投标文件。

4.2.2 投标文件由投标人的法定代表人或法定代表人的授权人递交，如果是法定代表人递交的须向招标人递交身份证复印件一份，如果为法定代表人委托的授权人递交的除上述要求外还须向招标人递交"法定代表人授权书"原件一份，并同时出示身份证原件验证。

4.3 投标文件提交的截止时间

4.3.1 投标文件的截止时间见本投标须知前附表第 16 项规定。

4.3.2 招标人可按本须知第 2.3 条规定以修改补充通知的方式，酌情延长提交投标文件的截止时间。在此情况下，投标人的所有权利和义务以及投标人受制约的截止时间，均以延长后新的投标截止时间为准。

4.3.3 到投标截止时间止，招标人收到的投标文件少于 3 个的，招标人将依法重新组织招标。

4.4 迟交的投标文件

4.4.1 招标人在本投标须知前附表第 16 项规定的投标截止时间以后收到的投标文件，将被拒绝并退回给投标人。

4.5 投标文件的补充、修改与撤回

4.5.1 投标人在提交投标文件以后，在规定的投标截止时间之前，可以书面形式补充修改或撤回已提交的投标文件，并以书面形式通知招标人。补充、修改的内容为投标文件的组成部分。

4.5.2 投标人对投标文件的补充、修改，应按本须知第 4.1 条有关规定密封、标记和提交，并在内外层投标文件密封袋上清楚标明"补充、修改"或"撤回"字样。

4.5.3 在投标截止时间之后，投标人不得补充、修改投标文件。

4.5.4 在投标截止时间至投标有效期满之前，投标人不得撤回其投标文件，否则其投标保证金将被没收。

5 开　标

5.1 开标

5.1.1 招标人按本投标须知前附表第 17 项所规定的时间和地点公开开标，并邀请所有投标人参加。

5.1.2 按规定提交合格的撤回通知的投标文件不予开封，并退回给投标人。

投标文件有下列情况之一的，招标人不予接受：

（1）逾期送达的；

（2）投标文件未密封的。

5.1.3 开标程序：

（1）开标由招标代理公司主持；

（2）由投标人的投标代表检查投标文件的密封情况（顺序按照递交投标文件由后向前的顺序），也可以由招标人委托的公证机构检查并公证；

（3）经确认无误后，由有关工作人员当众拆封，宣读投标人名称、投标价格和投标文件的其他主要内容，顺序按照递交投标文件由后向前的顺序。

5.1.4 招标人在招标文件要求提交投标文件的截止时间前收到的投标文件，开标时都应当众予以拆封、宣读。除国家法律、法规另有规定的外，开标后的投标文件概不退回。

5.1.5 招标人对开标过程进行记录，要求投标人投标代表对开标记录签字确认并存档备查。

6 评　标

6.1 评标委员会与评标

6.1.1 招标代理机构依法组建评标委员会承担评标工作。评标委员会由招标人、招标代理机构代表和有关技术、经济专家 5 人以上单数组成，其中技术、经济专家人数不得少于评标专家总人数的 2/3。评标委员会专家的产生应符合国家和地方有关评标专家产生方式的规定。评标委员会推举主任委员主持评标工作。

6.2.2 评标工作依据《中华人民共和国招标投标法》、国家七部委联合颁发的《工程建设项目施工招标投标办法》、《评标委员会和评标办法暂行规定》和建设部《房屋建筑和市政工程施工招标投标管理办法》中规定的公平、公正、科学、择优的原则进行。采用相同的程序、标准和方法，对所有合格投标人的投标进行评审、比较。评标采用全封闭方式进行。

6.3.3 评标委员会对评标结果进行总结，出具评标报告，内容包括：招标的基本信息和数据，唱标记录，评标过程中的相关表格，推荐意见等。评标报告应经全体评标委员会成员签名。如果有人不同意该报告的结论或建议，可随该报告提交一份说明，阐述自己的意见和理由。评标报告提交后，评标委员会的作用结束，委员会随之解散。

6.2 投标文件的有效性

6.2.1 投标文件的有效性（初步评审）包括：投标人、投标报价、投标人资格、工期、投标有效期、法定代表人授权委托书、法定代表人或其委托代理人签名、签字的有效性、技术文件、商务文件（商务部分必须按照给定的工程量清单格式组价）等，由评标委员会按招标文件的要求和国家招标投标办法的有关规定评定；在初评中，若有一项重要指标没有得到响应，则投标作废标处理，不进入下阶段的评审。

6.3 资格后审

6.3.1 根据招标公告或投标邀请书的要求采取资格后审的，对投标人进行资格审查，审查其是否有能力和条件有效地履行合同义务。如投标人未达到招标文件规定的能力和条件，其投标将被拒绝。

6.4 投标文件的澄清

6.4.1 为有助于投标文件的审查、评价和比较，评标委员会可以书面形式要求投标人对投标文件含义不明确的内容作必要的澄清或说明，投标人应采用书面形式进行澄清或说明，但不得超出投标文件的范围或改变投标文件的实质性内容。根据本须知第6.7条规定，凡属于评标委员会在评标中发现的计算错误进行核实的修改不在此列。

6.5 投标文件的初步评审

6.5.1 评标委员会要审查每份投标文件是否实质上响应了招标文件的要求。实质性响应的投标是指投标符合招标文件的所有条款、条件和规定且没有重大偏离。所谓重大偏离，是指对工程的承包范围、施工质量产生实质性影响，实质上与招标文件的要求不一致，限制了招标人和招标代理机构的权利或投标人的义务。纠正这些重大偏离将会对其他实质上响应要求的投标人的竞争地位产生不公正的影响。

6.5.2 评标委员会决定投标文件的响应性只根据投标文件本身的内容，而不寻求外部的证据。如果投标文件实质上没有响应招标文件的要求，评标委员会将予以拒绝，并且不允许投标人通过修改或撤销其不符合要求的重大偏离，使之成为实质上响应要求的投标。

6.6 投标文件计算错误的修正

6.6.1 评标委员会将对确定为实质上响应招标文件要求的投标文件进行校核，看其是否有计算或表达上的错误，修正错误的原则如下：

（1）如果数字表示的金额和用文字表示的金额不一致时，应以文字表示的金额为准；

（2）当单价与数量的乘积与合价不一致时，以单价为准，除非评标委员会认为单价有明显的小数点错误，此时应以标出的合价为准，并修改单价。

6.6.2 按上述修正错误的原则及方法调整或修正投标文件的投标报价，投标人同意后，调整后的投标报价对投标人起约束作用。如果投标人不接受修正后的报价，则其投标将被拒绝并且其投标保证金也将被没收，并不影响评标工作。

6.7 投标文件的评审、比较和否决

6.7.1 评标委员会将按照本须知第6.5条规定，仅对在实质上响应招标文件要求的投标文件进行评估和比较。

6.7.2 在评审过程中，评标委员会可以书面形式要求投标人就投标文件中含义不明确的内容进行书面说明并提供相关材料。

6.7.3 评标委员会依据本须知前附表第18项规定的评标标准和方法，对投标文件进行评审和比较，向招标人提出书面评标报告，并推荐合格的中标候选人。招标人根据评标委员会提出的书面评标报告和推荐的中标候选人确定中标人，也可以授权评标委员会直接确定中标人。

6.7.4 评标方法和标准。

6.7.5 本项目依据本须知前附表第18项规定的评标标准和方法，依次推荐排名前3名的投标人为中标候选人。

6.7.6 评标标准见第七章。

6.7.7 评标委员会经评审，认为所有投标都不符合招标文件要求的，可以否决所有投标。所有投标被否决后，招标人应当依法重新招标。

6.8 评标过程的保密

6.8.1 开标后，直至授予中标人合同为止，凡属于对投标文件的审查、澄清、评价和比较的有关资料以及中标候选人的推荐情况，与评标有关的其他任何情况均严格保密。

6.8.2 在投标文件的评审和比较、中标候选人推荐以及授予合同的过程中，投标人向招标人和评标委员会施加影响的任何行为，都将会导致其投标被拒绝。

6.8.3 中标人确定后，招标人不对未中标人就评标过程以及未能中标原因作出任何解释。未中标人不得向评标委员会组成人员或其他有关人员索问评标过程的情况和材料。

7 合同的授予

7.1 合同授予标准

7.1.1 本招标工程的施工合同将授予按本须知第6.7.3款所确定的中标人。

7.2 招标人拒绝投标的权力

7.2.1 招标人不承诺将合同授予报价最低的投标人。招标人在发出中标通知书前，有权依据评标委员会的评标报告拒绝不合格的投标。

7.3 中标通知书

7.3.1 招标人将在发出中标通知书的同时，将中标结果以书面形式通知所有未中标的投标人。

7.4 合同协议书的签订

7.4.1 招标人与中标人将于中标通知书发出之日起30日内，按照招标文件和中标人的投标文件订立书面工程施工合同，招标人和中标人不得再行订立背离合同实质性内容的其他协议。

7.4.2 中标人如不按本投标须知第7.4.1款的规定与招标人订立合同，则招标人将废除授标，投标保证金不予退还，给招标人造成的损失超过投标保证金数额的，还应当对超过部分予以赔偿，同时依法承担相应法律责任。

7.4.3 中标人应当按照合同约定履行义务，完成中标项目施工，不得将中标项目施工转让（转包）给他人。

7.5 履约担保

7.5.1 中标通知书发出后7个工作日内，中标人应按本须知前附表第19项规定的金额向招标人提交履约担保，履约担保可采用保证金或履约保函的形式，如采用履约保函须使用本招标文件提供的格式。

7.5.2 若中标人不能按本须知第7.5.1款的规定执行，招标人将有充分的理由解除合同，并没收其投标保证金，给招标人造成的损失超过投标保证金数额的，还应当对超过部分予以赔偿。

8 中标服务费

8.1 中标人在领取中标通知书时以汇票（全国统一）、电汇、现金等付款方式一次性向招标代理机构参考发改价格 2002（1980）号文计算交纳中标服务费。具体计算方法如下：

以中标金额为基费，按差额定率累进法计算：

100 万元 ×1% = 1 万元

（500 – 100）万元 ×0.7% = 2.8 万元

（1000 – 500）万元 ×0.55% = 2.75 万元

（5000 – 1000）万元 ×0.35% = 14 万元

（10000 – 5000）万元 ×0.2% = 10 万元

…

（1 + 2.8 + 2.75 + 14 + 10 + …）×1.2（服务费系数）= 应交中标服务费

开户名称：××招标代理有限公司

账　　户：××银行股份有限公司××支行

账　　号：××××××××××××

联 系 人：×××

联系电话：××× – ×××××××

传　　真：××× – ×××××××

第三章　合　同　条　款

第一部分　协　议　书

发包人（全称）：××有限责任公司（简称甲方）

承包人（全称）：_____（简称乙方）

依照《中华人民共和国合同法》、《中华人民共和国建筑法》及其他有关法律、行政法规，遵循平等、自愿、公平和诚实信用的原则，双方就本建设工程施工事项协商一致，订立本合同。

一、工程概况

工程名称：_____；

工程地点：_____；

二、工程承包范围

承包范围：

三、合同工期

开工日期：以监理工程师发出的开工令为准。

竣工日期：以监理工程师签发的时间为准。

合同工期总日历天数_____天；

四、质量标准及质保期

工程质量标准：必须满足相应的标准、规范及设计文件要求。

五、合同价款

金额（大写）：＿＿＿＿＿＿＿＿＿＿＿＿＿＿＿＿＿＿

　　　　　¥：＿＿＿＿＿＿＿＿＿＿＿＿＿＿＿＿＿元

六、组成合同的文件

组成本合同的文件包括：

1. 本合同"协议书"

2. 中标通知书

3. 投标书及其附件

4. 本合同"专用条款"

5. 本项目"招标文件"

6. 本合同"通用条款"

7. 标准、规范及有关技术文件

8. 图纸

双方有关工程的洽商、变更等书面协议或文件视为本合同的组成部分。

七、本协议书中有关词语含义与本合同第二部分《通用条款》中分别赋予它们的定义相同。

八、承包人向发包人承诺按照合同约定进行施工、竣工并在质量保修期内承担工程质量保修责任。

九、发包人向承包人承诺按照合同约定的期限和方式支付合同价款及其他应当支付的款项。

十、合同生效

合同订立时间：2012 年＿＿＿＿月＿＿＿＿日

合同订立地点：＿＿＿＿＿＿＿＿＿＿＿＿＿＿＿＿＿

本合同双方约定：合同双方法定代表人或委托代理人签字及单位盖章后生效。

发包人：（盖章）　　　　　　　承包人：（盖章）

法定代表人：＿＿＿＿＿＿＿　　法定代表人：＿＿＿＿＿＿＿

合同审查人：＿＿＿＿＿＿＿　　委托代理人：＿＿＿＿＿＿＿

住　　　所：＿＿＿＿＿＿＿　　住　　　所：＿＿＿＿＿＿＿

电　　　话：＿＿＿＿＿＿＿　　电　　　话：＿＿＿＿＿＿＿

开 户 银 行：＿＿＿＿＿＿＿　　开 户 银 行：＿＿＿＿＿＿＿

账　　　号：＿＿＿＿＿＿＿　　账　　　号：＿＿＿＿＿＿＿

邮 政 编 码：＿＿＿＿＿＿＿　　邮 政 编 码：＿＿＿＿＿＿＿

第二部分　通　用　条　款

通用合同条款直接引用原建设部、国家工商行政管理局 1999 年 12 月 24 日发布的《建设工程施工合同（示范文本）》。

第三部分 专用条款（节选）

一、词语定义及合同文件

2. 合同文件及解释顺序

合同文件组成及解释顺序：(1) 本合同协议书；(2) 本合同专用条款；(3) 本合同通用条款；(4) 投标书及其附件；(5) 中标通知书；(6) 本工程招标文件及其附件；(7) 标准、规范及有关技术文件；(8) 图纸；(9) 工程量清单；(10) 工程报价单或预算书。

3. 语言文字和适用法律、标准及规范

3.1 本合同除使用汉语外，还使用/语言文字。

3.2 适用法律和法规

需要明示的法律、行政法规：现行国家法律、行政法规。

3.3 适用标准、规范

3.3.1 适用标准、规范的名称：国家及行业规定的标准、规范。

3.3.2 发包人提供标准、规范的时间：发包人不提供标准及规范，由承包人自行准备。

3.3.3 国内没有相应标准、规范时的约定：由承包人提出，监理工程师批准后执行。

4. 图纸

4.1 发包人向承包人提供图纸日期和套数：发包人在承包人进场后提供图纸6套。

发包人对图纸的保密要求：发包人提供的合同工程所有设计图纸、技术文件与资料以及本合同招标文件等，版权归发包人、工程设计单位所有，未经发包人许可，承包人不得将发包人提供的上述图纸、技术文件、资料及本合同招标文件等泄密给与本合同无关的第三方或公开发表，违者应对泄密造成的后果承担责任。

使用国外图纸的要求及费用承担：发包人不提供国外图纸。若承包人使用国外图纸，应取得监理工程师的批准，费用由承包人承担。

二、双方一般权利和义务

5. 工程师

5.2 监理单位委派的工程师

姓名：＿＿＿＿＿＿＿＿＿＿；   职务：＿＿＿＿＿＿＿＿＿；

发包人委托的职权：按照监理合同执行。

需要取得发包人批准才能行使的职权：按照监理合同执行。

5.3 发包人派驻的工程师

姓名：＿＿＿＿＿＿ 职务：＿＿＿＿＿＿＿ 职权：＿＿＿＿＿＿＿

6. 不实行监理的，工程师的职权＿＿＿＿＿＿＿＿＿＿＿＿＿＿＿＿＿＿＿

7. 项目经理及技术总负责人

项目经理及技术总负责人必须与投标文件中提供的一致，否则，视为违约。

8. 发包人工作

8.1 发包人应按约定的时间和要求完成以下工作：

（1）施工场地具备施工条件的要求及完成的时间：已完成。

（2）将施工所需的水、电、电讯线路接至施工场地的时间、地点和供应要求：已完成。

（3）施工场地与公共道路的通道开通时间和要求：已开通，已满足施工机械进场使用。

（4）工程地质和地下管线资料的提供时间：合同谈判时约定。

（5）由发包人办理的施工所需证件、批件的名称和完成时间：合同签订后，甲乙双方协调办理。

（6）水准点与坐标控制点交验要求：开工前提供，满足施工测量定位要求。

（7）图纸会审和设计交底时间：根据承包人的要求和施工进展情况由发包人及时组织进行图纸会审和设计交底。

（8）协调处理施工场地周围地下管线和邻近建筑物、构筑物（含文物保护建筑）、古树名木的保护工作：协调处理施工场地周围地下管线和邻近建筑物、构筑物（含文物保护建筑）、古树名木的保护工作，并承担有关费用。

（9）双方约定发包人应做的其他工作：合同谈判时约定。

（10）需要发包人完成的其他事宜。

8.2 发包人委托承包人办理的工作：合同谈判时约定。

9. 承包人工作

9.1 承包人应按约定时间和要求，完成以下工作：

（1）需由设计资质等级和业务范围允许的承包人完成的设计文件提交时间：如果需要，在合同谈判时约定。

（2）应提供计划、报表的名称及完成时间：在工程开工前，向发包人报送工程按总日历工期编制的总进度计划；在每月 26 日前提供进度统计报表。如实际进度与计划进度比较有滞后，及时提供进度修正计划。

（3）承担施工安全保卫工作及非夜间施工照明的责任和要求：根据工程需要，提供和维修施工使用的照明、看守、围栏和安全保卫，维护工地治安，杜绝施工人员在工地斗殴。如承包人未履行上述义务造成工程、财产、人身伤害等，由承包人承担全部责任。

（4）向发包人提供的办公和生活房屋及设施的要求：办公室四间。

（5）需承包人办理的有关施工场地交通、环卫和施工噪声管理等手续：按有关规定办理有关施工场地交通、环卫和施工噪音管理等手续；承包人应合理安排施工作业。如有施工扰民，所引起的一切后果由承包人自行解决。

（6）已完工程成品保护的特殊要求及费用承担：已完工程未交付发包人之前，承包人负责保护工作，保护期间发生损坏，承包人自费予以修复；如发包人提前使用或非质量原因发生的损坏，由承包人修复，发包人支付修理费用。

（7）施工场地周围地下管线和邻近建筑物、构筑物（含文物保护建筑）、古树名木的保护要求及费用承担：根据施工现场状况，制定并采取相应保护措施，做好施工现场、进出场道路、地下管线管沟和邻近建筑物、构筑物的保护工作，所需费用包括在合同价格内。

（8）施工场地清洁卫生的要求：<u>保证施工现场环境卫生符合有关部门规定，保持施工现场</u><u>整洁，文明施工，并承担自身原因违反有关规定造成的损失和罚款。做到工完场清，交工前场内</u><u>所有施工机械、设备、剩余建筑材料、建筑垃圾清运出场，将场地地坪清理至设计高程。</u>

（9）双方约定承包人应做的其他工作：<u>办理各项竣工验收合格证明（如备案证、环保、</u><u>消防、档案等），需要发包人配合的发包人予以配合。</u>

（10）需要承包人完成的其他事宜。

三、施工组织设计和工期

10. 进度计划

10.1 承包人提供施工组织设计（施工方案）和进度计划的时间：<u>承包人应在开工前，将</u><u>施工组织设计和工程进度计划提交发包人，若发包人提出修改意见，承包人应在 3 天内完成</u><u>修改并重新提交。发包人在 7 天内予以批准或提出修改意见，逾期不批复，视为同意。</u>

10.2 群体工程中有关进度计划的要求：合同谈判时约定。

10.3 工期延误

10.3.1 双方约定工期顺延的其他情况：<u>竣工日期比合同规定的竣工日期延误超过 24 小时</u><u>视为工期延误。因发包人的原因引起总工程量的增减（以工程价款衡量）大于 5% 时，经发</u><u>包人确认对工期有影响的，工期可调整。</u>

四、质量与验收

17. 隐蔽工程和中间验收

17.1 双方约定中间验收部位：<u>按照监理工程师的通知执行。</u>

五、安全施工

六、合同价款与支付

23. 合同价款及调整

23.2 本合同价款采用<u>(1)</u> 方式确定。

（1）采用固定总价（格）合同，合同价款中包括的风险范围：<u>除不可抗力外的所有风</u><u>险（包括施工期间政策性调整及报价中自购材料风险，风险费用已含在报价及合同价中，</u><u>结算时不调整）。</u>

风险费用的计算方法：<u>已计入合同价。</u>

风险范围外合同价款调整方法：<u>合同执行期，除发生下列情况外合同价不调整。</u>

23.3 双方约定合同价款的其他调整因素：

<u>（1）经发包人按照发包方规定的程序确定的设计变更；</u>

<u>（2）不在本次招标范围内，但发包人新增部分。</u>

<u>（3）政策强制性人工费调整。</u>

<u>（4）主材（仅包括钢材、水泥、商品混凝土）上涨或下降 5% 以上部分。</u>

24. 工程预付款

发包人向承包人预付工程款的时间和金额或占合同价款总额的比例：合同总价款

的 10%。

25. 工程量确认

25.1 承包人向工程师提交已完工程量报告的时间：每月 25 日前。

26. 工程款（进度款）支付

双方约定的工程款（进度款）支付的方式和时间：按月进度支付。

（1）承包人在每月 25 日前向发包人提交当月进度统计报表，由发包人和监理工程师共同计量确认并签证月进度计划表中完成的工程量，按构成合同价款相应项目的价格计算工程价款，发包方在下月 5 日前拨付，每次支付完成工作量的 75% 的工程价款；

（2）工程进度款（含预付款）累计付到工程合同价款的 75% 时，停止拨付。经有关部门对施工质量评定达到合格工程标准等级及该工程预结算完成一个月内再付 10%，竣工审计完成后支付 10%，余款 5% 作为留作质保金，待质量保修期满后 14 天内，将剩余保修金返还承包人（不计利息）。

（3）水、电费用采用装表计量，发包方按水电费的实际单价收费，在工程款项内逐月扣除。

七、材料设备供应

27. 本工程除甲购设备及材料（见甲购设备及甲购材料表）由发包人采购外，其他所需的材料由承包单位采购。

发包人购买的电梯由发包人负责找厂家安装调试，承包人配合；其余发包人购买的材料由承包人安装、调试，其配合费承包人在投标报价时予以注明，承包人在投标时没有单独注明报价的，视为放弃收取。

所有工程材料由承包人按工程设计和有关标准要求及招标文件约定按期采购，并提供产品合格证明。承包人对所采购材料的质量负责。承包人在材料到货前 12 小时通知发包人、监理工程师现场验收。在现场验收时确认所采购材料的生产厂家、产品品牌、材质证明、产品质量合格证等并作好书面记录。

承包人采购的材料与设计或标准及合同约定要求不符时，承包人应无条件运出施工场地，重新采购符合要求的产品，承担由此发生的费用，延误的工期不予顺延。

承包人采购的材料在使用前，应按发包人及监理工程师的要求进行检验或试验，不合格的材料不得使用，检验或试验费由承包人承担。

发包人及监理工程师发现承包人采购并使用不符合设计或标准要求的材料时，承包人负责拆除、返工或修复和重新采购，并承担发生的费用，由此延误的工期不予顺延。

承包人违反合同约定及相关规定采购并使用不合格材料，经核实每次按合同价款的 2%～4% 计取赔偿金向发包人赔偿。

承包人未对所采购的建筑材料、建筑构配件、商品混凝土未按相关规定要求进行检验、检测或试验的，经核实每次按合同价款的 5%～8% 计取赔偿金向发包人赔偿。

28. 承包人采购材料设备（大宗材料按有关规定招标）

28.1 承包人采购材料设备的约定：质量符合设计要求，并经监理工程师认可。

八、工程变更

29.1 工程变更时，按发包人管理制度规定确认增减的工程变更价款。

设计变更和现场签证增加（或减少）的工程量，按照投标报价中相同或类似项目的单价进行计价，并按其相同的优惠条件进行结算。

九、竣工验收与结算

32. 竣工验收

32.1 承包人提供竣工图的约定：合同谈判时约定。

32.2 国家有特殊要求的，按具体规定实施。

32.6 中间交工工程的范围和竣工时间：合同谈判时约定。

33. 竣工结算

在国家资金到位的情况下按通用条款 33 条执行。

34. 质量保修

34.1 根据国家规定在合同谈判时约定。

十、违约、索赔和争议

35. 违约

35.1 本合同中关于发包人违约的具体责任如下：

本合同通用条款第 24 款约定发包人违约应承担的违约责任：根据国家现行有关法律、法规执行；

本合同通用条款第 26.4 款约定发包人违约应承担的违约责任：根据国家现行有关法律、法规执行；

本合同通用条款第 33.3 款约定发包人违约应承担的违约责任：根据国家现行有关法律、法规执行；

双方约定的发包人其他违约责任：合同谈判时约定。

35.2 本合同中关于承包人违约的具体责任如下：

本合同通用条款第 14.2 款约定承包人违约应承担的违约责任：由承包人在投标时承诺；

本合同通用条款第 15.1 款约定承包人违约应承担的违约责任：由承包人在投标时承诺；

双方约定的承包人其他违约责任：合同谈判时约定。

37. 争议

37.1 双方约定，在履行合同过程中产生争议时：

并约定向＿＿＿＿＿＿＿＿＿＿＿仲裁委员会提请仲裁或向人民法院提起诉讼。

十一、其他

38. 工程分包

38.1 本工程发包人同意承包人分包的工程：本工程中标后除招标文件另有规定外不允许分包，分包视同违约。

39. 不可抗力

39.1　双方关于不可抗力的约定：<u>合同谈判时约定</u>。

40. 保险

40.6　本工程双方约定投保内容如下：

（1）发包人投保内容：

发包人委托承包人办理的保险事项：<u>工程一切险、第三者责任险，费用按××省××市有关规定支付</u>。

（2）承包人投保内容：<u>负责国家、地方主管部门要求承包人强制性投保的保险，所发生的费用由承包人承担</u>。

41. 担保

41.3　本工程双方约定担保事项如下：

（1）发包人向承包人提供履约担保，担保方式为：<u>合同谈判时约定</u>。

（2）承包人向发包人提供履约担保，担保方式为：<u>履约保证金（可采用银行保函形式）</u>。

（3）双方约定的其他担保事项：<u>合同谈判时约定</u>。

46. 合同份数

46.1　双方约定合同副本份数：<u>6</u> 份。

47. 补充条款

（1）承包人欲将所承包工程的任何部分分包，须将拟分包的工程项目内容和分包人的有关资料报送监理工程师审查并经发包人批准。

（2）<u>承包人未经发包人同意更换本项目的项目经理或技术负责人之一的，承包人将承担合同总价的 5% 违约金；承包人未经发包人同意更换本项目的项目部的其他人员，承包人将承担合同总价的 0.5% 违约金；同时，发包人有权解除合同，由此产生的后果和责任均由承包人承担</u>。

（3）<u>对项目经理由发包人进行考勤，在法定有效工作日内，项目经理每缺勤一天罚款1000 元人民币。从工程开工之日起，一年内累计缺勤 20 天扣罚工程款 30 万元。节假日正常施工时项目经理不在现场必须指派一名现场负责人</u>。

（4）<u>凡由于甲方责任（不含正常修改通知和停电）而影响工期和工程质量的，工期顺延，所造成的经济损失由甲方承担</u>。

（5）<u>如中标单位不能按期完工，延误一个月，每天从工程款中扣 1 万元；延误两个月，从第二月起每天从工程款中扣 3 万元；延误超过两个月，发包人有权解除合同，由此产生的后果和责任均由承包人承担</u>。

（6）<u>如施工中出现质量事故，由承包人负责处理，费用由承包人承担，由此造成的其他损失的费用从工程款中扣除。甲方并有权从工程款中追索各项损失费用</u>。

（6）因承包人原因工程质量达不到约定的质量标准，承包人应负责及时返工修复，使工程达到合同约定的质量标准。如果返工后工程仍无法达到合同约定的质量标准时，发包人可委托他人进行修复，所需费用由承包人承担。

附件1　承包人承揽工程项目一览表

单位工程名称	建设规模	建筑面积（m²）	结构	层数	跨度（m）	设备安装内容	工程造价（元）	开工日期	竣工日期

附件2　甲控材料、设备一览表

序号	名　称	规格及型号	生产厂家及品牌	暂估价（元）
1	钢材	Φ≤10（Ⅰ级圆钢）	首钢、宝钢、鞍钢、包钢、酒钢、八一、略钢、龙钢、太钢、攀钢	4120元/吨
		Φ>10（Ⅱ级螺纹钢）		4360元/吨
		Φ<10（Ⅲ级螺纹钢）		4850元/吨
		Φ≥10（Ⅲ级螺纹钢）		4550元/吨
		Φ6圆钢		3400元/吨
2	水泥	42.5、42.5R	秦岭、冀东、	自主报价
		32.5、32.5R	天柱、楼台、盾石	自主报价
3	商品混凝土	C20	万欣、众磊、鼎诚	305元/立方米
		C25		315元/立方米
		C30		330元/立方米
		C35		345元/立方米
4	塑钢窗	中空浮法白色玻璃	框料：中财、高科、万达、红塔　玻璃：洛玻、耀华、福耀	260元/平方米
5	外墙涂料	油性丙烯酸涂料	上海"眼睛"牌	30元/平方米
6	钢质进户门	1200×2100	盼盼、赛将银军、家吉、步阳、铸诚、飞云、唐门、国泰、金大、春天	1300元/樘
		1000×2100		1000/樘
7	屋面防水材料	自粘橡胶 YTL－A（PET）		42元/平方米
8	地下防水材料	自粘橡胶 YTL－VX		43元/平方米
9	外墙保温板	40厚酚醛硬质保温板		40元/平方米
10	给排水管	UPVC、PPR	金德、中财、伟星、金牛角、日丰、华亚、南亚	自主报价
11	雨水管	UPVC、PPR	金德、中财、伟星、金牛角、日丰、华亚、南亚	自主报价
12	采暖埋地塑料管（暗埋）	UPVC、PPR、PPC、PE、PVC	金德、中财、伟星、金牛角、日丰、华亚、南亚	自主报价
13	水表	IC卡智能水表	"汾西"牌	360元/块

序号	名　称	规格及型号	生产厂家及品牌	暂估价（元）
14	电表	IC 卡智能电表	"汾西"牌	180 元/块
15	采暖阀门	采暖进水、回水阀门等	埃美柯、杰克龙、皇冠、永德信、瑞格	自主报价
16	配电箱	1AL2～26		6000 元/台
17	配电箱	2AL2～26		6000 元/台
18	配电箱	HX		4000 元/台
19	配电箱	AW		10000 元/台
20	烟感探测器			400 元/只

附件 3 房屋建筑工程质量保修书

发包人（全称）：_____

承包人（全称）：_____

发包人、承包人根据《中华人民共和国建筑法》、《建设工程质量管理条例》和《房屋建筑工程质量保修办法》，经协商一致，对_____（工程名称）签订工程质量保修书。

1. 工程质量保修范围和内容

承包人在质量保修期内，按照有关法律、法规、规章规定和双方约定，承担本工程质量保修责任。

质量保修范围包括地基基础工程、主体结构工程，屋面防水工程、有防水要求的卫生间、房间和外墙面的防渗漏，供热与供冷系统，电气管线、给排水管道、设备安装和装修工程，以及双方约定的其他项目。具体保修的内容，双方约定如下：_____。

2. 质量保修期

2.1 双方根据《建设工程质量管理条例》及有关规定，约定本工程的质量保修期如下：

（1）地基基础工程和主体结构工程为设计文件规定的该工程合理使用年限；

（2）屋面防水工程、有防水要求的卫生间、房间和外墙面的防渗漏为 5 年；

（3）装修工程为 2 年；

（4）电气管线、给排水管道、设备安装工程为 2 年；

（5）供热与供冷系统为 2 个采暖期、供冷期；

（6）住宅小区内的给排水设施、道路等配套工程为_____年；

（7）其他项目保修期限约定如下：_____。

2.2 质量保修期自工程竣工验收合格之日起计算。

3. 质量保修责任

3.1 属于保修范围、内容的项目，承包人应当在接到保修通知之日起 7 天内派人保修。承包人不在约定期限内派人保修的，发包人可以委托他人修理。

3.2 发生紧急抢修事故的，承包人在接到事故通知后，应当立即到达事故现场抢修。

3.3 对于涉及结构安全的质量问题，应当按照《房屋建筑工程质量保修办法》的规定，立即向当地建设行政主管部门报告，采取安全防范措施；由原设计单位或者具有相应资质等级的设计单位提出保修方案，承包人实施保修。

3.4 质量保修完成后，由发包人组织验收。

4. 保修费用

4.1 保修费用由造成质量缺陷的责任方承担。

5. 其他

5.1 双方约定的其他工程质量保修事项：_____。

5.2 本工程质量保修书，由施工合同发包人、承包人双方在竣工验收前共同签署，作为施工合同附件，其有效期限至保修期满。

发包人（盖章）：　　　　　　　　　　承包人（盖章）：

法定代表人（签名）；　　　　　　　　法定代表人（签名）：

_____年_____月_____日　_____年_____月_____日

第四章　投标文件格式

一、投标报价信格式

投标人：_____（盖章）　　　　法定代表人/投标代表：（签字）_____
日　期：_____年____月____日　价格单位：万元　　　　　　　表 1.1

招标编号/包号	
项目名称	
投标报价（小写）	
投标报价（大写）	
工期	（日历天）
工程质量等级	
投标保证金	
备注：	

　　注："投标报价信"用普通信封单独封装（不得封装在投标文件中），与投标文件一同递交。

二、投标函格式

1　法定代表人授权委托书

致：(招标代理机构)

　　本授权委托书声明：我(法定代表人姓名) 系注册于(投标人地址) 的 (投标人名称) 的法定代表人，现代表公司授权下面签字的(单位名称) 的(被授权人的姓名、职务) 为我公司合法代理人，代表本公司参加(项目名称) 项目招标编号为_____的投标活动。代理人有权在(项目名称)　　　施工项目的投标活动中，以我的名义签署投标书、参与开标、询标、与建设单位协商、签订合同书以及执行一切与此有关的事项，我公司均予承认。

　　本授权书于_____年_____月_____日签字生效，特此声明。

　　投标人地址：_____

　　投标人〈盖章〉：_____

　　法定代表人（职务、姓名）（签章）：_____

　　被授权代理人（职务、姓名、身份证号）（签章）：_____

　　日期：_____年_____月_____日

注：此文件的复印件封装在投标文件中，正本在递交投标文件时将递交给招标人。

2　投　标　函

致：(招标代理机构)

　　1. 在研究了_____项目的招标文件（招标编号：_____）后，我们愿意按人民币（大写）_____元（小写_____元）的投标总价遵照招标文件的要求承担本合同工程的实施及其保修工作。

　　2. 如果贵方接受我们的投标，我们保证在接到项目业主或监理工程师的开工通知书后____个月（____个日历天）的工期内完成本合同工程，达到_____质量标准要求。

　　3. 我们将保证按照贵方认可的条件，以招标文件内要求的金额提交投标保证金。如我单位中标，我们同意在领取中标通知书时向贵方缴纳中标金额的_____％，作为中标服务费。

　　4. 我们同意在从规定的投标之日起_____日历天的投标书有效期内严格遵守本投标书的各项承诺，在此期限届满之前，本投标书始终对我方具有约束力，并随时接受中标。

5. 在合同书正式签署生效之前，本投标书（与招标文件有抵触的内容除外）、招标文件、投标文件及有关招标文件的修订更正及对投标文件的澄清和确认函连同贵方的中标通知书一起将构成我们双方之间共同遵守的文件，对双方都具有约束力。

6. 我们完全认同本工程招标文件中的"合同条款"。

7. 我们理解贵方不负担我们的任何投标费用。

8. 我们出具人民币_____万元的投标保证金，如果我们在本投标书有效期内撤回投标，或在接到中标通知书30日内未能与建设单位签订工程承包合同，或未按要求缴纳履约保证金，或未按照要求交纳中标服务费，贵方有权没收该投标保证金并另选中标单位。

投 标 人：_____　　联系人：_____

地　　址：_____　　邮　编：_____

电　　话：_____　　传　真：_____

开户银行：_____　　账　号：_____

法定代表人：（或其授权代表）：____（签字，盖章）

日期：_____年_____月_____日

3　投标人情况一览表

投标人名称				
企业资质	等级：	证书号：		发证机关：
营业执照	编号：	经营范围：		发照机关：
ISO9002		证书号：		发证机关：
建立日期		现有职工人数		
固定资产净值		（万元）		
行政负责人	姓名：	职务：	职称：	
技术负责人	姓名：	职务：	职称：	
通讯地址		邮政编码		
电话		传真		
开户银行		账号		
流动资金	可用于本工程的转账款额及银行证明			
下属施工单位简况（个数、专业、年完成工作量）				
用于本工程自有环保施工设备及其他				

投标人：（盖章）

法定代表人：（盖章）

日期：　　　年　　月　　日

4 近三年完成类似工程情况表

项目名称		
项目地点		
开工日期		
结构类型	结构型式	
	建筑面积跨距	
主要 施工工艺		
合同总价		
合同工期/实际工期		
质量评定（附证明材料）	2009 年以来项目	
业主地址、联系电话		
备注		

投标人：（盖章）_____

法定代表人：（盖章）_____

日期：_____年_____月_____日

三、技术文件和人员配备（节选）

1 施工组织设计

1. 投标人应编制施工组织设计，包括但不限于招标文件投标须知规定的施工组织设计基本内容。编制具体要求是：编制时应采用文字并结合图表形式说明各分部分项工程的施工方法；拟投入的主要施工机械设备情况、劳动力计划等；结合招标工程特点提出切实可行的工程质量、安全生产、文明施工、工程进度、技术组织措施，同时应对关键工序、复杂环节重点提出相应技术措施，如彩钢板、彩光板、铝合金遮阳板、不锈钢天沟板的选型和质量检验与控制，其加工技术措施、安装技术措施、冬雨季施工技术措施、减少扰民噪音、降低环境污染技术措施、地下管线及其他地上地下设施的保护加固措施等。

2. 施工组织设计除采用文字表述外应附下列图表，图表及格式要求附后。

2.1 拟投入的主要施工机械设备表　　　　表 3.1

2.2 劳动力计划表　　　　表 3.2

2.3 计划开、竣工日期和施工进度网络图　表 3.3

2.4 施工总平面图　　　　表 3.4

2.5 临时用地表　　　　表 3.5

（1）拟投入的主要施工机械设备（包括船舶）表

_____工程　　　　　　　　　　　　　　　表 3.1

序号	机械或设备名称	型号规格	数量	国别产地	制造年份	额定功率（kW）	生产能力	用于施工部位	备注

（2）劳动力计划表

_____工程　　　　　单位：人　　　　　　　　　**表 3.2**

工种	按工程施工阶段投入劳动力情况						

注：1. 投标人应按所列格式提交包括分包人在内的估计劳动力计划表；

　　2. 本计划表是以每班八小时工作制为基础编制的。

（3）计划开、竣工日期和施工进度网络图（表 3.3）

1　投标人应提交的施工进度网络图或施工进度表，说明按招标文件要求的工期进行施工的各个关键日期。中标的投标人还应按合同条件有关条款的要求提交详细的施工进度计划。

2　施工进度表可采用网络图（或横道图）表示，说明计划开工日期和各分项工程各阶段的完工日期和分包合同签订的日期。

3　施工进度计划应与施工组织设计相适应。（表 3.3 略）

（4）施工总平面图（表 3.4）

投标人应提交一份施工总平面图，绘出现场临时设施布置图表并附文字说明，说明临时设施、加工车间、现场办公、设备及仓储、供电、供水、卫生、生活等设施的情况和布置。（表 3.4 略）

（5）临时用地表（表 3.5）

_____工程　　　　　　　　　　　　　　　　　**表 3.5**

用途	面积（平方米）	位置	需用时间
合计			

注：1. 投标人应逐项填写本表，指出全部临时设施用地面积以及详细用途；

　　2. 若本表不够，可加附页。

2　项目管理机构配备情况

（1）项目管理机构配备情况表

_____工程　　　　　　　　　　　　　　　　　**表 3.6**

职务	姓名	职称	执业或职业资格证明					已承担工程情况	
			证书名称	级别	证号	专业	原服务单位	项目数	主要项目名称

一旦我单位中标，将实行项目经理负责制，我方保证并配备上述项目管理机构。上述填报内容真实，若不真实，愿按有关规定接受处理。项目管理班子机构设置、职责分工等情况另附资料说明。

（2）项目经理简历表

_____工程　　　　　　　　　　　　　　　　　　　　**表 3.7**

姓名		性别		年龄	
职务		职称		学历	
参加工作时间			担任项目经理年限		
项目经理资格证书编号					
在建和已完工程项目情况					
建设单位	项目名称	建设规模	开、竣工日期	在建或已完	工程质量

（3）项目技术负责人简历表

_____工程　　　　　　　　　　　　　　　　　　　　**表 3.8**

姓名		性别		年龄	
职务		职称		学历	
参加工作时间			担任技术负责人年限		
在建和已完工程项目情况					
建设单位	项目名称	建设规模	开、竣工日期	在建或已完	工程质量

（4）项目管理机构配备情况辅助说明资料

_____工程　　　　　　　　　　　　　　　　　　　　**表 3.9**

注：1. 辅助说明资料主要包括管理机构的机构设置、职责分工、有关复印证明资料以及投标人认为有必要提供的资料。辅助说明资料格式不做统一规定，由投标人自行设计；

2. 项目管理班子配备情况辅助说明资料另附（与本投标文件一起装订），最少应提供项目部人员的职称证书、岗位证书及相关业绩等。

3 拟分包项目情况表

表 3.10

_____工程

分包人名称			地址			
法定代表人		营业执照号码		资质等级证书号码		
拟分包的工程项目	主要内容		预计造价（万元）		已经做过的类似工程	

四、商务文件格式

（详见工程量清单）

第五章　技术规格书和图纸

1　技术规格书

本规格书是承建本工程项目施工的技术指导性文件，各投标人应根据本规格书所述的各项技术要求，按照规范标准并结合工程实际编制投标文件。

1.1　总则

本招标工程为××社区改造建设一期工程1#、2#、6#（一标段）和3#、4#、5#（二标段）的建筑安装工程，是××社区保障房建设项目。

该工程的设计单位为××工程设计研究院，地质勘察单位为××设计有限公司。

本工程在工程实施过程中，施工单位应严格按照××工程设计研究院设计图纸和国家有关规范和标准施工，凡列入本工程招标范围内的项目，施工单位应对施工中涉及的技术、质量、安全、保证和环境保护等全权负责。

本规格书列出了本工程主要依据的国家颁发的相关技术标准和质量检验标准，但不限于所列标准，在本工程施工及验收过程中，如遇国家相关标准规范修改及相关标准颁布，同样适应于本工程，并以后者为准。如遇设计文件和国家标准规范不一致时，以标准高者为准。若技术规格书与施工图纸、工程量清单不一致时，以技术规格书为准。

1.2　工程概况

××社区改造建设项目一期工程，由××有限公司投资建设，占地面积25亩，总建筑面积76588.36m²，工程位于××省××市××区××社区内，计划建设26层住宅楼一栋，15层住宅楼四栋，为钢筋混凝土剪力墙结构；6层住宅楼一栋，为底框架结构；以及二层商业辅助房屋、二层地下室、一层地下停车场等。

1.3 工程招标范围和说明

1.3.1 招标范围：为本技术规格书以及施工图纸、工程量清单所规定的全部内容：基础工程；钢筋混凝土结构工程；围护结构工程；屋面工程；装修装饰工程；电气工程；通风、采暖工程；给、排水工程；工程量清单、施工图纸所包含的其他内容。

1.3.2 以下内容不在本次招标范围内：

（1）排水、给水系统的设备安装，系统总管线；

（2）变电站设备的采购与安装，电气系统总管线；

（3）热交换站设备采购与安装，采暖总管线；

（4）地下（车库）室内的消防设备与安装，系统总管线；

（5）电梯设备及安装工程；

（6）地基开挖、桩基工程、深基坑支护。

1.3.3 在1.3.1、1.3.2描述的工程招标范围内，如果有些项目在工程量清单中未列明，或与工程量清单不一致时，要求投标单位以书面函形式提出质疑，否则，招标方有权认为投标方对这些项目的报价已包括在其他项目的综合单价内。

1.4 自然条件

1.4.1 建设场地气象资料：

冬季采暖室外计算温度：	16.9℃	
冬季最冷月份室外计算温度：	4.6℃	
最大冻土深度：	-0.23m	
年主导风向：	冬季	E
	夏季	W
年大气压力：	冬季	97.86kPa
	夏季	95.85kPa

1.4.2 建设场地水文资料：

年平均气温为12~14℃，最冷月（元月份）平均气温在-11~3.5℃，最热月（七月份）平均气温在21~28℃。年平均降雨量为400~1000mm；年主导风向北偏西。

1.4.3 建设场地工程地质资料：

建设场地分布的地层自上而下为：①素填土；②黄土；③古土壤；④粉质黏土。

场区及附近无污染源，场地地下水位埋身7.30~7.50m，水位高程392.21~392.82m，地下水类型属孔隙潜水，地下水对混凝土无腐蚀性，在干湿交替条件下，对裸露的钢筋和钢结构有弱腐蚀性。

本地区的地震基本烈度为7度。

1.5 工程质量技术要求

1.5.1 技术标准

本工程执行国家颁发的有关的技术标准和质量检验标准，以及与本工程相关的各专业施工及验收标准或规范。

1.5.2 材料选用及技术要求：

1.5.3 工程质量要求

本工程质量必须满足设计要求，并达到国家颁发的有关质量检验规范，建设单位对本工程的质量目标要求是：合格。

1.5.4　施工放线控制

1.5.4.1　高程控制

施工用基准水准点由建设单位提供。

1.5.4.2　平面控制

平面控制基准点由建设单位提供。

1.5.5　工程监理与验收

1.5.5.1　建设单位委托工程的监理单位，派驻现场监理机构，在业主授权的职责范围内，负责施工质量、进度、投资的控制与监督管理，协调现场设计与施工单位的关系。凡涉及本工程投资费用调整的重大设计修改、追加工程内容及工程量等事项，均需经总监理工程师和建设单位代表同意签证后方能有效。

1.5.5.2　本工程必须严格按设计图纸技术文件以及投标中承诺的施工组织方案进行施工，并严格执行国家颁发的有关工程质量检验标准和规定，由施工单位进行自检、监理工程师签证和建设单位验收的办法进行分部分项工程检验与评定。

1.5.5.3　工程竣工验收工作执行国家计委《建设项目（工程）竣工验收办法》（计建设〔1990〕1215 号文）、中国船舶重工集团公司以及陕西省的有关规定，施工单位应提交完整的 5 套竣工图纸和竣工档案资料，交监理单位和质监站认可后方可办理竣工验收及工程结算工作。

1.6　现场条件

1.6.1　施工场地：

现场察看。

1.6.2　供电、供水：

建设单位提供施工用电及生产用水，并将电、水接到施工区围墙内指定位置，电、水接头各一处。

1.6.3　道路交通：

为尽量减少施工对社区正常生活的干扰，施工用料及填料运输应按规定的交通通道运行，投标人可在现场踏勘时详细考察。

1.6.4　通讯：

由施工单位自行解决。

1.6.5　住宿条件：

建设单位不为施工单位提供住宿，由施工单位自行解决，施工区内不允许职工及家属居住（值班人员除外）。在报价中应充分考虑。

1.7　工程管理

本工程管理执行国家和地方有关法律、法规文件，按《建设工程管理规范》、要求进行工程管理。

1.7.1　工程报告

1.7.1.1　承包人应向监理工程师提交开工报告、测量报告、试验报告、材料检验报告、各类工程（分项及隐蔽工程）自检报告、工程进度报告、竣工报告、工程事故报告以及监理工程师指定的其他报告等。

1.7.1.2 承包人必须在开工前，在投标书中"施工组织设计"的基础上结合现场的实际重新编写"施工组织设计"，并在各分部工程开工前，编写"分部或重点分项施工组织设计方案"。同时，承包人在分部〈分项〉工程开工前，向监理工程师提交的开工报告应包括：工程名称、工程部位、现场负责人名单、施工组织与劳力安排、材料供应、机械、设备到场情况、材料试验与质量师检查手段、水电供应、临时工程修建、施工进度计划以及其他需要说明的事项等，经监理工程师同意后，才能开工。

1.7.1.3 承包人须在建设单位的统一安排下，配合其他各专业承包单位的施工。

1.7.2 施工测量

1.7.2.1 工程开工前，承包人应根据图纸和监理工程师提供的书面测量资料和测量标志进行基点和基线的布设。承包人若对测量资料有怀疑，应在监理工程师现场交接后7天内向其提出，监理工程师应立即提出处理意见。承包人应将测量方案和测量结果提交监理工程师确认。

1.7.2.2 承包人必须使用合格的测量仪器和设备。测量人员资质应取得监理工程师的认可。

1.7.2.3 承包人在征得监理工程师同意后，可在开工前对必要地段进行测量，测量工作应接受监理工程师的监督，测量图在监理工程师签字确认后方可用于工程施工。

1.7.3 材料

1.7.3.1 凡用于永久性工程的一切材料，均必须符合国家有关技术标准的规定。

1.7.3.2 材料的搬运、储存均应保证其质量不受损害。

1.7.3.3 材料运抵现场时，均应附有厂商的材质检验合格证书。

1.7.3.4 需复验的材料必须有监理工程师认可的复验报告，方可使用。

1.7.4 工程记录

承包人应保存有关工程进度、质量检验、隐蔽工程、试验报告、障碍物拆除以及所有影响工程进度、质量的原始记录、照片和录相，以及材料、设备的来源资料。

1.7.5 工程检验

承包人应有各级专职的质量检验人员，对施工中每道工序按技术标准的要求进行自检。自检合格后，填写工程检验报告单，向监理工程师申请检验，经监理工程师签认合格后，才能进行下道工序的作业。

1.7.6 竣工资料

承包人应按照国家的有关规定及合同要求编制竣工资料。各分部（项）工程的竣工图应在有关工程完工后陆续提交监理工程师审查。整个工程竣工资料经监理工程师审核同意并按合同要求约定的份数后，才能进行竣工验收。

1.8 临时工程

1.8.1 临时工程的范围

临时工程包括为完成本合同工程施工单位所需要的所有临时设施和工程，如办公室、宿舍（建设单位不为施工单位提供住宿，由施工单位自行解决，施工区内不允许职工及家属居住（值班人员除外））、仓库、道路、供水、供电、通讯、预制场地和堆存场地、试验室、彩板围挡、测量平台以及工程施工所必需的其他临时性设施。

1.8.2 施工单位需要建设的临时设施

施工单位应根据工程施工需要，在建设单位提供的公用设施条件和临时工程施工条件下自行建造、管理和维修工程所需要的其他全部办公、生产、试验用临时建筑和设施。临时工程开工前，施工单位应将上述建筑物和设施的设计图纸、说明及使用期限等资料报建设单位核备。

1.8.3 为监理工程师提供的条件

1.8.3.1 办公用房及设施

施工单位应向监理工程师和甲方代表提供办公及生活用房共计4间，且每间不少于15平方米，以及办公与生活所需的一般设施，并负责这类设施的维护。

1.8.4 临时工程的维护、保养和拆除

无论是建设单位直接提供的还是由施工单位承建的临时工程，均为建设单位的财产，施工单位应承担维护和保养责任。对建设单位提供的临时设施，工程竣工后，施工单位应整修交还给建设单位。对由施工单位承建的临时设施，施工单位应根据建设单位的要求，将这些设施移交给建设单位，或在限定的期限内搬迁或拆除，并清除多余建筑材料和垃圾等。

1.8.5 临时工程的报价

施工单位的临时工程报价应包括所有由施工单位承建的临时设施的费用及其维护、拆除费用，以及建设单位提供给施工单位使用的临时设施的整修、完善、改、扩建及维护费用。

2 图 纸

（另册）

第六章 报 价 要 求

一、报价要求

1.1 投标人应在充分阅读和理解投标须知、合同条款、技术规格书、图纸、工程量清单、补充通知和招标文件的澄清文件、地质勘察资料以及踏勘现场答疑等文件的基础上自行根据企业自身管理水平，自主报价。

1.2 本工程要求投标人按照本招标文件确定的招标范围及工程量清单包工包料，既对所承包工程总造价一次包死（设计修改和建设单位和监理共同现场签证除外），投标人填报的综合单价和总价，在合同履行期间，只能按合同有关条款约定的方式进行调整。

1.3 投标报价均为最终报价，也是唯一报价，如果有优惠，本次的投标报价为优惠后的报价。优惠必须在各个子项中体现，不得只报优惠率，否则投标文件将不予以评审。

1.4 投标报价应包括《招标文件》所确定招标范围内相应工程量清单（包括补充通知、澄清文件和答疑文件）的全部内容，以及为完成上述内容所必须的开办费用。投标报价应包括全部材料费、设备费（招标人自购材料及设备除外）、施工费、人工费、安装费、管理费、台班费、检验费、施工损耗、利润、税金、临时工程费、工程维护费、缺陷修复费用、工程一切险、第三者责任险、国家或地方行政管理部门强制要求承包人承保的险种的费用、施工技术措施费、报建相关手续的费用、一切施工所必须的因素所需费用，都必须包括在投标报价中，以及合同中明确的其他责任、义务。为保证工期而发生的赶工费，由投标人自行承担，招标人不予考虑增加额外费用。投标报价遗漏项目，一旦该投标人中标，招标人将

认为投标人不收取这方面的费用，或视为其报价已包括在其他项目中，在合同执行中和决算时不予增补。评标时，评标委员会可依据招标文件要求和招标范围对各投标人的投标报价进行核准。

1.5　投标人编制投标文件时应对施工期间可能出现的政策、施工环境和市场的变化等可能影响工程造价的因素做出正确的评估，并体现到投标报价中，否则，造成经济风险，责任自负。

1.6　投标人应认真按招标文件要求填写工程量、工程细目和报价。投标人没有填入工程量、工程细目或报价的，施工之后，招标人将不单独支付，并认为该细目的价款已包括在其他细目的报价中。投标人应按要求完成这些分项，但不能得到支付。

1.7　工程数量报价表中有标价的单价必须附单价分析表，单价分析表中的合计应与工程数量报价表中相应的单价对应。

1.8　因招标人原因延误工期，经招标人和监理工程师确认后，工期顺延，造价不予调整。

二、材料或设备报价要求

2.1　本工程所需的一切材料或设备（招标人自行采购部分除外）均由施工单位自行采购、运输和保管，并承担相应的费用。招标人自行采购的设备、材料和甲控设备、材料的二次搬运费和保管费投标人均应考虑在投标报价中。

2.2　招标人将对本次招标范围内的分部分项工程所需要的部分材料和设备实行甲控（控质量、控价格），详见工程量清单中"甲控材料设备明细表"，请各投标人按此给定的暂定价计入工程量清单报价中，此暂定价格不得修改，否则作为废标处理。

2.3　设备及材料（招标人自行采购部分和甲控部分除外）的报价：投标人应根据设计及招标人的要求，在"设备及材料报价表"中分项报出其价格，在投标文件中，明确其所选材料的国别、品牌、生产厂家、型号、规格、技术数据、性能、单价及合价等资料。

三、其他报价要求

3.1　投标人应考虑本工程实施中相关的保险费（包括工程一切险、第三者责任险、国家、地方行政主管部门强制要求承包人承保的险种），国家、地方行政主管部门强制要求承包人承保的险所需费用不管国家或地方是否有规定，该费用投标人应该体现在投标报价中，并将该费用和工程一切险、第三者责任险一同列入"其他项目清单"，如本次投标人在"其他项目清单"中未列以上费用，招标人将视同投标人作为优惠条件已考虑在内。

3.2　投标人应考虑完工后，提交竣工图之发生的相关费用，该费用列入"其他项目清单"。如本次投标人在"其他项目清单"中未列此项费用，招标人将视同投标人作为优惠条件已考虑在内。

3.3　一切与投标价编制有关的因素均由投标单位自行确定。

3.4　本次招标的中标单位为本工程的总承包单位，对分包工程质量、工期负责。投标人在投标时应计取可能发生的缴纳总包单位的管理服务费。若投标人在投标报价时遗漏该报价，招标单位将认为投标单位不收取这方面的费用，或视为其报价已包括在其他项目中，在合同执行中不予增补。

3.5　措施项目费应是完成本次招标范围内规定的工程量清单需采取措施项目的全部费用。投标人所有欠缺考虑，招标单位将视同已包括在相应项目清单综合单价中，措施项目费必须按措施项目分项单列，包干使用，结算时不作调整。

四、投标报价格式要求

4.1 投标人投标报价格式必须严格按照《招标文件》规定格式要求，以便招标人评标用。

4.2 招标人不接受任何有选择的报价。

第七章 评标办法（综合评估法）

一、评标办法前附表

1	初步评审标准	形式评审、响应性评审
1.1 形式评审标准	投标人名称	与营业执照、资质证书、安全生产许可证一致
	投标文件组成	文件组成内容完整、格式准确，字迹清晰可辨
	投标函签字盖章	投标文件必须由法定代表人或其授权代理人签字并加盖公章，签字不能用签名章代替
	报价唯一	只能有一个有效报价
	投标文件的签署	投标文件上法定代表人或其授权代理人的签字齐全
	投标保证金	符合招标文件要求的格式及金额缴纳投标保证金。
	委托代理人	投标人法定代表人的委托代理人有法定代表人签署的授权委托书，且其授权委托书符合招标文件规定的格式
条款号	评审因素	评审标准
1.2 响应性评审标准	投标内容	符合规定
	工期	符合规定
	工程质量	符合规定
	投标有效期	符合规定
	投标报价有效性	投标总报价未超出招标人设定的上限控制价为有效报价
	已标价工程量清单	符合"工程量清单"给出的范围、数量及要求（包括子目编码、子目名称、子目特征、计量单位和工程量等内容）
	权利义务	未增加发包人的责任范围，也未减少投标人义务
	合同条件	符合合同条件的相关要求
2 详细评审标准	分值构成 （总分100分）	技术部分：满分20分 商务部分A：满分80分 1. 投标报价B：满分40分； 2. 措施项目费报价C：满分10分； 3. 分部分项工程量清单项目综合单价报价D：满分30分； 4. A = B + C + D 5. 商务标偏差率计算公式 偏差率 = 100% × （投标人报价 − 评标基准价）/评标基准价 6. 投标报价、措施费均为各个单项工程汇总后的造价 7. 招标人暂定综合单价的清单项，不参与综合单价评分

2.1 商务标评审标准（满分80分）	商务废标	（1）投标人报价以低于成本价竞标的（在评标过程中，评标委员会发现投标人的报价低于有效投标报价（通过初步评审）的平均价的10%时，应当要求该投标人作出书面说明并提供相关证明材料。若投标人不能合理说明或者不能提供相关证明材料，评标委员会认定（评标委员会表决，以超过半数以上的评委意见为准）该投标人以低于成本报价竞标，其投标应作废标处理）； （2）报价总价合理，但构成严重不合理； （3）少报或漏报国家规定不可竞争费用的； （4）除国家规定不可竞争费用外，其他报价存在严重漏项，严重漏项部分造价（以进入商务评审投标人此部分报价最高的计）超过其总报价的5%
	投标总报价得分B（满分40分）	1. 计算评标基准价 将有效的投标总报价进行算术平均值计算，以算术平均值×0.96作为评标基准价； 2. 投标总报价得分 与评标基准价相比，投标报价每增加1%扣1分，每减少1%扣0.5分，增减不足1%时，按插值法计算，扣完为止
	措施项目费得分C（满分10分）	1. 计算评标基准价：将有效投标的措施项目费进行算术平均计算，以算术平均值×0.96作为评标基准价。 2. 措施项目费报价得分： 措施项目费报价等于评标基准价得满分10分，与评标基准价相比，其报价每增加1%扣1分，每减少1%扣0.5分，增减不足1%时，按插值法计算，扣完为止
	分部分项工程量清单项目综合单价报价得分D（满分30分）	已公布的30项主要清单项目中每项1分进行评审。（见后附表） 1. 计算评标基准价： 将有效投标的同一分部分项工程量清单综合单价进行算术平均计算，以算术平均值×0.96作为评标基准价 2. 同一分部分项工程量清单项目综合单价报价得分： 当同一分部分项综合单价等于评标基准价时得满分1分，每高于评标基准价1%扣0.5分，每低于评标基准价1%扣0.5分，增减不足1%时，按插值法计算，扣完为止； 3. 分部分项工程量清单项目综合单价报价得分为：各分部分项得分的汇总
2.2 技术标评审标准（满分20分）	确保工程质量的技术组织措施	2.0～2.5分
	确保安全生产的技术组织措施	1.5～2.0分
	确保文明施工的技术组织措施及环境保护措施	1.0～1.5分
	确保工期的技术组织措施	1.5～2.0分

续表

2.2 技术标 评审标准 （满分 20分）	施工方案和项目 经理部组成人员	2.0~2.5分
	施工机械配备和 材料投入计划	1.5~2.0分
	施工进度表或 施工网络图	1.5~2.0分
	劳动力安排计划	1.0~1.5分
	施工总平面布置图	1.0~1.5分
	新技术、新产品、 新工艺、新材料应用	2.0~2.5分
	备注：缺项或严重错误者该分项得0分。	

注：以上计算均保留两位小数。

二、评标办法正文

1 评标委员会

1.1 招标代理机构将根据本次招标的特点，依照《中华人民共和国招标投标法》的有关规定及2001年7月1日国家计委、国家经贸委、建设部、铁道部、交通部、信息产业部、水利部等七部委共同颁布的《评标委员会和评标方法暂行规定》组建评标委员会。

1.2 评标委员会成员由招标人的代表和有关工程技术、经济等方面的专家组成。

1.3 评标委员会对投标文件进行审查、质疑、评估和比较，评标委员会对投标文件的评估和比较将按照相同程序和同一评标办法进行。

2 评 审 标 准

2.1 初步评审标准

2.1.1 形式评审标准：见评标办法前附表。

2.1.2 响应性评审标准：见评标办法前附表。

2.2 详细评审标准

2.1.1 商务标评审标准：见评标办法前附表。

2.1.2 技术标评审标准：见评标办法前附表。

3 评 标 程 序

投标截止后，在招标管理机构的监督下，招标代理机构宣布有效的投标，在投标人确认其递交的投标文件均密封完好后，招标代理机构将按照投标人递交投标文件由后往前的时间顺序唱标，唱标内容包括投标人名称、投标报价、工期、质量目标以及招标人认为合适的其他内容。本项目评标实行综合评标办法。

3.1 初步评审

3.1.1 形式评审标准：见评标办法前附表。

3.1.2　响应性评审标准：见评标办法前附表。初步评审有一项不合格的，不得进入详细评审。

3.2　详细评审：见评标办法前附表。

3.3　依据本办法对各投标人及其投标文件进行综合评分，确定综合得分由高至低的第一、第二、第三名分别将被推选为第一、第二、第三中标候选人；若排名第一的中标候选人放弃中标、或因不可抗力提出不能签订合同的，或在规定的期限内未能提交履约保证金的，或违反建设行政主管部门有关规定而不能履约的，招标人可以确定排名第二的中标候选人为中标人。若排名第二的中标候选人因上述原因不能签订合同的，招标人可以确定排名第三的中标候选人为中标人。

3.4　投标人的排序以综合得分为依据，综合得分相同者以报价低者胜出。

3.5　不能满足技术规范要求的或有重大缺、漏项的为无效标。

3.6　未按前述投标须知规定编写投标文件的为无效标。

3.7　本次评定工作，由招标人负责组织实施，评标结果报项目主管单位审批。

3.8　评标专家委员会由招标人依法组建。

3.9　评标委员会经评审，认为所有投标都不符合招标文件要求的，可以否决所有投标，所有投标被否决后，招标人应当依法重新招标。

附录2 投标文件案例

建设工程施工投标文件

招标编号：<u>CSEMC － ×××× － 1A／B</u>

工程名称：<u>　　××改造建设一期工程（一标段）　　</u>

投标人：<u>　　　　　　　　　　　　　　　</u>（盖公章）

法定代表人或其委托代理人：<u>　　　　　　　</u>（签字或盖章）

中介机构（如委托代理）：<u>　　　　　　　</u>（盖公章）

法定代表人或其委托代理人：<u>　　　　　　　</u>（签字或盖章）

日期：<u>　　　</u>年<u>　　　</u>月<u>　　　</u>日

施工投标文件

（封面）

工程名称：_____××改造建设一期工程（一标段）_____

投标文件内容：_____投标文件投标函格式_____

投标人：_____（盖公章）_____

法定代表人或委托代理人：_____（签字或盖章）_____

日期：_____年_____月_____日

目　录

1　法定代表人资格证明书

单位名称：

地址：

姓名：_____性别：：_____年龄：_____职务：_____

系_____的法定代表人。为施工、竣工和保修的工程，签署上述工程

的投标文件，进行合同谈判、签署合同和处理与之有关的一切事务。

特此证明。

投标人：_____（盖公章）

日　期：_____年_____月_____日

2 投标文件签署授权委托书

本授权委托书声明：我＿＿＿＿＿＿（姓名）系＿＿＿＿＿＿＿＿＿＿（投标人名称）＿＿的代表人，现授权委托＿＿＿（单位名称）＿＿＿的＿＿＿＿＿＿（姓名）为我公司签署本工程已递交的投标文件的法定代表人的授权委托代理人。代理人全权代表我所签署的本工程已递交的投标文件内容我均承认。

代理人无转委托权，特此委托：

代理人姓名：＿＿＿＿＿＿年龄：＿＿＿＿＿＿

身份证号码：＿＿＿＿＿＿＿＿＿＿＿＿＿　职务：＿＿＿＿＿＿＿

投标人：＿＿＿＿＿＿＿＿＿＿＿＿＿＿＿＿＿＿（盖公章）

法定代表人：＿＿＿＿＿＿＿＿＿＿＿＿＿＿＿＿（签字或盖章）

授权委托日期：＿＿＿＿＿＿年＿＿＿＿＿＿月＿＿＿＿＿＿日

开标委托书

兹委托＿＿＿（姓名）＿＿＿（职务＿＿＿＿＿＿性别＿＿＿＿＿＿年龄＿＿＿＿＿＿），＿＿＿＿＿＿为我单位参加＿＿＿＿（招标人及工程名称）＿＿＿＿＿＿开标会议的代理人，在代理范围内产生的民事法律责任由我单位承担。

代理期限：自＿＿＿＿＿＿年＿＿＿＿＿＿月＿＿＿＿＿＿日至＿＿＿＿＿＿年·＿＿＿＿＿＿月＿＿＿＿＿＿日

（本委托书应与受托人身份证一并在开标会上出示）。

委托人：（投标单位公章）　　　　　　法定代表人：（章）

　　　　　　　　　　　　　　　　　　　年　　月　　日

（注：此委托书格式供投标人参考）

3 投 标 函

致：(招标人名称)

1. 根据已收到贵方的招标编号为_____的_____工程的招标文件，遵照《中华人民共和国招标投标法》等有关规定，我单位经考察现场和研究上述招标文件的投标须知、合同条款、技术规范、图纸和工程量清单及其他有关文件后，我方愿以人民币（大写）_____元（RMB：¥_____元）的投标报价并按上述图纸、合同条款、技术规范和工程量清单的条件要求承包上述工程的施工、竣工并承担任何质量缺陷保修责任。

2. 我方已详细审核全部招标文件，包括修改文件（如果有的话），及有关附件，我方完全知道必须放弃提出含糊不清或误解的权力。

3. 我方承认投标函附录是我方投标函的组成部分。

4. 一旦我方中标，我方保证在合同协议书中规定的开工日期开始施工，并在合同协议书中规定的预计竣工日期完成和交付全部工程，即在_____年_____月_____日开工，_____年_____月_____日竣工，共计_____日历天内竣工并移交全部工程。

5. 如果我方中标，我方将按照规定提交上述总价_____% 的银行保函或上述总价_____% 的由具有独立法人资格的经济实体企业出具的履约担保书作为履约但保，共同地和分别地承担责任。

6. 我方同意所递交的投标文件在"投标须知"第15条规定的投标有效期内有效，在此期间内我方的投标有可能中标，我方将受此约束。如果在投标有效期内撤回投标，投标保证金将全部被没收。

7. 除非另外达成协议并生效，贵方的中标通知书和本投标文件将成为约束我们双方的合同文件组成部分。

8. 我方的金额为人民币（大写）_____元（RMB：¥_____元）的投标担保与本投标函同时递交。

投标人：（盖章）

单位地址：

法定代表人或其委托代理人：（签章或盖章）

邮政编码：　　　　　电话：　　　　　　　传真：

开户银行名称：

开户银行账户：

开户银行地址：

开户银行电话：

　　　　　　　　　日期：　　　年　　　月　　　日

4 投标函附录

序号	项目内容	合同条款号	约定内容	备注
1	履约保证金 银行保函金额 履约担保书金额		合同价格的（　）% 合同价格的（　）%	
2	施工准备时间		签定合同协议书后的（　）天	
3	误期违约金额		（　）元/天	
4	误期赔偿费限额		合同价格的（　）%	
5	提前工期奖		（　）元/天	
6	施工总工期		（　）日历天	
7	质量标准			
8	工程质量违约金最高金额		（　）元	
9	预付款金额		合同价格的（　）%	
10	预付款保函金额		合同价格的（　）%	
11	进度款付款金额		月付款证书（　）天	
12	竣工结算款付款时间		竣工结算付款证书（　）天	
13	保修期		依据保修书约定的期限	

5 投标保证金银行保函

保函编号：

鉴于___（投标人名称）___（以下简称"投标人"）于_____年_____月_____日参加___（招标人名称）___（以下简称"招标人"）招标编号为___（招标文件编号）___的___（工程项目名称）___工程的投标。

本___（银行名称）（以下简称"本银行"）___受该投标人委托，在此无条件地，不可撤销地承担向招标人支付总金额为人民币_____元（RMB￥_____元）的责任。

本责任的条件是：

1. 如果投标人在招标文件规定的投标有效期内撤回其投标；

2. 如果投标人在投标有效期内收到招标人的中标通知书后

（1）不能或拒绝按投标须知的要求签署合同协议书；

（2）不能或拒绝按投标须知的规定提交履约保证金。

只要招标人指明产生上述任何一种情况的条件，则本银行在接到招标人的第一次书面要求后，即向招标人支付上述款额之内的任何金额，无需招标人提出充分证据证明其要求，只需要招标人在其要求中写明他所索的款额。

本保函在投标有效期后或招标人在这段时间内延长的投标有效期后 28 天（含 28 天）内保持有效，延长投标有效期无须通知本银行，但任何索款要求应在投标有效期内送到本银行。

银行名称：（盖章）
法定代表人或授权委托代理人：（签字或盖章）
银行地址：
邮政编码：_____电话：_____
日期：_____年_____月_____日

注：1. 如果用银行汇票、支票或现金提供投标保证金时则不提交本保函；

　　2. 在投标文件送达前已提交投标保证金的请附已提交凭证。

施工投标文件

（封面）

工程名称： ×× 改造建设一期工程（一标段）

投标文件内容： 投标文件商务部分格式

法定代表人或委托代理人： （签字或盖章）

投标人： （盖公章）

日期： 年 月 日

工程量清单报价

一、投标报价应依据《建设工程工程量清单计价规范》、招标文件及补充、达到设计深度的施工图纸、自行拟定的施工组织设计或施工方案，省、市建设行政主管部门颁发的计价规定，本企业定额或参照省建设行政主管部门颁发的计价依据，造价管理部门发布的价格信息或市场价格进行编制。

工程量清单报价应包括按招标文件规定，完成工程量清单项目的全部费用，包括分部分项工程费、措施项目费、其他项目费和规费、税金。

投标人应当根据本企业的具体经营状况、技术装备水平、管理水平，视工程的实际情况、风险程度，自主报价。投标人应根据投标报价情况提供书面报价说明。

投标人不得以低于其企业成本的投标报价竞标。

工程量清单报价应加盖报价单位的公章、注册造价工程师和造价员的执业专用章。如投标报价单位无注册造价工程师的，报价单位须附情况说明。

二、工程量清单采用综合单价计价。综合单价指完成工程量清单中一个规定计量单位项目所需的人工费、材料费、机械使用费、管理费和利润，并考虑风险因素。

人工费、材料费、机械使用费、管理费和利润包含的内容按省建设行政主管部门颁发的费用定额确定。

管理费、利润的计算由投标人自主确定或参照省建设行政主管部门颁发的取费定额和计算方法计算。

风险费的计算根据承担的风险范围由投标人自主确定。

三、分部分项工程量清单的综合单价，投标人应根据综合单价的组成、工程量清单项目特征和工程内容确定。

综合单价应包括招标人自行采购材料的价款。

四、措施项目清单是表明为完成工程项目施工，发生与该工程施工前和施工过程中非工程实体项目的清单。

措施项目分为施工技术措施项目和施工组织措施项目，各项措施费用包括的内容按省建设行政主管部门颁发的费用定额确定。

五、措施项目费用投标人根据自行确定的施工组织设计或施工方案填报数量和价格，投标人可结合实际情况补充措施项目。不发生的措施项目金额以"0"计价。

措施项目报价可参照综合单价的组成自主确定或参照省建设行政主管部门发布的消耗量定额、取费定额和计算方法计算。

六、措施项目中凡属周转使用的设备、材料，均应按单次使用摊销量报价。

七、投标人应针对拟建工程编制保证安全生产、文明施工、环境保护和临时设施的技术措施方案，并按招标文件的措施清单提供数量和报价。

投标人可补充措施项目。

投标人措施项目各分项之间不得重复报价。

八、安全施工、文明施工、环境保护和临时设施等措施费用必须充分保证，投标单位应根据杭建市发〔2005〕713号文件规定"投标文件中应明确安全防护、文明施工措施费用（文明施工费、环境保护费、安全施工费和临时设施费四项费用）的投标报价总额不得低于按照《浙江省建设工程施工取费定额（2003）》规定的相应弹性费率中值计算的所需费用总额的90%"计取相关费用。

夏季施工项目，建筑工棚安装空调费用（含运行费）在表1-3-4临时设施措施项目清单及计价表中单列，施工单位应按施工组织的要求，按照每间工棚安装一台空调的数量进行报价。

安全生产、文明施工、环境保护和临时设施等措施费不得挪作他用。工程实施过程中应根据投标文件的承诺和合同规定，经监理单位审查认可后由建设单位支付。

九、其他项目费用分招标人和投标人两部分。

招标人部分的项目如预留金，按招标文件确定的项目名称和金额填报；投标人部分的项目如总承包服务费、零星工作费，投标人按招标文件确定的项目内容和数量报价。

十、其他项目清单中的预留金和零星工作项目费，均为估算、预测数量。投标时计入投标人的报价中，竣工结算时应按承包人实际完成的工程内容结算。

十一、规费、税金按省建设行政主管部门颁发的取费定额的内容和标准计算报价（危险作业意外伤害保险费和其他费用另计）。

规费、税金不得竞争。

十二、农民工工伤保险费用单列，按《关于落实建设工程农民工工伤保险费用计价的通知》杭建市发〔2007〕295号的规定计算报价，费用不得竞争。

十三、投标人不得擅自修改招标文件的分部分项工程量清单内容。

工程量清单报价应与工、料、机报价及对应的报价分析相符，与拟建工程的施工组织设计或施工方案相符。

投标人可根据自己的企业定额或参照省建设行政主管部门颁发的消耗量定额提供具体的报价计算分析。

附：

1. 工程量清单及计价表式（不得随意修改）：

（1）工程量清单报价封面

（2）工程量清单报价总说明

（3）投标总价封面

（4）表1-1-1 工程项目报标汇总表

（5）表1-1-2 单位工程报价汇总表

（6）表1-2 分部分项工程量清单及计价表

（7）表1-3-A 组织措施项目（整体）清单及计价表

（8）表1-3-B 组织措施项目（专业工程）清单及计价表

（9）表1-3-C 技术措施项目清单及计价表

（10）表1-3-1 安全施工措施项目清单及计价表

（11）表1-3-2 文明施工措施项目清单及计价表

（12）表 1-3-3 环境保护措施项目清单及计价表

（13）表 1-3-4 临时设施措施项目清单及计价表

（14）表 1-4 其他项目清单及计价表

（15）表 1-4-1 零星工作项目及计价表

（16）表 1-5 主要工日价格表

（17）表 1-6 主要材料（设备）价格表

（18）表 1-7 主要机械台班价格表

2. 工程量清单报价分析表：

（1）表 2-1 分部分项工程量清单综合单价分析表

（2）表 2-2 措施项目费分析表

（3）表 2-3 综合单价工料机分析表

（4）表 2-4 措施项目工料机分析表

3. 工程量清单编制总说明中明确投标人具体需填报的表格。

××改造建设一期工程（一标段）工程（招标编号：CSEMC－×××××－1A/B）

工程量清单报价

投　标　人：＿＿＿＿＿＿＿＿＿＿＿＿＿＿＿（单位盖章）

法 定 代 表 人：＿＿＿＿＿＿＿＿＿＿＿＿＿＿＿（签字或盖章）

中 介 机 构：＿＿＿＿＿＿＿＿＿＿＿＿（盖单位公章及成果章）

法 定 代 表 人：＿＿＿＿＿＿＿＿＿＿＿＿＿＿＿（签字或盖章）

注册造价工程师：＿＿＿＿＿＿＿＿＿＿＿＿（签字及盖执业专用章）

概 预 算 人 员：＿＿＿＿＿＿＿＿＿＿＿＿（签字及盖资格章）

编 制 时 间：＿＿＿＿＿＿＿＿＿＿＿＿＿＿＿＿＿

工程量清单报价总说明

投标人：（盖章）　　　　法定代表人或委托代理人：（签字或盖章）

投　标　总　价

建设单位：＿＿＿××有限责任公司＿＿＿

工程名称：＿＿＿××改造建设一期工程（一标段）＿＿＿

投标总价（小写）：

　　　　（大写）：

投标人：＿＿＿＿＿＿＿＿＿＿＿＿＿　（单位盖章）

注册造价工程师：＿＿＿＿＿＿＿＿　（签字及盖执业专用章）

概预算人员：＿＿＿＿＿＿＿＿＿＿　（签字及盖资格章）

编制时间：＿＿＿＿＿＿＿＿＿＿

表 1-1-1　工程项目报价汇总表

建设单位和工程名称：

序号	内　容	报价(元)
一	单位工程费合计	
1	(单位工程1，如1号楼)	
2	(单位工程2)	
……	……	
二	未纳入单位工程费的其他费用[(一)+(二)+(三)+(四)+(五)]	
(一)	整体措施项目清单(1+2)	
1	组织措施项目清单	
2	技术措施项目清单	
(二)	整体其他项目清单	
(三)	整体措施项目规费[(一)×费率]	
(四)	农民工工伤保险{[(一)+(二)+(三)]×费率}	
(五)	税金{[(一)+(二)+(三)+(四)]×费率}	
	总报价(一+二)	

总报价(大写)：

注：1. 本表适用于：(1)有2个及以上单位工程的群体项目的总报价汇总；(2)单位工程发包且有2个及以上专业工程分部分项工程量清单的招标项目总报价汇总。本表应在表1-1-2基础上汇总。
　　2. 本表中的整体项目措施清单报价指根据招标人要求和项目特点应从招标项目整体上考虑的措施项目报价；
　　3. 本表中的整体其他项目清单报价指根据招标人要求需按招标项目整体考虑的其他项目清单报价；
　　4. 本表中的规费指整体措施清单项目应计取的规费；
　　5. 本表中的税金指未纳入单位工程费的其他项目清单、整体措施项目清单以及相应规费等费用应计取的税金。

投标人：(盖章)　　　　法定代表人或委托代理人：(签字或盖章)

表 1-1-2　单位工程报价汇总表

建设单位和工程名称：

单位工程名称：

	内　容	报价合计 (元)	(清单号) (土建工程)	(清单号) (安装工程)
一	分部分项工程量清单			
二	措施项目清单(1+2)			
1	组织措施项目清单			
2	技术措施项目清单			
三	其他项目清单			
四	规费[(一+二)×费率]			
五	农民工工伤保险[(一+二+三+四)×费率]			
六	税金[(一+二+三+四+五)×费率]			
七	总报价(一+二+三+四+五+六)			

总报价(大写)：

注：本表适用于：(1)只有1个专业工程分部分项工程量清单的单位工程发包项目的报价汇总；(2)其余招标项目的单位工程报价汇总。

投标人：(盖章)　　　　　　法定代表人或委托代理人：(签字或盖章)

表1-2 分部分项工程量清单及计价表 (号清单)

单位工程及专业工程名称：

第 页共 页

序号	项目编码	项目名称	计量单位	数量	综合单价（元）	合价（元）	其 中		备 注
							人工费	机械费	
（1）	（2）	（3）	（4）	（5）	（6）	（7）	（8）	（9）	（10）
		合计							

注：表中（1）（2）（3）（4）（5）栏由招标人提供。（10）由招标人按需提供，如招标人需要投标人提供清单项目综合单价的计算分析和工料分析，请在（10）备注中明确。

投标人：（盖章） 法定代表人或委托代理人：（签字或盖章）

表1-3-A 组织措施项目（整体）清单及计价表

工程名称：

第 页 共 页

序号	项目名称	单位	数量	金额（元）	备注
（1）	（2）				
一	安全防护、文明措施项目				
1	安全施工				提供分析清单（表1-3-1）
2	文明施工				提供分析清单（表1-3-2）
3	环境保护				提供分析清单（表1-3-3）
4	临时设施				提供分析清单（表1-3-4）
5	其他组织措施项目				
6	夜间施工				
7	缩短工期增加				
8	已完工程保护				
9	材料二次搬运				
三	工程质量检验试验费				
	合计				

注：1. 表中列项供参考，（1）（2）由招标人提供，投标人可按工程实际作补充；

    2. 措施项目应分整体措施项目和专业工程措施项目，安全防护、文明措施项目（环境保护、文明施工、安全施工、临时设施项目）应按招标项目整体报价，其他组织措施项目请投标人自行决定按整体项目还是按专业工程分部分项工程量清单报价（见表1-3-B）。

投标人：（盖章） 法定代表人或委托代理人：（签字或盖章）

表1-3-B 组织措施项目（专业工程）清单及计价表

工程名称： 单位工程：

对应的分部分项工程量清单号： 第 页 共 页

序号	项目名称	单位	数量	金额（元）	备注
(1)	(2)				
1	夜间施工				
2	缩短工期增加				
3	已完工程保护				
4	材料二次搬运				
	合计				

注：1. 表中列项供参考，(1)(2)由招标人提供，投标人可按工程实际作补充；

2. 当招标项目为单位工程发包且只有1个分部分项工程量清单时，组织措施项目清单按表1-3-A
报价。

投标人：（盖章） 法定代表人或委托代理人：（签字或盖章）

表 1-3-C 技术措施项目清单及计价表

工程名称： 单位工程：

对应的分部分项工程量清单号： 第 页 共 页

序号	项目名称	单位	数量	金额（元）	其 中		备 注
					人工费	机械费	
(1)	(2)	(3)					提供分析
1	大型机械设备进出场及安拆						
2	混凝土、钢筋混凝土模板及支架						提供分析
3	脚手架						提供分析
4	施工降水、排水						提供分析
	合计						

注：1. 表中（1）（2）（3）栏由招标人提供，投标人对具体项目可作补充；

2. 大型机械设备进出场及安拆费不需要提供其中的人工费和机械费。如需投标人提供分析清单，请在备注中明确；

3. 措施项目应分整体措施项目和专业工程措施项目，如为整体措施项目，表头中只须填报工程名称。

投标人：（盖章） 法定代表人或委托代理人：（签字或盖章）

表1-3-1 安全施工措施项目清单及计价表

工程名称： 　　　　　　　　　　　　　　　　　　第 　页 共 　页

序号 （1）	措施项目名称 （2）	单位 （3）	数量	单价 （元）	合价 （元）	备　注
一	安全施工					
（一）	安全防护					
1	安全网	m²				垂直外立面
2	防护栏杆	m				防护长度
3	防护门	m²				
4	防护棚	m²				防护面积
5	断头路阻挡墙	m³				
6	安全隔离网	m²				爆破工程
7	其他					
（二）	高处作业					
1	临边防护栏杆	m				防护长度
2	高压线安全措施	元				
3	起重设备防护措施	元				
4	外用电梯防护措施	元				
5	其他					
（三）	深基坑（槽）					
1	护栏	m				
2	临边围护	m				
3	上下专用通道	m²				含安全爬梯
4	基坑支护变形监测	元				
5	其他					
（四）	外架					
1	密目网	m²				
2	水平隔离封闭设施	m				
3	其他					
（五）	井架					
1	防护棚	m²				
2	架体围护	m²				
3	对讲机	套				
4	其他					

续表

序号 (1)	措施项目名称 (2)	单位 (3)	数量	单价 (元)	合价 (元)	备注
(六)	消防器材、设施					
1	灭火器	只				
2	消防水泵	台				
3	水枪、水带	套				
4	消防箱	只				
5	消防立管	m				
6	危险品仓库搭建	m²				
7	单独供电系统	元				
8	防雷设施	元				
9	其他					
(七)	特殊工程安全措施					
1	特殊作业防护用品	元				
2	救生设施	元				
3	救生衣	件				
4	防毒面具	付				
5	其他					
(八)	安全标志					
1	标牌、标识	元				
2	交叉口闪光灯	处				
3	航标灯	处				通航要求
4	其他					
(九)	安全专项检测					
1	塔吊检测	元				
2	人货两用电梯检测	元				
3	钢管、扣件检测费	元				
4	起重机械监察费	元				
5	挂篮检测费	元				
6	缆绳检测费	元				
7	其他					
(十)	安全教育培训	元				
(十一)	现场安全保卫	元				
(十二)	其他	元				
合计						

注：表中（1）（2）（3）栏由招标人根据具体工程特点提供，投标人可补充。安全施工措施项目应按
招标项目整体报价。

投标人：（盖章）　　　　　　　　法定代表人或委托代理人：（签字或盖章）

321

表1-3-2 文明施工措施项目清单及计价表

工程名称： 第 页 共 页

序号 （1）	措施项目名称 （2）	单位 （3）	数量	单价 （元）	合价 （元）	备注
（一）	施工现场标牌					
1	门楼	处				市政工程
2	标牌	块				
3	效果图	块				
4	其他					
（二）	现场整洁					
1	围墙	m				按标准设置
2	彩钢板围护	m				按标准设置
3	地坪硬化	m²				
4	大门（封闭管理）	扇				
5	其他					
	合计					

注：表中（1）（2）（3）栏由招标人根据具体工程特点提供，投标人可补充。文明施工措施项目应按
  招标项目整体报价。

投标人：（盖章） 法定代表人或委托代理人：（签字或盖章）

表1-3-3 环境保护措施项目清单及计价表

工程名称：　　　　　　　　　　　　　　　　　　　　　　　　第　页　共　页

序号 (1)	项目名称 (2)	单位 (3)	数量	单价 (元)	合价 (元)	备注
1	现场绿化	m²				
2	冲洗设施	套				
3	扬尘控制费用	元				
4	污水处理费用	元				特殊工程要求
5	车辆密封费用	元				
6	其他					
合计						

注：表中（1）（2）（3）栏由招标人根据具体工程特点提供，投标人可补充。环境保护措施项目一般
　　应按招标项目整体报价。

投标人：（盖章）　　　　　　　　法定代表人或委托代理人：（签字或盖章）

表1-3-4 临时设施措施项目清单及计价表

工程名称： 第 页 共 页

序号 （1）	措施项目名称 （2）	单位 （3）	数量	单价 （元）	合价 （元）	备注
（一）	办公用房	m²				
（二）	生活用房					
1	宿舍	m²				
2	食堂	m²				
3	厕所	m²				
4	浴室	m²				
5	空调（含运行费用）	台				
6	其他					休息场所、文化娱乐设施等
（三）	生产用房（仓库）	m²				
（四）	临时用电设施					
1	总配电箱	只				
2	分配电箱	只				
3	开关箱	只				
4	临时用电线路	m				
5	接地保护装置	处				
6	发电机	台				
7	其他					附近外电线路防护设施等
（五）	临时供水	m				按管道长度
（六）	临时排水	m				按管道长度
（七）	其他					
	合计					

注：表中（1）（2）（3）栏由招标人根据具体工程特点提供，投标人可补充。临时设施措施项目应按
招标项目整体报价。

投标人：（盖章） 法定代表人或委托代理人：（签字或盖章）

表 1-4　其他项目清单及计价表

工程名称：

单位工程名称：

第　　页　共　　页

序号	项目名称	金额（元）
（一）	招标人部分	
1	预留金	
	小计	
（二）	投标人部分	
1	总承包服务费	
2	零星工作项目	
	小计	
	合计	

投标人：（盖章）　　　法定代表人或委托代理人：（签字或盖章）

表 1-4-1　零星工作项目及计价表

工程名称：

单位工程名称：　　　　　　　　　　　　　　　　　　　　第　页 共　页

序号	名称	计量单位	数量	综合单价（元）	合价（元）
（1）	（2）	（3）	（4）		
1	人工				
	小计				
2	材料				
	小计				
3	机械				
	小计				
	合计				

注：表中（1）（2）（3）（4）由招标人按需要提出。

投标人：（盖章）　　　　　　　　　法定代表人或委托代理人：（签字或盖章）

表 1-5　主要工日价格表

工程名称：　　　　　　　　　　　　　　　　　　　　　　第　页 共　页

序号	工种	单位	数量	单价（元）
（1）	（2）	工日		

注：本表（1）（2）栏由招标人按需要提出。

投标人：（盖章）　　　　　　　　　法定代表人或委托代理人：（签字或盖章）

表1-6 主要材料（设备）价格表

工程名称：   第　页 共　页

序号	编码	材料（设备）名称	规格、型号等	单位	数量	单价（元）	备注
(1)	(2)	(3)	(4)	(5)	(6)	(7)	(8)

注：1. 表（1）（2）（3）（5）栏由招标人按需要提出，投标人可补充；（4）（7）（8）栏由投标人填写；

　　2. 招标人指定、提供和暂定材料、设备，按杭州市清单实施细则第二十六条的规定填写。

投标人：（盖章）　　　　　　　　法定代表人或委托代理人：（签字或盖章）

表1-7 主要机械台班价格表

工程名称：   第　页 共　页

序号	机械设备名称	单位	数量	单价（元）
(1)	(2)	台班		

注：表（1）（2）由招标人按需要提出，投标人可补充。

投标人：（盖章）　　　　　　　　法定代表人或委托代理人：（签字或盖章）

表 2-1 分部分项工程量清单综合单价分析表

工程名称：　　　　　　　　　　清单号：　　　　　　第　页　共　页

序号	编号	名称	计量单位	数量	综合单价（元）							合计（元）
					人工费	材料费	机械费	管理费	利润	风险费用	小计	
（1）	（2）	（3）	（4）		（5）	（6）	（7）				（8）	（4）＊（8）
1	（清单编码）	（清单编码）										
	（定额编号）	（定额编号）										
2	（清单编码）	（清单编码）										
	（定额编号）	（定额编号）										
合计												

注：表（1）（2）（3）栏中清单编号和清单名称由招标人按需要提出。

投标人：（盖章）　　　　　　　法定代表人或委托代理人：（签字或盖章）

表 2-2 措施项目费分析表

工程名称：　　　　　　　　　　单位工程名称：　　　　　第　页　共　页

项目编号	名称	计量单位	数量	综合单价（元）							合计
				人工费	材料费	机械费	管理费	利润	风险费用	小计	
（1）	（2）	（3）								（4）	（3）＊（4）
1	（措施项目名称）										
（定额编号）	（定额名称）										
（定额编号）	（定额名称）										
（2）	（措施项目名称）										
（定额编号）	（定额名称）										
（定额编号）	（定额名称）										
合计											

注：表（1）（2）栏中措施项目名称由招标人按需要提出。

表2-3 综合单价工料机分析表

项目编码：　　　　　　　　　　　　　　　　单位：

项目名称：　　　　　　　　　　　　　　　　工程数量：

综合单价：　　　　　　　　　　　　　　　　合价：

序号	名称及规格	单位	数量	金额（元）	
				单价	合价
一	直接费	元			
1	人工费	元			
2	材料费	元			
3	机械费	元			
二	管理费	元			
三	利润	元			
四	风险费用	元			
五	合计	元			

注：此表适用于分部分项工程量清单项目。

表2-4 措施项目工料机分析表

第 页 共 页

项目编码：　　　　　　　　　　　　　　　　　单位：项

项目名称：

综合单价：　　　　　　　　　　　　　　　　　合价：

序号	名称及规格	单位	数量	金额（元）	
				单价	合价
一	直接费	元			
1	人工费	元			
2	材料费	元			
3	机械费	元			
二	管理费	元			
三	利润	元			
四	风险费用	元			
五	合计	元			

注：此表适用于技术措施项目清单。

施工投标文件

（封面）

工程名称： <u>××改造建设一期工程（一标段）</u>

投标文件内容： <u>投标文件技术部分格式</u>

投标人： <u>　　　　　　　　　　</u>（盖章）

法定代表人或委托代理人： <u>　　　　</u>（签字或盖章）

日期： <u>　　　</u>年<u>　　　</u>月<u>　　　</u>日

目　录

一、施工组织设计

1. 投标人应编制递交完整的施工组织设计，施工组织设计应包括招标文件第一卷第一章投标须知规定的施工组织设计基本内容。编制具体要求是：编制时应采用文字并结合图表阐述说明各分部分项工程的施工方法；施工机械设备、劳动力、计划安排；结合招标工程特点提出切实可行的工程质量、安全生产、文明施工、工程进度技术组织措施，同时应对关键工序、复杂环节重点提出相应技术措施，如冬、雨季施工技术措施、减少扰民噪声、降低环境污染技术措施、地下管线及其他地上地下设施的保护加固措施等。

2. 施工组织设计除采用文字表述外应附下列图表，图表及格式要求附后。

（1）表 1 拟投入的主要施工机械设备表；

（2）表 2 劳动力计划表

（3）表 3 计划开、竣工日期和施工进度网络图；

（4）表 4 施工总平面布置图及临时用地表；

表 1　拟投入的主要施工机械设备表

序号	机械或设备名称	型号规格	数量	国别产地	制造年份	额定功率（kW）	生产能力	用于施工部位备注

表 2　劳动力计划表

单位：人

	按工程施工阶段投入劳动力情况						

注：投标人应按所列格式提交包括分包在内的劳动力计划表。本计划表是以每班八小时工作制为基础的。

表 3　计划开、竣工日期和施工进度网络图 （略）

投标人应提交的施工进度网络图或施工进度表（图表略），说明按招标文件要求的工期进行施工的各个关键日期。中标的投标人还要按合同条件有关条款的要求提交详细的施工进度计划。

施工进度表可采用关键线路网络图（或横道图）（图略）表示，说明计划开工日期和各分项工程各阶段的完工日期和分包合同签订的日期。

施工进度计划应与施工组织设计相适应。

表 4　施工总平面布置图及临时用地表 （略）

1. 施工总平面布置图

投标人应提交一份施工总平面图，给出现场临时设施布置图表并附文字说明，说明临时设施、加工车间、现场办公、设备及仓储、供电、供水、卫生、生活等设施的情况和布置（施工总平面布置图略）。

2. 临时用地表

用途	面积（平方米）	位置	需用时间
合计			

注：1. 投标人应逐项填写本表，指出全部临时设施用地面积以及详细用途；

2. 若本表不够，可加附页。

二、项目管理班子配备情况

（1）表5 项目管理班子配套情况表

（2）表6 项目经理简历表

（3）表7 项目技术负责人简历表

（4）表8 项目管理班子配备情况辅助说明资料

表5 项目管理班子配备情况表

投标工程名称：

职务	姓名	职称	上岗资格证明					已承担在建工程情况	
			证书名称	级别	证号	专业	原服务单位	项目数	主要项目名称

本工程一旦我单位中标，将实行项目经理负责制，并配备上述项目管理班子。上述填报内容真实，若不真实，愿按有关规定接受处理。项目管理班子机构设置、职责分工等情况另附资料说明。

表6 项目经理简历表

姓名		性别		年龄	
职务		职称		学历	
参加工作时间		从事项目经理年限			
项目经理资格证书编号					
在建和已完工程项目情况					
建设单位	项目名称	建设规模	开、竣工日期	在建或已完	工程质量

表 7 项目技术负责人简历表

姓名		性别		年龄	
职务		职称		学历	
参加工作时间		从事技术负责人年限			
资格证书名称及编号					
在建和已完工程项目情况					
建设单位	项目名称	建设规模	开、竣工日期	在建或已完	工程质量

表 8 项目管理班子配备情况辅助说明资料

注：1. 辅助说明资料主要包括管理班子机构设置、职责分工、有关复印证明资料以及投标人认为有必要提供的资料。辅助说明资料格式不做统一规定，由投标人自行设计；

2. 项目管理班子配备情况辅助说明资料另附（与本投标文件一起装订）。

三、项目拟分包情况

表 9 项目拟分包情况表

分包人名称			地址		
法定代表人		营业执照号码		资质等级证书号码	
拟分包的工程项目	主要内容		造价（万元）	已经做过的类似工程	

参 考 文 献

[1] 《中华人民共和国合同法》.

[2] 《中华人民共和国招标投标法》.

[3] 《中华人民共和国建筑法》.

[4] 《建设工程质量管理条例》.

[5] 招标采购专业技术人员职业水平评价专家委员会. 招标采购法律法规与政策[M]. 北京：中国计划出版社，2009.

[6] 招标采购专业技术人员职业水平评价专家委员会. 项目管理与招标采购[M]. 北京：中国计划出版社，2009.

[7] 招标采购专业技术人员职业水平评价专家委员会. 招标采购与专业实务[M]. 北京：中国计划出版社，2009.

[8] 招标采购专业技术人员职业水平评价专家委员会. 招标采购案例分析[M]. 北京：中国计划出版社，2009.

[9] 中国建设监理协会. 建设工程合同管理[M]. 北京：知识产权出版社，2003

[10] 张志勇. 工程招投标与合同管理[M]. 北京：中国建筑工业出版社，2009.

[11] 付红，徐田柏. 工程招投标与合同管理[M]. 成都：西南交通大学出版社，2009.

[12] 杨锐，王兆. 工程招投标与合同管理[M]. 北京：中国建筑工业出版社，2010.

[13] 陈新元. FIDIC 施工合同条件与应用案例[M]. 北京：中国水利水电出版社，2009.

[14] 中华人民共和国住房和城乡建设部. 房屋建筑和市政工程标准施工招标资格预审文件(2010 年版). 北京：中国建筑工业出版社，2010.

[15] 中华人民共和国住房和城乡建设部. 房屋建筑和市政工程标准施工文件(2010 年版). 北京：中国建筑工业出版社，2010.

[16] 刘芳，王恩广. 建筑工程合同管理[M]. 北京：北京理工大学出版社，2009.